정수론

천장호 지음

KM 경문사

머리말

수의 신비함은 인류에게 많은 과제를 던져 주었다. 이러한 과제들을 해결하기 위해 오랜 세월에 걸쳐 많은 수학자들이 수에 대한 연구를 해왔다. 이 과정에서 문제의 제시와 해답을 구하는 연구가 반복되어 왔으며 많은 발전이 있었다. 오늘날은 그 연구 수단이 다양화되어 대수적 접근과 해석적 접근으로 나뉘어 연구되고 있다. 특히 정수에 대한 연구가 목적인 정수론은 가장 오랜 역사를 지닌 수학의 한 분야이다. 근래에는 컴퓨터의 발달과 더불어 정수에 관한 연구가 활발해지면서 그 응용범위도 확대되고 있다. 특히 전산학, 정보이론, 부호이론, 암호학 등 다양한 분야에 정수이론이 응용되고 있다.

이 책은 주로 정수에 관한 기초적인 성질을 소개하고 있으며 수학 전공자나 또는 수학을 전공하지 않는 사람도 수에 관심이 있으면 누구나 읽을 수 있도록 쓰여 있다. 이 책은 대학 2학년 이상의 학생들을 대상으로 한 학기용 교재로 적합하게 구성되어 있다. 특히 수학 전공자들에게는 장차 고등수학의 연구에 필요한 수학적 증명 기법이나 지식을 제공해 준다.

‖ 이 책의 특징 ‖

(1) 정수론과 추상대수학과의 연결고리 역할을 충실히 하려고 노력하였다. 우리가 다루는 대부분의 성질들은 정수의 덧셈과 곱셈에 의해 얻어지는 것들이다. 덧셈이나 곱셈을 갖고 있는 집합에 대한 연구를 하는 분야가 추상대수학이고 이것은 정수들의 집합의 일반화이다. 따라서 미리 군(Group)을 정의하고 정수들의 군에 대한 공부를 함으로써 장차 추상대수학의 공부에 많은 도움이 되도록 하였다.

(2) 집합, 함수 등의 수학의 기초적인 내용을 포함하고 있기 때문에 수학에 대한 기초가 부족한 사람도 쉽게 읽을 수 있도록 하였다. 또한 내용뿐만 아니라 증명과정을 차근차근 설명함으로써 대부분의 고등수학에서 다루는 수학적 논리 및 증명기법들이 소개되어 있다.

(3) 각 장의 마지막에 그 장의 주요내용을 소개함으로써 그 장에서 배운 내용을 다시 한 번 점검할 수 있게 하였다. 이 책을 교재로 채택하여 강의를 하시는 교수님들은 그 장의 마지막 시간에 주요 내용을 보면서 학생들에게 그 장을 복습시키는데 활용할 수 있다.

(4) 각 절의 마지막에 그 절의 주요 성질의 이해정도를 점검할 수 있도록 핵심적인 문제들만 수록하였다.

‖ 주요내용 ‖

제1장 1절에서 집합의 기본성질과 집합의 연산에 관하여 논의한다.

2절에서 집합에서 정의되는 중요 관계(순서관계, 동치관계)를 정의하고 정수의 정렬성을 제시하고 이를 이용하여 정수의 나눗셈 알고리즘을 증명한다. 또한 집합에서 정의된 동치관계에 의해 유도되는 상집합을 정의한다.

3절에서 집합의 분할과 동치관계와의 관계를 설명한다.

4절에서 자연수의 성질을 이용하여 자연수에 관한 명제가 참임을 보이는 유용한 수단인 수학적 귀납법을 소개하고, 유명한 수열 중에 하나인 피보나치 수열을 소개한다.

제2장 1절에서 단사함수, 전사함수, 역함수 등과 같은 함수를 정의하고 함수의 연산에 대해 조사한다.

2절에서 이항연산과 군(Group)을 정의하고 정수들의 군의 구조를 논의한다.

3절에서 가환군의 부분군에 의해 유도되는 동치관계와 잉여군을 정의한다. 또한 정수들의 군의 구조와 잉여군의 구조를 알아본다.

제3장 1절에서 정수의 약수, 배수를 정의하고 정수들의 부분군들의 관계를 설명한다.

2절에서 정수들의 최대공약수와 최소공배수를 정의하고 최대공약수를 구하는 유용한 수단인 유클리드 알고리즘을 증명한다.

3절에서 일차 부정방정식 $ax+by=c$의 해법을 알아본다.

제4장 1절에서 소수를 정의하고 모든 정수는 하나의 소인수를 가짐을 보인다. 또한 소수는 무한히 많음을 보이고 소수의 분포를 알아본다.

2절에서 모든 정수는 소수들의 곱으로 유일하게 표현된다는 소인수분해정리를 증명한다.

3절에서 페르마 수, 페르마 소수, 메르센 수 그리고 메르센 소수에 관해 논의한다.

제5장 1절에서 두 정수가 법 n에 관해 합동임을 정의하고 합동에 관한 연구가 정수들의 군의 부분군의 연구와 밀접한 관계가 있음을 보인다.

2절에서 일차 합동방정식 $ax \equiv b \pmod{c}$의 풀이에 관해 논의한다.

3절에서 $\mathbb{Z}_m$의 원소를 요소로 갖는 행렬들의 성질을 알아보고 이를 이용하여 특수한 형태의 연립일차 합동방정식의 풀이를 알아본다.

4절에서 중국인의 나머지 정리를 소개하고 이를 이용한 연립일차 합동방정식의 풀이를 알아본다.

5절에서 2차 이상의 다항 합동방정식의 풀이를 알아보고 헨젤의 보조정리를 이용한 풀이를 논의한다.

6절에서 합동식의 응용으로 진법을 이용한 나눗셈, 국제표준서적번호, 여권번호, 상품의 막대부호, 리그전 대진표 작성에 대하여 알아본다.

제6장 1절에서 윌슨의 정리(소수 p에 대하여 $(p-1)! \equiv -1 \pmod{p}$)를 증명한다.
2절에서 오일러 파이함수를 정의하고 페르마 정리와 오일러 정리를 증명한다.
3절에서 유사소수, 절대유사소수를 정의하고 이들의 성질을 알아본다.
4절에서 합동식의 암호기법에의 응용을 다룬다.

제7장 1절에서 정수론적 함수의 합함수, 곱셈함수를 정의하고 이들의 성질을 조사한다. 특히 주어진 양의 정수에 대하여 양의 약수의 수와 합을 구하는 방법을 조사한다.
2절에서 오일러 파이함수의 성질을 조사하고 그 계산공식을 유도한다.
3절에서 완전수를 정의하고 이들의 성질을 알아본다.
4절에서 정수론적 함수의 반전공식을 유도한다.

제8장 1절에서 원시근을 정의하고 원시근과 군 $\mathbb{Z}_n^*$와의 관계를 알아본다.
2절에서 모든 소수에 관한 원시근이 존재함을 보이고, n차 합동방정식은 기껏해야 n 개의 합동이 아닌 해를 가진다는 라그랑주의 정리를 증명한다.
3절에서 원시근을 가지는 합성수에 대하여 조사한다.
4절에서 원시근을 가지는 자연수에 대한 이산로그를 정의하고 이들의 성질을 알아본다. 또한 k차 합동방정식 $x^k \equiv a \pmod{m}$의 해에 관해 논의한다.

제9장 1절에서 이차 잉여의 성질을 조사하고 이차 합동방정식의 풀이를 알아본다.
2절에서 르장드르 기호를 정의하고 이들의 성질을 알아본다.
3절에서 이차 잉여의 상호법칙을 증명한다.
4절에서 야코비 기호를 정의하고 야코비 기호의 상호법칙을 증명한다.
5절에서 이차 합동방정식 $x^2 \equiv a \pmod{m}$의 풀이를 알아본다.

제10장 1절에서 유한 단순 연분수를 정의하고 유리수와 유한 단순 연분수와의 관계를 설명한다.
2절에서 무한 단순 연분수를 정의하고 무리수와 무한 단순 연분수와의 관계를 설명한다.
3절에서 이차무리수와 순환 단순 연분수를 정의하고 이들의 관계를 알아본다.
4절에서 기약이차무리수와 순수 순환 단순 연분수를 정의하고 이들의 관계를 알아본다.

제11장 1절에서 피타고라스 세 수를 정의하고 이들을 구하는 방법을 알아본다.
2절에서 페르마의 마지막 정리를 소개하고 $x^4 + y^4 = z^2$이 정수해를 갖지 않음을 증명한다.
3절에서 두 개 또는 세 개의 제곱수의 합으로 표현되는 정수를 분류하고, 모든 자연수는 네 개의 제곱수들의 합으로 표현됨을 보인다.
4절에서 펠(Pell)의 방정식의 정수해를 알아보고 양수해와 단순 연분수의 근사분수와의 관계를 조사한다.

약 3년 동안 영남대학교 이과대학 수학과와 사범대학 수학교육과의 교재로 사용한 강의노트를 바탕으로 이 책을 출판하게 되었다. 이 책이 출간되기까지 저와 같이 몇 학기 동안의 강의를 통하여 교정과 조언을 아끼지 않은 영남대학교 수학과의 김관수 교수님께 깊이 감사드리며, 이 책의 출판을 위해 열심히 도와준 경문사도 감사드린다. 그리고 2008년도 영남대학교 학술연구조성비의 지원이 이 책을 출판하는데 많은 도움이 되었다.

아무쪼록 이 책이 학생들의 정수에 대한 이해를 돕고 더 나아가 고등수학의 공부에 도움이 되었으면 하는 바람이다. 아울러 독자들에게 진심어린 충고와 조언을 부탁드리며 모두에게 무궁한 학문적 발전이 있기를 기원한다.

2008년 겨울 경산 압량벌에서 저자 씀

차례

제 1 장 집 합

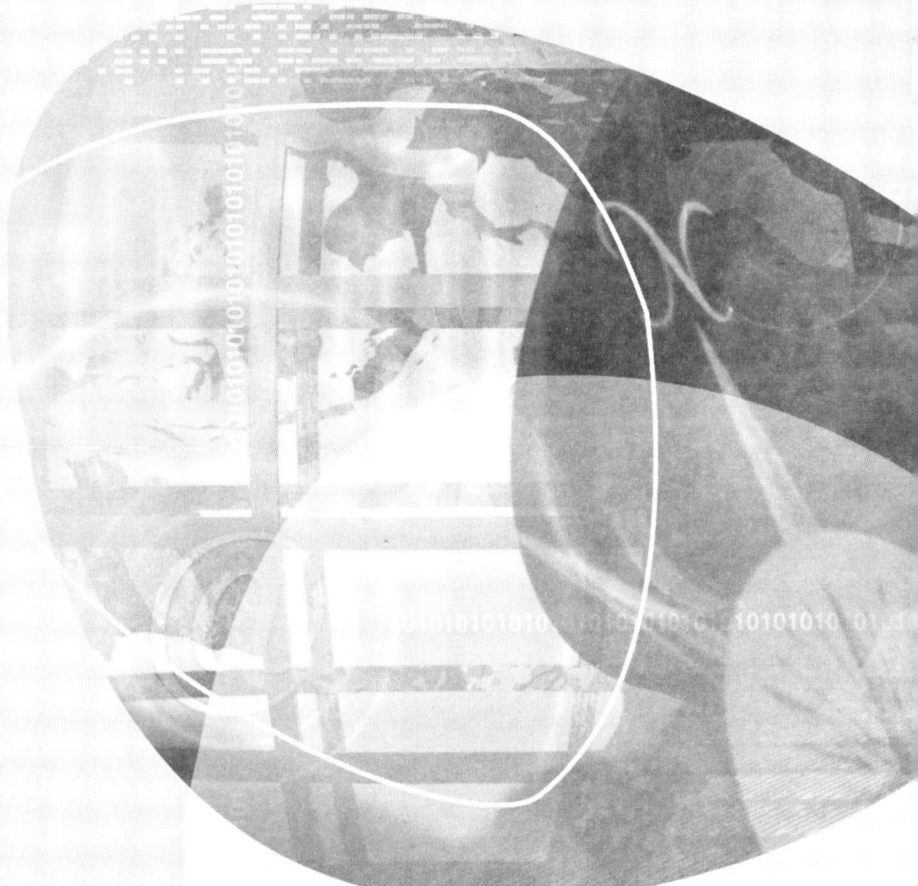

1.1 집합의 정의 및 연산

현대의 수학은 모든 현상들을 기호화하는 작업에서 시작된다. 따라서 현대수학을 이해하기 위해서는 수학에서 사용하는 기호에 익숙해야 한다. 이런 기호의 대부분은 집합에서부터 시작된다.

여러 가지 집합에 대한 연구는 매우 오래전에 시작되어 현재에 이르고 있으나 수학의 학문분야로써의 집합론은 19세기 말 칸토어(George Cantor, 1845-1918)의 업적에서 시작된다. 이러한 칸토어의 업적은 수학의 많은 분야의 발전을 이룰 수 있게 하였다. 특히 정수론과 관계하여 데데킨트(Dedekind)는 "수란 무엇이며 수란 무엇이어야 하는가?"라는 책자에서 자연수의 개념이 집합론의 기초원리에서 도출됨을 밝혔다.

자연수가 무엇인가 하는 질문을 받게 되면 금방 답하기가 쉽지 않다. 자연수는 1, 2, 3, …을 뜻한다는 직관적인 생각은 있으나 그 정의를 답하기는 쉽지 않다. 각 자연수 n을 원소를 n개 갖는 집합으로 정의함으로서 자연수의 개념을 명확히 하였다. 예를 들어 0을 공집합 $\varnothing$으로, 1을 공집합의 원소로 갖는 집합, 즉 $\{\varnothing\}$으로 정의하고, 2를 집합 $\{0, 1\}=\{\varnothing, \{\varnothing\}\}$으로 정의하였다. 따라서 자연수의 성질은 집합의 연산에 의해 얻어질 수 있다.

그러나 20세기 초 집합의 존재성에 관한 역설들이 등장하면서 기존의 집합론은 많은 수정을 요구받게 된다. 역설이 등장하기 전 칸토어의 집합의 정의는 "우리의 지각에 의해 전체적으로 파악할 수 있는 일정하고 구별되는 대상의 모임"이었다. 즉 어떤 사물이 원소인지 아닌지를 판단 가능한 대상들의 모임이란 뜻이다. 이와 같이 막연하고 상식적인 집합의 정의는 1902년 러셀이 존재하지 않는 집합이 있을 수 있음을 보임으로서 문제가 되었다. 이후에도 많은 사람들에 의해 역설이 만들어 졌다. 이러한 역설 때문에 공리론적 집합론이 도입되었다. 그러나 여전히 공리론적 집합론에는 모순이 없다는 것이 증명되지 않았다. 이러한 이유에서 아직도 많은 수학자들은 칸토어의 정의를 사용하고 있고 우리도 앞으로 계속 칸토어의 정의를 사용한다.

정의 1.1.1 [원소, 공집합]

집합 X를 구성하고 있는 사물 x를 X의 **원소**(element)라 하고 기호는 $x \in X$로 적는다. 반면 x가 X의 원소가 아니면 $x \notin X$로 적는다. 원소를 하나도 가지고 있지 않는 집합을 **공집합**(empty set)이라 하고 기호는 $\varnothing$으로 적는다. 집합 X의 원소의 개수가 유한이면 X를 **유한집합**(finite set), X의 원소의 개수가 무한이면 X를 **무한집합**(infinite set)이라 한다.

집합을 표현하는 방법은 크게 두 가지가 있다. 하나는 흔히 원소나열법이라 부르며 이 방법은 괄호 { } 안에 집합의 원소를 일일이 나열하는 것이다. 단, 이때 같은 원소를 두 번 쓰지 않으며 원소를 나열한 순서는 집합에 미치는 영향이 없다. 또 다른 하나는 괄호 안에 |을 긋고 왼쪽에 모임의 대상 x, 즉 원소를 쓰고 오른쪽에 그 원소들이 만족하는 성질(명제) $p(x)$를 쓴다. 즉 $X=\{x|p(x)\}$이면 X의 원소 x는 $p(x)$를 만족하는 대상이다. 대부분의 경우에 집합은 영어 대문자 $A, B, C, X, Y, \cdots$를 사용하며 원소는 영어 소문자 $a, b, c, x, y, \cdots$를 사용한다.

앞으로 자주 사용하게 되는 집합기호를 소개한다.

$\mathbb{N}$: 자연수 전체의 집합
$\mathbb{Z}$: 정수 전체의 집합
$\mathbb{Q}$: 유리수 전체의 집합
$\mathbb{R}$: 실수 전체의 집합

예제 1.1.2 (1) $X=\{$홍길동, 김철수, 박영희$\}$이라면 X의 원소의 개수는 3이며, 홍길동, 김철수, 박영희의 모임이다.

(2) $X=\{x\in\mathbb{Z}\,|\,x^2=1\}$이라면 X의 원소는 제곱하여 1인 정수들이다. 즉 $x=1$, 또는 -1이다. 그러므로 $X=\{1, -1\}$이다.

(3) $X_1=\{ax\,|\,a\in\mathbb{R}\}$, $X_2=\{ax\,|\,x\in\mathbb{R}\}$의 차이를 알아보자. X_1, X_2의 원소의 형태는 다 같이 ax의 꼴이나 X_1의 원소는 x의 왼쪽에 실수를 곱한 것, 즉 $2x$, $\sqrt{2}\,x, \cdots$이고 X_2의 원소는 a의 오른쪽에 실수를 곱한 것, 즉 $a2$, $a\sqrt{2}, \cdots$이다. 만약 $a\neq 0$인 실수이면 $X_2=\mathbb{R}$이다. ■

정의 1.1.3 [부분집합, 집합이 같다]

집합 X_1의 모든 원소가 집합 X_2의 원소일 때, X_1은 X_2의 **부분집합(subset)**이라고 하며 기호는 $X_1\subseteq X_2$로 적는다.

만약 $X_1\subseteq X_2$이고 $X_2\subseteq X_1$이면, 두 집합 X_1과 X_2는 **같다(equal)**고 하며 기호는 $X_1=X_2$로 적는다.

예제 1.1.4 (1) 명백히 $\mathbb{N}\subseteq\mathbb{Z}\subseteq\mathbb{Q}\subseteq\mathbb{R}$이다.

(2) 예제 1.1.2의 (3)에서 a와 x가 다 같이 0이 아닌 실수이면,

$X_1 = X_2 = \mathbb{R}$이다.

(3) $X_1 = \left\{(x,\ y,\ z) \mid x,\ y,\ z \in \mathbb{R}\text{이고 } \dfrac{x}{1} = \dfrac{y}{2} = \dfrac{z}{3}\right\}$,

$X_2 = \{(x,\ y,\ z) \mid x,\ y,\ z \in \mathbb{R}\text{이고 } x + y - z = 0\}$

라 두면 $X_1 \subseteq X_2$이다. 왜냐하면 $(x,\ y,\ z) \in X_1$이면 $x = \dfrac{y}{2} = \dfrac{z}{3}$이므로 $x = \dfrac{y}{2} = \dfrac{z}{3} = t$라 두면 $x = t,\ y = 2t,\ z = 3t$이다. 따라서 $x + y - z = t + 2t - 3t = 0$이므로 $(x,\ y,\ z) \in X_2$이다. 따라서 $X_1 \subseteq X_2$이다. ■

정의 1.1.5 [합집합, 교집합]

두 집합 $X_1,\ X_2$의 **합집합**(union) $X_1 \cup X_2$과 **교집합**(intersection) $X_1 \cap X_2$을 각각 다음과 같이 정의한다.

$$X_1 \cup X_2 = \{x \mid x \in X_1 \text{ 또는 } x \in X_2\},$$
$$X_1 \cap X_2 = \{x \mid x \in X_1 \text{ 그리고 } x \in X_2\}$$

즉 $x \in X_1 \cup X_2$이면 x가 X_1이나 X_2 중에 적어도 한 집합에는 속한다는 의미이며, $x \in X_1 \cap X_2$이면 x가 X_1과 X_2 두 집합에 공통적으로 속한다는 뜻이다.

따라서 $X_1 \cup X_2 \supseteq X_1$, $X_1 \cup X_2 \supseteq X_2$, $X_1 \cap X_2 \subseteq X_1$, $X_1 \cap X_2 \subseteq X_2$임은 자명하다.

물론 두 개 이상의 여러 집합들의 합집합과 교집합도 같은 방법으로 정의할 수 있다. 만약 $i \in I$에 대하여 X_i가 집합들이면

$$\bigcup_{i \in I} X_i = \{x \mid x \in X_i\text{을 만족하는 } i\text{가 존재한다}\},$$
$$\bigcap_{i \in I} X_i = \{x \mid \text{모든 } i \in I\text{에 대하여 } x \in X_i\text{이다}\}$$

으로 정의한다. 이때 집합 I를 **첨수집합**(index set)이라 한다.

예제 1.1.6 집합 $X_1,\ X_2,\ X_3$에 대하여 다음 사실을 증명하라.

(1) $X_1 \subseteq X_2$이면 $X_1 \cup X_2 = X_2$, $X_1 \cap X_2 = X_1$이다.

(2) $(X_1 \cup X_2) \cap X_3 = (X_1 \cap X_3) \cup (X_2 \cap X_3)$

증명 (1) $x \in X_1 \cup X_2$이면 $x \in X_1$ 또는 $x \in X_2$이다. 만약 $x \in X_1$이면 $X_1 \subseteq X_2$이므로 $x \in X_2$이다. 만약 $x \in X_2$이면 당연히 $x \in X_2$이다. 즉, $X_1 \cup X_2$에 속하는 모든 원소는 X_2에 포함된다. 따라서 $X_1 \cup X_2 \subseteq X_2$이다. 한편 $X_1 \cup X_2 \supseteq X_2$이므로 $X_1 \cup X_2 = X_2$이다.

$X_1 \cap X_2 = X_1$의 증명은 각자에게 맡긴다.

(2) $x \in (X_1 \cup X_2) \cap X_3 \Leftrightarrow x \in X_1 \cup X_2$ 그리고 $x \in X_3$

$\Leftrightarrow (x \in X_1$ 또는 $x \in X_2)$ 그리고 $x \in X_3$

$\Leftrightarrow (x \in X_1$ 그리고 $X_3)$ 또는 $(x \in X_2$ 그리고 $X_3)$

$\Leftrightarrow x \in (X_1 \cap X_3) \cup (X_2 \cap X_3)$ ■

정의 1.1.7 [집합의 곱]

두 집합 X_1, X_2의 곱(Cartesian product) $X_1 \times X_2$을 X_1과 X_2의 원소들의 순서쌍들의 집합으로 정의한다. 즉

$$X_1 \times X_2 = \{(x_1, x_2) \mid x_1 \in X_1 \text{ 그리고 } x_2 \in X_2\}$$

이다. 만약 $X_1 = X_2 = X$이면 $X_1 \times X_2 = X^2$으로 적는다. 이때 X^2의 두 원소 (x_1, y_1), (x_2, y_2)에 대하여 $(x_1, y_1) = (x_2, y_2) \Leftrightarrow x_1 = x_2$, $y_1 = y_2$로 정의한다. 그러면 $x \neq y \in X$에 대하여 $(x, y) \neq (y, x)$이다. 또한 두 개 이상의 유한 개의 집합들의 곱도 같은 방법으로 정의할 수 있다. 만약 $i \in I = \{1, 2, \cdots, n\}$에 대하여 X_i가 집합이면, X_i의 곱을

$$\prod_{i=1}^{n} X_i = \{(x_1, x_2, \cdots, x_n) \mid \text{모든 } i \in I \text{에 대하여 } x_i \in X_i \text{이다.}\}$$

으로 정의한다. 만약 $X_i = X$이면 $\prod_{i=1}^{n} X_i = X^n$으로 적는다.

1.1 연습문제

01 $(X_1 \cap X_2) \cup X_3 = (X_1 \cup X_3) \cap (X_2 \cup X_3)$ 임을 보여라.

02 집합 X의 원소의 개수를 $|X|$로 나타낸다면, 유한집합 A, B에 대해 $|A \cup B| = |A| + |B| - |A \cap B|$임을 보여라.

03 집합 A의 모든 부분집합의 모임을 2^A라 하자. 만약 $|A| = n$이면 $|2^A|$를 구하여라.

04 $A = \{1, 2, 3\}$일 때, 2^A을 구하여라.

1.2 관계

주어진 집합에서 정의된 관계는 크게 두 가지가 있다. 하나는 순서관계이며, 또 다른 하나는 동치관계이다. 우리가 이 교재에서 주로 사용하는 것은 동치관계이며 주어진 집합을 분할하기 위해 반드시 동치관계가 주어져야 한다. 이 절에서 주로 동치관계에 대하여 많은 부분을 할애한다. 다음 절에서 동치관계와 분할 사이의 연관성을 조사한다.

정의 1.2.1 [관계, 반사적, 대칭적, 추이적, 반대칭적, 순서관계, 동치관계]

주어진 집합 X에 대하여 $X\times X$의 부분집합 A를 X에서의 **관계**(relation)라고 부른다. 만약 $(x,\ y)\in A$이면 x와 y는 **관계가 있다**고 말한다. A가 X에서의 관계일 때

(1) 모든 $x\in X$에 대하여 $(x,\ x)\in A$이면 A를 **반사적**(reflexive),

(2) $(x,\ y)\in A$이면 $(y,\ x)\in A$를 만족하면 A를 **대칭적**(symmetric),

(3) $(x,\ y)\in A$이고 $(y,\ z)\in A$이면 $(x,\ z)\in A$를 만족하면 A를 **추이적**(transitive),

(4) $(x,\ y)\in A$이고 $(y,\ x)\in A$이면 $x=y$를 만족하면 A를 **반대칭적**(antisymmertic) 이라 부른다.

(1), (3), (4)를 만족하는 관계를 **순서관계**(order relation)라 부르고, (1), (2), (3)을 만족하는 관계를 **동치관계**(equivalence relation)라 부른다.

예제 1.2.2 (1) 집합 X에 대하여 2^X을 X의 모든 부분집합들의 모임이라 하고

$$\Gamma=\{(A,\ B)\in 2^X\times 2^X \mid A\subseteq B\}$$

으로 정의하면 Γ가 2^X에서의 순서관계임을 보여라.

(2) 실수 전체의 집합 $\mathbb{R}$에 대하여

$$A=\{(x,\ y)\in\mathbb{R}\times\mathbb{R} \mid y-x\geq 0\}$$

으로 정의하면 A는 $\mathbb{R}$에서의 순서관계임을 보여라.

(3) 집합 X를 수학과 2학년 학생들의 모임이라 하고

$$A=\{(x,\ y)\in X\times X \mid x,\ y\text{는 정수론을 수강하는 학생들이다.}\}$$

으로 정의하면 A는 X에서의 동치관계인가를 설명하여라.

(4) 정수 전체의 집합 $\mathbb{Z}$에 대하여

$$A = \{(x,\ y) \in \mathbb{Z} \times \mathbb{Z} \mid y - x = 5k,\ k\text{는 정수}\}$$

으로 정의하면 A는 $\mathbb{Z}$에서의 동치관계임을 보여라.

증명 (1) ① 반사적 : $A \in 2^X$이면 $A \subseteq A$임은 명백하다. 따라서 모든 $A \in 2^X$에 대하여 $(A,\ A) \in \Gamma$이다. 즉 Γ는 반사적이다.

② 반대칭적 : 만약 $(A,\ B) \in \Gamma$ 그리고 $(B,\ A) \in \Gamma$이면 $A \subseteq B$이고 $B \subseteq A$이다. 그러므로 $A = B$, 즉 반대칭적이다.

③ 추이적 : $(A,\ B) \in \Gamma$ 그리고 $(B,\ C) \in \Gamma$이면 $A \subseteq B$이고 $B \subseteq C$이다. 그러므로 $A \subseteq C$이다. 따라서 $(A,\ C) \in \Gamma$이며 Γ가 추이적이다.

(2) ① 반사적 : 모든 실수 x에 대하여 $x - x = 0 \geq 0$이다. 따라서 모든 실수 x에 대하여 $(x,\ x) \in A$이며 A는 반사적이다.

② 반대칭적 : 만약 $(x,\ y) \in A$이고 $(y,\ x) \in A$이면 $y - x \geq 0$이고 $x - y \geq 0$이다. 즉 $y \geq x$이고 $x \geq y$이다. 따라서 $x = y$이며 A는 반대칭적이다.

③ 추이적 : 만약 $(x,\ y) \in A$이고 $(y,\ z) \in A$이면 $y - x \geq 0$이고 $z - y \geq 0$이다. 즉 $y \geq x$이고 $z \geq y$이다. 따라서 $x \leq z$이며 $(x,\ z) \in A$이므로 A는 추이적이다.

(3) ① 반사적 : 만약 수학과 2학년 학생들이 모두 정수론을 수강하면 모든 $x \in X$에 대하여 $(x,\ x) \in A$이다. 그러나 만약 수학과 2학년 학생 중에 정수론을 수강하지 않는 학생이 있으면 그 학생을 x라 두면 $(x,\ x) \notin A$이다. 그러므로 A는 반사적이 아니다.

② 대칭적 : 만약 $(x,\ y) \in A$이면 x와 y는 수학과 2학년 학생으로서 정수론 교과목을 수강한다. 따라서 y와 x는 수학과 2학년 학생으로서 정수론 교과목을 수강한다. 즉, $(y,\ x) \in A$이며 A는 대칭적이다.

③ 추이적 : 만약 $(x,\ y) \in A$이고 $(y,\ z) \in A$이면 x와 y는 수학과 2학년 학생으로서 정수론을 수강하며 또한 y와 z도 수학과 2학년 학생으로서 정수론 교과목을 수강한다. x와 z는 수학과 2학년 학생으로서 정수론 교과목을 수강한다. 따라서 $(x,\ z) \in A$이므로 A

는 추이적이다.

결론적으로 수학과 2학년 학생 모두 정수론을 수강하면 A는 동치관계이며 수학과 2학년 학생 중에 정수론을 수강하지 않는 학생이 있으면 A는 동치관계가 아니다.

(4) ① 반사적 : 모든 정수 $x \in \mathbb{Z}$에 대하여 $x-x=0=5 \cdot 0$이므로 $(x,\ x) \in A$이며 A는 반사적이다.

② 대칭적 : $(x,\ y) \in A$이면 $y-x=5k$를 만족하는 정수 k가 존재한다. 따라서 $x-y=5 \cdot (-k)$이다. 그러므로 $(y,\ x) \in A$이며 대칭적이다.

③ 추이적 : 만약 $(x,\ y) \in A$이고 $(y,\ z) \in A$이면 $y-x=5k$, $z-y=5k'$를 만족하는 정수 k와 k'가 존재한다. 따라서 $z-x=5(k+k')$이다. 그러므로 $(x,\ z) \in A$이며 A는 추이적이다. ■

정의 1.2.3 [동치류, 대표원소]

A가 집합 X에서의 동치관계라 하자. $x \in X$에 대하여 x와 관계가 있는 X의 원소들의 모임을 x의 **동치류**(equivalence class of x)라 부른다. x의 동치류를 기호로 $[x]_A$라 적는다. 즉,

$$[x]_A = \{y \in X \mid (x,\ y) \in A\}$$

이다. 이때 x를 $[x]_A$의 **대표원소**(representative of $[x]_A$)라 부른다. 고려하고 있는 동치관계에 혼란이 없으면 $[x]_A$을 간략히 $[x]$으로 쓴다.

다음 정리에서 동치류 및 대표원소에 대한 성질을 조사한다.

정리 1.2.4

A가 집합 X에서의 동치관계라 하자.

(1) X의 모든 원소는 하나의 동치류에 속한다. 즉, 모든 $x \in X$에 대하여 $x \in [x]$이다. 따라서 모든 원소가 하나의 동치류의 대표원소가 될 수 있다.

(2) $(x,\ y) \in A$이면 $[x]=[y]$이다. 또한 그 역도 성립한다.

(3) 두 동치류 $[x]$ 와 $[y]$는 같거나 교집합이 공집합이다. 즉,

$$[x]=[y] \text{ 또는 } [x]\cap[y]=\varnothing$$

이다.

증명

(1) A가 반사적이므로 모든 $x\in X$에 대하여 $(x, x)\in A$이다. 그러므로 $x\in[x]$이다.

(2) $(x, y)\in A$이면 $[x]=[y]$을 증명하기 위해 $[x]\subseteq[y]$이고 $[x]\supseteq[y]$임을 보인다. 만약 $z\in[x]$이면 $(x, z)\in A$이다. 가정에서 $(x, y)\in A$이며, A가 대칭적이므로 $(y, x)\in A$이다. A가 추이적이므로 $(y, z)\in A$이다. 따라서 $z\in[y]$이다. 즉, $[x]\subseteq[y]$임을 증명하였다. 마찬가지 방법으로 $[x]\supseteq[y]$을 증명할 수 있다. 주어진 명제의 역인 $[x]=[y]$이면 $(x, y)\in A$임은 자명하다.

(3) 만약 $[x]\cap[y]\neq\varnothing$이면, $z\in[x]\cap[y]$인 원소 $z\in X$가 존재한다. 따라서 $z\in[x]$이며 $z\in[y]$이다. 그러므로 $(x, z)\in A$이고 $(y, z)\in A$이다. A가 대칭적이므로 $(z, y)\in A$이다. 즉, $(x, z)\in A$이고 $(z, y)\in A$이다. A가 추이적이므로 $(x, y)\in A$이다. (2)에 의해서 $[x]=[y]$이다. ■

흔히 A가 집합 X에서의 순서관계일 때 A를 기호로 $\leq_A$라 쓰기도 한다. $(x, y)\in A$을 $x\leq_A y$라 쓰며 순서관계 A에 대한 혼란이 없으면 간단히 $x\leq y$으로 쓴다. 이때 "y는 x보다 크거나 같다."고 한다. A가 집합 X에서의 동치관계일 때 A를 기호로 $\sim_A$라 쓰기도 한다. $(x, y)\in A$을 $x\sim_A y$라 쓰며 동치관계 A에 대한 혼란이 없으면 간단히 $x\sim y$으로 쓴다. 이 기호를 이용하여 순서관계와 동치관계를 다시 정리하면 다음과 같다.

(1) 순서관계
  ① 모든 $x\in X$에 대하여 $x\leq x$이다. (반사적)
  ② $x\leq y$이고 $y\leq x$이면 $x=y$이다. (반대칭적)
  ③ $x\leq y$이고 $y\leq z$이면 $x\leq z$이다. (추이적)

(2) 동치관계
  ① 모든 $x\in X$에 대하여 $x\sim x$이다. (반사적)
  ② $x\sim y$이면 $y\sim x$이다. (대칭적)
  ③ $x\sim y$이고 $y\sim z$이면 $x\sim z$이다. (추이적)

정의 1.2.5 [최대원소, 최소원소, 극대원소, 극소원소]

$\le$이 집합 X에서의 순서관계일 때 최대원소, 최소원소, 극대원소, 극소원소를 다음과 같이 정의한다.

(1) $a \in X$가 모든 $x \in X$에 대하여 $x \le a$를 만족할 때 a를 X의 **최대원소**(greatest element)라 한다.

(2) $b \in X$가 모든 $x \in X$에 대하여 $b \le x$를 만족할 때 b를 X의 **최소원소**(smallest element)라 한다.

(3) $c \in X$가 "$c \le x$이면 $c = x$이다"를 만족할 때 c를 X의 **극대원소**(maximal element)라 한다.

(4) $d \in X$가 "$x \le d$이면 $d = x$이다"를 만족할 때 d를 X의 **극소원소**(minimal element)라 한다.

순서관계를 가지고 있는 집합의 최대원소는 그 집합의 모든 원소보다 크거나 같은 원소를 의미하며 최대원소가 존재한다면 단 하나만 존재함을 쉽게 알 수 있다. 그러나 극대원소는 그 원소보다 더 큰 원소는 존재하지 않음을 의미하며 극대원소는 여러 개가 존재할 수 있다. 마찬가지로 최소원소와 극소원소도 같은 개념을 가진다.

예를 들어, $X = \{a, b, c\}$일 때 $A = \{(a, a), (b, b), (c, c), (a, b), (a, c)\}$이면, A는 X에서의 순서관계이고 이때 X의 최대원소는 없고, 최소원소는 a, 극대원소는 b, c이고, 극소원소는 a이다.

예제 1.2.2의 (2)에서 주어진 실수에서의 순서관계는 부분집합인 자연수들의 집합에서도 순서관계이다. 이 순서관계는 우리가 알고 있는 자연수에서의 대소관계이다. 다음 공리는 우리가 자연수에 관한 정리를 유도할 때 유용하게 사용할 수 있다.

공리 1.2.6 [정수의 정렬성(well-ordering property)]

X를 양의 정수들의 집합의 공집합이 아닌 부분집합이라 하면 X는 최소원소를 포함한다.

예제 1.2.7 $\sqrt{2}$가 무리수임을 보여라.

증명 $\sqrt{2}$가 유리수라 가정하자. 그러면 $\sqrt{2}=a/b$를 만족하는 양의 정수 a, b가 존재한다. 집합 S를

$$S=\{k\sqrt{2}\,|\,k,\ k\sqrt{2} : \text{양의 정수}\}$$

로 정의한다. 그러면 $S\neq\varnothing$이다. 왜냐하면 $b\sqrt{2}\in S$이다. 그러므로 정수의 정렬성에 의해 집합 S는 최소원소 $s=t\sqrt{2}$를 포함한다. 그러면 $s\sqrt{2}=2t\in S$이다. 한편 $s\sqrt{2}$, s는 모두 양의 정수이고 $s\sqrt{2}-s=(s-t)\sqrt{2}$이므로 $s\sqrt{2}-s\in S$이다. 그러나 $0<s\sqrt{2}-s<s$ 이므로 s가 집합 S의 최소원소라는 가정에 모순이다. 그러므로 $\sqrt{2}$가 무리수이다.

■

정리 1.2.8 [나눗셈 알고리즘(division algorithm)]

임의의 두 정수 a, b $(b\neq 0)$에 대하여

$$a=qb+r,\quad 0\leq r<|b|$$

을 만족하는 정수 q와 r이 존재하고 이러한 q와 r은 단 하나뿐이다. 이때 q를 a를 b로 나눈 몫, r을 나머지라 부른다.

증명

먼저 $b>0$라 가정한다. 집합

$$S=\{a-kb\,|\,k\in\mathbb{Z}\}$$

라 하면 $S\cap\mathbb{N}\neq\varnothing$이다(각자 증명). 그러므로 정수의 정렬성에 의해 $S\cap\mathbb{N}$은 최소원소 r을 포함한다. 따라서 적당한 $q\in\mathbb{Z}$에 대하여

$$r=a-qb,\ \text{즉}\ a=qb+r$$

이다. $r\in S\cap\mathbb{N}$이므로 $r\geq 0$이다. 만약 $r\geq b$라 가정하면

$$a=qb+r=(q+1)b+(r-b),\ \text{즉}\ r-b=a-(q+1)b\in S\cap\mathbb{N}$$

이다. 이것은 r이 $S\cap\mathbb{N}$의 최소원소라는 사실에 모순이다. 그러므로 $r<b$이다.
이제 $b<0$이라 가정하면 $-b>0$이므로 위의 증명에 의해

$$a = q'(-b) + r, \quad 0 \le r < -b$$

를 만족하는 정수 q'와 r이 존재한다. 그러므로

$$a = q'(-b) + r = (-q')b + r, \quad 0 \le r < -b$$

이다. 따라서 $q = -q'$와 r이 존재한다.

이러한 정수 q와 r이 유일하게 존재함을 보인다. 만약

$$\begin{aligned} a &= qb + r, \quad 0 \le r < |b| \\ &= q'b + r', \quad 0 \le r' < |b| \end{aligned}$$

라 가정하면

$$(q - q')b = r' - r, \quad -|b| < r' - r < |b|$$

이다. 그러므로

$$q - q' = 0, \text{ 즉 } q = q' \text{이며 } \quad r = r'$$

이다. 따라서 이러한 정수 q와 r이 유일하게 존재한다. ■

정의 1.2.9 [상집합]

A가 집합 X에서의 동치관계일 때 X의 모든 동치류들의 집합을 상집합(Quotient set)이라 부르고 기호로 X/A 또는 $X/\sim_A$ 또는 간략히 $X/\sim$라고 적는다. 즉

$$X/\sim = \{[x] \subseteq X \mid x \in X\}$$

이다.

예제 1.2.10 (1) 예제 1.2.2의 (4)에서 정의한 동치관계에 대하여 다음 물음에 답하라.

① $[3]_A$을 구하여라.

② $\mathbb{Z}/A$의 원소의 개수를 구하여라.

(2) 정수들의 집합 $\mathbb{Z}$에서의 관계 A'를 다음과 같이 정의한다. 이 관계에 대하여 다음 물음에 답하라.

$$A' = \{(x,\ y) \in \mathbb{Z} \times \mathbb{Z} \mid y - x = 10k\text{를 만족하는 정수 } k\text{가 존재한다.}\}$$

① A'는 $\mathbb{Z}$에서의 동치관계임을 보여라.

② $[3]_{A'}$을 구하여라.

③ (1)번의 ①의 $[3]_A$와 위의 $[3]_{A'}$와의 관계를 구하여라.

④ $\mathbb{Z}/A'$에 속하는 각 동치류의 대표원소를 하나씩만 적어라.

풀이 (1) ① 만약 $x \in [3]_A$이면 $(3,\ x) \in A$, 즉 적당한 정수 k에 대하여 $x - 3 = 5k$이다. 그러므로 $x = 5k + 3$이다. 따라서

$$[3]_A = \{5k + 3 \mid k\text{는 정수}\} = \{\cdots,\ -7,\ -2,\ 3,\ 8,\ \cdots\}$$

이다. $[3]_A$는 5로 나눈 나머지가 3인 모든 정수들의 집합임을 알 수 있다.

② 모든 정수를 5로 나눈 나머지는 0, 1, 2, 3, 4 중의 하나이다. 그러므로

$$\mathbb{Z}/A = \{[0],\ [1],\ [2],\ [3],\ [4]\}$$

이다. 따라서 $\mathbb{Z}/A$의 원소의 개수는 5이다.

(2) ① (i) 반사적 : 모든 정수 $x \in Z$에 대하여 $x - x = 0 = 10 \cdot 0$이므로 $(x,\ x) \in A'$이며 A'는 반사적이다.

(ii) 대칭적 : $(x,\ y) \in A'$이면 $y - x = 10k$를 만족하는 정수 k가 존재한다. 따라서 $x - y = 10 \cdot (-k)$이다. 그러므로 $(y,\ x) \in A'$이며 대칭적이다.

(iii) 추이적 : 만약 $(x,\ y) \in A'$이고 $(y,\ z) \in A'$이면 $y - x = 10k$, $z - y = 10k'$를 만족하는 정수 k와 k'가 존재한다. 따라서 $z - x = 10(k + k')$이다. 그러므로 $(x,\ z) \in A'$이며 A는 추이적이다.

② 만약 $x \in [3]_{A'}$이면 $(3,\ x) \in A'$, 즉 적당한 정수 k에 대하여 $x - 3 = 10k$이다. 그러므로 $x = 10k + 3$이다. 따라서

$$\begin{aligned}[3]_{A'} &= \{10k + 3 \mid k\text{는 정수}\} \\ &= \{\cdots,\ -17\ -7,\ 3,\ 13,\ 23,\ \cdots\}\end{aligned}$$

이다.

③ 만약 $x \in [3]_{A'}$이면 적당한 정수 k에 대하여 $x = 10k + 3$이다. 그러므로 $x = 10k + 3 = 5(2k) + 3$이며 $2k$가 정수이므로 $x \in [3]_A$이다. 따라서 $[3]_{A'} \subseteq [3]_A$임을 알 수 있다. 마찬가지 방법으로 $[8]_{A'} \subseteq [3]_A$을 보일 수 있다. 그러므로 $[3]_{A'} \cup [8]_{A'} \subseteq [3]_A$이다. 역으로 만약 $x \in [3]_A$이면 적당한 정수 k에 대하여 $x = 5k + 3$이다. 여기서 적당한 정수 k'에 대하여 $k = 2k'$이면 $x = 5k + 3 = 5(2k') + 3 = 10k' + 3$이다. 따라서 $x \in [3]_{A'}$이다. 만약 $k = 2k' + 1$ (k'는 정수)이면 $x = 5k + 3 = 5(2k' + 1) + 3 = 10k' + 8$이다. 따라서 $x \in [8]_{A'}$이다. 즉 $x \in [3]_A$이면 $x \in [3]_{A'} \cup [8]_{A'}$이다. 그러므로 $[3]_{A'} \cup [8]_{A'} = [3]_A$이다. 즉 A에 관한 3의 동치류가 A'에 관한 3의 동치류와 8의 동치류의 합집합이다.

④ 모든 정수를 10으로 나눈 나머지는 0, 1, 2, 3, 4, 5, 6, 7, 8, 9 중의 하나이다. 그러므로

$$\mathbb{Z}/A' = \{[0], [1], [2], [3], [4], [5], [6], [7], [8], [9]\}$$

이다. 따라서 각 동치류에서 대표원소로 $\{0, 1, 2, 3, 4, 5, 6, 7, 8, 9\}$를 선택할 수 있다. ■

1.2 연습문제

01 다음 집합이 순서관계인지 동치관계인지 조사하여라.

(1) 집합 A에 대해 $T_1 = \{(x, y) \in A \times A \mid x = y\}$

(2) 정수집합 $\mathbb{Z}$에 대해 $T_2 = \{(x, y) \in \mathbb{Z} \times \mathbb{Z} \mid |x| = |y|\}$

(3) 정수집합 $\mathbb{Z}$에 대해 $T_3 = \{(x, y) \in \mathbb{Z} \times \mathbb{Z} \mid x < y\}$

(4) $J_5 = \{1, 2, 3, 4, 5\}$에 대해

$$T_4 = \{(1, 1), (2, 2), (3, 3), (4, 4), (5, 5), (1, 2), (1, 4)\}$$

02 위 (1)~(4) 중에서 동치관계인 경우 동치류를 구해보아라.

03 위 (4)에서 T_4를 품는 가장 작은 J_5의 동치관계를 구하여라.

04 정수의 정렬성을 이용하여 $\sqrt{3}$이 무리수임을 보여라.

1.3 분할

정수론을 수강하는 학생들을 연습문제 풀이를 위해 조 편성을 하려고 한다. 다만 조 편성은 다음 규칙에 따라 한다. 첫째, 모든 학생이 적어도 한 조에는 속한다. 둘째, 한 학생이 두 조에 중복하여 속하지는 않는다. 즉 모든 학생이 꼭 한 조에만 속한다. 이와 같이 집합을 부분집합들로 나누는데 모든 원소가 꼭 한 부분집합에만 속하는 부분집합들의 모임을 그 집합의 분할이라 한다.

정의 1.3.1 [분할]

집합 X의 부분집합 X_i $(i \in I)$들이 다음 조건을 만족할 때 이 부분집합들의 모임 $P = \{X_i \subseteq X \mid i \in I\}$를 X의 **분할**(partition of X)이라 한다.

(1) $\bigcup_{i \in I} X_i = X$

(2) i와 j가 $i \neq j$인 I의 원소이면 $X_i \cap X_j = \varnothing$이다.

집합 X를 전 세계에서 생산되는 휴대폰 모델들의 집합이라 하자. X_i를 i 회사에서 생산되는 모델들의 집합이라 하고 I를 전 세계의 휴대폰 생산회사들의 집합이라 하면 $P = \{X_i \subseteq X \mid i \in I\}$는 X의 분할임은 명백하다. 여기서 X_i의 원소들은 i 회사에서 생산되는 모델들의 집합이라는 규칙이 있다. 역으로 집합 X의 원소들에 관한 어떤 규칙이 있으면 그 집합의 분할을 유도한다. 이 규칙이 X에서의 동치관계임을 다음 정리들에서 밝힌다.

정리 1.3.2

$P = \{X_i \subseteq X \mid i \in I\}$가 집합 X의 분할이면 $X \times X$의 부분집합 A를

$$A = \{(x, y) \in X \times X \mid x \in X_i \text{이고 } y \in X_i \text{를 만족하는 } i \in I \text{가 존재한다.}\}$$

으로 정의하면 A는 X에서 동치관계이다.

증명

A가 $X \times X$의 부분집합이므로 A가 X에서의 관계임은 명백하다. 따라서 A가 반사적,

대칭적, 추이적임을 보이면 된다.

(1) 반사적 : $\bigcup_{i\in I} X_i = X$이므로 모든 $x\in X$에 대하여 $x\in X_i$을 만족하는 $i\in I$가 존재한다. 그러므로 $(x, x)\in A$이며 A가 반사적이다.

(2) 대칭적 : $(x, y)\in A$이면 적당한 $i\in I$에 대하여 $x\in X_i$이고 $y\in X_i$이다. 그러므로 $y\in X_i$이고 $x\in X_i$이다. 따라서 $(y, x)\in A$이며 A가 대칭적이다.

(3) 추이적 : $(x, y)\in A$이고 $(y, z)\in A$을 가정한다. $(x, y)\in A$이므로 적당한 $i\in I$에 대하여 $x\in X_i$이고 $y\in X_i$이다. 또한 $(y, z)\in A$이므로 적당한 $j\in I$에 대하여 $y\in X_j$이고 $z\in X_j$이다. 따라서 $y\in X_i\cap X_j$이다, 즉 $X_i\cap X_j\neq\varnothing$이며 P가 분할이므로 $i=j$이다. 그러므로 $x\in X_i$이고 $z\in X_i$이다. 결론적으로 $(x, z)\in A$이며 A가 추이적이다. ■

위의 정리는 집합 X의 분할이 주어져 있을 때 X에서의 관계 $\sim$를

$$x\sim y \quad\Leftrightarrow\quad x\text{와 } y\text{가 분할의 같은 집합의 원소이다.}$$

로 정의하면 이 관계 $\sim$는 동치관계임을 보여준다.

예제 1.3.3 (1) 정수 전체의 집합 $\mathbb{Z}$를 다음과 같이 분할할 때 유도되는 관계를 쓰고 이 관계가 $\mathbb{Z}$에서의 동치관계임을 보여라.

$$P=\{\mathbb{N}^-, \{0\}, \mathbb{N}^+\}$$

단, $\mathbb{N}^-$는 음의 정수 전체의 집합, $\mathbb{N}^+$는 양의 정수 전체의 집합이다.

(2) $X_1=\{5k\,|\,k\text{는 정수}\}$,

$X_2=\{5k+1\,|\,k\text{는 정수}\}$,

$X_3=\{5k+2\,|\,k\text{는 정수}\}$,

$X_4=\{5k+3\,|\,k\text{는 정수}\}$,

$X_5=\{5\mathrm{k}+4\,|\,k\text{는 정수}\}$

로 정의하면 $P=\{X_1, X_2, X_3, X_4, X_5\}$는 정수 전체의 집합 $\mathbb{Z}$의 분할이다. 이때 유도되는 동치관계를 구하여라.

풀이 (1) 위의 정리에 의해, 두 정수 x와 y가 둘 다 $\mathbb{N}^-$에 속하거나, $\{0\}$에 속하거나 또는 $\mathbb{N}^+$에 속하면 $x\sim y$로 정의하였다. x와 y가 둘 다

$\mathbb{N}^-$에 속하면 $x<0$이고 $y<0$이며 x와 y가 둘 다 $\{0\}$에 속하면 $x=y=0$이며 x와 y가 둘 다 $\mathbb{N}^+$에 속하면 $x>0$이고 $y>0$이다. 결국 두 정수 x와 y가 둘 다 양수이거나 둘 다 음수 또는 둘 다 0일 때 $x\sim y$이다. 즉, x와 y가 같은 부호이거나 0이면 $x\sim y$이다. 이 관계가 동치관계임은 독자에게 맡긴다.

(2) 위의 정리에 의해, 두 정수 x와 y가 둘 다 적당한 $i\in\{1, 2, 3, 4, 5\}$에 대하여 X_i에 속하면 $x\sim y$로 정의하였다. 따라서 $x=5k+i$, $y=5k'+i$를 만족하는 정수 k, k'가 존재한다. 그러므로 $y-x=5(k-k')$이다. 즉, $x\sim y \Leftrightarrow y-x=5\cdot l$, l은 적당한 정수이다. ■

역으로 집합 X에서의 동치관계는 X의 분할을 유도함을 보인다.

정리 1.3.4

A가 집합 X의 동치관계라 하자. $P=\{[x]\,|\,x\in X\}$은 X의 분할이다.

증명

$[x]=\{y\in X\,|\,(x, y)\in A\}$로서 x의 동치류임을 상기한다.

(1) A가 반사적이므로 모든 $x\in X$에 대하여 $(x, x)\in A$이다. 따라서 $x\in[x]$이며 $[x]\in P$이다. 그러므로 $X\subseteq \bigcup_{x\in X}[x]$이다. $[x]\subseteq X$이므로 $\bigcup_{x\in X}[x]\subseteq X$이다. 즉 $X=\bigcup_{x\in X}[x]$이다.

(2) 정리 1.2.4 (3)에 의해 $[x]=[y]$ 또는 $[x]\cap[y]=\varnothing$이다. 그러므로 P는 X의 분할이다. ■

예제 1.3.5 다음 동치관계에서 유도되는 분할을 구하여라.

(1) 집합 X를 정수론을 수강하는 학생들의 모임이라 하자. X에 속하는 두 학생이 관계가 있다는 것을 두 학생의 성(姓)이 같다고 정의한다.

(2) 집합 X를 전 세계에서 생산되는 자동차 모델들의 모임이라 하자. 두 자동차 모델이 관계가 있다는 것을 두 자동차가 같은 회사에서 생산되는 자동차이다로 정의한다.

풀이 (1) X에 속하는 학생 x의 성이 김씨이면 $[x]=\{y\in X\,|\,y$의 성이 김씨이

다.}이다. 그러므로 $[x]$는 김씨 성을 가진 모든 정수론을 수강하는 학생들의 모임이다. 따라서 이 동치관계는 성이 같은 학생들의 부분집합으로 X를 분할한다.

(2) X에 속하는 자동차 모델 x가 a라는 회사에서 생산되는 자동차 모델이면 $[x]=\{y\in X \mid y$는 a 회사에서 생산된다.$\}$이다. 따라서 이 동치관계는 같은 회사에서 생산되는 자동차 모델들의 부분집합으로 X를 분할한다. ■

1.3 연습문제

01 $J_3 = \{1,\ 2,\ 3\}$에 대해 J_3의 분할을 모두 구하여라.

02 위 각 분할에 대한 J_3의 동치관계를 구하여라.

03 연습문제 1.2에서 3번의 동치관계를 이용하여 J_5의 분할을 구하여라.

1.4 자연수들의 집합

이 절에서 자연수들이 가지는 중요한 성질 중에 하나인 수학적 귀납법과 피보나치 수열에 관해 알아본다. 수학적 귀납법은 수열에 관한 성질을 증명하는 가장 중요한 증명수단이다.

정리 1.4.1 [수학적 귀납법의 원리 1]

S가 다음 성질을 갖는 자연수들의 모임이라 하자.

(1) $1 \in S$

(2) $n \in S$이면 $n+1 \in S$이다.

그러면 $S = \mathbb{N}$이다.

증명

$S \neq \mathbb{N}$이라 가정한다. 그러면 자연수의 정렬성에 의해 S에 속하지 않는 원소 중에서 가장 작은 원소 n이 존재한다. 그러면 $n > 1$이다. 왜냐하면 가정에 의해 $1 \in S$이기 때문이다. 따라서 $n-1$은 자연수이고 n보다 작다. n의 선택에 의해 $n-1 \in S$이다. 그러면 가정 (2)에 의해 $n = (n-1)+1 \in S$이다. 이것은 $n \notin S$이므로 모순이다. ■

따라서 수학적 귀납법을 이용하여 자연수 n에 관한 명제 $p(n)$이 모든 자연수 n에 관하여 참임을 보이기 위해 다음 두 성질을 증명하면 된다.

(1) $p(1)$이 참이다.

(2) $p(n)$이 참이면 $p(n+1)$이 참이다.

예제 1.4.2 다음 사실을 증명하라.

(1) 모든 자연수 n에 대하여

$$\sum_{k=1}^{n} (2k+1) = n(n+2)$$

이다.

(2) 모든 자연수 n에 대하여

$$\sum_{k=1}^{n} k^2 = \frac{n(n+1)(2n+1)}{6}$$

이다.

증명 (1) 명제 $p(n)$을

$$\sum_{k=1}^{n} (2k+1) = n(n+2)$$

이라 둔다. 그러면 $p(1)$은

$$\sum_{k=1}^{1} (2k+1) = 1(1+2)$$

이다. 위의 등식은 좌, 우변이 모두 3으로 등식이 성립한다. 따라서 $p(1)$은 참이다. 이제 $p(n)$이 참이라 가정한다. 즉,

$$\sum_{k=1}^{n} (2k+1) = n(n+2)$$

이 참이라 가정한다. 그러면

$$\begin{aligned}\sum_{k=1}^{n+1} (2k+1) &= \sum_{k=1}^{n} (2k+1) + (2(n+1)+1) \\ &= n(n+2) + 2n + 3 \\ &= n^2 + 4n + 3 \\ &= (n+1)(n+3) \\ &= (n+1)((n+1)+2)\end{aligned}$$

이다. 그러므로 $p(n+1)$이 참이다.

(2) 명제 $p(n)$을

$$\sum_{k=1}^{n} k^2 = \frac{n(n+1)(2n+1)}{6}$$

이라 둔다. 그러면 $p(1)$은

$$\sum_{k=1}^{1} k^2 = \frac{1(1+1)(2+1)}{6}$$

이다. 위의 등식은 좌, 우변이 모두 1이므로 $p(1)$이 참임을 안다. 이제 $p(n)$이 참이라 가정한다. 즉,

$$\sum_{k=1}^{n} k^2 = \frac{n(n+1)(2n+1)}{6}$$

그러면

$$\begin{aligned}\sum_{k=1}^{n+1} k^2 &= \sum_{k=1}^{n} k^2 + (n+1)^2 \\ &= \frac{n(n+1)(2n+1)}{6} + (n+1)^2 \\ &= \frac{(n+1)(n+2)(2(n+1)+1)}{6}\end{aligned}$$

이다. 그러므로 $p(n+1)$이 참이다. ■

정리 1.4.2 [수학적 귀납법의 원리 2]

S가 다음 성질을 갖는 자연수들의 모임이라 하자.

(1) $1 \in S$

(2) $1, 2, \cdots, n \in S$이면 $n+1 \in S$이다.

그러면 $S = \mathbb{N}$이다.

수학적 귀납법의 원리 2는 조건 (2)가 수학적 귀납법의 원리 1의 (2)보다 더 강하다. 따라서 간혹 수학적 귀납법의 원리 2를 강한 수학적 귀납법, 수학적 귀납법의 원리 1을 약한 수학적 귀납법이라 부르기도 한다. 다음은 1202년에 피보나치(Fibonacci)가 제시한 특정 지역에서의 토끼의 증가에 관한 문제를 알아본다. 문제는 다음과 같다.

"갓 태어난 한 쌍의 토끼를 섬으로 데리고 와서 키운다. 한 쌍의 토끼는 생후 2개월부터 매월 또 다른 한 쌍의 토끼를 낳는다고 가정한다. n개월 후에 토끼는 몇 쌍일까?"

n개월 후에 토끼의 쌍 수를 f_n이라 두자. 그러면

$$f_1 = 1,\ f_2 = 1,\ f_3 = 1+1 = f_2 + f_1,\ f_4 = f_3 + f_2 = 3$$

을 얻는다. 일반적으로 n개월 후에 토끼의 쌍 수(f_n)는 지난달(($n-1$) 개월)의 토끼의 쌍 수(f_{n-1})와 새로 태어나는 토끼의 쌍 수의 합이다. 2개월 전의 한 쌍의 토끼가 또 다른 한 쌍의 토끼를 낳기 때문에 새로 태어나는 토끼의 쌍 수는 2개월 전의 토끼의 쌍 수(f_{n-2})이다. 그러므로 모든 자연수 $n\,(n \geq 3)$에 대하여

$$f_n = f_{n-1} + f_{n-2}$$

이다.

정의 1.4.3 [피보나치 수]

모든 자연수 n에 대하여

$$f_1 = 1,\ f_2 = 1,\ f_n = f_{n-1} + f_{n-2} \quad (n \geq 3)$$

으로 표현되는 수 f_n을 피보나치 수(Fibonacci Number)라 부른다.

예제 1.4.4 처음 10개의 피보나치 수를 적어라.

풀이 $f_1 = 1,\ f_2 = 1,$

$f_3 = f_2 + f_1 = 2$

$f_4 = f_3 + f_2 = 3$

$f_5 = f_4 + f_3 = 5$

$f_6 = f_5 + f_4 = 8$

$f_7 = f_6 + f_5 = 13$

$f_8 = f_7 + f_6 = 21$

$f_9 = f_8 + f_7 = 34$

$f_{10} = f_9 + f_8 = 55$ ■

예제 1.4.5 모든 자연수 n에 대하여 $\sum_{k=1}^{n} f_k = f_{n+2} - 1$임을 보여라.

풀이 방법 1 : n에 관한 수학적 귀납법을 이용하여 증명한다. $p(n)$을 등식

$$\sum_{k=1}^{n} f_k = f_{n+2} - 1$$

이라 두면 $p(1)$은

$$\sum_{k=1}^{1} f_k = f_{1+2} - 1 = f_3 - 1$$

이 된다. 위의 등식은 좌, 우변이 모두 1로써 같다. 그러므로 $p(1)$은 참이다. 이제 $p(n)$이 참이라 가정한다. 즉,

$$\sum_{k=1}^{n} f_k = f_{n+2} - 1$$

이 성립한다고 가정한다. 그러면

$$\begin{aligned}\sum_{k=1}^{n+1} f_k &= \sum_{k=1}^{n} f_k + f_{n+1} \\ &= f_{n+2} - 1 + f_{n+1} = f_{n+3} - 1\end{aligned}$$

을 얻을 수 있다. 그러므로 $p(n+1)$이 참이다.

방법 2 : $n \geq 2$인 자연수 n에 대하여 $f_n = f_{n-1} + f_{n-2}$이다. 그러므로

$$\begin{aligned}\sum_{k=1}^{n} f_k &= \sum_{k=1}^{n} (f_{k+2} - f_{k+1}) \\ &= f_{n+2} - f_2 = f_{n+2} - 1\end{aligned}$$

을 얻는다. ■

1.4 연습문제

01 수학적 귀납법을 이용하여 모든 자연수 n에 대하여 $n! \leq n^n$임을 보여라.

02 수학적 귀납법을 이용하여 모든 자연수 n에 대하여 $n \leq 2^n$임을 보여라.

03 수학적 귀납법을 이용하여 모든 자연수 n에 대하여

$$\sum_{k=1}^{n} \frac{1}{k^2} \leq 2 - \frac{1}{n}$$

임을 보여라.

04 수학적 귀납법을 이용하여 모든 자연수 n에 대하여

$$\sum_{k=1}^{n} k^3 = \left(\frac{n(n+1)}{2}\right)^2$$

임을 보여라.

05 모든 자연수 n에 대하여 $f_{n+3} + f_n = 2f_{n+2}$임을 보여라.

06 모든 자연수 n에 대하여 $f_{n+3} - f_n = 2f_{n+1}$임을 보여라.

07 $n \geq 3$인 자연수 n에 대하여 $f_n > \alpha^{n-2}$임을 보여라. 여기서 $\alpha = (1+\sqrt{5})/2$이다. (도움말 : 수학적 귀납법을 이용)

08 모든 자연수 n에 대하여 $f_n = \dfrac{1}{\sqrt{5}}(\alpha^n - \beta^n)$임을 보여라. 여기서 $\alpha = (1+\sqrt{5})/2$, $\beta = (1-\sqrt{5})/2$이다.

(도움말 : 만약 $a_n = \dfrac{1}{\sqrt{5}}(\alpha^n - \beta^n)$으로 정의하면 $a_1 = a_2 = 1$이고 $a_n = a_{n-1} + a_{n-2}$임을 보인다. 따라서 $a_n = f_n$이다.)

TIP

제1장 주요내용

1. 집합
2. 순서관계(order relation)
3. 정수의 정렬성
4. 나눗셈 알고리즘
5. 동치관계(equivalent relation), 동치류, 상집합(quotient set)
6. 분할(partition), 분할과 동치관계
7. 수학적 귀납법
8. 피보나치 수

제 2 장 함수

2.1 일대일 대응함수

넓은 의미에서 함수란 한 집합 X에 속하는 원소에 집합 Y의 원소를 대응시키는 방법을 의미한다. 그러나 이런 대응에 특별한 규칙이 없으면 함수를 다루기가 매우 힘들다. 그래서 우리는 흔히 일가함수라는 규칙을 정하고 이러한 함수들에 대하여 공부한다. 일가함수란 X에 속하는 모든 각각의 원소에 Y의 원소 하나가 대응됨을 뜻한다. 구체적으로 함수의 정의를 적어보면 다음과 같다.

정의 2.1.1 [함수, 정의역, 치역, 상]

집합 X에 속하는 원소를 집합 Y의 원소로 대응시키는데 X에 속하는 모든 각각의 원소에 Y의 원소 하나를 대응시키는 법칙을 **함수**(function)라 한다. 흔히 이러한 함수 f의 기호를 $f: X \to Y$로 적으며 X에 속하는 원소 x에 대응되는 Y의 원소를 $f(x)$로 표시하며 x의 함수 f에 대한 **상**(image of x)이라 한다. 이때 X를 f의 **정의역**(domain), Y를 f의 **치역**(range)이라 부른다. 함수의 정의를 기호로 다시 적으면 다음과 같다.

(1) 모든 $x \in X$에 대하여 $y = f(x)$를 만족하는 $y \in Y$가 존재한다.

(2) $x_1 = x_2 \in X$이면 $f(x_1) = f(x_2)$이다.

예제 2.1.2 다음에 정의한 대응이 함수가 되는지 결정하여라.

(1) $f: \mathbb{Z} \to \mathbb{Z},\ f(x) = 5x + 1$

(2) $f: \mathbb{Z} \to \mathbb{Z},\ \{f(x)\}^2 + 1 = 0$을 만족하는 f

(3) $f: \mathbb{Z} \to \mathbb{Z},\ f(x) = \dfrac{1}{2}x + 1$

(4) $f: \mathbb{Z} \to \mathbb{Z},\ f(x) = 5x \pm 1$

풀이 (1) 각 정수 $x \in \mathbb{Z}$에 대하여 $f(x) = 5x + 1$은 정수이다. 그리고 만약 $x_1 = x_2$이면 $5x_1 + 1 = 5x_2 + 1$이므로 $f(x_1) = f(x_2)$이다. 그러므로 이 대응은 함수이다.

(2) 각 정수 $x \in \mathbb{Z}$에 대하여 $\{f(x)\}^2 \geq 0$이므로 $\{f(x)\}^2 + 1 \geq 1 \neq 0$이다. 따라서 $\{f(x)\}^2 + 1 = 0$을 만족하는 정수 $f(x)$는 존재하지 않으며 이 대응은 함수가 아니다.

(3) 각 정수 $x \in \mathbb{Z}$에 대하여 $f(x) = \frac{1}{2}x + 1$은 정수가 아니다. 그러므로 이 대응은 정수를 정수로 대응시키는 함수가 아니다.

(4) 각 정수 $x \in \mathbb{Z}$에 대하여 $f(x) = 5x \pm 1$은 정수이다. 그러나 각 정수에 대하여 단 하나의 정수가 대응되지 않고 두 개의 정수가 대응된다. 따라서 이 대응은 함수가 아니다. ■

예제 2.1.3 A를 정수 전체의 집합 $\mathbb{Z}$에서 정의된 동치관계

$$A = \{(x,\ y) \in \mathbb{Z} \times \mathbb{Z} \mid y - x = 5k,\ k\text{는 정수}\}$$

으로 정의하고 $X = \mathbb{Z}/\sim = \{[x] \mid x \in \mathbb{Z}\}$으로 정의한다. 다음 대응이 함수가 되는지 결정하여라.

(1) $f : \mathbb{Z} \to X,\quad f(x) = [x]$

(2) $f : X \to \mathbb{Z},\quad f([x]) = x$

풀이 (1) X가 $\mathbb{Z}$의 분할이므로 각 정수 $x \in \mathbb{Z}$에 대하여 x를 포함하는 동치류 $[x]$는 단 하나 존재한다. 그러므로 이 대응은 함수이다.

(2) X가 $\mathbb{Z}$의 분할이므로 각 정수 $x \in \mathbb{Z}$에 대하여 $f([x]) = x$는 정수이다. 그러나 일반적으로 $[x] = [y]$이면 $x = f([x]) = f([y]) = y$은 아니다. 예를 들어 $[3] = [8]$이다 그러나 $3 = f([3]) \neq f([8]) = 8$이다. 따라서 이 대응은 함수가 아니다. ■

위의 예제에서 동치류 $[3] = [8]$에서 $[3]$은 3을 이 동치류의 대표원소로 간주하고 $[8]$은 8을 대표원소로 간주하고 있다. 위 예제에서 주어진 대응은 대표원소의 선택에 영향을 받는다. 그러나 집합 X에 속하는 원소의 대표원소의 선택에 영향을 받지 않으면 이 대응 f가 잘 정의되었다(well-defined)고 한다.

정의 2.1.4 [단사함수, 전사함수, 일대일 대응함수]

함수 $f : X \to Y$가 모든 $x_1,\ x_2 \in X$에 대하여

$$x_1 \neq x_2 \Rightarrow f(x_1) \neq f(x_2) \tag{1}$$

을 만족할 때 이 함수 f를 단사함수(injective function)라 한다.

함수 $f : X \to Y$가 모든 $y \in Y$에 대하여 $f(x) = y$를 만족하는 $x \in X$가 존재할 때 이 함수를 **전사함수**(surjective function)라 한다.
함수 $f : X \to Y$가 단사함수이며 동시에 전사함수일 때 **일대일 대응함수**(1-1 correspondent function)라 한다. 때때로 일대일 대응함수를 **전단사함수**라고도 한다.

흔히 함수 $f : X \to Y$가 단사함수임을 보이기 위해 식 (1)의 대우명제인

$$f(x_1) = f(x_2) \Rightarrow x_1 = x_2$$

임을 보이기도 한다.

정의 2.1.5 [합성함수]

두 함수 $f : X \to Y$와 $g : Y \to V$가 주어져 있을 때 새로운 함수 $g \circ f : X \to V$를 모든 $x \in X$에 대하여 $g \circ f(x) = g(f(x))$으로 정의하고 이 함수를 f와 g의 **합성함수**라 한다. 즉, 이 함수는 $x \in X$의 $g \circ f$의 상을 $x \in X$의 f에 대한 상 $f(x) \in Y$의 g에 대한 상 $g(f(x)) \in V$으로 정의한 것이다.

정리 2.1.6

두 함수 $f : X \to Y$와 $g : Y \to V$가 주어져 있을 때 다음 사실을 증명하여라.
(1) f와 g가 단사함수이면 $g \circ f : X \to V$도 단사함수이다.
(2) f와 g가 전사함수이면 $g \circ f : X \to V$도 전사함수이다.
(3) $g \circ f : X \to V$도 단사함수이면 f가 단사함수이다.
(4) $g \circ f : X \to V$도 전사함수이면 g가 전사함수이다.

증명

(1) 만약 $x_1, x_2 \in X$이고 $x_1 \neq x_2$라 가정한다. f가 단사함수이므로 $f(x_1) \neq f(x_2)$이다. 또한 g가 단사함수이므로 $g(f(x_1)) \neq g(f(x_2))$이다. 그러므로 $g \circ f$도 단사함수이다.

(2) g가 전사함수이므로 모든 $v \in V$에 대하여 $g(y) = v$를 만족하는 $y \in Y$가 존재한다. 또한 f가 전사함수이므로 $f(x) = y$를 만족하는 $x \in X$가 존재한다. 따라서

$v = g(y) = g(f(x))$이며 $g \circ f(x) = v$인 $x \in X$가 존재한다. 즉 $g \circ f$가 전사함수이다.

(3) $x_1, x_2 \in X$이고 $x_1 \neq x_2$라 하면 $g \circ f : X \to V$도 단사함수이므로 $g(f(x_1)) \neq g(f(x_2))$이다. g가 함수이므로 $f(x_1) \neq f(x_2)$이다. 즉 f가 단사함수이다.

(4) $g \circ f : X \to V$도 전사함수이면 모든 $v \in V$에 대하여 $g \circ f(x) = v$를 만족하는 $x \in X$가 존재한다. 그러므로 $f(x) = y$라 두면 $g(y) = v$를 만족하는 $y \in Y$가 존재한다. 따라서 g가 전사함수이다. ∎

정의 2.1.7 [항등함수, 역함수]

모든 $x \in X$에 대하여 $i(x) = x$인 함수 $i : X \to X$를 집합 X의 **항등함수**(identity function)라 한다. 이 함수는 모든 $x \in X$를 자기 자신으로 대응시키는 함수이다. 이 함수를 기호 $i = i_X$으로 적는다.

두 함수 $f : X \to Y$와 $g : Y \to X$에 대하여 $g \circ f = i_X$이고 $f \circ g = i_Y$를 만족할 때 g를 f의 **역함수**(inverse function of f)라 하며 기호 $g = f^{-1}$으로 적는다.

정리 2.1.8

함수 $f : X \to Y$이 역함수를 가질 필요충분조건은 함수 f가 일대일 대응함수이다.

증명

함수 $f : X \to Y$가 역함수 $g : Y \to X$를 가진다고 가정한다. $g \circ f = i_X$이며 i_X는 단사함수이므로 정리 2.1.6의 (3)에 의해 f는 단사함수이다. 그리고 $f \circ g = i_Y$이고 i_Y는 전사함수이므로 정리 2.1.6의 (4)에 의해 f는 전사함수이다. 그러므로 f가 일대일 대응함수이다.

역으로 f가 일대일 대응함수라 가정한다. 함수 f는 전사함수이므로 모든 $y \in Y$에 대하여 $f(x) = y$를 만족하는 $x \in X$가 존재한다. 그러므로 $g : Y \to X$를 $g(y) = x$로 정의한다. 이제 $g : Y \to X$가 함수임을 증명한다. 만약 $y_1, y_2 \in Y$이고 $y_1 = y_2$이면 $f(x_1) = y_1$, $f(x_2) = y_2$을 만족하는 $x_1, x_2 \in X$가 존재한다. $y_1 = y_2$이므로 $f(x_1) = f(x_2)$이다. 한편 f는 단사함수이므로 $x_1 = x_2$이다. 따라서 $g : Y \to X$가 함수임이 증명되었다. 다음은 $g : Y \to X$가 f의 역함수임을 보인다. 모든 $x \in X$와 $y \in Y$에 대하여 $g \circ f(x) = g(y) = x$, $f \circ g(y) = f(x) = y$이므로 $g \circ f = i_X$이고 $f \circ g = i_Y$이다. ∎

전단사 함수를 이용하여 주어진 집합의 원소의 수를 정의하는 것은 매우 자연스러운 일이다. 이미 우리는 1.1절에서 유한집합과 무한집합을 정의하였으나 여기서 좀더 엄밀히 정의한다.

정의 2.1.9 [원소의 수]

X를 집합이라 하고 $A=\{1, 2, \cdots, n\}$라 둘 때 일대일 대응함수 $f: A \to X$가 존재하면, X의 **원소의 수**가 n이라 하고 기호로 $|X|=n$이라 적는다. 이 경우에 X를 유한집합이라 한다.
만약 일대일 대응함수 $f: \mathbb{N} \to X$가 존재하면 X를 **셀 수 있는 무한집합**(countable infinite set)이라 부르며 기호로 $|X|=\aleph_0$ (aleph-zero)라 적는다. 만약 일대일 대응함수 $f: \mathbb{R} \to X$가 존재하면 X를 **셀 수 없는 무한집합**(uncountable infinite set)라 부르고 기호로 $|X|=c$라 적는다.

정리 2.1.10

두 집합 X, Y에 대하여 $|X|=|Y|$일 필요충분조건은 일대일 대응함수 $f: X \to Y$가 존재하는 것이다.

증명

먼저 $|X|<\infty$인 경우를 증명한다. $|X|=|Y|=n$을 가정하면 일대일 대응함수 $f_1: A \to X$와 $f_2: A \to Y$가 존재한다. 여기서 $A=\{1, 2, \cdots, n\}$이다. f_1이 일대일 대응함수이므로 정리 2.1.9에 의해 역함수 $f_1^{-1}: X \to A$가 존재하며 이 함수도 일대일 대응함수이다. 그러므로 $f_2 \circ f_1^{-1}: X \to Y$도 일대일 대응함수이다.
역으로 일대일 대응함수 $f: X \to Y$가 존재하고 $|X|=n$이라 가정한다. $|X|=n$이므로 일대일 대응함수 $g: A \to X$가 존재한다. 따라서 합성함수 $f \circ g: A \to Y$도 일대일 대응함수이므로 $|Y|=n$이다.
$|X|=\aleph_0$인 경우는 A 대신 $\mathbb{N}$을, $|X|=c$인 경우는 A 대신 $\mathbb{R}$을 대입하여 같은 방법으로 증명할 수 있다. ■

흔히 두 집합의 원소의 개수가 같음을 보여야 할 필요가 있다. 위의 정리에 의해 한 집합에서 다른 집합으로 대응되는 일대일 대응함수를 구성함으로써 두 집합의 원소의 개수가 같음을 보이는 것이 대표적인 방법이다.

예제 2.1.11 (1) 유리수들의 집합 $\mathbb{Q}$는 셀 수 있는 무한집합임을 보여라.
(2) 집합 X를 개구간 $(-1, 1)$이라 두면 $|X|=|\mathbb{R}|$임을 보여라.

증명 (1) 함수 $f: N \to \mathbb{N} \times \mathbb{N}$를

$f(n)=$(다음 그림의 n번째 화살표의 시작되는 부분의 순서쌍)

$$
\begin{array}{cccccccccc}
(1,1) & \rightarrow & (2,1) & & (3,1) & \rightarrow & (4,1) & & (5,1) & \cdots \\
 & \swarrow & & \nearrow & & \swarrow & & \nearrow & & \\
(1,2) & & (2,2) & & (3,2) & & (4,2) & & (5,2) & \cdots \\
\downarrow & \nearrow & & \swarrow & & \nearrow & & & & \\
(1,3) & & (2,3) & & (3,3) & & (4,3) & & (5,3) & \cdots \\
 & \swarrow & & \nearrow & & & & & & \\
(1,4) & & (2,4) & & (3,4) & & (4,4) & & (5,4) & \cdots \\
\vdots & & \vdots & & \vdots & & \vdots & & \vdots &
\end{array}
$$

은 정의한다. 이 함수 f가 일대일 대응함수임은 명백하다. 따라서 $\mathbb{N}\times\mathbb{N}$이 셀 수 있는 무한집합이다. $\mathbb{Q}^+$를 양의 유리수들의 집합이라 하자. 함수 $g: \mathbb{N}\times\mathbb{N} \to \mathbb{Q}^+$를 $g((n, m))=\dfrac{m}{n}$으로 정의하면 이 함수는 전사함수이다. 그러므로 $\mathbb{Q}^+$도 셀 수 있는 무한집합이다. 마찬가지로 음의 유리수들의 집합 $\mathbb{Q}^-$도 셀 수 있는 무한이며 따라서 $\mathbb{Q}=\mathbb{Q}^- \cup \{0\} \cup \mathbb{Q}^+$도 셀 수 있는 무한집합이다.

(2) 함수 $f: \mathbb{R} \to X$를 $f(x)=\dfrac{2}{\pi}\tan^{-1} x$로 정의하면 이 함수가 일대일 대응함수임은 이미 알고 있다. 그러므로 $|X|=|\mathbb{R}|$이다. ■

2.1 연습문제

01 정수의 집합 $\mathbb{Z}$에 대해 함수 $f: \mathbb{Z}^2 \to \mathbb{Z}$, $f(m, n) = m + n$은 일대일 대응함수인가?

02 함수 $\pi: \mathbb{Z}^2 \to \mathbb{Z}$, $\pi(s, t) = s$는 단사함수인가? 전사함수인가?

03 공집합이 아닌 집합 S, T에 대해 $S \times T$와 $T \times S$는 일대일 대응함을 보여라.

04 유리수의 집합 $\mathbb{Q}$와 실수의 집합 $\mathbb{R}$은 일대일 대응할 수 없음을 보여라.

05 함수 $f: X \to Y$가 전사함수일 때 다음 물음에 답하여라.

(1) $x_1, x_2 \in X$에 대하여 X상에서 관계 $\sim$을

$$x_1 \sim x_2 \Leftrightarrow f(x_1) = f(x_2)$$

로 정의하면 관계 $\sim$는 X상에서 동치관계임을 보여라.

(2) 함수 $\bar{f}: X/\sim \to Y$을 $\bar{f}([x]) = f(x)$로 정의하면 $\bar{f}$가 전, 단사함수임을 보여라.

2.2 이항연산

정의 2.2.1 [이항연산]

집합 X에서의 이항연산(binary operation)은 $X\times X$에서 X로 대응되는 함수를 의미하며 기호로 덧셈 $+$, 또는 곱셈 $\cdot$ 을 흔히 사용한다. $+(x,\ y)=x+y$ 또는 $\cdot\ (x,\ y)=x\cdot y$로 적는다. $\cdot$ 이 X 에서의 이항연산이면, 모든 $x,\ y\in X$에 대해 $x\cdot y\in X$이다. 이를 X는 연산 $\cdot$ 에 관해 **닫혀있다**라고 한다.

우리가 지금까지 사용한 정수들의 덧셈, 곱셈들은 모두 이항연산들이며 앞으로 우리는 정수들의 덧셈, 곱셈에 의해 유도되는 성질을 찾아본다. 이항연산에 대한 성질을 조사하는 동안 곱셈기호를 주로 사용하며 특별히 혼란이 없으면 곱셈기호도 생략하여 $x\cdot y$ 대신 xy로 적는다.

정의 2.2.2 [결합적, 가환, 항등원, 역원, 가역원]

$\cdot$ 이 집합 X에 주어진 이항연산이라 하자.

(1) 모든 $x,\ y,\ z\in X$에 대하여

$$(x\cdot y)\cdot z=x\cdot(y\cdot z)$$

이면, 이 이항연산을 **결합적**(associative)이라 부른다.

(2) 모든 $x,\ y\in X$에 대하여

$$x\cdot y=y\cdot x$$

이면, 이 이항연산을 **가환**(commutative)이라 부른다.

(3) 모든 $x\in X$에 대하여

$$x\cdot e=e\cdot x=x$$

을 만족하는 $e\in X$가 존재하면, e를 **항등원**(identity)이라 부른다.

(4) 집합 X에 항등원 $e\in X$가 존재한다고 가정한다. $x\in X$에 대하여

$$x\cdot y=y\cdot x=e$$

을 만족하는 $y \in X$가 존재하면 y를 x의 **역원**(inverse of x)이라 부른다. 기호는 $y = x^{-1}$으로 적는다. 또한 x와 같이 역원을 가지는 원소를 **가역원**(invertible)이라 부른다.

$x \cdot x = x^2$으로 적는다. 만약 주어진 이항연산이 결합적이면 $(x \cdot x) \cdot x = x \cdot (x \cdot x)$이다. 따라서 이것을 $x \cdot x \cdot x = x^3$으로 적는다. 마찬가지로 x를 n번 연산한 것을 x^n으로 적는다.

정리 2.2.3

$\cdot$ 이 집합 X에 주어진 결합적 이항연산이라 하자.

(1) 항등원이 존재하면, 단 하나 존재한다.

(2) x가 가역원이면, x의 역원은 단 하나 존재한다.

(3) x가 가역원이면, x^{-1}도 가역원이며 $(x^{-1})^{-1} = x$이다.

(4) x, y가 가역원이면, xy도 가역원이고 $(xy)^{-1} = y^{-1}x^{-1}$이다.

증명

(1) e_1과 e_2를 X의 항등원이라 하자. e_2가 항등원이라는 사실에서 $e_1 = e_1 \cdot e_2$이며 e_1이 항등원이라는 사실에서 $e_2 = e_1 \cdot e_2$이다. 그러므로 $e_1 = e_2$이다.

(2) y, $z \in X$가 x의 역원이면

$$y = y \cdot e = y \cdot (x \cdot z) = (y \cdot x) \cdot z = e \cdot z = z$$

이다. 그러므로 역원은 단 하나 존재한다.

(3) $x \cdot x^{-1} = x^{-1} \cdot x = e$ 이므로 x가 x^{-1}의 역원이다. 즉 $(x^{-1})^{-1} = x$이다.

(4) x, y가 가역원이므로 x^{-1}, y^{-1}이 존재한다. 그리고 간단한 계산에 의해

$$(xy)(y^{-1}x^{-1}) = e, \ (y^{-1}x^{-1})(xy) = e$$

임을 얻는다. (2)에 의해 역원은 단 하나 존재하므로

$$(xy)^{-1} = y^{-1}x^{-1}$$

이다. ∎

예제 2.2.4 정수들의 집합 $\mathbb{Z}$에 두 가지 이항연산 덧셈 "+"와 곱셈 "·"이 있다. 이 두 연산은 다음의 성질을 만족한다.

(1) 두 연산은 결합적이다. 즉 모든 정수 a, b, $c \in \mathbb{Z}$에 대하여

$$(a+b)+c = a+(b+c)$$
$$(ab)c = a(bc)$$

이다.

(2) 두 연산은 가환적이다. 즉 모든 정수 a, $b \in \mathbb{Z}$에 대하여

$$a+b = b+a$$
$$ab = ba$$

이다.

(3) 두 연산에 관한 항등원이 존재한다. $0 \in \mathbb{Z}$가 덧셈에 관한 항등원이고 $1 \in \mathbb{Z}$가 곱셈에 관한 항등원이다.

(4) 모든 정수 $a \in \mathbb{Z}$는 덧셈에 관한 역원을 갖는다. 즉

$$a+(-a) = 0$$

이다. 그러나 $1, -1 \in \mathbb{Z}$만이 곱셈에 관한 역원을 가진다.

(5) 0이 아닌 두 정수의 곱은 0이 아니다. 즉

$$a,\ b\text{가 0이 아닌 정수이면, } ab \neq 0$$

이다. 이 명제의 대우 명제는

$$ab = 0\text{이면, } a = 0\text{이거나 } b = 0$$

이다. 이 사실에서

$$ab = ac\text{이고 } a \neq 0\text{이면, } b = c$$

임을 알 수 있다.

(6) 모든 정수 a, b, $c \in \mathbb{Z}$에 대하여

$$(a+b)c = ac+bc$$

이다. ■

정의 2.2.5 [군]

G를 이항연산 $\cdot$이 정의된 집합이라 하고, 이 이항연산이 다음의 성질을 만족할 때 $(G, \cdot)$을 **군**(group)이라 한다.

(1) 이항연산이 결합적이다.

(2) 이항연산에 관한 항등원이 존재한다.

(3) 모든 G의 원소가 역원을 가진다.

특히 군에서 정의된 이항연산이 가환적이면 이 군을 **가환군** 또는 **아벨군**(Abelian group)이라 한다.

예제 2.2.6 정수들의 집합 $(\mathbb{Z}, +)$는 가환군이다. 그러나 $(\mathbb{Z}, \cdot)$은 군이 아니다.

우리가 본 교재에서 다루는 군은 $\mathbb{Z}$ 또는 $\mathbb{Z}$에서 유도되는 군을 다루기 때문에 가환군만을 다루게 되며 비가환군의 성질은 현대대수에서 상세히 취급한다. 앞으로 특별한 언급이 없으면 모든 군은 가환군으로 가정한다.

정의 2.2.7 [부분군]

$(G, \cdot)$이 군이고 H가 공집합이 아닌 G의 부분집합이라 하자. G의 이항연산이 H에서의 이항연산을 유도하고 이 이항연산에 의해 H가 군이 되면 H를 G의 **부분군**(subgroup)이라 한다.

정리 2.2.8

$(G, \cdot)$이 군이고 H가 공집합이 아닌 G의 부분집합이라 하자. H가 G의 부분군이 될 필요충분조건은 모든 $a, b \in H$에 대하여 $ab^{-1} \in H$이다.

증명

먼저 H가 G의 부분군이라 가정한다. $b \in H$이므로 $b^{-1} \in H$이다. 또한 $\cdot$이 H에서의 이항연산이므로 $ab^{-1} \in H$이다.

역으로 H가 공집합이 아니므로 $a \in H$가 존재한다. 가정에 의해 $aa^{-1} = e \in H$이다. 즉 H가 항등원 e를 포함한다. 만약 b를 H의 임의의 원소라 하면 $b^{-1} = eb^{-1} \in H$이다. 즉

H의 모든 원소의 역원은 H의 원소이다. 이제 마지막으로 $\cdot$이 H에서의 이항연산임을 보인다. a, $b \in H$이면 $b^{-1} \in H$이다. 그러므로 $ab = a(b^{-1})^{-1} \in H$이다. 즉, H는 G의 이항연산 $\cdot$에 의해 닫혀있는 집합이며 $\cdot$은 H에서의 이항연산이다. 결합적임은 자명하다(각자 증명). ■

만약 G가 덧셈에 관한 군이면 공집합이 아닌 부분집합 H가 부분군이 될 필요충분조건은 모든 $a, b \in H$에 대하여 $a + (-b) = a - b \in H$ 이다. 따라서 덧셈에 관한 군의 부분군은 뺄셈에 관하여 닫혀있는 부분집합이다.

정리 2.2.9 [$(\mathbb{Z}, +)$의 부분군]

(1) 모든 정수 m에 대하여 $m\mathbb{Z} = \{mk \mid k \in \mathbb{Z}\}$은 $(\mathbb{Z}, +)$의 부분군이다.
(2) H가 정수들의 군 $(\mathbb{Z}, +)$의 부분군이면 $H = m\mathbb{Z}$인 적당한 정수 $m \in \mathbb{Z}$이 존재한다.

증명

(1) 만약 $m = 0$이면 $m\mathbb{Z} = \{0\}$이다. 그러므로 $m\mathbb{Z}$가 부분군임은 자명하다. $m \neq 0$이라 가정한다. mk_1, $mk_2 \in m\mathbb{Z}$이면

$$mk_1 - mk_2 = m(k_1 - k_2) \in m\mathbb{Z}$$

이다. 그러므로 정리 2.2.8에 의해 $m\mathbb{Z}$가 $(\mathbb{Z}, +)$의 부분군이다.

(2) 만약 $H = \{0\}$이면 $H = 0\mathbb{Z}$이다. 만약 $H \neq \{0\}$라 가정한다. $H \cap \mathbb{N} \neq \varnothing$이다. 왜냐하면 $H \neq \{0\}$이므로 $0 \neq n \in H$이 존재한다. 만약 $n > 0$이면 $n \in H \cap \mathbb{N}$이므로 $H \cap \mathbb{N} \neq \varnothing$이다. 만약 $n < 0$이면 H가 군 $(\mathbb{Z}, +)$의 부분군이므로 n의 역원 $-n \in H$이며 $-n > 0$이므로 $H \cap \mathbb{N} \neq \varnothing$이다. 따라서 정수의 정렬성에 의해 $H \cap \mathbb{N}$은 최소원소 m을 포함한다. 이제 $H = m\mathbb{Z}$임을 보인다. $m \in H$이므로 H가 부분군이라는 사실에서 $H \supseteq m\mathbb{Z}$임은 명백하다. $h \in H$이면 정수의 나눗셈 알고리즘에 의해

$$h = qm + r, \quad 0 \leq r < m$$

인 q, $r \in \mathbb{Z}$이 존재한다. 따라서

$$r = h - qm \in H$$

이다. m이 $H\cap\mathbb{N}$의 최소원소라는 사실에서 $r=0$이다. 그러므로

$$h=qm\in m\mathbb{Z}$$

이다. 그러므로 $H=m\mathbb{Z}$이다. ■

위의 정리에 의하면 정수들의 군 $(\mathbb{Z},\ +)$의 0이 아닌 모든 부분군 H는 $m\mathbb{Z}$의 꼴이다. 이때 m은 H에 속하는 가장 작은 양의 정수로 선택될 수 있으며 또한 m을 H에 속하는 가장 큰 음의 정수로 선택할 수도 있다. 예를 들어

$$H=5\mathbb{Z}=(-5)\mathbb{Z}$$

이다.

$(G,\ \cdot\ )$가 군이고 $a\in G$라 하자. 임의의 정수 $k\in\mathbb{Z}$에 대하여 a^k을 다음과 같이 정의한다.

(1) $k>0\ \Rightarrow\ a^k=aa\cdots a$ (a를 k번 연산)

(2) $k=0\ \Rightarrow\ a^0=e$ (항등원)

(3) $k<0\ \Rightarrow\ a^k=(a^{-1})(a^{-1})\cdots(a^{-1})$ (a의 역원을 $-k$번 연산)

따라서 모든 정수 $n,\ m\in\mathbb{Z}$에 대하여

$$a^n a^m=a^{n+m}$$

임을 알 수 있다. 만약 $(G,\ +)$이 군이면 위의 a^k을 $ka=a+a+\cdots+a$로 적는다.

이제 군 $(G,\ \cdot\ )$의 특수한 부분군(순환 부분군)에 대하여 알아본다.

정리 2.2.10 [순환 부분군]

$(G,\ \cdot\ )$가 군이고 $a\in G$라 하자. G의 부분집합

$$\langle a\rangle=\{a^k\,|\,k\in\mathbb{Z}\}$$

은 G의 부분군이며 이 부분군 $\langle a\rangle$을 a에 의해 생성된 순환 부분군(cyclic subgroup generated by a)이라 한다. 만약 G가 덧셈에 의해 군이면, 즉 $(G,\ +)$이 군이면 a에 의해 생성된 순환 부분군은

$$< a > = \{ka \mid k \in \mathbb{Z}\}$$

이다.

만약 $(G, \cdot)$가 군이면 G 자신을 G의 부분군으로 간주할 수 있다. 특히 G 자신이 G의 순환 부분군인 경우를 생각할 수 있다. 다음 정의에서 이 경우의 G를 순환군이라 부른다.

정의 2.2.11 [순환군]

군 G에 대하여 $G = < a >$를 만족하는 $a \in G$가 존재하면 G를 a에 의해 생성되는 **순환군**(cyclic group generated by a)이라 한다.

예제 2.2.12 정수들의 군 $(\mathbb{Z}, +)$은 순환군이다.

증명 모든 양의 정수 $n \in \mathbb{Z}$은 $n = 1 + 1 + \cdots + 1$이며 음의 정수 n은 $n = (-1) + (-1) + \cdots + (-1)$이다. 또한 $0 = 0 \cdot 1$이다 그러므로 $\mathbb{Z} = < 1 >$이다. ■

순환군의 모든 부분군은 순환군임이 잘 알려져 있다.(연습문제 2.2의 9번 참고) 증명은 나눗셈 알고리즘을 이용하여 쉽게 할 수 있다. 이 사실과 위의 예제에 의해 정수들의 군의 모든 부분군은 순환적임을 알 수 있다. (정리 2.2.9 참고)

정리 2.2.13

$(G, +)$이 군이고 H, K가 G의 부분군이면

$$H + K = \{h + k \mid h \in H,\ k \in K\}$$

도 G의 부분군이다.

증명

만약 $h_1 + k_1 \in H + K$, $h_2 + k_2 \in H + K$이면 $h_1, h_2 \in H$, $k_1, k_2 \in K$이다. H, K가 G의

부분군이므로 $h_1 - h_2 \in H$, $k_1 - k_2 \in K$이다. 그러므로

$$(h_1 + k_1) - (h_2 + k_2) = (h_1 - h_2) + (k_1 - k_2) \in H + K$$

이다. 따라서 $H + K$는 G의 부분군이다. ■

2.2 연습문제

01 양의 홀수의 집합을 T라 할 때, T는 정수의 곱셈 $\cdot$에 관한 이항연산인가?

02 위의 집합 T는 정수의 곱셈 $\cdot$에 관한 군이 되는가?

03 $3\mathbb{Z}+2\mathbb{Z}=\{3n+2m \mid n,\ m\in\mathbb{Z}\}$는 $\mathbb{Z}$의 부분군인가?

04 $4\mathbb{Z}+6\mathbb{Z}$를 $n\mathbb{Z}$ 꼴로 나타내어라.

05 집합 X에 대해, X의 부분집합의 모임 2^X는 합집합 $\cup$에 관한 이항연산인가?

06 위의 2^X는 합집합 $\cup$에 관한 가환군이 되는가?

07 실수의 모든 2×2행렬의 집합 $M_2(\mathbb{R})$은 행렬의 덧셈에 관하여 가환군인가?

08 $GL_2(\mathbb{R})=\{A\in M_2(\mathbb{R}) \mid \det(A)\neq 0\}$은 행렬의 곱에 관한 군인가? 가환군인가?

09 순환군의 모든 부분군은 순환부분군임을 보여라.

2.3 잉여군

가환군 G의 부분군 H는 하나의 동치관계 $\sim_H$를 유도한다. 이 동치관계에 의한 G의 상집합 $G/\sim_H$이 다시 군이 되도록 이항연산을 정의할 수 있다. 이렇게 유도된 군을 잉여군이라 부르며 이 군은 군의 성질을 보이는데 유용하게 사용될 뿐 아니라 정수의 성질을 보이는 데도 많은 역할을 한다.

정리 2.3.1

G가 가환군이고 H가 부분군이라 하자. G의 두 원소 a, b에 대하여 관계 $a\sim_H b$를

$$a\sim_H b \Leftrightarrow ab^{-1}\in H$$

으로 정의한다. 이 관계 $\sim_H$은 G에서의 동치관계이다.

증명

(1) 반사적 : 모든 $a\in G$에 대하여 $e = aa^{-1}\in H$이므로 $a\sim_H a$이다.

(2) 대칭적 : 만약 $a\sim_H b$이면 $ab^{-1}\in H$이다. H가 부분군이므로 $(ab^{-1})^{-1} = ba^{-1}\in H$이다. 그러므로 $b\sim_H a$이다.

(3) 추이적 : 만약 $a\sim_H b$이고 $b\sim_H c$이면 $ab^{-1}\in H$이고 $bc^{-1}\in H$이다. H가 부분군이므로 $(ab^{-1})(bc^{-1}) = ac^{-1}\in H$이다. 그러므로 $a\sim_H c$이다. ■

정리 2.3.2

G가 가환군이고 H가 부분군이면 $x\in G$의 동치류 $[x]$는

$$[x] = xH = \{xh \mid h\in H\}$$

이다.

증명

만약 $a\in [x]$이면 $a\sim_H x$이다. 따라서 $ax^{-1}\in H$이므로 $ax^{-1} = h$인 $h\in H$가 존재한다.

그러므로 $a = xh \in xH$이며 $[x] \subseteq xH$이다.

역으로 $xh \in xH$이면 G가 가환군이므로 $x(xh)^{-1} = h^{-1} \in H$이다. 따라서 $x \sim_H xh$이며 $xh \in [x]$이다. 그러므로 $xH \subseteq [x]$이다. ■

G가 가환군이고 H가 부분군이면 위의 정리에 의해 $\sim_H$은 G에서의 동치관계이다. 따라서 동치류들의 집합

$$G/\sim_H = \{[x] \mid x \in G\} = \{xH \mid x \in G\}$$

을 얻을 수 있으며 이 집합을 간단히 G/H로 적기로 한다.

정리 2.3.3

G가 가환군이고 H가 부분군이면 상집합 G/H은 다음 정의한 이항연산에 의해 군이 된다. 모든 $x,\ y \in G$에 대하여

$$(xH)(yH) = (xy)H$$

으로 정의한다.

증명

먼저 이 이항연산이 잘 정의됨을 보인다. 즉 이 이항연산은 각 동치류의 대표원소의 선택에 영향을 받지 않음을 보인다. 만약

$$xH = x'H,\quad yH = y'H$$

라 가정한다. 그러면 $H = x^{-1}x'H,\ H = y^{-1}y'H$이고

$$x^{-1}x' \in H,\quad y^{-1}y' \in H$$

이다. G는 가환군이고 H가 부분군이므로

$$x^{-1}x'y^{-1}y' = (xy)^{-1}(x'y') \in H$$

이다. 그러므로 $x'y' \in xyH$, 즉

$$x'y'H = xyH$$

이며 따라서

$$(xH)(yH) = (x'H)(y'H)$$

이다. 그러므로 이 이항연산은 대표원소의 선택에 영향을 받지 않는다.
이 이항연산이 결합적임은 자명하다. $eH = H$이며 모든 $x \in G$에 대하여

$$(xH)H = (xH)(eH) = (xe)H = xH$$

이므로 H가 항등원이다. 각 $x \in G$에 대하여

$$(xH)(x^{-1}H) = (xx^{-1})H = eH = H$$

이므로 $x^{-1}H$가 xH의 역원이다. 그러므로 상집합 G/H는 군이다. ■

정의 2.3.4 [잉여군]

정리 2.3.3의 군 G/H을 G의 법 H에 관한 **잉여군**(quotient group of G modulo H)이라 부른다. 따라서 잉여군의 원소들은 부분군 H에 의해 유도된 동치관계의 동치류들이다. 이 동치류를 **잉여류**라 부르기도 한다.

만약 G가 덧셈에 의한 군이면, 즉 $(G, +)$이 군이면 위의 정리들을 덧셈연산으로 적으면 다음과 같다.

정리 2.3.1′

$(G, +)$가 가환군이고 H가 부분군이라 하자. G의 두 원소 a, b에 대하여 관계 $a \sim_H b$를

$$a \sim_H b \iff a - b \in H$$

으로 정의한다. 이 관계 $\sim_H$은 G에서의 동치관계이다.

정리 2.3.2′

$(G, +)$가 가환군이고 H가 부분군이면 $x \in G$의 동치류 $[x]$는

$$[x] = x + H = \{x + h \mid h \in H\}$$

이다.

정리 2.3.3′ [잉여군]

$(G, +)$가 가환군이고 H가 부분군이면 상집합 G/H은 다음 정의한 이항연산에 의해 군이 된다. 모든 $x, y \in G$에 대하여

$$(x + H) + (y + H) = (x + y) + H$$

으로 정의한다.

정리 2.3.5 [라그랑주(Lagrange) 정리]

G가 유한 가환군이고 H가 부분군이면 모든 $x \in G$에 대하여 $|xH| = |H|$이다. 따라서 G가 유한군이면 $|G| = |H|\,|G/H|$이다.

증명

모든 $x \in G$에 대하여 $|xH| = |H|$임을 보이기 위해 함수 $f : H \to xH$를 모든 $h \in H$에 대하여 $f(h) = xh$으로 정의한다. 이 함수가 전단사함수임을 보인다. 만약

$$\begin{aligned} f(h_1) = f(h_2) \;&\Rightarrow\; xh_1 = xh_2 \\ &\Rightarrow\; x^{-1}xh_1 = x^{-1}xh_2 \\ &\Rightarrow\; h_1 = h_2 \end{aligned}$$

이다. 그러므로 f는 단사함수이다. 그리고 모든 $xh \in xH$에 대하여 $f(h) = xh$이므로 f가 전사함수이다. 따라서 $|xH| = |H|$이다.

위 정리 2.3.1에 의해 $\sim_H$은 G에서의 동치관계이다. 따라서 동치류들의 집합

$$G/\sim_H = \{[x] \mid x \in G\} = \{xH \mid x \in G\}$$

은 G의 분할이다. 따라서

$$|G| = \sum_{i=1}^{n} |x_i H| = \sum_{i=1}^{n} |H| = n|H| = |H|\,|G/H|$$

이다. 여기서 $x_1, x_2, \cdots, x_n$은 각 동치류의 대표원소들이며 n은 동치류의 개수이다. ■

예제 2.3.6 정수들의 군 $(\mathbb{Z}, +)$의 부분군 $H = 6\mathbb{Z}$에 대하여 다음 물음에 답하라.

(1) 부분군 $H = 6\mathbb{Z}$에 의해 유도되는 동치관계를 설명하라.

(2) 1의 동치류 $1+H$의 원소의 일반형을 구하고 원소 3개를 나열하라.

(3) 잉여군 $\mathbb{Z}/H$의 원소를 적고 이 원소들의 덧셈 연산표를 만들어라.

(4) 잉여군 $\mathbb{Z}/H$의 항등원을 구하고 $1+H$의 덧셈에 대한 역원을 구하라.

풀이 (1) 정리 2.3.1′에 의해 두 정수 a, b에 대하여

$$a \sim_H b \iff a-b \in H$$

이다. 따라서 $a \sim_H b$일 필요충분조건은 $a-b = 6k$를 만족하는 정수 k가 존재하는 것이다. 예를 들어 $3-9 = (-1)6$이므로 $3 \sim_H 6$이다.

(2) 정리 2.3.2′에 의해

$$1+H = \{1+6k \mid k \in \mathbb{Z}\}$$

이다. 그러므로 -5, 1, 7, 13 등이 $1+H$의 원소들이다.

(3) 나눗셈 알고리즘에 의하면 모든 정수 a에 대하여

$$a = 6q + r,\quad 0 \le r < 6$$

을 만족하는 정수 q, r이 존재한다. 따라서 $a \in [r]$이다. 그러므로 모든 동치류는

$$H,\ 1+H,\ 2+H,\ 3+H,\ 4+H,\ 5+H$$

이다. 이들의 덧셈 연산은

$$(a+H)+(b+H) = (a+b)+H$$

에 의해 다음 표를 얻는다. 여기서 가로의 원소와 세로의 원소가 만나는 부분에 있는 원소가 두 원소의 연산결과이다.

$+$	H	$1+H$	$2+H$	$3+H$	$4+H$	$5+H$
H	H	$1+H$	$2+H$	$3+H$	$4+H$	$5+H$
$1+H$	$1+H$	$2+H$	$3+H$	$4+H$	$5+H$	H
$2+H$	$2+H$	$3+H$	$4+H$	$5+H$	H	$1+H$
$3+H$	$3+H$	$4+H$	$5+H$	H	$1+H$	$2+H$
$4+H$	$4+H$	$5+H$	H	$1+H$	$2+H$	$3+H$
$5+H$	$5+H$	H	$1+H$	$2+H$	$3+H$	$4+H$

(4) $(a+H)+(b+H)=(a+b)+H$이므로

$$H+(b+H)=(0+H)+(b+H)=(0+b)+H=b+H$$

이다. 그러므로 H가 덧셈에 대한 항등원이다. 또한

$$(1+H)+(5+H)=(1+5)+H=6+H=H$$

이므로 $5+H$가 $1+H$의 덧셈에 대한 역원이다. ■

정수들의 집합 $\mathbb{Z}$는 두 개의 이항연산 덧셈과 곱셈을 갖고 있다. 주어진 덧셈에 대한 부분군 $H=m\mathbb{Z}$에 대하여 잉여군 $(\mathbb{Z}/H, +)$를 유도하였다. 다음 정리에서 이 잉여군에 곱셈을 정의하면 잘 정의됨을 보인다. 이러한 성질은 제5장에서 다시 한 번 상세히 다루게 되며 동치류 $a+H$를 $\bar{a}$로 적기도 한다.

정리 2.3.7

정수들의 집합 $\mathbb{Z}$의 덧셈에 대한 부분군 $H=m\mathbb{Z}$에 대하여 잉여군 $(\mathbb{Z}/H, +)$에서의 곱셈을

$$(x+H)\cdot(y+H)=(xy)+H$$

로 정의하면 이 곱셈은 잘 정의된 이항연산이다.

증명

만약

$$x+H=x'+H,\ \ y+H=y'+H$$

라 가정한다. 그러면 $H=(x-x')+H,\ H=(y-y')+H$이고

$$x-x'\in H,\ \ y-y'\in H$$

이다. 즉 $x-x'=mk,\ \ y-y'=ml$을 만족하는 정수 $k,\ l$이 존재한다. 그러므로

$$xy-x'y=mky,\ \ x'y-x'y'=mlx'$$

이다. 위의 두 식을 더하여

$$xy-x'y'=mky+mlx'=m(ky+lx')\in H$$

를 얻는다. 그러므로

$$(x+H)\cdot(y+H)=xy+H=x'y'+H=(x'+H)\cdot(y'+H)$$

이며 이 이항연산은 대표원소의 선택에 영향을 받지 않는다. ■

예제 2.3.8 정수들의 군 $(\mathbb{Z},\ +)$의 부분군 $H=6\mathbb{Z}$에 대하여 다음 물음에 답하라.

(1) 잉여군 $\mathbb{Z}/H$의 원소들의 곱셈 연산표를 만들어라.

(2) 잉여군 $\mathbb{Z}/H$의 곱셈에 대한 항등원을 구하고 $2+H$와 $5+H$의 곱셈에 대한 역원을 구하라.

풀이 (1)

$\cdot$	H	$1+H$	$2+H$	$3+H$	$4+H$	$5+H$
H	H	H	H	H	H	H
$1+H$	H	$1+H$	$2+H$	$3+H$	$4+H$	$5+H$
$2+H$	H	$2+H$	$4+H$	H	$2+H$	$4+H$
$3+H$	H	$3+H$	H	$3+H$	H	$3+H$
$4+H$	H	$4+H$	$2+H$	H	$4+H$	$2+H$
$5+H$	H	$5+H$	$4+H$	$3+H$	$2+H$	$1+H$

(2) 모든 정수 y에 대하여 $(1+H)\cdot(y+H)=y+H$이므로 $1+H$이 곱셈에 대한 항등원이다. 그리고 $2+H$가 속하는 행을 보면

$$(2+H)\cdot(y+H)=1+H$$

를 만족하는 y가 존재하지 않는다. $2+H$는 곱셈에 대한 역원을 갖지 않는다. 그러나 $5+H$가 속하는 행을 보면

$$(5+H)\cdot(y+H)=1+H$$

를 만족하는 $y=5$가 존재한다. 즉 $5+H$ 자신이 자신의 곱셈에 대한 역원이다. ■

2.3 연습문제

01 잉여군 $\mathbb{Z}/\mathbb{Z}$, $\mathbb{Z}/5\mathbb{Z}$의 원소를 나열해보아라.

02 $\mathbb{Z}/5\mathbb{Z}$는 순환군임을 보여라.

03 G, H가 군이면

$$G \times H = \{(g,\ h) \mid g \in G,\ h \in H\}$$

는 다음에 정의한 이항연산에 의해 군이 됨을 보여라.
모든 $g_1,\ g_2 \in G,\ h_1,\ h_2 \in H$에 대하여

$$(g_1,\ h_1)\ (g_2,\ h_2) = (g_1 g_2,\ h_1 h_2)$$

이다. 이때 군 $G \times H$를 G와 H의 **직적**(direct product)이라 부른다.

04 만약 G와 H가 가환군이면 $G \times H$도 가환군임을 보여라.

05 G_1, H_1을 각각 G, H의 부분군이라 하면 $G_1 \times H_1$은 $G \times H$의 부분군임을 보여라.

06 $\mathbb{Z} \times \mathbb{Z}$의 부분군은 모두 $n\mathbb{Z} \times m\mathbb{Z}$ 꼴인가?

07 잉여군 $\mathbb{Z} \times \mathbb{Z} / 2\mathbb{Z} \times 3\mathbb{Z}$가 순환군임을 보여라.

TIP

제2장 주요내용

1. 단사, 전사, 일대일 대응함수
2. 합성함수, 역함수
3. 군, 가환군, 부분군, 순환군
4. 잉여군, 라그랑주(Lagrange) 정리
5. 정수들의 집합은 덧셈에 대한 군이다.
6. 정수들의 군의 부분군은 $m\mathbb{Z}$의 꼴이다.
7. 가환군의 부분군은 동치관계를 유도한다.
8. 가환군 G의 부분군 H에 의해 유도된 동치관계에 의해 만들어진 상집합 G/H에 이항연산은 잘 정의되고 G/H는 군이 된다.

제 3 장 정수

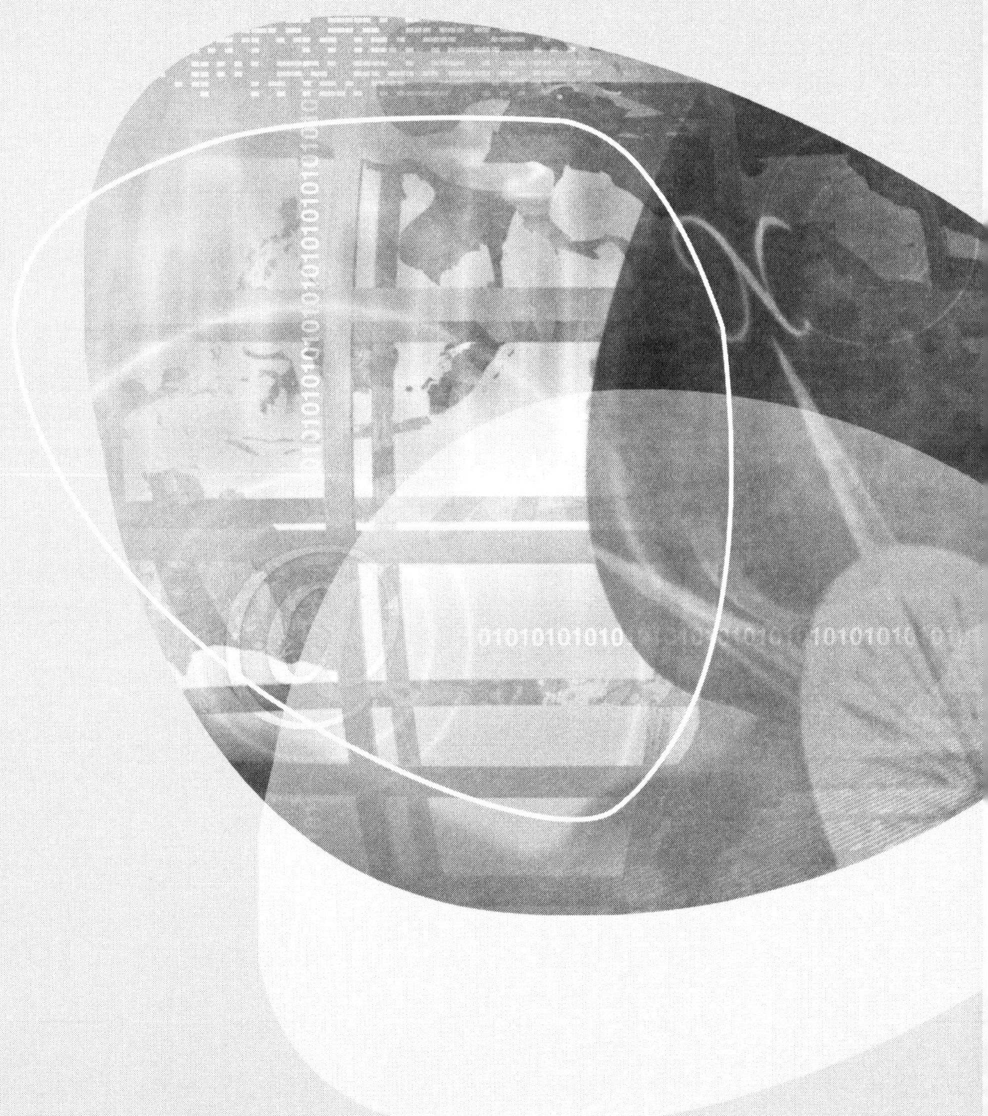

3.1 약수와 배수

정수들의 덧셈에 관한 군 $\mathbb{Z}$의 모든 부분군은 $a\mathbb{Z}=\{ak \mid k\in\mathbb{Z}\}$의 형태임을 알고 있다. 따라서 하나의 정수 a는 $\mathbb{Z}$의 부분군 $a\mathbb{Z}$를 생성함을 알 수 있다. 이제 주어진 두 정수 a, b의 약수와 배수의 관계를 이들 정수에 대응되는 부분군 $a\mathbb{Z}$, $b\mathbb{Z}$의 포함관계로써 알 수 있는 방법을 생각하자.

정의 3.1.1 [약수와 배수]

두 정수 a, $b\in\mathbb{Z}$에 대하여 $a=bc$를 만족하는 정수 $c\in\mathbb{Z}$가 존재하면 b는 a의 약수(divisor of a) 또는 b는 a의 인수(factor of a), 그리고 a는 b의 배수(multiple of b)라 부른다. 기호는 $b\mid a$로 적는다.

모든 정수 $n\in\mathbb{Z}$에 대하여

$$n=1n=(-1)(-n)$$

이므로 1과 -1은 모든 정수의 약수이다. 또한 $n\mid n$, $n\mid(-n)$, $(-n)\mid n$이다.

정리 3.1.2

두 정수 a, $b\in\mathbb{Z}$에 대하여

(1) $b\mid a \quad\Leftrightarrow\quad a\mathbb{Z}\subseteq b\mathbb{Z}$

(2) $b\mid a$이고 $a\mid b \quad\Leftrightarrow\quad a=\pm b$

(3) $b\mid a$이고 $c\mid b \quad\Rightarrow\quad c\mid a$

이다.

증명

(1) $b\mid a$을 가정한다. $a=bc$를 만족하는 정수 $c\in\mathbb{Z}$가 존재하므로 $a\in b\mathbb{Z}$이다. 그러므로 임의의 정수 $k\in\mathbb{Z}$에 대하여 $ak=bck\in b\mathbb{Z}$이다. 따라서 $a\mathbb{Z}\subseteq b\mathbb{Z}$이다.
역으로 $a\mathbb{Z}\subseteq b\mathbb{Z}$를 가정하면 $a\in a\mathbb{Z}\subseteq b\mathbb{Z}$이다. 따라서 $a=bc$를 만족하는 정수 $c\in\mathbb{Z}$가 존재한다. 즉, $b\mid a$이다.

(2) $b\mid a$이고 $a\mid b$을 가정한다. (1)에 의해 $a\mathbb{Z}\subseteq b\mathbb{Z}$이고 $b\mathbb{Z}\subseteq a\mathbb{Z}$이다. 그러므로 $a=bc$,

$b = ad$를 만족하는 정수 $c,\ d \in \mathbb{Z}$가 존재한다. 따라서

$$a = bc = adc$$

이다. 만약 $a \neq 0$이면 정수는 약분법칙을 만족하며 $dc = 1$을 얻는다. 즉,

$$d = c = 1 \text{ 또는 } d = c = -1$$

이다. 결국 $a = b$ 또는 $a = -b$이다.

만약 $a = 0$이면 $b = ad = 0$이고, 따라서 $a = b$이다.

역으로 만약 $a = \pm b$라 가정하자. $a = b$ 또는 $a = -b$인데 어느 경우든 $b|a$이고 $a|b$이다.

(3) $b|a$이고 $c|b$을 가정하면 $a\mathbb{Z} \subseteq b\mathbb{Z}$이고 $b\mathbb{Z} \subseteq c\mathbb{Z}$이다. 그러므로 $a\mathbb{Z} \subseteq c\mathbb{Z}$이며 (1)에 의해 $c|a$이다. ■

모든 양의 정수 a에 대하여 $a\mathbb{Z} = (-a)\mathbb{Z}$임은 명백하다. 그러므로 정수들의 덧셈에 관한 군 $\mathbb{Z}$의 부분군들의 집합은 $X = \{a\mathbb{Z} | a \geq 0\}$이다. 두 부분군의 순서관계 $\leq$를

$$a\mathbb{Z} \leq b\mathbb{Z} \Leftrightarrow a\mathbb{Z} \subseteq b\mathbb{Z}$$

으로 정의하면 $(X, \leq)$은 순서집합이다. 모든 양의 정수 a에 대하여 $a\mathbb{Z} \subseteq \mathbb{Z}$이므로 $\mathbb{Z}$가 X의 최대원소이다. 또한 $\{0\} = 0\mathbb{Z} \subseteq a\mathbb{Z}$이므로 $\{0\}$가 X의 최소원소이다.

정리 3.1.3

정수 $a,\ b,\ c,\ d \in \mathbb{Z}$에 대하여

(1) $a|b$이고 $a|c$이면, 모든 정수 $x,\ y \in \mathbb{Z}$에 대하여 $a|(bx + cy)$이다.

(2) $a|b$이고 $c|d$이면, $ac|bd$이다.

증명

(1) $a | b$이므로 $b\mathbb{Z} \subseteq a\mathbb{Z}$이다. 따라서 모든 정수 x에 대하여 $bx \in a\mathbb{Z}$이다. 한편 $a|c$이므로 $c\mathbb{Z} \subseteq a\mathbb{Z}$이다. 따라서 모든 정수 y에 대하여 $cy \in a\mathbb{Z}$이다. $a\mathbb{Z}$가 $\mathbb{Z}$의 부분군이므로 $bx + cy \in a\mathbb{Z}$이다. 그러므로 $(bx + cy)\mathbb{Z} \subseteq a\mathbb{Z}$이다. 즉 $a|(bx + cy)$이다.

(2) $a | b$이므로 $b = ak_1$을 만족하는 정수 k_1이 존재한다. 마찬가지로 $c | d$이므로 $d = ck_2$를 만족하는 정수 k_2가 존재한다. 따라서 $bd = ack_1k_2$이며 $ac|bd$이다. ■

예제 3.1.4 정수 a, b, c, $d \in \mathbb{Z}$에 대하여 명제

"$a \mid b$이고 $c \mid d$이면, $(a+c) \mid (b+d)$"

이 성립하는지 조사하여라.

풀이 $3 \mid 6$, $5 \mid 15$이다. 그러나 $(3+5)=8$는 $(6+15)=21$의 약수가 아니다. 따라서 주어진 명제는 참이 아니다. ■

3.1 연습문제

01 $6\mathbb{Z} = 2\mathbb{Z} \cap 3\mathbb{Z}$임을 보여라.

02 $4k+1$ 꼴의 두 정수의 곱은 $4k+1$임을 보여라.

03 (1) 만약 $d \mid n$이면 $2^d - 1 \mid 2^n - 1$임을 보여라.

(2) (1)을 이용하여 $127 \mid 2^{35} - 1$임을 보여라.

04 $7 \mid 343$, $13 \mid 1001$임을 보여라.

05 100과 1000 사이의 정수 중에서 49의 배수는 몇 개인가?

06 만약 a가 정수이면 $a^3 - a$는 3의 배수임을 보여라.

07 세 개의 연속된 정수의 곱은 6의 배수임을 보여라.

08 모든 양의 정수 n에 대하여 $n^5 - n$은 5의 배수임을 보여라. (수학적 귀납법을 이용)

09 a $(a \geq 1)$인 정수이면 $a(a^2+2)$는 3의 배수임을 보여라.

10 수학적 귀납법을 이용하여 n $(n \geq 1)$인 정수이면

$$15 \mid (2^{4n} - 1)$$

임을 보여라.

11 H, K가 가환군 $(G, +)$의 부분군이면

$$H + K = \{h + k \mid h \in H,\ k \in K\}$$

는 $H \cup K$를 포함하는 가장 작은 부분군임을 보여라. (도움말 : 정리 2.2.13에서 부분군임은 보였다.)

3.2 최대공약수와 최소공배수

두 양의 정수 a, $b\in\mathbb{Z}$에 대하여 $a|b$이면 $1 \le a \le b$이다. 그러므로 b의 양의 약수는 유한 개 존재한다. 따라서 두 정수 a, $b\in\mathbb{Z}$에 대하여 a, b의 공통적인 양의 약수의 집합은 공집합이 아닌 유한집합이다. 따라서 이 집합의 원소 중에서 가장 큰 원소가 있으며 이 원소가 a, b의 최대공약수라 불리는 원소이다. 반대로 a, b의 공통적인 배수의 집합은 공집합이 아닌 무한집합이다. 정수의 정렬성에 의해 a, b의 공통적인 양수인 배수의 집합은 최소원소를 포함하며 이 원소가 a, b의 최소공배수라 불리는 원소이다. 이제 최대공약수와 최소공배수의 성질을 알아본다.

정의 3.2.1 [공약수, 최대공약수]

두 정수 a, $b\in\mathbb{Z}$에 대하여 $e|a$, $e|b$인 정수 $e\in\mathbb{Z}$를 a와 b의 **공약수**(common divisor of a and b)라 부른다.

두 정수 a, $b\in\mathbb{Z}$에 대하여 다음 조건을 만족하는 정수 e를 a와 b의 **최대공약수**(greatest common divisor of a and b)라 부르고 기호는 $e=(a,\ b)$ 또는 $e=gcd(a,\ b)$로 적는다.

(1) $e>0$

(2) $e|a$, $e|b$

(3) 만약 $d|a$이고 $d|b$이면, $d|e$이다.

정수 $\mathbb{Z}$의 부분집합 A, B에 대하여 기호 $A+B$를 다음 집합으로 정의한다.

$$A+B=\{a+b\,|\,a\in A,\ b\in B\}$$

$A+B$의 원소는 A의 원소와 B의 원소의 합의 꼴이다.

정리 3.2.2

두 정수 a, b에 대하여 다음 사실이 성립한다.

(1) $e\in\mathbb{Z}$가 a와 b의 공약수일 필요충분조건은 $a\mathbb{Z}+b\mathbb{Z}\subseteq e\mathbb{Z}$이다.

(2) $e\in\mathbb{Z}$가 a와 b의 최대공약수일 필요충분조건은 $a\mathbb{Z}+b\mathbb{Z}=e\mathbb{Z}$, $(e>0)$이다.

증명

(1) $e \in \mathbb{Z}$가 a와 b의 공약수라면 $a\mathbb{Z} \subseteq e\mathbb{Z}$이고 $b\mathbb{Z} \subseteq e\mathbb{Z}$이다. $e\mathbb{Z}$가 부분군이므로 $a\mathbb{Z}+b\mathbb{Z} \subseteq e\mathbb{Z}$이다.

역으로 $a\mathbb{Z}+b\mathbb{Z} \subseteq e\mathbb{Z}$이면 $a\mathbb{Z} \subseteq a\mathbb{Z}+b\mathbb{Z} \subseteq e\mathbb{Z}$이며 $b\mathbb{Z} \subseteq a\mathbb{Z}+b\mathbb{Z} \subseteq e\mathbb{Z}$이다. 그러므로 e가 a와 b의 공약수이다.

(2) $e \in \mathbb{Z}$가 a와 b의 최대공약수라 가정한다. (1)에 의해 $a\mathbb{Z}+b\mathbb{Z} \subseteq e\mathbb{Z}$이다. $a\mathbb{Z}+b\mathbb{Z}$가 $\mathbb{Z}$의 부분군임은 명백하다(정리 2.2.13). 따라서 정리 2.2.9의 (2)에 의해 $a\mathbb{Z}+b\mathbb{Z}=e'\mathbb{Z}$를 만족하는 정수 e'가 존재한다. 그러므로 $e'\mathbb{Z} \subseteq e\mathbb{Z}$이며 $e \mid e'$이다. 한편 $a\mathbb{Z}+b\mathbb{Z}=e'\mathbb{Z}$이므로 $a\mathbb{Z} \subseteq e'\mathbb{Z}$이며 $b\mathbb{Z} \subseteq e'\mathbb{Z}$이다. 그러므로 $e' \mid a$이고 $e' \mid b$이다. $e \in \mathbb{Z}$가 a와 b의 최대공약수라는 가정에서 $e' \mid e$이다. 따라서 $e=\pm e'$이다. 그러므로 $e\mathbb{Z}=e'\mathbb{Z}=a\mathbb{Z}+b\mathbb{Z}$이다.

역으로 $a\mathbb{Z}+b\mathbb{Z}=e\mathbb{Z}$라 가정하면 $a\mathbb{Z} \subseteq e\mathbb{Z}$이며 $b\mathbb{Z} \subseteq e\mathbb{Z}$이다. 그러므로 $e \mid a$이고 $e \mid b$이다. $e \in \mathbb{Z}$가 a와 b의 공약수이다. 만약 $d \mid a$, $d \mid b$이면 $a\mathbb{Z} \subseteq d\mathbb{Z}$이고 $b\mathbb{Z} \subseteq d\mathbb{Z}$이다. 그러므로 $a\mathbb{Z}+b\mathbb{Z} \subseteq d\mathbb{Z}$이다. 따라서 $e\mathbb{Z} \subseteq d\mathbb{Z}$이다. 즉 $d \mid e$이다. ■

이 정리를 이용하여 다음 따름정리에서는 $e \in \mathbb{Z}$가 a와 b의 최대공약수이면 $e=ar+bs$를 만족하는 정수 r, s가 존재함을 이론적으로 보인다. 그러나 이 증명방법을 이용하여 실제로 r, s를 구하는 것은 매우 어려운 일이다. r, s를 구하기 위해 유클리드 알고리즘(정리 3.2.5)을 이용하는 것이 편리하다.

따름정리 3.2.3

$e \in \mathbb{Z}$가 a와 b의 최대공약수이면 $e=ar+bs$를 만족하는 정수 r, s가 존재한다. 특히 a와 b의 최대공약수가 1일 필요충분조건은 $1=ar+bs$를 만족하는 정수 r, s가 존재한다.

증명

$e \in \mathbb{Z}$가 a와 b의 최대공약수이면 위의 정리 3.2.2의 (2)에 의해 $a\mathbb{Z}+b\mathbb{Z}=e\mathbb{Z}$이다. $e \in e\mathbb{Z}$이므로 $e \in a\mathbb{Z}+b\mathbb{Z}$이다. 따라서 $e=ar+bs$를 만족하는 정수 r, s가 존재한다.
만약 a와 b의 최대공약수가 1이면 위의 사실에 의해 $1=ar+bs$를 만족하는 정수 r, s가 존재한다. 역으로 $1=ar+bs$를 만족하는 정수 r, s가 존재한다고 가정하자. $d \in \mathbb{Z}$가 a와 b의 공약수라면 정리 3.1.3의 (1)에 의해 d는 $ar+bs=1$의 약수이다. 따라서 $d=\pm 1$이다. 그러므로 a와 b의 최대공약수가 1이다. ■

위의 따름정리에 의해 $1=ar+bs$를 만족하는 정수 r, s가 존재하는 것은 $(a, b)=1$과 동치이지만 $e=ar+bs$를 만족하는 정수 r, s가 존재하는 것은 $(a, b)=e$과 동치가 아니다. 예를 들어

$$4 \cdot 1 + 6 \cdot 0 = 4$$

이지만, $(4, 6) \neq 4$이다.

정리 3.2.4

두 정수 a, b에 대하여 $b=aq+r$, $(0 \leq r < |a|)$이라 가정하면

$$(a, b)=(a, r)$$

이다.

증명

만약 $e=(a, b)$, $e'=(a, r)$이라 두면 $e|a$, $e|b$이다. 따라서

$$e \mid (b-qa)=r$$

이다. 그러므로 e는 a와 r의 공약수이다. 따라서 $e|e'$이다.
한편 e'는 a와 r의 공약수이므로

$$e' \mid (aq+r)=b$$

이다. e'는 a와 b의 공약수이다. 따라서 $e'|e$이다. 그러므로 $e=e'$이다. ■

만약 $0<a<b$이라 가정하면 위의 정리에 의해 a와 b의 최대공약수를 구하는 것은 a와 b를 a로 나눈 나머지 r의 최대공약수를 구하는 것과 같고 $0 \leq r < a$이므로 a와 a보다 작은 정수 r의 최대공약수를 구하게 되므로 최대공약수를 효율적으로 구할 수 있다. 이러한 사실을 유한 번 적용하면 다음 정리를 얻을 수 있으며 이는 최대공약수를 계산하는 매우 유용한 방법이다.

정리 3.2.5 [유클리드 알고리즘]

두 양의 정수 a, b에 대하여 $r_0 = a$, $r_1 = b$라 하고 다음이 성립한다고 가정하자.

$$\begin{aligned} r_0 &= a_0 r_1 + r_2, & 0 < r_2 < r_1 \\ r_1 &= a_1 r_2 + r_3, & 0 < r_3 < r_2 \\ r_2 &= a_2 r_3 + r_4, & 0 < r_4 < r_3 \\ &\vdots & \vdots \\ r_{n-1} &= a_{n-1} r_n + r_{n+1}, & 0 < r_{n+1} < r_n \\ r_n &= a_n r_{n+1} \end{aligned}$$

그러면 $(a, b) = r_{n+1}$이다. 그리고

$$s_0 = 1,\ s_1 = 0,\ s_i = s_{i-2} - a_{i-2} s_{i-1}\ (2 \le i \le n+1)$$
$$t_0 = 0,\ t_1 = 1,\ t_i = t_{i-2} - a_{i-2} t_{i-1}\ (2 \le i \le n+1)$$

이라 두면, 다음이 성립한다.

$$r_i = as_i + bt_i \quad (0 \le i \le n+1)$$

이다. 특히

$$(a, b) = r_{n+1} = a s_{n+1} + b t_{n+1}$$

이다.

증명

정리 3.2.4에 의해

$$(a, b) = (r_1, r_2) = (r_2, r_3) = \cdots = (r_n, r_{n+1}) = r_{n+1}$$

이다. 다음은 등식

$$r_i = as_i + bt_i \ (0 \le i \le n+1)$$

을 i에 관한 수학적 귀납법을 이용하여 증명한다.
먼저 $i = 0$ 또는 $i = 1$이면

$$r_0 = as_0 + bt_0, \quad r_1 = as_1 + bt_1$$

임은 명백하다. 다음은 $i \le k \ (0 \le k \le n)$인 모든 i에 대하여 위의 등식이 성립한다고 가정한다. 즉

$$r_i = as_i + bt_i \ (0 \le i \le k)$$

이다. 한편 정리의 가정에 의해

$$r_{k+1} = r_{k-1} - a_{k-1} r_k \ (1 \le k \le n)$$

이다. 따라서

$$\begin{aligned} r_{k+1} &= r_{k-1} - a_{k-1} r_k \ (1 \le k \le n) \\ &= a s_{k-1} + b t_{k-1} - a_{k-1}(a s_k + b t_k) \\ &= a(s_{k-1} - a_{k-1} s_k) + b(t_{k-1} - a_{k-1} t_k) \\ &= a s_{k+1} + b t_{k+1} \end{aligned}$$

이다. 그러므로 수학적 귀납법에 의해 등식이 증명되었다. 특히 $k = n$일 때 등식

$$(a, \ b) = r_{n+1} = a \ s_{n+1} + b \ t_{n+1}$$

을 얻는다. ■

위의 과정을 다음과 같이 표를 만들어 구하면 편리하다.

$$\begin{array}{c|cc|c} a_0 & r_0 & r_1 & a_1 \\ & \underline{a_0 r_1} & \underline{a_1 r_2} & \\ a_2 & r_2 & r_3 & a_3 \\ \vdots & \vdots & \vdots & \vdots \\ a_{n-1} & r_{n-1} & r_n & a_n \\ & \underline{a_{n-1} r_n} & \underline{a_n r_{n+1}} & \\ & r_{n+1} & 0 & \end{array}$$

i	0	1	2	$\cdots$	$n-1$	n	$n+1$
a_i	a_0	a_1	a_2	$\cdots$	a_{n-1}		
s_i	1	0	s_2	$\cdots$	s_{n-1}	s_n	s_{n+1}
t_i	0	1	t_2	$\cdots$	t_{n-1}	t_n	t_{n+1}

예제 3.2.6 (1) 230과 68의 최대공약수를 구하여라.

(2) $(230,\ 68) = 230r + 68s$를 만족하는 정수 $r,\ s$를 구하여라

(3) $230\mathbb{Z} + 68\mathbb{Z} = a\mathbb{Z}$를 만족하는 정수 a를 모두 구하여라.

풀이 (1) 유클리드 호제법에 의하여

3	230	68	2
	204	52	
1	26	16	1
	16	10	
1	10	6	1
	6	4	
2	4	2	
	4		
	0		

이므로 230과 68의 최대공약수는 2이다.

(2) 유클리드 호제법에서 제시된 방법을 이용하여

a_i	3	2	1	1	1	1		
s_i	1	0	1	−2	3	−5	8	−13
t_i	0	1	−3	7	−10	17	−27	44

이므로

$$230 \cdot (-13) + 68 \cdot 44 = 2$$

이다.

(3) 따라서 $230\mathbb{Z} + 68\mathbb{Z} = a\mathbb{Z}$를 만족하는 정수 a는 2와 -2이다. ■

정의 3.2.7 [서로 소]

만약 두 정수 $a,\ b$의 최대공약수가 1이면, 즉 $(a,\ b) = 1$이면 $a,\ b$는 **서로 소**(relatively prime)라 부른다.

정의 3.2.8 [공배수, 최소공배수]

두 정수 a, b에 대하여

$$a|l, \quad b|l$$

인 정수 l을 a와 b의 **공배수**(common multiple of a and b)라 부른다.
두 정수 a, b에 대하여 다음 조건을 만족하는 정수 l을 a와 b의 **최소공배수**(least common multiple of a and b)라 부르고 기호는 $l=[a, b]$ 또는 $l=lcm(a, b)$로 적는다.

(1) $l>0$

(2) $a|l$, $b|l$

(3) 만약 $a|d$, $b|d$이면, $l|d$이다.

두 양의 정수 a, b가 서로 소이면 $[a, b]=ab$임은 자명하다. (각자 증명)

정리 3.2.2에서 a, b의 (최대)공약수와 $\mathbb{Z}$의 부분군 $a\mathbb{Z}+b\mathbb{Z}$와의 관계를 조사하였다. 마찬가지로 다음 정리에서 a, b의 (최소)공배수와 $\mathbb{Z}$의 부분군 $a\mathbb{Z}\cap b\mathbb{Z}$ 와의 관계를 조사한다.

정리 3.2.9

두 정수 a, b에 대하여 다음 사실이 성립한다.

(1) l이 a와 b의 공배수일 필요충분조건은 $l\mathbb{Z}\subseteq a\mathbb{Z}\cap b\mathbb{Z}$이다.

(2) l이 a와 b의 최소공배수일 필요충분조건은 $l\mathbb{Z}=a\mathbb{Z}\cap b\mathbb{Z}$이다.

증명

(1) l이 a와 b의 공배수이므로 정리 3.1.2에 의해 $l\mathbb{Z}\subseteq a\mathbb{Z}$이고 $l\mathbb{Z}\subseteq b\mathbb{Z}$이다. 따라서 $l\mathbb{Z}\subseteq a\mathbb{Z}\cap b\mathbb{Z}$이다. 역의 증명은 자명하므로 각자에게 맡긴다.

(2) 먼저 l이 a와 b의 최소공배수라 가정한다. (1)에 의해 $l\mathbb{Z}\subseteq a\mathbb{Z}\cap b\mathbb{Z}$이다. 만약 $x\in a\mathbb{Z}\cap b\mathbb{Z}$이면 $a|x$이고 $b|x$이다. 한편 l이 a와 b의 최소공배수이므로 정의에 의해 $l|x$이다. 그러므로 $x\in l\mathbb{Z}$이다. 따라서 $l\mathbb{Z}\supseteq a\mathbb{Z}\cap b\mathbb{Z}$이다. 그러므로 $l\mathbb{Z}=a\mathbb{Z}\cap b\mathbb{Z}$이다.

역으로 만약 $l\mathbb{Z}=a\mathbb{Z}\cap b\mathbb{Z}$이면 $l\mathbb{Z}\subseteq a\mathbb{Z}\cap b\mathbb{Z}$이므로 (1)에 의해 l이 a와 b의 공배수이다. 만약 $a|x$이고 $b|x$이면 $x\in a\mathbb{Z}\cap b\mathbb{Z}=l\mathbb{Z}$이다. 그러므로 $l|x$이다. ■

다음 정리에서 두 정수 a, b에 대하여 최대공약수와 최소공배수와의 관계를 알아보자. 이들 관계는 장차 유용하게 사용되므로 잘 기억해둘 필요가 있다.

정리 3.2.10

두 양의 정수 a, b에 대하여 $e=(a,\ b)$라 두면 다음 사실이 성립한다.

(1) $\left(\frac{a}{e},\ \frac{b}{e}\right)=1$이다. 즉 $\frac{a}{e}$와 $\frac{b}{e}$는 서로 소이다.

(2) $[a,\ b]=\frac{ab}{e}$이다. 즉 $(a,\ b)[a,\ b]=ab$이다.

증명

(1) $e=(a,\ b)$이므로 $ar+bs=e$를 만족하는 정수 r, s가 존재한다. 따라서 $\frac{a}{e}r+\frac{b}{e}s=1$이다. 그러므로 $\frac{a}{e}$와 $\frac{b}{e}$는 서로 소이다.

(2) $e=(a,\ b)$이므로 $a=em$, $b=en$을 만족하는 정수 m, n이 존재한다. 여기서 $(m,\ n)=1$이다. 따라서 $[a,\ b]=e[m,\ n]=emn$이다. 그러므로 $[a,\ b]=\frac{ab}{e}$이다. ■

지금까지 두 정수의 최대공약수와 최소공배수에 대하여 조사하였다. 이제 이를 일반화하여 3개 이상의 정수에 대한 최대공약수와 최소공배수를 정의한다.

정의 3.2.11 [공약수, 최대공약수]

n개의 정수 a_1, a_2, $\cdots$, a_n에 대하여 $e\,|\,a_1$, $e\,|\,a_2$, $\cdots$, $e\,|\,a_n$인 정수 e를 a_1, a_2, $\cdots$, a_n의 **공약수**(common divisor)라 한다.

특히 다음 성질을 만족하는 정수 e를 a_1, a_2, $\cdots$, a_n의 **최대공약수**(greatest common divisor)라 한다. 기호는 $e=(a_1,\ a_2,\ \cdots,\ a_n)$ 또는 $e=gcd(a_1,\ a_2,\ \cdots,\ a_n)$으로 적는다.

(1) $e>0$

(2) $e\,|\,a_1$, $e\,|\,a_2$, $\cdots$, $e\,|\,a_n$

(3) 만약 $d\,|\,a_1$, $d\,|\,a_2$, $\cdots$, $d\,|\,a_n$이면 $d\,|\,e$이다.

정리 3.2.12 [정리 3.2.2의 일반화]

n개의 정수 $a_1, a_2, \cdots, a_n$에 대하여 다음 사실이 성립한다.

(1) $e \in \mathbb{Z}$가 $a_1, a_2, \cdots, a_n$의 공약수일 필요충분조건은 $a_1\mathbb{Z} + a_2\mathbb{Z} + \cdots + a_n\mathbb{Z} \subseteq e\mathbb{Z}$이다.

(2) $e \in \mathbb{Z}$가 $a_1, a_2, \cdots, a_n$의 최대공약수일 필요충분조건은 $a_1\mathbb{Z} + a_2\mathbb{Z} + \cdots + a_n\mathbb{Z} = e\mathbb{Z}$, $(e > 0)$이다.

증명

(1) $e \in \mathbb{Z}$가 $a_1, a_2, \cdots, a_n$의 공약수이면 모든 $i\ (1 \le i \le n)$에 대하여 $a_i\mathbb{Z} \subseteq e\mathbb{Z}$이며 $e\mathbb{Z}$가 $\mathbb{Z}$의 부분군이므로 $a_1\mathbb{Z} + a_2\mathbb{Z} + \cdots + a_n\mathbb{Z} \subseteq e\mathbb{Z}$이다. 역으로 $a_1\mathbb{Z} + a_2\mathbb{Z} + \cdots + a_n\mathbb{Z} \subseteq e\mathbb{Z}$이면 모든 $i\ (1 \le i \le n)$에 대하여 $a_i\mathbb{Z} \subseteq e\mathbb{Z}$이므로 e는 a_i의 약수이다.

(2) $e \in \mathbb{Z}$가 $a_1, a_2, \cdots, a_n$의 최대공약수이면 (1)에 의해 $a_1\mathbb{Z} + a_2\mathbb{Z} + \cdots + a_n\mathbb{Z} \subseteq e\mathbb{Z}$이다. $a_1\mathbb{Z} + a_2\mathbb{Z} + \cdots + a_n\mathbb{Z}$이 Z의 부분군임은 명백하다.
그러므로 $a_1\mathbb{Z} + a_2\mathbb{Z} + \cdots + a_n\mathbb{Z} = e'\mathbb{Z}$를 만족하는 정수 e'가 존재한다. 따라서 e'가 $a_1, a_2, \cdots, a_n$의 공약수이다. $e \in \mathbb{Z}$가 $a_1, a_2, \cdots, a_n$의 최대공약수이므로 e'는 e의 약수이다. 한편 위의 사실에 의해 $e'\mathbb{Z} \subseteq e\mathbb{Z}$이다. 그러므로 e는 e'의 약수이다. 따라서 $e = \pm e'$이다. 역의 증명은 간단하므로 각자에게 맡긴다. ■

따름정리 3.2.13

$e \in \mathbb{Z}$가 $a_1, a_2, \cdots, a_n$의 최대공약수이면 $e = a_1r_1 + a_2r_2 + \cdots + a_nr_n$을 만족하는 정수 $r_1, r_2, \cdots, r_n$이 존재한다. 특히 $a_1, a_2, \cdots, a_n$의 최대공약수가 1일 필요충분조건은 $1 = a_1r_1 + a_2r_2 + \cdots + a_nr_n$을 만족하는 정수 $r_1, r_2, \cdots, r_n$이 존재한다.

증명

정리 3.2.12에 의해 $a_1\mathbb{Z} + a_2\mathbb{Z} + \cdots + a_n\mathbb{Z} = e\mathbb{Z}$이다. $e \in e\mathbb{Z}$이므로 $e \in a_1\mathbb{Z} + a_2\mathbb{Z} + \cdots + a_n\mathbb{Z}$이다. 따라서 $e = a_1r_1 + a_2r_2 + \cdots + a_nr_n$를 만족하는 정수 $r_1, r_2, \cdots, r_n$이 존재한다.
만약 $a_1, a_2, \cdots, a_n$의 최대공약수가 1이면 위의 사실에 의해 $1 = a_1r_1 + a_2r_2 + \cdots$

$+ a_n r_n$을 만족하는 정수 $r_1,\ r_2,\ \cdots,\ r_n$이 존재한다. 역으로 $1 = a_1 r_1 + a_2 r_2 + \cdots + a_n r_n$을 만족하는 정수 $r_1,\ r_2,\ \cdots,\ r_n$이 존재한다고 가정하자. $d \in \mathbb{Z}$가 $a_1,\ a_2,\ \cdots,\ a_n$의 공약수라면 d는 $1 = a_1 r_1 + a_2 r_2 + \cdots + a_n r_n$의 약수이다. 따라서 $d = \pm 1$이다. 그러므로 $a_1,\ a_2,\ \cdots,\ a_n$의 최대공약수가 1이다. ■

정리 3.2.14

n개의 정수 $a_1,\ a_2,\ \cdots,\ a_n$에 대하여

$$(a_1,\ a_2,\ \cdots,\ a_n) = (\cdots((a_1,\ a_2),\ a_3),\ \cdots,\ a_n)$$

이다.

예제 3.2.15 $e = (36,\ 24,\ 8)$이라 둘 때 다음 물음에 답하라.

(1) e의 값을 구하라.

(2) $e = 36r_1 + 24r_2 + 8r_3$를 만족하는 $r_1,\ r_2,\ r_3$를 구하라.

풀이 (1) 정리 3.2.14에 의해 $(36,\ 24,\ 8) = ((36,\ 24),\ 8)$이므로 $(36,\ 24)$부터 유클리드 호제법을 이용하여 구한다.

$$\begin{array}{c|cc|c} 1 & 36 & 24 & 2 \\ & 24 & 24 & \\ \hline & 12 & 0 & \end{array}$$

이다. 그러므로 $(36,\ 24) = 12$이다.

$$\begin{array}{c|cc|c} 1 & 12 & 8 & 2 \\ & 8 & 8 & \\ \hline & 4 & 0 & \end{array}$$

이다. 그러므로 $(12.\ 8) = 4$이다. 따라서 $(36,\ 24,\ 8) = (12,\ 8) = 4$이다.

(2) 위의 식에서 다음 표를 만든다.

a_i	1		
s_i	1	0	1
t_i	0	1	-1

a_i	1		
s_i	1	0	1
t_i	0	1	-1

따라서 $12 = 36 \cdot 1 + 24 \cdot (-1)$이고 $4 = 12 \cdot 1 + 8 \cdot (-1)$이다. 그러므로

$$4 = 12 \cdot 1 + 8 \cdot (-1) = 36 \cdot 1 + 24(-1) + 8 \cdot (-1)$$

이다. ■

정의 3.2.16 [서로 소, 쌍으로 서로 소]

n개의 정수 $a_1, a_2, \cdots, a_n$에 대하여 $a_1, a_2, \cdots, a_n$의 최대공약수가 1이면 $a_1, a_2, \cdots, a_n$은 **서로 소**(relatively prime)라 하고, 만약 어떤 두 정수도 서로 소 일때, 즉 모든 $i, j\ (1 \le i \ne j \le n)$에 대하여 $(a_i, a_j) = 1$이면 $a_1, a_2, \cdots, a_n$은 **쌍으로 서로 소**(pairwise relatively prime)라 한다.

n개의 정수 $a_1, a_2, \cdots, a_n$이 쌍으로 서로 소이면 $a_1, a_2, \cdots, a_n$이 서로 소임은 명백하다.

정의 3.2.17 [공배수, 최소공배수]

n개의 정수 $a_1, a_2, \cdots, a_n$에 대하여 $a_1 | l, a_2 | l, \cdots, a_n | l$인 정수 l를 $a_1, a_2, \cdots, a_n$의 **공배수**(common multiple)라 한다.

특히 다음 성질을 만족하는 정수 l을 $a_1, a_2, \cdots, a_n$의 **최소공배수**(least common multiple)라 한다. 기호는 $l = [a_1, a_2, \cdots, a_n]$ 또는 $l = lcm(a_1, a_2, \cdots, a_n)$으로 적는다.

(1) $l > 0$

(2) $a_1 | l, a_2 | l, \cdots, a_n | l$

(3) 만약 $a_1 | d, a_2 | d, \cdots, a_n | d$이면 $l | d$이다.

정리 3.2.18 [정리 3.2.9의 일반화]

n개의 정수 a_1, a_2, $\cdots$, a_n에 대하여 다음 사실이 성립한다.

(1) l이 a_1, a_2, $\cdots$, a_n의 공배수일 필요충분조건은 $l\mathbb{Z} \subseteq a_1\mathbb{Z} \cap a_2\mathbb{Z} \cap \cdots \cap a_n\mathbb{Z}$이다.

(2) l이 a_1, a_2, $\cdots$, a_n의 최소공배수일 필요충분조건은 $l\mathbb{Z} = a_1\mathbb{Z} \cap a_2\mathbb{Z} \cap \cdots \cap a_n\mathbb{Z}$ 이다.

정리 3.2.19

n개의 정수 a_1, a_2, $\cdots$, a_n에 대하여

$$[a_1,\ a_2,\ \cdots,\ a_n] = [\cdots [[a_1,\ a_2],\ a_3],\ \cdots,\ a_n]$$

이다.

3.2 연습문제

01 $230\mathbb{Z}+68\mathbb{Z}=2\mathbb{Z}$임을 증명하여라. (단, 배운 정리를 이용하지 말 것)

02 위의 사실을 이용하여 $230x+68y=7$을 만족하는 정수해 x, y가 존재하지 않음을 보여라.

03 $230x+68y=d$가 정수해를 갖기 위한 조건을 조사하여라.

04 (1) $(306,\ 657)$ (2) $(252,\ 198)$

05 유클리드 알고리즘을 이용하여 $(119,\ 272)=119x+272y$를 만족하는 x, y를 한 조만 구하여라.

06 $(a,\ m)=(b,\ m)=1$이면, $(ab,\ m)=1$임을 보여라.

07 a, b가 짝수이면, $(a,\ b)=2(a/2,\ b/2)$임을 보여라.

08 a가 짝수이고 b가 홀수이면, $(a,\ b)=(a/2,\ b)$임을 보여라.

09 $(a,\ b)=(a-b,\ b)$임을 보여라. 단 $a>b$이다.

10 위의 7, 8, 9번을 이용하여 $(981,\ 1230)$을 구하여라.

11 $e=(a,\ b)$이면, e는 집합 $a\mathbb{Z}+b\mathbb{Z}$에 속하는 가장 작은 양의 정수임을 보여라.

12 a, b, c가 정수이면, $(a+cb,\ b)=(a,\ b)$임을 보여라.

13 집합 $a\mathbb{Z}+b\mathbb{Z}$에 속하는 모든 원소는 $e=(a,\ b)$의 배수임을 보여라.

14 연속된 두 피보나치 수 f_{n+1}과 f_{n+2}는 서로 소임을 보여라.
(도움말 : $f_{n+2}=f_{n+1}\cdot 1+f_n$이다.)

3.3 일차 부정방정식

3.2절의 정리에 의하면 서로 소인 두 정수 a, b에 대하여 $ar+bs=1$을 만족하는 정수 r, s가 존재함을 알 수 있다. 이 사실에 의해 임의의 정수 c에 대하여 $arc+bsc=c$이다. 따라서 일차 부정방정식 $ax+by=c$는 정수해를 가진다. 이와 같이 정수를 계수로 갖고 두 개 이상의 미지수를 갖는 일차방정식을 일차 부정방정식(linear indeterminate equation) 또는 디오판투스 방정식(linear Diophantine equation)이라 부른다. 디오판투스 방정식이란 이름이 붙여진 것은 A.D. 250년경에 알렉산드리아에서 살았던 것으로 알려진 그리스 수학자 디오판투스(Diophantus)에서 유래된 것이다. 그러나 디오판투스 개인에 관한 기록은 별로 많이 남아 있지 않다. 일차 부정방정식의 일반적 형태는

$$a_1 x_1 + a_2 x_2 + \cdots + a_n x_n = c$$

이다. 단, a_1, a_2, $\cdots$, a_n에서 적어도 하나는 0이 아닌 정수이다. 이 절에서 이러한 일차 부정방정식의 정수해의 존재성과 해에 관해서 공부한다.

정리 3.3.1

a, b는 정수들이고 $(a,\ b)=d$라 가정한다.

(1) 만약 $d \nmid c$이면, 일차 부정방정식 $ax+by=c$는 정수해를 갖지 않는다.

(2) 만약 $d \mid c$이면, 일차 부정방정식 $ax+by=c$는 정수해를 가지며 $x=x_0$, $y=y_0$가 주어진 방정식의 한 조의 정수해이면 모든 해는

$$x=x_0+(b/d)k,\ y=y_0-(a/d)k$$

의 형태이다. 단, k는 임의의 정수이다.

증명

(1) $ax+by=c$가 정수해 $x=x_0$, $y=y_0$를 가진다면 $ax_0+by_0=c$이다. $(a,\ b)=d$이므로 ax_0+by_0는 d의 배수이다. 그러므로 $d \mid c$이다.

(2) $(a,\ b)=d$이므로 따름정리 3.2.3에 의해 $ar+bs=d$를 만족하는 정수 r, s가 존재한다. 한편 $d \mid c$이므로 $c=dn$을 만족하는 정수 n이 존재한다. 그러므로 $arn+bsn=dn=c$이다. 따라서 $x=rn$, $y=sn$이 주어진 일차 부정방정식의 한 조의 해이다. 그러므로 $d \mid c$이면 일차 부정방정식 $ax+by=c$가 정수해를 가진다. $x=x_0$, $y=y_0$을

한 조의 특수한 해라고 하자. 그러면

$$a(x-x_0)+b(y-y_0)=0$$

이다. 따라서

$$(a/d)(x-x_0)=-(b/d)(y-y_0)$$

이다. 한편 a/d, b/d는 서로 소이므로 적당한 정수 k에 대하여 $x-x_0=(b/d)k$이다. 따라서 $y-y_0=-(a/d)k$이다. 그러므로

$$x=x_0+(b/d)k, \quad y=y_0-(a/d)k$$

이다. ■

예제 3.3.2 일차 부정방정식 $230x+68y=8$의 정수해를 구하라.

풀이 예제 3.2.6의 과정에 의해 $(230, 68)=2$이며 $2|8$이다. 그러므로 주어진 방정식은 해를 갖는다. 예제 3.2.6의 (2)에서 $230\cdot(-13)+68\cdot 44=2$이다. 따라서

$$230\cdot(-52)+68\cdot 176=8$$

이므로 $x=-52$, $y=176$이 한 조의 정수해이다. 그러므로 일반해는

$$x=-52+34k, \ y=176-115k$$

이다. 단, k는 임의의 정수이다. ■

정리 3.3.1을 일반화하여 n개의 미지수를 갖는 일차 부정방정식에 관한 다음 정리를 얻을 수 있다.

정리 3.3.3

a_1, a_2, $\cdots$, a_n은 정수들이고 $d=(a_1, a_2, \cdots, a_n)$이라 가정한다. 일차 부정방정식 $a_1x_1+a_2x_2+\cdots+a_nx_n=c$가 정수해를 가질 필요충분조건은 $d|c$이다.

증명

정리 3.3.1의 증명과 유사하므로 각자 증명해보자. ■

예제 3.3.4 일차 부정방정식 $101x+102y+103z=1$의 정수해를 구하라.

풀이 $101\cdot(-1)+102\cdot 1=1$이므로 $(101,\ 102)=1$이다. 한편 $102\cdot(-1)+103\cdot 1=1$이다. 그러므로 $(101,\ 102,\ 103)=1$이며 위의 정리에 의해 주어진 일차 부정방정식은 정수해를 갖는다.

$$\begin{aligned}1&=102\cdot(-1)+103\cdot 1=102(101-102)+103\\&=101\cdot 102-102\cdot 102+103\cdot 1\end{aligned}$$

이다. 따라서 $x=102,\ y=-102,\ z=1$이 한 조의 정수해이다. 주어진 식

$$101x+102y+103z=1$$

과

$$101\cdot 102+102\cdot(-102)+103\cdot 1=1$$

에서

$$101(x-102)+102(y+102)+103(z-1)=0$$

을 얻는다. $z=t$라 두면

$$101(x-102)+102(y+102)=-103(t-1) \tag{1}$$

이다. 그리고

$$101\cdot(-1)+102\cdot 1=1$$

이므로 양변에 $-103(t-1)$을 곱하면

$$101(103(t-1))+102(-103(t-1))=-103(t-1)$$

을 얻는다. 그러므로

$$x-102=103(t-1),\ \ y+102=-103(t-1)$$

이 (1)의 한 조의 특수해이고 $(101, 102)=1$이므로 정리 3.3.1에 의해

$$x-102=103(t-1)+102s,\ y+102=-103(t-1)-101s$$

이다. 그러므로

$$x=-1+103t+102s,\ y=1-103t-101s,\ z=t$$

이다. 단, s, t는 임의의 정수이다. ■

이제 일차 부정방정식의 실수해와 정수해 사이의 차이를 살펴보자.

예제 3.3.5 (1) $2x+3y=1$의 실수해를 구하고 이를 이용하여 정수해를 구하라. 또한 정리 3.3.1을 이용하여 구한 정수해와의 차이를 살펴보아라.
(2) $2x+3y+4z=1$의 실수해를 구하고 이를 이용하여 정수해를 구하라.

풀이 (1) $2x+3y=1$의 실수해 (x, y)는 평면상의 직선 $y=\frac{1}{3}(1-2x)$상의 모든 점들이다. 그러므로 $x=k$ (k는 임의의 실수)라 두면 $y=\frac{1}{3}(1-2k)$이다. 그러나 정수해 (x, y)는 직선 $y=\frac{1}{3}(1-2x)$상의 모든 격자점들이다. 따라서 y가 정수가 되기 위해서 $1-2x$가 3의 배수이어야 한다. $1-2x=3k'$라 두면 $x=\frac{1}{2}(1-3k')$이므로 x가 정수가 되기 위해 $1-3k'$가 2의 배수이어야 한다. 따라서 k'는 홀수이며 $k'=2l+1$이라 두면 정수해는

$$x=-3l-1,\ y=2l+1$$

이다. 단, l은 임의의 정수이다.
한편 정리 3.3.1을 이용하여 구하면 $2\cdot(-1)+3\cdot1=1$이므로 정수해는

$$x=-1+3t,\ y=1-2t$$

이다. 단, t는 임의의 정수이다. 위 두 정수해를 비교하면 $t=-l$로 둠으로써 같음을 알 수 있다.

(2) 주어진 방정식의 실수해는 $y=s$, $z=t$라 두면 $x=\frac{1}{2}(1-3s-4t)$이다. 단, s, t는 임의의 실수이다. $(x, y, z)=(-3, 1, 1)$이 주어진 방정식의 특수해 중의 하나이다. 그러므로

$$\begin{aligned} &2x+3y+4z=1 \\ &2\cdot(-3)+3\cdot 1+4\cdot 1=1 \\ \Rightarrow\ &2(x+3)+3(y-1)+4(z-1)=0 \end{aligned}$$

이다. 주어진 방정식의 실수해들의 집합은 유클리드 3차원 공간에서 점 $(-3, 1, 1)$을 지나고 $(2, 3, 4)$를 법선벡터로 갖는 평면상의 점들이다. 주어진 방정식의 정수해는 이 평면상의 격자점들이다. 이제 정수해를 구해보자. $x=\frac{1}{2}(1-3s-4t)$이 정수가 되기 위해 $1-3s-4t=2l$이라 두면 $3s+4t=1-2l$이다. $3\cdot(-1)+4\cdot 1=1$이므로 양변에 $1-2l$을 곱하면

$$3(2l-1)+4(1-2l)=1-2l$$

이다. 따라서

$$s=2l-1,\ t=1-2l$$

이 방정식 $3s+4t=1-2l$의 한 조의 특수해이다. 그리고 정리 3.3.1에 의해

$$s=2l-1+4r,\ t=1-2l-3r$$

을 얻는다. 그러므로 정수해는

$$x=l,\ y=-1+2l+4r,\ z=1-2l-3r$$

이다. ■

3.3 연습문제

01 다음 부정방정식의 정수해 한 조를 구하고 이를 이용하여 모든 해를 구하여라.

(1) $17x+23y=30$ (2) $12x+18y=-30$

(3) $2x+3y+5z=4$ (4) $12x+21y-9z-3w=9$

02 다음 부정방정식의 양의 정수해를 모두 구하여라.

(1) $6x+11y=104$ (2) $27x+4y=200$

03 다음 연립 부정방정식의 정수해를 구하여라.

$$\begin{cases} 7x+23y=1 \\ 5x+2y+7z=46 \end{cases}$$

TIP

제 3장 주요내용

1. 약수와 배수, $b\,|\,a \quad \Leftrightarrow \quad a\mathbb{Z} \subseteq b\mathbb{Z}$
2. 최대공약수와 최소공배수
   (1) $d=(a,\ b) \ \Leftrightarrow \ d\mathbb{Z}=a\mathbb{Z}+b\mathbb{Z}$
   (2) $d=(a,\ b) \ \Rightarrow \ \exists \ r,\ s \in \mathbb{Z}$ such that $d=ar+bs$
   (3) 유클리드 알고리즘
   (4) $l=[a,\ b] \quad \leftrightarrow \quad l\mathbb{Z}=a\mathbb{Z} \cap b\mathbb{Z}$
3. 일차 부정방정식의 정수해 $ax+by=c$가 해를 가질 필요충분조건은 $d\,|\,c$이다. 여기서 $d=(a,\ b)$이다.

제 4 장 소인수분해

4.1 소수

이 절에서 정수들 중에서 가장 중요한 소수에 관해 조사해본다. 우리는 이미 모든 정수 a는 ± 1과 $\pm a$를 약수로 가짐을 알고 있다. 이들 이외의 약수를 가지지 않는 1보다 큰 정수를 소수라 부른다.

정의 4.1.1 [소수, 합성수]

다음 성질을 만족하는 정수 p를 **소수**(prime number)라 한다.

(1) $p > 1$

(2) p의 양의 약수는 1과 p뿐이다.

소수가 아닌 1보다 큰 정수를 **합성수**(composite number)라 한다.

이미 제3장에서 $\mathbb{Z}$의 모든 부분군들의 모임 X에 순서관계 $\leq$을 다음과 같이 정의하였다. 두 부분군 H, K에 대하여

$$H \leq K \Leftrightarrow H \subseteq K$$

이다. 이 순서관계에 의해 모든 부분군 H에 대하여 $H \leq \mathbb{Z}$이다. 만약 $H \neq \mathbb{Z}$이고 $H \leq K \leq \mathbb{Z}$를 만족하는 부분군 K가 존재하지 않으면 부분군 H를 **극대부분군**이라 부른다. 다음 정리에서 정수 p가 생성하는 부분군이 극대부분군이 될 필요충분조건은 p가 소수임을 증명한다.

정리 4.1.2

p가 소수일 필요충분조건은 $p\mathbb{Z}$가 $\mathbb{Z}$의 극대부분군이다.

증명

p가 합성수이면 $p = ab$ $(1 < a,\ b < p)$이다. 그러므로 $p\mathbb{Z} = ab\mathbb{Z} \subseteq a\mathbb{Z} \cap b\mathbb{Z}$이다. 그리고 $b \neq \pm 1$이므로 $p\mathbb{Z} \neq a\mathbb{Z}$이다. 그러므로 $p\mathbb{Z}$는 극대부분군이 아니다. 반면 p가 소수이면 $p > 1$이다. 따라서 $p\mathbb{Z}$는 $\mathbb{Z}$의 진부분군이다. 만약 정수 a가 $p\mathbb{Z} \subseteq a\mathbb{Z} \subseteq \mathbb{Z}$를 만족하면 $a \mid p$이다. p가 소수이므로 $a = \pm 1$ 또는 $a = \pm p$이다. 만약 $a = \pm 1$이면 $a\mathbb{Z} = \mathbb{Z}$이고 $a = \pm p$ 이면 $a\mathbb{Z} = p\mathbb{Z}$이다. 따라서 $p\mathbb{Z}$가 $\mathbb{Z}$의 극대부분군임을 의미한다. ■

정리 4.1.3

p가 소수이면 다음 사실이 성립한다.

(1) 모든 정수 a에 대하여 $(a,\ p)=1$ 또는 $(a,\ p)=p$이다.

특히 $(a,\ p)=1 \Leftrightarrow p \nmid a$이고 $(a,\ p)=p \Leftrightarrow p \mid a$이다.

(2) 만약 $p \mid ab$이면 $p \mid a$ 또는 $p \mid b$이다.

증명

(1) $(a,\ p)=d$라 하면 $d \mid p$이므로 $d=1$ 또는 $d=p$이다. 나머지 증명은 자명하다.

(2) $p \nmid a$라 가정하면 (1)에 의해 $(a,\ p)=1$이다. 따라서 $ar+ps=1$을 만족하는 정수 $r,\ s$가 존재한다. 그러므로 $abr+pbs=b$이다. $p \mid ab$이므로 $p \mid (abr+pbs)=b$이다. 즉, $p \mid b$이다. ■

이 정리를 n개의 정수로 일반화하여 다음 정리를 얻을 수 있다.

따름정리 4.1.4

p가 소수이고 $a,\ a_1,\ a_2,\ \cdots,\ a_n$을 임의의 정수라 하자.

만약 $p \mid a_1a_2 \cdots a_n$이면 적당한 $i\,(1 \le i \le n)$에 대하여 $p \mid a_i$이다. 특히 $p \mid a^n$이면 $p \mid a$이다.

정리 4.1.5

정수 a $(a \ge 2)$는 소수인 인수를 적어도 하나 가진다.

증명

소수인 인수를 가지지 않는 2보다 큰 정수가 존재한다고 가정하자. 이러한 정수의 집합을

$$S=\{a \in \mathbb{Z} \mid a \ge 2,\ a\text{는 소수인 인수를 가지지 않는다.}\}$$

라 둔다. 가정에 의해 $S \neq \varnothing$이다. 그러므로 자연수의 정렬성에 의해 S는 최소원 $e \in S$를 갖는다. $e \in S$이므로 e는 소수인 인수를 가지지 않으며 특히 e는 소수가 아니다. 그

러므로 e는 합성수이고 $e=ab$ $(1<a,\ b<e)$이다. e가 S에 속하는 최소원이므로 $a\not\in S$이다. 따라서 a는 소수인 인수를 가지며 이 인수는 e의 인수이기도 하다. 이것은 e가 소수인 인수를 가지지 않는다는 사실에 모순이다. ■

아래 표를 보면 위의 사실을 구체적으로 볼 수 있다. 포함관계가 있는 두 부분군은 큰 부분군을 위쪽에, 작은 부분군을 아래쪽에 위치시키고 실선으로 연결한다. 따라서 각 사슬의 위쪽이 아래쪽 부분군을 포함한다.

$a\mathbb{Z}$를 포함하고 있는 사슬(chain)의 위에서 두 번째 부분군이 소수에 의해 생성된 부분군이다.

만약 $a\mathbb{Z}$가 $p\mathbb{Z}$에 포함되면 p는 a의 소수인 인수이다.

즉 모든 부분군은 적어도 하나의 극대 부분군에 포함됨을 의미한다.

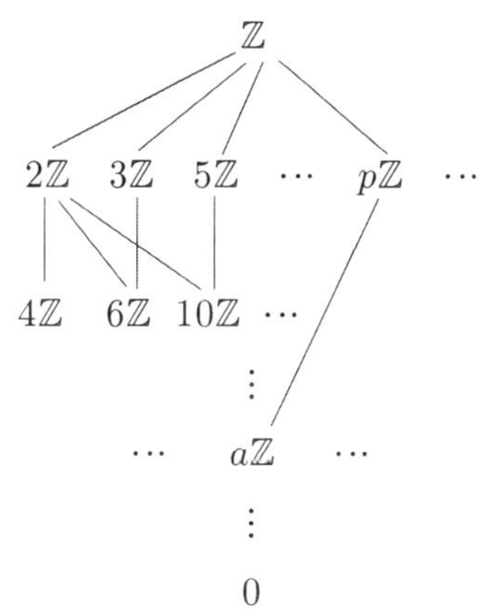

많은 학자들이 소수의 성질을 조사하였으며 아직도 미해결된 문제도 많이 남아 있다. 먼저 무한개의 소수가 존재한다는 사실은 여러 가지 방법으로 보일 수 있으나, 여기서 우선 두 가지 방법을 보이고 뒤에 또 다른 방법을 소개한다.

정리 4.1.6 [소수의 무한성]

소수들의 집합은 무한집합이다.

증명

방법 1 : 먼저 소수가 유한 개 존재한다고 가정하고 모순을 찾는다. 소수가 유한 개 존재하고 $p_1,\ p_2,\ \cdots,\ p_n$이 소수 전체의 집합이라 가정하자.

$$N = p_1 p_2 \cdots p_n + 1$$

이라 둔다. $N \geq 2$인 정수이다. 그러므로 위의 정리 4.1.5에 의해 N은 소수인 인수를 갖는다. 따라서 적당한 i $(1 \leq i \leq n)$에 대하여 $p_i | N$이다. 한편 $p_i | p_1 p_2 \cdots p_n$이므로

$$p_i | (N - p_1 p_2 \cdots p_n)$$

이다. 그러므로 $p_i | 1$이다. 모든 소수는 1보다 크다는 사실에 모순이 생긴다.

방법 2 : 각 정수 n $(n \geq 2)$에 대하여 정수

$$Q_n = n! + 1$$

을 생각한다. 위의 정리 4.1.5에 의해 Q_n은 소수인 인수 p를 갖는다. 위의 증명과 같은 방법으로 $p > n$인 p가 존재한다(각자 증명). 따라서 각 정수 n에 대하여 n보다 큰 소수가 존재하며 결국 소수의 개수는 무한히 존재함을 보였다. ■

정리 4.1.7

양의 정수 n이 합성수이면 $\sqrt{n}$보다 크지 않은 소인수를 갖는다.

증명

n이 합성수이므로 $n = ab$ $(1 < a \leq b < n)$인 정수 a, b가 존재한다. $a > 1$인 정수이므로 정리 4.1.5에 의해 a는 소수인 인수 p를 갖는다. 그러므로

$$p \leq a, \quad 1 < a^2 \leq ab = n$$

그러므로 $p \leq a \leq \sqrt{n}$이다. 또한 $p | a$, $a | n$이다. 그러므로 $p | n$이다. ■

이제 소수를 찾는 방법을 생각해 본다. 비교적 적은 수들의 경우 **에라토스테네스(Eratosthenes)의 체(sieve)**를 이용하여 소수를 찾을 수 있다. 이것은 쌀에 섞여 있는 작은 돌을 고르는 방법을 연상하면 된다. 2에서 100까지의 정수들 중 소수를 구해보자. 2에서 100까지의 정수를 아래 표와 같이 나열하고 합성수들을 지워가는 방법이다. 정리 4.1.7에 의해 2에서 100까지의 정수 중에서 모든 합성수는 $\sqrt{100} = 10$보다 크지 않은 소인수를 가진다. 1에서 10 사이의 소수는 2, 3, 5, 7뿐이다. 그러므로 먼저 2에서 100

까지의 표에서 2를 제외한 2의 배수를 수평선 (−)으로 지운다. 다음 3을 제외한 3의 배수들을 빗금(/)으로 지운다. 그리고 5를 제외한 5의 배수를 빗금(\ )으로 지운다. 마지막으로 7을 제외한 7의 배수를 수직선(|)으로 지운다. 지워지지 않고 남은 25개의 숫자들은 모두 소수이다.

	2	3	~~4~~	5	~~6~~	7	~~8~~	~~9~~	~~10~~
11	~~12~~	13	~~14~~	~~15~~	~~16~~	17	~~18~~	19	~~20~~
~~21~~	~~22~~	23	~~24~~	~~25~~	~~26~~	~~27~~	~~28~~	29	~~30~~
31	~~32~~	~~33~~	~~34~~	~~35~~	~~36~~	37	~~38~~	~~39~~	~~40~~
41	~~42~~	43	~~44~~	~~45~~	~~46~~	47	~~48~~	~~49~~	~~50~~
~~51~~	~~52~~	53	~~54~~	~~55~~	~~56~~	~~57~~	~~58~~	59	~~60~~
61	~~62~~	~~63~~	~~64~~	~~65~~	~~66~~	67	~~68~~	~~69~~	~~70~~
71	~~72~~	73	~~74~~	~~75~~	~~76~~	~~77~~	~~78~~	79	~~80~~
~~81~~	~~82~~	83	~~84~~	~~85~~	~~86~~	~~87~~	~~88~~	89	~~90~~
~~91~~	~~92~~	~~93~~	~~94~~	~~95~~	~~96~~	97	~~98~~	~~99~~	~~100~~

그러나 주어진 정수 n이 소수인지 아닌지를 에라토스테네스의 체로서 결정하는 것은 별로 효율적이지 못하다. n이 상당히 큰 수일 경우 $\sqrt{n}$보다 크지 않은 소수를 구하는 문제도 쉽지 않을 것이다.

정리 4.1.6에 의해 소수의 개수는 무한히 존재함을 알고 있다. 그러면 이렇게 많은 소수들이 어떻게 분포되어 있을까 하는 문제를 생각해본다. 먼저 연속해서 소수가 나오는 경우는 2, 3뿐이다. 3보다 큰 연속된 두 정수는 반드시 하나는 2의 배수이기 때문이다. 또한 다음 예제는 모든 자연수 n에 대하여 n개의 연속된 합성수들이 존재함을 보여준다.

예제 4.1.8 모든 자연수 n에 대하여 연속된 n개의 정수

$$(n+1)!+2,\ (n+1)!+3,\ \cdots,\ (n+1)!+n+1$$

은 모두 합성수임을 보여라.

증명 모든 정수 k $(2 \le k \le n+1)$에 대하여 $(n+1)!+k$는 k의 배수이다. 왜냐하면 $k\,|\,(n+1)!$이고 $k\,|\,k$이므로 $k\,|\,(n+1)!+k$이다. 따라서 $(n+1)!+k$은 합성수이다. ■

2, 3은 연속된 소수이며 그 차는 1이다. 그러나 그 외의 연속된 소수의 차이는 2 이상이다. 연속된 소수의 차이가 2가 되는 경우, 즉 p, $p+2$가 둘 다 소수인 경우도 많이 있다. 예를 들어

$$3,\ 5\ :\quad 5,\ 7\ :\quad 11,\ 13\ :\quad \cdots\quad 71,\ 73:\ \cdots$$

등이 있다. 이와 같이 p, $p+2$가 소수일 때 p, $p+2$를 **쌍둥이 소수**(twin primes)라 한다. 이러한 쌍둥이 소수들이 몇 쌍이 있는지는 아직 밝혀지지 않았다. 지금까지 밝혀진 바로는 10^3보다 작은 쌍둥이 소수는 35쌍, 10^6보다 작은 쌍둥이 소수는 8169쌍, 10^9보다 작은 쌍둥이 소수는 3,424,506쌍, 10^{12}보다 작은 쌍둥이 소수는 1,870,585,220쌍이 있다. 지금까지 알려진 가장 큰 쌍둥이 소수들의 쌍은 $318{,}032{,}361 \cdot 2^{107001} \pm 1$이다. 이 사실을 근거로 다음과 같은 가설이 생겼다.

쌍둥이 소수 가설 : 쌍둥이 소수들의 쌍은 무한히 많다.

각 소수 p에 대하여 $p^{\#}$을 p보다 적거나 같은 소수들의 곱이라 두자. 수 $p^{\#}+1$을 생각해 보자. 처음 다섯 개의 수는 아래와 같고 이들은 모두 소수이다.

$$\begin{aligned}
&2^{\#}+1=2+1=3\\
&3^{\#}+1=2\cdot 3+1=7\\
&5^{\#}+1=2\cdot 3\cdot 5+1=31\\
&7^{\#}+1=2\cdot 3\cdot 5\cdot 7+1=211\\
&11^{\#}+1=2\cdot 3\cdot 5\cdot 7\cdot 11+1=2311
\end{aligned}$$

그러나 그 다음 세 개의 수는 소수가 아니다.

$$\begin{aligned}
&13^{\#}+1=59\cdot 509\\
&17^{\#}+1=19\cdot 97\cdot 277\\
&19^{\#}+1=347\cdot 27953
\end{aligned}$$

소수 p에 대하여 $p^{\#}+1$도 소수가 되는 p의 개수가 무한히 존재하는지는 아직 밝혀지지 않았다. $p \le 35000$인 소수 p에 대하여 $p^{\#}+1$도 소수가 되는 p는 18개가 존재한다고 알려져 있다.

다음은 n번째 소수의 범위를 결정해 보자. p_n을 n번째 소수라 하자.

보조정리 4.1.9

$n \geq 2$인 n에 대하여

$$p_n \leq p_1 p_2 \cdots p_{n-1} + 1$$

이다.

증명

정리 4.1.5에 의해 $p_1 p_2 \cdots p_{n-1} + 1$은 소수인 인수 p를 가진다. $p \not\in \{p_1, p_2, \cdots, p_{n-1}\}$이다(각자 증명). p_n이 n번째 소수이므로 $p_1 p_2 \cdots p_{n-1} + 1$의 모든 소인수는 p_n 보다 크거나 같다. 그러므로 $p_n \leq p$이고

$$p_n \leq p_1 p_2 \cdots p_{n-1} + 1$$

이다. ■

정리 4.1.10

$$p_n \leq 2^{2^{n-1}}$$

이다.

증명

n에 관한 수학적 귀납법으로 증명하자. $n=1$이면 $p_1 = 2 \leq 2^{2^{1-1}} = 2$이다. 따라서 $n=1$일 때 참이다. n보다 작은 모든 양의 정수에 대하여 주어진 식이 참이라 가정하자. 그러면

$$\begin{aligned} p_n &\leq p_1 p_2 \cdots p_{n-1} + 1 \\ &\leq 2^{2^{1-1}} \cdot 2^{2^{2-1}} \cdot \cdots \cdot 2^{2^{n-2}} + 1 \\ &= 2^{1+2^1+2^2 \cdots + 2^{n-2}} + 1 \end{aligned}$$

이다. 한편 $1 + 2^1 + 2^2 \cdots + 2^{n-2} = 2^{n-1} - 1$이다. 그러므로

$$p_n \leq 2^{2^{n-1}-1} + 1$$

그러나 모든 양의 정수 n에 대하여 $1 \le 2^{2^{n-1}-1}$이다. 따라서

$$\begin{aligned} p_n &\le 2^{2^{n-1}-1}+1 \\ &\le 2^{2^{n-1}-1}+2^{2^{n-1}-1} \\ &= 2 \cdot 2^{2^{n-1}-1} = 2^{2^{n-1}} \end{aligned}$$

이다. ■

다른 관점에서 소수의 분포를 조사한 정리를 살펴보자. 양의 실수 x에 대하여 x보다 작거나 같은 소수의 개수를 $\pi(x)$로 쓰자. 소수의 개수가 무한히 존재함을 알고 있으므로 x가 무한히 커지면 $\pi(x)$도 무한히 커진다. 독일의 수학자 가우스(Gauss)는 1793년에 $\pi(x)$는 $x/\log x$와 같은 비율로 증가한다고 가설하였고 1896년에 프랑스 수학자 아다마르(Hadamard)와 벨기에 수학자 발레푸생(De la Vall'ee Poussin)이 독립적으로 이 가설을 증명하였다.

정리 4.1.11 [소수 정리]

$$\lim_{x\to\infty} \pi(x) / (x/\log x) = 1$$

이다.

이 정리의 따름정리로써 정리 4.1.10에서 보여준 n번째 소수 p_n의 근사값에 대한 또 다른 결과를 얻을 수 있다.

따름정리 4.1.12

$$p_n \sim n\log n$$

이다.

정리 4.1.11의 결과를 이용하여 임의의 양의 정수가 소수일 확률이 얼마나 될까 하는 물음에 대한 개괄적인 답을 얻을 수 있다. $\lim_{x\to\infty} \pi(x) / (x/\log x) = 1$이므로 x보다 작거

나 같은 소수는 대략 $x/\log x$개 존재한다. 그러므로 x가 소수일 확률은 대략 $(x/\log x)/x = 1/\log x$이다. 예를 들어 10^{1000}에 가까운 어떤 정수가 소수일 확률은 대략 $1/\log 10^{1000} \approx 1/2302$이다.

4.1 연습문제

01 정리 4.1.5를 다른 방법으로 증명해 보여라. (도움말 : a의 1보다 큰 약수들의 집합을 생각하라.)

02 $\mathbb{Z}$의 모든 부분군은 적어도 하나의 극대부분군에 포함됨을 보여라. (도움말 : 정리 4.1.5를 이용)

03 에라토스테네스의 체를 이용하여 $\pi(100)$을 구하여라.

04 모든 정수 n $(n>1)$에 대하여 n^5+1은 합성수임을 보여라.

05 p_i를 i번째 소수라 하고 $Q_n = p_1 p_2 \cdots p_n + 1 = p_n^{\#} + 1$로 정의하자. $n = 1,\ 2,\ 3,\ 4,\ 5$에 대하여 Q_n의 가장 작은 소인수를 구하여라. 이 소인수가 p_n보다 큰지 확인하여라.

06 골드바흐(Goldbach)의 가설은 모든 짝수는 두 소수의 합으로 표현된다는 것이다. 98, 200을 두 소수의 합으로 표현하라.

4.2 소인수분해

정리 4.1.5에서 모든 2보다 크거나 같은 정수는 소수를 인수로 가짐을 보였다. 이제 모든 양의 정수는 유한 개의 소수들의 곱으로 표현이 가능하고 이러한 표현은 곱하는 순서를 무시하면 한가지 밖에 없음을 보인다. 이와 같이 정수를 소수들의 곱으로 표현하는 것을 그 정수를 **소인수분해**(prime factorization)한다고 하며 정수의 소인수분해는 정수의 성질을 보이는데 유용하게 사용된다.

정리 4.2.1 [소인수분해정리(Unique Factorization Theorem)]

(1) 모든 정수 n $(n \geq 2)$은 유한 개의 소수 $p_1,\ p_2,\ \cdots,\ p_k$의 곱으로 표현된다. 즉

$$n = p_1 p_2 \cdots p_k$$

이다.

(2) 모든 정수의 소인수 분해는 곱하는 순서를 무시하면 유일하다. 즉

$$n = p_1 p_2 \cdots p_k,\ n = q_1 q_2 \cdots q_l$$

이고, $q_1,\ q_2,\ \cdots,\ q_l$이 소수들이면 $k - l$이고 $p_i = q_{\sigma(i)}$이다. 단, $\sigma \in S_k$이다.

증명

(1) 만약 n이 소수이면 이미 소인수분해된 것으로 더 이상 증명할 것이 없다. 만약 n이 합성수이면 $d \mid n$ $(1 < d < n)$인 약수 d가 존재한다. 이러한 2 이상의 약수들의 집합은 정수의 정렬성에 의해 최소원 p_1을 가지며 p_1은 소수이다. 왜냐하면 $c \mid p_1$이면 $c \mid n$이다. p_1이 최소원이라는 사실에서 $c = p_1$이거나 $c = 1$이다. 따라서 p_1은 소수이다.

이제 만약

$$n = p_1 n_1,\ \ n_1 < n$$

이라 하자. 만약 n_1이 소수이면 n이 소인수분해되었다. 만약 n_1이 소수가 아니면 n_1의 약수들에 대하여 위와 같이 반복하여 n_1의 소인수 p_2를 얻을 수 있으며 p_2는 n의 소인수이다. 그러므로

$$n = p_1 p_2 n_2,\ n_2 < n_1 < n,\ p_1 \le p_2$$

이다. 만약 n_2이 소수이면 n이 소인수분해되었다. 만약 n_2가 소수가 아니면 이러한 과정을 반복하여 n의 약수들의 수열 $n_1 > n_2 > \cdots > 1$을 얻을 수 있다. 그러나 이 수열은 무한히 계속될 수 없다. k번째 단계에서 n_{k-1}이 소수 p_k이면

$$n = p_1 p_2 \cdots p_k$$

이다.

(2) 만약

$$n = p_1 p_2 \cdots p_k,\ n = q_1 q_2 \cdots q_l$$

이고 $p_1, p_2, \cdots, p_k, q_1, q_2, \cdots, q_l$이 소수들이라 가정하자. 만약 $k \le l$이라 하자. $p_1 | q_1 q_2 \cdots q_l$이므로 적당한 $j_1\ (1 \le j_1 \le l)$에 대하여 $p_1 | q_{j_1}$이다. 그러나 p_1와 q_{j_1}가 소수이므로 $p_1 = q_{j_1}$이다. $j_1 = \sigma(1)$이라 두자. p_1을 약분하여 등식

$$p_2 \cdots p_k = q_1 q_2 \cdots q_{j_1 - 1} q_{j_1 + 1} \cdots q_l$$

을 얻는다. 마찬가지로 $p_2 | q_1 q_2 \cdots q_{j_1 - 1} q_{j_1 + 1} \cdots q_l$이므로 적당한 $j_2\ (1 \le j_2 \le l)$에 대하여 $p_2 | q_{j_2}$이다. 그러나 p_2와 q_{j_2}가 소수이므로 $p_2 = q_{j_2}$이다. $j_2 = \sigma(2)$이라 두자. 이 과정을 반복하여 치환 $\sigma \in S_k$와 등식

$$1 = q_{i_1} q_{i_2} \cdots q_{i_{l-k}}$$

를 얻는다. 각 q_i들이 소수이므로 위의 등식이 성립하기 위해

$$k = l$$

이다. 따라서 소수들의 곱하는 순서를 무시하면 n의 소인수분해는 유일하다. ■

정의 4.2.2 [소인수분해의 표준형]

양의 정수 $n\ (n > 1)$에 대하여

$$n = p_1^{e_1} p_2^{e_2} \cdots p_k^{e_k},\ (e_1 \ge 1,\ e_2 \ge 1,\ \cdots,\ e_k \ge 1,\ p_1 < p_2 < \cdots < p_k : \text{소수})$$

을 n의 **소인수분해의 표준형**(canonical form)이라 한다.

모든 양의 정수의 소인수분해의 표준형은 유일하며 소인수분해의 표준형을 이용하면 좀 더 쉽게 정수의 성질을 얻을 수 있다. 그러나 상당히 큰 수의 소인수분해를 구하는 것은 쉬운 일이 아니다.

예제 4.2.3 다음 정수의 소인수분해의 표준형을 구하라.

(1) 1001

(2) 25!

풀이 (1) $1001 = 7 \cdot 11 \cdot 13$이다. 따라서 이것이 1001의 소인수분해의 표준형이다.

(2) $25! = 1 \cdot 2 \cdot 3 \cdot \cdots \cdot 25$이므로 25!은 25 미만의 소인수만 가진다. 25 미만의 소수는 2, 3, 5, 7, 11, 13, 17, 19, 23뿐이다. 따라서

$$25! = 2^{e_1} \cdot 3^{e_2} \cdot \cdots \cdot 23^{e_9}$$

로 표현되며 각 i $(1 \le i \le 9)$에 대하여 e_i의 값을 구하면 된다. 먼저 e_1의 값을 구해보자. 1에서 25 사이의 수 중에 2의 배수의 수는 2, 4, 6, 8, …, 24로써 12개가 있다. 한편 4, 8, …, 24 등 6개의 수는 4의 배수이며 인수 2를 두 개 이상 가지고 있다. 8, 16, 24는 8의 배수이며 인수 2를 3개 이상 가지고 있다. 또한 16은 인수 2를 4개 가지고 있다. 그러므로 25!의 인수 2의 개수는

$$e_1 = 12 + 6 + 3 + 1 = 22$$

이다. 이상을 종합하여 다음과 같이 정리 할 수 있다. 양의 실수 x에 대하여 기호 $[x]$을 x보다 작거나 같은 양의 정수로 정의한다. 그러면 1에서 25 사이의 수 중에 2의 배수의 수는 $\left[\frac{25}{2}\right] = 12$이다. 마찬가지로 4의 배수의 수는 $\left[\frac{25}{4}\right] = \left[\frac{25}{2^2}\right] = 6$이다. 그리고 8의 배수의 수는 $\left[\frac{25}{8}\right] = \left[\frac{25}{2^3}\right] = 3$이다. 마지막으로 16의 배수의 수는 $\left[\frac{25}{16}\right] = \left[\frac{25}{2^4}\right] = 1$

이다. 따라서

$$e_1 = \left[\frac{25}{2}\right] + \left[\frac{25}{2^2}\right] + \left[\frac{25}{2^3}\right] + \left[\frac{25}{2^4}\right] = 12 + 6 + 3 + 1 = 22$$

이다. 마찬가지 방법으로

$$e_2 = \left[\frac{25}{3}\right] + \left[\frac{25}{3^2}\right] = 8 + 2 = 10,$$

$$e_3 = \left[\frac{25}{5}\right] + \left[\frac{25}{5^2}\right] = 5 + 1 = 6,$$

$$e_4 = \left[\frac{25}{7}\right] = 3, \qquad e_5 = \left[\frac{25}{11}\right] = 2,$$

$$e_6 = \left[\frac{25}{13}\right] = 1, \qquad e_7 = \left[\frac{25}{17}\right] = 1,$$

$$e_8 = \left[\frac{25}{19}\right] = 1, \qquad e_9 = \left[\frac{25}{23}\right] = 1,$$

이다. 그러므로

$$25 \neq 2^{22} \cdot 3^{10} \cdot 5^6 \cdot 7^3 \cdot 11^2 \cdot 13^1 \cdot 17^1 \cdot 19^1 \cdot 23^1$$

이다. ■

위의 예제의 결과를 종합하여 모든 양의 정수 n에 대하여 $n!$의 소인수분해의 표준형을 구하는 다음의 정리를 얻을 수 있다.

정리 4.2.4

양의 정수 n $(n \geq 2)$에 대하여 $n!$의 소인수분해가

$$n! = p_1^{e_1} p_2^{e_2} \cdots p_k^{e_k}, \; (e_1 \geq 1, \; e_2 \geq 1, \; \cdots, \; e_k \geq 1, \; p_1 < p_2 < \cdots < p_k : \text{ 소수})$$

이면

$$e_i = \sum_{l=1}^{\infty} \left[\frac{n}{p_i^l}\right]$$

이며 $p_1, p_2, \cdots, p_k$는 n보다 작거나 같은 모든 소수들의 집합이다.

예제 4.2.5 500!은 10^{124}의 배수임을 보여라.

풀이 위의 정리에 의해

$$\left[\frac{500}{2}\right]+\left[\frac{500}{2^2}\right]+\left[\frac{500}{2^3}\right]+\left[\frac{500}{2^4}\right]+\left[\frac{500}{2^5}\right]+\left[\frac{500}{2^6}\right]+\left[\frac{500}{2^7}\right]+\left[\frac{500}{2^8}\right]$$
$$=250+125+62+31+15+7+3+1=494$$

이고

$$\left[\frac{500}{5}\right]+\left[\frac{500}{5^2}\right]+\left[\frac{500}{5^3}\right]=100+20+4=124$$

이다. 그러므로 $500!=2^{494}\cdot 5^{124}\cdot k$을 만족하는 양의 정수 k가 존재한다. 그러므로 500!은 10^{124}의 배수이다. ■

이제 정수의 소인수분해를 이용하여 구할 수 있는 간단한 성질 몇 가지를 조사해본다. 앞에서 유클리드 호제법을 이용하여 두 정수의 최대공약수와 최소공배수를 구할 수 있다. 여기서 소인수분해를 이용하여 두 정수의 최대공약수와 최소공배수를 구하여 본다. 정수들의 유한 부분집합은 항상 최대원소와 최소원소를 갖는다. $\{n_1, n_2, \cdots, n_k\}$가 정수의 부분집합일 때 $\min\{n_1, n_2, \cdots, n_k\}$을 $\{n_1, n_2, \cdots, n_k\}$의 최소원소, $\max\{n_1, n_2, \cdots, n_k\}$을 $\{n_1, n_2, \cdots, n_k\}$의 최대원소라 두자.

정리 4.2.6

두 양의 정수 a, b의 소인수분해가

$$a=p_1^{e_1}p_2^{e_2}\cdots p_k^{e_k},\ b=p_1^{f_1}p_2^{f_2}\cdots p_k^{f_k}(e_1, f_1\ge 0,\ e_2, f_2\ge 0, \cdots, e_k, f_k\ge 0)$$

일 때

$$(a, b)=p_1^{\min\{e_1, f_1\}}p_2^{\min\{e_2, f_2\}}\cdots p_k^{\min\{e_k, f_k\}}$$

$$[a,\ b] = p_1^{\max\{e_1,\ f_1\}} p_2^{\max\{e_2,\ f_2\}} \cdots p_k^{\max\{e_k,\ f_k\}}$$

이다.

증명

일반적으로 $m = p_1^{m_1} p_2^{m_2} \cdots p_k^{m_k}$, $n = p_1^{n_1} p_2^{n_2} \cdots p_k^{n_k}$일 때

$$m \mid n \quad \Leftrightarrow \quad m_1 \le n_1,\ m_2 \le n_2,\ \cdots,\ m_k \le n_k$$

이다. 각 $i\ (1 \le i \le k)$에 대하여

$$\min\{e_i,\ f_i\} \le e_i \quad \text{그리고} \quad \min\{e_i,\ f_i\} \le f_i$$

이므로

$$p_1^{\min\{e_1,\ f_1\}} p_2^{\min\{e_2,\ f_2\}} \cdots p_k^{\min\{e_k,\ f_k\}} \mid a \quad \text{그리고} \quad p_1^{\min\{e_1,\ f_1\}} p_2^{\min\{e_2,\ f_2\}} \cdots p_k^{\min\{e_k,\ f_k\}} \mid b$$

이다. 만약

$$p_1^{m_1} p_2^{m_2} \cdots p_k^{m_k} \mid a \quad \text{그리고} \quad p_1^{m_1} p_2^{m_2} \cdots p_k^{m_k} \mid b$$

이면 각 $i\ (1 \le i \le k)$에 대하여

$$m_i \le e_i \text{이고 } m_i \le f_i$$

이고 p_i 이외의 다른 소인수는 없다. 그러므로 $m_i \le \min\{e_i,\ f_i\}$이다.
따라서

$$p_1^{m_1} p_2^{m_2} \cdots p_k^{m_k} \mid p_1^{\min\{e_1,\ f_1\}} p_2^{\min\{e_2,\ f_2\}} \cdots p_k^{\min\{e_k,\ f_k\}}$$

이다. 즉

$$(a,\ b) = p_1^{\min\{e_1,\ f_1\}} p_2^{\min\{e_2,\ f_2\}} \cdots p_k^{\min\{e_k,\ f_k\}}$$

임을 보였다.
$[a,\ b] = p_1^{\max\{e_1,\ f_1\}} p_2^{\max\{e_2,\ f_2\}} \cdots p_k^{\max\{e_k,\ f_k\}}$의 증명은 각자에게 맡긴다. ■

예제 4.2.7 두 정수 720과 2100의 최대공약수와 최소공배수를 구하라.

풀이 $720 = 2^4 \cdot 3^2 \cdot 5$이고, $2100 = 2^2 \cdot 3 \cdot 5^2 \cdot 7$이다. 따라서

$$(720,\ 2100) = 2^2 \cdot 3 \cdot 5,\ [720,\ 2100] = 2^4 \cdot 3^2 \cdot 5^2 \cdot 7$$

이다. ■

4.1절에서 2보다 크거나 같은 모든 자연수는 소인수를 가진다는 사실을 이용하여 소수의 개수는 무한히 존재함을 보였다. 이제 소인수분해를 이용하여 특수한 형태의 소수가 무한히 존재함을 보인다. 이것은 1837년에 프랑스 수학자 디리클레(P. G. L. Dirichlet)가 증명한 정리의 특수한 경우이다.

보조정리 4.2.8

$4n+1$꼴의 두 정수의 곱은 역시 $4n+1$의 꼴이다. 즉

$$a,\ b \in 4\mathbb{Z}+1 \Rightarrow ab \in 4\mathbb{Z}+1$$

이다.

증명

$a,\ b \in 4\mathbb{Z}+1$이면 $a = 4r+1$, $b = 4s+1$을 만족하는 정수 r, s가 존재한다. 그러므로

$$ab = (4r+1)(4s+1) = 16rs + 4r + 4s + 1 = 4(4rs + r + s) + 1$$

이다. 그러므로 $ab \in 4\mathbb{Z}+1$이다. ■

정리 4.2.9

$4n+3$ 꼴의 소수는 무한하다.

증명

$4n+3$ 꼴의 소수가 유한 개 존재한다고 가정하고 $A = \{p_1,\ p_2,\ \cdots,\ p_k\}$가 $4n+3$ 꼴의 소수 전체의 집합이라 하자.

$$L = 4p_1p_2 \cdots p_k - 1 = 4(p_1p_2 \cdots p_k - 1) + 3$$

이라 두면 L은 홀수이다. 그러므로 L이 홀수인 소수들로 소인수분해된다. 만약 L의 모든 소인수들이 $4n+1$ 꼴이면 보조정리 4.2.8에서 L도 $4n+1$ 꼴이다. 그러나 L은 $4n+3$의 꼴이다. 따라서 L은 적어도 하나의 $4n+3$ 꼴의 소인수를 가진다. 집합 A가 $4n+3$ 꼴의 소수 전체의 집합이므로 L은 A의 원소 p_i를 인수로 가진다고 하자. 그러면

$$p_i \mid L\text{이고 } p_i \mid 4p_1p_2 \cdots p_k$$

이다. 그러므로 $p_i \mid 1$이다. 이것은 p_i가 소수라는 사실에 모순이다. ■

정리 4.2.10 [디리클레(Dirichlet)]

a, b가 서로 소인 양의 정수이면 수열

$$a,\ a+b,\ a+2b,\ a+3b,\ \cdots,\ a+nb,\ \cdots$$

은 무한한 개수의 소수를 포함한다.

정리 4.2.10에 의하면 서로 소인 양의 정수 a, b에 대하여 $a+bn$ 꼴의 소수는 무한한 개수가 존재함을 알 수 있다. 따라서 정리 4.2.9는 정리 4.2.10의 특수한 경우이다. 물론 이 정리에 의하면 $4n+1$ 꼴의 소수도 무한한 개수가 존재한다.

4.2 연습문제

01 (1) $D=\{a+b\sqrt{-5}\,|\,a, b$는 정수$\}$라 두면

$$6=2\cdot 3=(1+\sqrt{-5})(1-\sqrt{-5})$$

임을 보여라.

$\alpha=a+b\sqrt{-5}\in D$에 대하여 $N(\alpha)=a^2+5b^2$으로 정의하고 $N(\alpha)$을 α의 노름(norm)으로 정의한다. 이 정의를 이용하여 다음 물음에 답하여라.

(2) $\alpha, \beta\in D$이면 $N(\alpha\beta)=N(\alpha)N(\beta)$임을 보여라.

(3) $\alpha=\beta\gamma$이면 $\beta=\pm 1$또는 $\gamma=\pm 1$을 만족하면 α를 D에서 **소수**라 한다. $2, 3, 1\pm\sqrt{-5}$는 소수임을 보여라. 따라서 (1)에서 6의 두 종류의 소인수분해를 보여주고 있다.

(4) 21을 D에서 두 종류로 소인수분해하여라.

02 $\sqrt{2}$가 무리수임을 보여라. (유리수이면 모순임을 보인다.)

03 $3n+2$ 꼴의 양의 정수는 $3n+2$ 꼴의 소인수를 갖는다.

04 홀수인 소수 p에 대하여 $p=x^2-y^2$를 만족하는 양의 정수 x, y는 단 한 조만 존재한다.

05 $\dfrac{\sqrt{3}}{2}$가 무리수임을 보여라.

4.3 페르마 소수와 메르센 소수

이 절에서는 2^k+1 또는 2^k-1 꼴의 소수들에 대하여 알아본다.

보조정리 4.3.1

2^k+1 $(k \geq 1)$이 소수이면 $k=2^n$을 만족하는 정수 n $(n \geq 0)$이 존재한다.

증명

만약 $k=2^n \cdot r$이고 r이 1보다 큰 홀수이면

$$\begin{aligned} 2^k+1 &= [2^{(2^n)}]^r+1 \\ &= (2^{2^n}+1)(2^{2^n \cdot (r-1)} - 2^{2^n \cdot (r-2)} + \cdots - 2^{2^n}+1) \end{aligned}$$

이다. 그러나

$$3 \leq 2^{2^n}+1 < 2^k+1$$

이므로 2^k+1이 소수라는 사실에 모순이다. 그러므로 $r=1$이다. ■

정의 4.3.2 [페르마 수, 페르마 소수]

정수 n $(n \geq 0)$에 대하여

$$F_n = 2^{2^n}+1$$

을 페르마 수(Fermat number)라 한다. 특히 페르마 수 F_n이 소수이면 F_n을 페르마 소수(Fermat prime number) 라 한다.

처음 몇 개의 페르마 수를 나열하면 다음과 같다.

$$F_0 = 2^{2^0}+1=3$$

$$F_1 = 2^{2^1}+1=5$$

$$F_2 = 2^{2^2} + 1 = 17$$

$$F_3 = 2^{2^3} + 1 = 257$$

$$F_4 = 2^{2^4} + 1 = 65,537$$

이다. 이들은 모두 소수이며 이 사실에 근거하여 페르마는 모든 정수 n $(n \geq 0)$에 대하여

$$F_n = 2^{2^n} + 1$$

은 소수일 것으로 예측하였다. 그러나 1732년에 오일러(Euler)가

$$F_5 = 2^{2^5} + 1 = 4,294,967,297$$

은 641의 배수임을 보임으로써 페르마의 예측은 거짓으로 판명되었다. 오늘날까지도 페르마의 소수가 무한히 존재하는지, 심지어 F_4보다 큰 페르마의 소수가 존재하는지조차도 알려져 있지 않다. 따라서 가장 좋은 예측은

"$n \geq 5 \quad \Rightarrow \quad F_n$은 합성수"

이다. 이 예측을 증명하기 위해 많은 학자들이 시도를 하였으며 1999년까지 160개의 페르마 수가 합성수임이 밝혀졌으며 그 중에서 7개의 페르마 수 F_5, F_6, F_7, F_8, F_9, F_{10}, F_{11}에 대한 소인수분해가 밝혀졌다. 다음은 페르마 수의 인수에 관한 정리를 조사해본다.

정리 4.3.3

페르마 수 F_5는 641의 배수이다.

증명

$$641 = 5 \cdot 2^7 + 1 = 2^4 + 5^4$$

이다. 따라서

$$\begin{aligned} F_5 &= 2^{2^5} + 1 = 2^{32} + 1 = 2^4 \cdot 2^{28} + 1 \\ &= (641 - 5^4)2^{28} + 1 = 641 \cdot 2^{28} - (5 \cdot 2^7)^4 + 1 \end{aligned}$$

$$= 641 \cdot 2^{28} - (641-1)^4 + 1$$
$$= 641(2^{28} - 641^3 + 4 \cdot 641^2 - 6 \cdot 641 + 4)$$

이다. 따라서 F_5는 641의 배수이다. ■

정리 4.3.4

페르마 수 $F_n = 2^{2^n}+1$의 모든 소인수는 $p = k \cdot 2^{n+2}+1$의 꼴이다.

예제 4.3.5 정리 4.3.4를 이용하여 $F_3 = 2^{2^3}+1$이 소수임을 보여라.

증명 정리 4.3.4에 의해 $F_3 = 2^{2^3}+1 = 257$의 소인수는 $k \cdot 2^5 + 1 = 32k+1$의 꼴이다. F_3이 합성수이면 F_3은 $\sqrt{F_3} = \sqrt{257}$ 보다 작거나 같은 인수를 가진다. 그러나 $\sqrt{257}$ 보다 작은 $32k+1$꼴의 소수는 없다. 그러므로 $F_3 = 2^{2^3}+1$이 소수이다. ■

예제 4.3.6 정리 4.3.4를 이용하여 $F_6 = 2^{2^6}+1$이 소수가 아님을 보여라.

증명 정리 4.3.4에 의해 $F_6 = 2^{2^6}+1$의 소인수는 $k \cdot 2^8 + 1 = 256k+1$의 꼴이다. 따라서 $\sqrt{F_6}$ 보다 작거나 같은 $256k+1$ 꼴의 소인수만 찾으면 된다. 복잡한 계산을 통하여 $274,177 = (256 \cdot 1071 + 1) \mid F_6$을 얻을 수 있다. ■

페르마 수의 성질을 이용하여 무한히 많은 소수가 존재함을 보일 수 있다.

보조정리 4.3.7

모든 양의 정수 n에 대하여

$$F_0 F_1 F_2 \cdots F_{n-1} = F_n - 2$$

이다.

증명

n에 관한 수학적 귀납법을 이용하여 증명한다. 만약 $n=1$이면

$$F_0 = 3 = 5-2 = F_1 - 2$$

이다. 따라서 $n=1$일 때 주어진 명제는 참이다. $k \le n$인 모든 양의 정수 k에 대하여 주어진 명제가 참이라 가정하고 $k=n+1$ 일 때 등식이 성립함을 증명한다. 따라서 가정에 의해

$$F_0 F_1 F_2 \cdots F_{n-1} = F_n - 2$$

이다. 그러므로

$$\begin{aligned} F_0 F_1 F_2 \cdots F_n &= F_0 F_1 \cdots F_{n-1} F_n \\ &= (F_n - 2) F_n \\ &= (2^{2^n}+1)^2 - 2 \cdot (2^{2^n}+1) \\ &= 2^{2^{n+1}} + 2 \cdot 2^{2^n} + 1 - 2 \cdot 2^{2^n} - 2 \\ &= (2^{2^{n+1}}+1) - 2 \\ &= F_{n+1} - 2 \end{aligned}$$

이다. ■

정리 4.3.8

m, n이 서로 다른 양의 정수이면 페르마 수 F_m과 F_n은 서로 소이다. 즉

$$(F_m,\ F_n) = 1$$

이다.

증명

$m < n$라 가정하자. d가 F_m과 F_n의 공약수이면

$$d \mid F_0 F_1 \cdots F_m \ \text{그리고}\ d \mid F_n$$

이다. 정리 4.3.7에 의해

$$F_0F_1 \cdots F_m \cdots F_{n-1} = F_n - 2$$

이므로

$$d \mid F_n - (F_n - 2) = 2$$

이다. 그러므로 $d = \pm 1$ 또는 $d = \pm 2$이다. 그러나 F_m과 F_n은 홀수이므로 $d \neq \pm 2$이다. 그러므로 $d = \pm 1$이다. 따라서

$$(F_m,\ F_n) = 1$$

이다. ■

정리 4.3.8에 의해 페르마 수들은 서로 소이므로 공통적인 소인수를 갖지 않는다. 그러나 페르마 수는 무한히 존재하므로 각 페르마 수에서 소인수를 하나씩 선택하여 무한한 개수의 소수를 얻을 수 있다. 즉, 집합 A를 소수 전체의 집합이라 하고 함수

$$\phi : \mathbb{N}^+ \to A$$

를 $\phi(n) = [F_n$의 가장 작은 소인수$]$로 정의하면 ϕ는 단사함수이다. 여기서 $\mathbb{N}^+ = \mathbb{N} \cup \{0\}$이다. 따라서 소수의 개수는 무한히 존재한다.

이 페르마 소수는 주어진 실수가 자와 컴퍼스만으로 작도가능한가 하는 문제와 연관이 있다. 단위길이 1이 주어지면 눈금 없는 자와 컴퍼스를 이용하여 모든 정수, 더 나아가 모든 유리수의 좌표를 수직선상에 작도할 수 있다. 여기서 자는 직선을 긋는데 사용되며 컴퍼스는 원을 그리는데 사용된다.

무리수 중에서 $\sqrt{2}$, $\sqrt{3} \cdots$ 등과 같은 수는 작도가능하지만 반지름이 1인 원과 같은 넓이를 갖는 직사각형의 한 변의 길이 $\sqrt{\pi}$는 작도가 불가능하고 정3각형, 정4각형, 정5각형, 정6각형, 정17각형 등은 작도가능하다. 그러나 정7각형, 정9각형, 정11각형, 정13각형 등은 작도가 불가능하다.

이와 같이 정다각형의 작도가능에 대해 다음의 유명한 정리가 알려져 있다. 이 정리의 증명은 현대대수학 교재를 참고하기 바란다.

정리 4.3.9

정n각형이 작도가능할 필요충분조건은 n이 다음 형태의 정수일 때이다.

$$n = 2^a p_1 p_2 \cdots p_k$$

여기서 a $(a \ge 0)$는 정수, 각 i $(1 \le i \le k)$에 대하여 $p_i = 1$ 또는 서로 다른 페르마 소수이다.

정의 4.3.10

각 양의 정수 n에 대하여

$$M_n = 2^n - 1$$

을 메르센 수(Mersenne number)라 부른다. 특히 메르센 수 M_n이 소수이면 M_n을 메르센 소수(Mersenne prime)라 부른다.

정리 4.3.11

만약 $a^k - 1$ $(a > 0,\ k \ge 2)$이 소수이면 $a = 2$이고 k는 소수이다.

증명

우리는 등식

$$a^k - 1 = (a-1)(a^{k-1} + a^{k-2} + \cdots + 1)$$

임을 잘 알고 있다. 따라서 만약 $a^k - 1$이 소수이면

$$a^{k-1} + a^{k-2} + \cdots + 1 \ge a + 1 > 1$$

이므로 $a - 1 = 1$, 즉 $a = 2$이다.

만약 k가 합성수라 가정하고 $k = rs$ $(1 < r,\ s < k)$라 두자.

$$\begin{aligned} a^k - 1 &= (a^r)^s - 1 \\ &= (a^r - 1)(a^{r(s-1)} + a^{r(s-2)} + \cdots + a^r + 1) \end{aligned}$$

을 얻는다. 오른쪽의 각 항이 1보다 크다. 그러므로 a^k-1이 소수라는 사실에 모순이다.

■

정리 4.3.11에 의해 메르센 수 M_n이 소수인 경우는 n이 소수일 때만 가능하다. 메르센 수는 프랑스인 메르센이 1644년에 《물리수학 고찰(Cogitata Physica-Mathematica)》의 서문에서 $n=2,\ 3,\ 5,\ 7,\ 13,\ 17,\ 19,\ 31,\ 67,\ 127,\ 257$일 때 M_n이 소수이고 $n<257$인 나머지 모든 소수 n에 대해 M_n은 합성수임을 언급하였다. 그러나 당시의 수학자들은 메르센의 진술이 참인지 여부를 결정하지 못했다. 오일러가 1772년에 46339까지의 모든 소수들이 M_{31}의 약수가 안 됨을 보임으로서 M_{31}이 소수임을 보였다. 그 당시 오일러도 M_{67}, M_{127}, M_{257}이 소수인지 합성수인지를 결정하지 못했다. 1947년에 이르러서 이들이 소수인지 합성수인지가 완전히 결정되었다. 메르센이 다섯 개의 실수를 한 것으로 밝혀졌다. 그가 소수라고 했던 M_{67}, M_{257}은 소수가 아닌 것으로 밝혀졌고 그가 소수가 아닌 것으로 생각했던 M_{61}, M_{89}, M_{107}은 소수인 것으로 밝혀졌다. 아직도 메르센 소수가 무한히 존재하는지는 밝혀지지 않았다. 메르센 수가 합성수인지 소수인지를 결정하는 여러 가지 방법이 있는데 여기서 몇 가지만 소개한다. 정리 4.3.12의 증명은 7.3절에 소개한다.

정리 4.3.12

만약 p가 홀수인 소수이면 M_p의 모든 약수는 $2kp+1$의 꼴이다.

정리 4.3.13

만약 p가 홀수인 소수이고 q가 M_p의 소인수이면 $q=8k\pm1$의 꼴이다.

4.3 연습문제

01 다음 메르센의 수가 소수인지를 결정하여라.

(1) $M_7 = 2^7 - 1$　　(2) $M_{13} = 2^{13} - 1$

(3) $M_{23} = 2^{23} - 1$　　(4) $M_{91} = 2^{91} - 1$

02 $n \geq 2$인 n에 대하여 페르마 수 $F_n = 2^{2^n} + 1$의 끝자리 수는 7임을 보여라. (수학적 귀납법을 이용)

03 $(F_n,\ n) = 1$임을 보여라.

04 n이 홀수이면 $F_n = 9k + 5$의 꼴이고, n이 짝수이면 $F_n = 9k + 8$의 꼴임을 보여라. (수학적 귀납법을 이용하여 $2^{2^n} - 2^{2^{n-2}}$은 9의 배수임을 보인다.)

제4장 주요내용

1. 모든 2 이상인 정수는 소수인 인수를 적어도 하나 가진다.
2. 소수의 개수는 무한히 존재한다.
3. $(a,\ b) = 1$이면 $a + kb$ 꼴의 소수는 무한히 존재한다.
4. 소인수분해정리
5. 페르마 수, 페르마 소수
6. 메르센 수, 메르센 소수

제 5 장 합동식

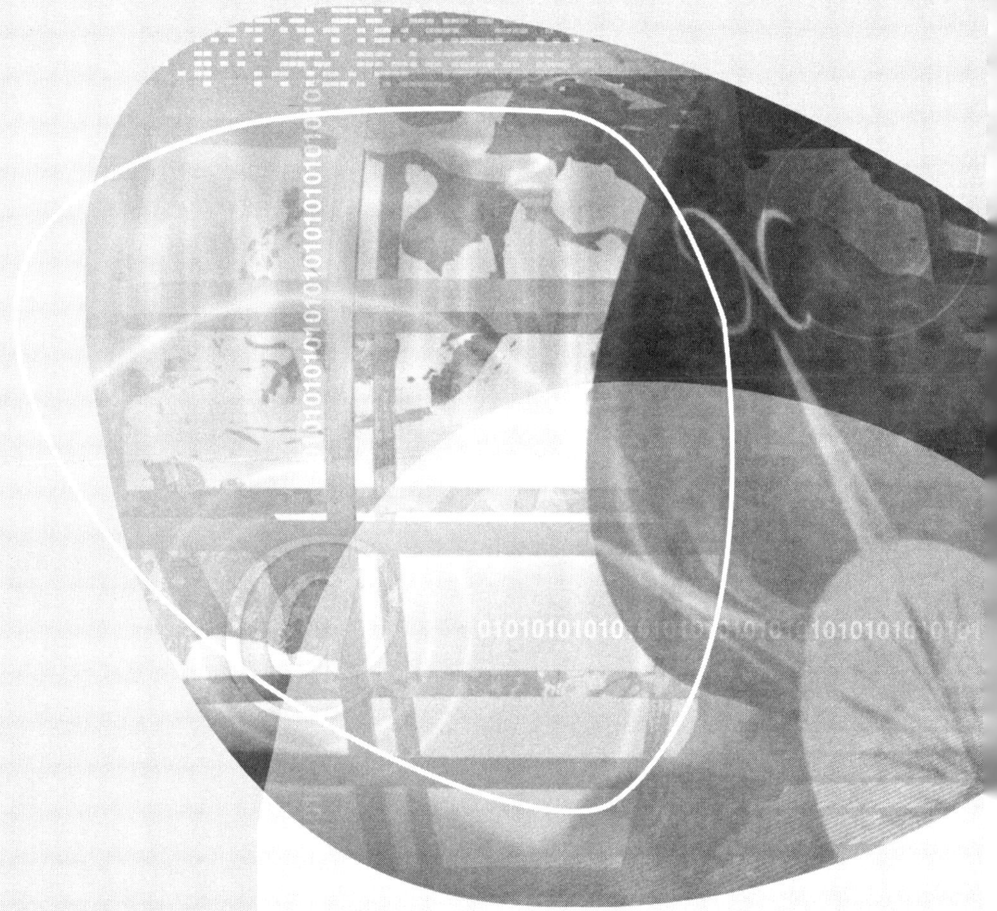

5.1 합동

임의의 양의 정수 n은 정수들의 덧셈에 대한 군 $\mathbb{Z}$의 부분군 $H=n\mathbb{Z}$를 생성한다. 제1장에서 배운 내용을 상기하면 이 부분군은 $\mathbb{Z}$상에서의 동치관계$\sim$를 유도한다. 즉 모든 정수 a, b에 대하여

$$a \sim b \iff b-a \in n\mathbb{Z} \iff n \mid (b-a)$$

이다. 또한 이 동치관계는 $\mathbb{Z}$를 동치류라 불리는 n개의 부분집합으로 분할하고 이 동치류들의 모임은 제2장에서 배운바 있는 잉여군을 유도한다. 이 절의 많은 부분은 제2장에서 잉여군의 성질의 특수한 경우이다. 그러나 복습을 위해 다시 한 번 증명을 해본다. 각 정수 a에 대하여 a의 잉여류는

$$a+n\mathbb{Z}=[a]=\{nk+a \mid k \in \mathbb{Z}\}$$

이다. 앞으로 a의 잉여류 $[a]$를 $\overline{a}$로 적는다.

정리 5.1.1

모든 정수 a, b와 양의 정수 n에 대하여

$$a \sim b \leftrightarrow \overline{a}=\overline{b}$$

이다.

증명

$a \sim b$이면 $n \mid (b-a)$이므로 $b-a=nk$를 만족하는 정수 k가 존재한다. 그러므로 $b=nk+a$이다. 만약 $x \in \overline{b}$이면 $x=nk'+b$를 만족하는 정수 k'가 존재한다. 따라서

$$x=nk'+b=nk'+nk+a=n(k'+k)+a$$

이므로 $x \in \overline{a}$ 이다. 즉 $\overline{b} \subseteq \overline{a}$이다. $a=n(-k)+b$이므로 마찬가지 방법으로 $\overline{a} \subseteq \overline{b}$임을 보일 수 있다. 그러므로 $\overline{a}=\overline{b}$이다.

역으로 만약 $\overline{a}=\overline{b}$이면 $a \in \overline{a}=\overline{b}$이다. 따라서 $a=nk+b$를 만족하는 정수 k가 존재한다. 그러므로 $b-a=n(-k)$이며 $n \mid (b-a)$이다. 따라서 $a \sim b$ 이다. ■

정의 5.1.2 [합동]

양의 정수 n에 대하여 두 정수 a, b가 n에 관한 같은 잉여류에 속하면 a, b는 법 n에 관하여 합동(congruence modulo n)이라 하고 기호는 $a \equiv b \pmod{n}$으로 적는다. 즉

$$a \equiv b \pmod{n} \quad \Leftrightarrow \quad a \sim b \quad \Leftrightarrow \quad n \mid (b-a) \quad \Leftrightarrow \quad \bar{a} = \bar{b}$$

이다. 두 정수 a, b가 법 n에 관하여 합동이 아닐 때, 즉 $n \nmid (b-a)$일 때 $a \not\equiv b \pmod{n}$으로 적는다.

관계 $\equiv$은 정수 전체의 집합에서 동치관계이므로 다음 정리는 자명하다.

정리 5.1.3

임의의 정수 a, b, c에 관하여 다음 합동식이 성립한다.

(1) $a \equiv a \pmod{n}$이다.

(2) $a \equiv b \pmod{n}$이면 $b \equiv a \pmod{n}$이다.

(3) $a \equiv b \pmod{n}$이고 $b \equiv c \pmod{n}$이면 $a \equiv c \pmod{n}$이다.

양의 정수 n에 대하여 $\mathbb{Z}$의 잉여군 $\mathbb{Z}/n\mathbb{Z}$를 $\mathbb{Z}_n$으로 적는다. 따라서 $\mathbb{Z}_n$은 n개의 잉여류 $\bar{a}$들의 집합이다. 각 잉여류에서 대표원소 하나씩 모은 n개의 원소들의 집합을 법 n에 관한 완전잉여계라 부른다.

정의 5.1.4 [완전잉여계]

n개의 원소들의 집합 $S = \{s_1, s_2, \cdots, s_n\}$이 다음 조건을 만족할 때, S를 법 n에 관한 완전잉여계라 부른다.

$$i \neq j \quad \Rightarrow \quad s_i \not\equiv s_j \pmod{n}$$

예제 5.1.5 법 5에 관한 잉여류들의 집합을 나열하고 완전잉여계를 하나만 구하라.

풀이 정수 a, b에 대하여

$$a \equiv b \pmod 5 \iff 5 \mid (b-a)$$

이다. 그러므로

$$\cdots -15 \equiv -10 \equiv -5 \equiv 0 \equiv 5 \equiv 10 \equiv 15 \cdots \pmod 5$$
$$\cdots -14 \equiv -9 \equiv -4 \equiv 1 \equiv 6 \equiv 11 \equiv 16 \cdots \pmod 5$$
$$\cdots -13 \equiv -8 \equiv -3 \equiv 2 \equiv 7 \equiv 12 \equiv 17 \cdots \pmod 5$$
$$\cdots -12 \equiv -7 \equiv -2 \equiv 3 \equiv 8 \equiv 13 \equiv 18 \cdots \pmod 5$$
$$\cdots -11 \equiv -6 \equiv -1 \equiv 4 \equiv 9 \equiv 14 \equiv 19 \cdots \pmod 5$$

이다. 그러므로 잉여류들의 집합 $\mathbb{Z}_5$은

$$\mathbb{Z}_5 = \{\overline{0},\ \overline{1},\ \overline{2},\ \overline{3},\ \overline{4}\}$$

이다. 또한 각 잉여류에서 원소 하나씩 선택한 집합

$$S = \{0,\ 1,\ 2,\ 3,\ 4\}$$

가 하나의 완전잉여계이다. ■

정리 5.1.6

n개의 정수 $r_1, r_2, \cdots, r_n$이 법 n에 관한 완전잉여계이고 a가 n과 서로 소인 양의 정수이면 임의의 정수 b에 대하여

$$ar_1 + b,\ ar_2 + b,\ \cdots,\ ar_n + b$$

도 법 n에 관한 완전잉여계이다.

증명

서로 다른 i, j $(1 \le i,\ j \le n)$에 대하여 $ar_i + b \not\equiv ar_j + b \pmod n$임을 증명하면 충분하다. 만약 $ar_i + b \equiv ar_j + b \pmod n$이면, $n \mid a(r_j - r_i)$이다. 한편 $(a,\ n) = 1$이므로 $n \mid (r_j - r_i)$이다. 따라서 $r_i \equiv r_j \pmod n$이다. $r_1, r_2, \cdots, r_n$이 법 n에 관한 완전잉여계이므로 $i = j$이다. ■

제2장에서 가환군 G의 부분군 H에 의해 잉여군 G/H를 유도할 수 있음을 알고 있다. 잉여류들의 집합 $\mathbb{Z}_n$은 가환군 $\mathbb{Z}$의 부분군 $n\mathbb{Z}$에 의해 유도된 잉여군이다. 따라서 각 잉여류들 사이에 덧셈과 곱셈이 가능하며 이들 연산은 다음과 같이 자연스럽게 정의할 수 있다. 두 정수 a, b에 대하여

$$\overline{a}+\overline{b}=\overline{a+b}\,,\ \ \overline{a}\cdot\overline{b}=\overline{a\cdot b}$$

이다. 여기서 다시 한 번 이 연산들이 잘 정의될 수 있음을 보인다.

정리 5.1.7

a, b, c, d는 임의의 정수이고 k, n은 양의 정수라 하자. 만약 $a\equiv b \pmod n$이고 $c\equiv d \pmod n$이면 다음이 성립한다.

(1) $a+c\equiv b+d \pmod n$

(2) $ac\equiv bd \pmod n$

(3) $a^k\equiv b^k \pmod n$

증명

(1) $a\equiv b \pmod n$이고 $c\equiv d \pmod n$이므로 $n\,|\,(b-a)$이고 $n\,|\,(d-c)$이다. 그러므로

$$n\,|\,(b-a+d-c)=\{(b+d)-(a+c)\}$$

이다. 따라서

$$a+c\equiv b+d \pmod n$$

이다.

(2) $a\equiv b \pmod n$이고 $c\equiv d \pmod n$이므로 $n\,|\,(b-a)$이고 $n\,|\,(d-c)$이다. 그러므로 $n\,|\,d(b-a)$이고 $n\,|\,a(d-c)$이다. 따라서

$$n\,|\{d(b-a)+a(d-c)\}=(bd-ac)$$

이다. 그러므로

$$ac\equiv bd \pmod n$$

이다.

(3) (2)의 성질을 k번 적용한 것이다. ■

위의 정리를 $\mathbb{Z}_n$의 기호로 다시 적으면 $\overline{a}=\overline{b}$, $\overline{c}=\overline{d}$이면 $\overline{a+c}=\overline{b+d}$이고 $\overline{ac}=\overline{bd}$이다. 즉 각 잉여류의 대표원소의 선택에 관계없이 덧셈 $\overline{a}+\overline{b}=\overline{a+b}$과 곱셈 $\overline{a}\cdot\overline{b}=\overline{a\cdot b}$이 잘 정의됨을 보여주고 있다. 앞으로 이 덧셈과 곱셈을 자주 이용하게 된다.

정리 5.1.8

임의의 정수 a, b, c에 대하여 $\mathbb{Z}_n$에서의 덧셈과 곱셈은 다음 성질을 만족한다.

(1) $\overline{0}+\overline{a}=\overline{a}$이다. 즉 $\overline{0}$는 덧셈에 대한 항등원이다.

(2) $\overline{a}+\overline{b}=\overline{b}+\overline{a}$이다. 즉 덧셈이 교환적이다.

(3) $\overline{a}+(\overline{b}+\overline{c})=(\overline{a}+\overline{b})+\overline{c}$이다. 즉 덧셈이 결합적이다.

(4) $\overline{a}+\overline{d}=\overline{0}$를 만족하는 정수 d가 존재한다. 즉 모든 $\mathbb{Z}_n$의 원소는 덧셈에 대한 역원을 가진다.

(5) $\overline{1}\cdot\overline{a}=\overline{a}$이다. 즉 $\overline{1}$는 곱셈에 대한 항등원이다.

(6) $\overline{a}\cdot\overline{b}=\overline{b}\cdot\overline{a}$이다. 즉 곱셈이 교환적이다.

(7) $\overline{a}\cdot(\overline{b}\cdot\overline{c})=(\overline{a}\cdot\overline{b})\cdot\overline{c}$이다. 즉 곱셈이 결합적이다.

(8) $\overline{a}\cdot(\overline{b}+\overline{c})=\overline{a}\cdot\overline{b}+\overline{a}\cdot\overline{c}$이다.

(9) $\overline{0}\cdot\overline{a}=\overline{0}$이다.

예제 5.1.9 $\mathbb{Z}_5$의 덧셈과 곱셈 연산표를 만들고 $\mathbb{Z}_5$가 곱셈에 대하여 군이 안 되는 이유를 설명하여라.

풀이 연산표는 가장 왼쪽 세로줄의 $\overline{a}$와 가장 위쪽 가로줄의 $\overline{b}$와의 연산결과를 $\overline{a}$가 속한 가로줄과 $\overline{b}$가 속한 세로줄이 만나는 위치에 적는다. 예를 들어 $\overline{3}+\overline{2}$는 다음 표에서 가장 왼쪽 세로줄에 $\overline{3}$가 속한 다섯 번째 가로줄과 가장 위쪽 가로줄에 $\overline{2}$가 속한 네 번째 세로줄이 만나는 $\overline{0}$가 된다. 실제로 $\overline{3}+\overline{2}=\overline{5}=\overline{0}$이다.

$+$	$\bar{0}$	$\bar{1}$	$\bar{2}$	$\bar{3}$	$\bar{4}$
$\bar{0}$	$\bar{0}$	$\bar{1}$	$\bar{2}$	$\bar{3}$	$\bar{4}$
$\bar{1}$	$\bar{1}$	$\bar{2}$	$\bar{3}$	$\bar{4}$	$\bar{0}$
$\bar{2}$	$\bar{2}$	$\bar{3}$	$\bar{4}$	$\bar{0}$	$\bar{1}$
$\bar{3}$	$\bar{3}$	$\bar{4}$	$\bar{0}$	$\bar{1}$	$\bar{2}$
$\bar{4}$	$\bar{4}$	$\bar{0}$	$\bar{1}$	$\bar{2}$	$\bar{3}$

$\cdot$	$\bar{0}$	$\bar{1}$	$\bar{2}$	$\bar{3}$	$\bar{4}$
$\bar{0}$	$\bar{0}$	$\bar{0}$	$\bar{0}$	$\bar{0}$	$\bar{0}$
$\bar{1}$	$\bar{0}$	$\bar{1}$	$\bar{2}$	$\bar{3}$	$\bar{4}$
$\bar{2}$	$\bar{0}$	$\bar{2}$	$\bar{4}$	$\bar{1}$	$\bar{3}$
$\bar{3}$	$\bar{0}$	$\bar{3}$	$\bar{1}$	$\bar{4}$	$\bar{2}$
$\bar{4}$	$\bar{0}$	$\bar{4}$	$\bar{3}$	$\bar{2}$	$\bar{1}$

곱셈에 대하여 군이 되기 위해서는 모든 원소가 곱셈에 대하여 역원을 가져야 하지만 $\bar{0}$는 곱셈에 관하여 역원을 가지지 않는다. 따라서 $\mathbb{Z}_5$는 곱셈에 대하여 군이 아니다. 그러나 나머지 원소 $\bar{1}$, $\bar{2}$, $\bar{3}$, $\bar{4}$는 모두 곱셈에 대한 역원을 갖는다. ■

정리 5.1.10

a, b, c, $n(n>0)$은 정수이고 $d=(c, n)$이라 두자. $ac \equiv bc \pmod{n}$이면 $a \equiv b \pmod{n/d}$이다. 특히 $(c, n)=1$이면 $a \equiv b \pmod{n}$이다.

증명

$ac \equiv bc \pmod{n}$이므로 $n \mid (bc-ac)=(b-a)c$이다. 따라서

$$n/d \mid (b-a)c/d$$

이다. 그러나 $(c/d, n/d)=1$이므로 $n/d \mid (b-a)$이다. 그러므로 $a \equiv b \pmod{n/d}$이다. ■

예제 5.1.11 $50 \equiv 20 \pmod{15}$이며 $(10, 15)=5$이므로 $50/10 \equiv 20/10 \pmod{15/5}$이다. 따라서 $5 \equiv 2 \pmod{3}$이다.
한편 $42 \equiv 7 \pmod{5}$이며 $(7, 5)=1$이므로 $42/7 \equiv 7/7 \pmod{5}$이다. 따라서 $6 \equiv 1 \pmod{5}$을 얻는다. ■

정리 5.1.10에 의하면 $\mathbb{Z}_n$에서의 곱셈은 약분법칙을 만족하지 않는다. 즉 약분법칙

$$\bar{a} \cdot \bar{c} = \bar{b} \cdot \bar{c} \quad \rightarrow \quad \bar{a} = \bar{b}$$

을 만족하지 않는다. 그러나 $(c, n)=1$이면 위의 약분법칙이 만족된다. 특히 n이 소수이

고 c가 n의 배수가 아니면 약분법칙이 만족된다. 이러한 약분법칙이 성립되는 가장 대표적인 성질은 $\overline{c}$의 역원의 존재성이다. 다음 정리는 $(c, n)=1$인 경우에 $\overline{c}$의 역원이 존재함을 보여주며 따라서 이 경우에 약분법칙이 잘 성립함을 알 수 있다.

정리 5.1.12

$\overline{a}\in\mathbb{Z}_n$이 곱셈에 대한 역원을 가질 필요충분조건은 $(a, n)=1$이다. 즉 $\overline{a}\cdot\overline{b}=\overline{1}$을 만족하는 $\overline{b}$가 존재할 필요충분조건은 a와 n이 서로 소이다.

증명

$\overline{a}\cdot\overline{b}=\overline{1}$을 만족하는 $\overline{b}$가 존재한다고 가정하자. 그러면 $n\,|\,(ab-1)$이다. 그러므로 $ab-1=kn$을 만족하는 정수 k가 존재한다. 따라서 $ab-kn=1$이므로 $(a, n)=1$이다. 역으로 $(a, n)=1$이면 $ar+ns=1$을 만족하는 정수 r, s가 존재한다. 그러므로 $\overline{ar+ns}=\overline{1}$이다. $\mathbb{Z}_n$에서의 덧셈과 곱셈에 의해

$$\overline{ar+ns}=\overline{a}\cdot\overline{r}+\overline{n}\cdot\overline{s}=\overline{a}\cdot\overline{r}+\overline{0}\cdot\overline{s}=\overline{a}\cdot\overline{r}$$

이다. 따라서 $\overline{a}\cdot\overline{r}=\overline{1}$이다. 즉 $\overline{r}$이 $\overline{a}$의 곱셈에 대한 역원이다. ■

예제 5.1.13 $\mathbb{Z}_{15}$의 원소 중에서 곱셈에 대하여 역원을 갖는 원소를 나열하고 그 원소의 역원을 구하라.

풀이 $\overline{a}\in\mathbb{Z}_{15}$이 역원을 가질 필요충분조건은 $(a, 15)=1$이다. 그러므로 $\overline{1}$, $\overline{2}$, $\overline{4}$, $\overline{7}$, $\overline{8}$, $\overline{11}$, $\overline{13}$, $\overline{14}$이 역원을 가진다. 간단한 계산을 통하여 $\overline{1}$, $\overline{8}$, $\overline{4}$, $\overline{13}$, $\overline{2}$, $\overline{11}$, $\overline{7}$, $\overline{14}$이 앞의 각 원소들의 역원임을 알 수 있다. ■

5.1 연습문제

01 $\mathbb{Z}_n$에서 정의된 곱셈이 잘 정의됨을 다시 정리해 보여라.

02 0이 아닌 두 원소 a, $b \in \mathbb{Z}_n$에 대하여 $ab = 0$를 만족하면 a, b를 영인자(divisor of zero)라 한다. $\mathbb{Z}_8$의 곱셈 연산표를 만들고 영인자와 가역원을 모두 구하여라.

03 $\mathbb{Z}_n$의 원소 중에서 영인자는 가역원이 될 수 없음을 보여라.

04 $1! + 2! + 3! + \cdots + 100! \equiv x \pmod{12}$를 만족하는 가장 작은 양의 정수 x를 구하여라.

05 a, b, c는 정수이고 $c > 0$이며 $a \equiv b \pmod{c}$이면 $(a, c) = (b, c)$임을 보여라.

06 a가 홀수인 정수이면 $a^2 \equiv 1 \pmod{8}$임을 보여라.

07 a, b 는 정수이고 p는 소수일 때 $a^2 \equiv b^2 \pmod{p}$이면 $a \equiv b \pmod{p}$인가를 점검하고 거짓이면 참인 명제를 구성하여라.

08 a, b, k, m는 정수이고 $k > 0$, $m > 0$, $(a, m) = 1$이며 $a^k \equiv b^k \pmod{m}$이고 $a^{k+1} \equiv b^{k+1} \pmod{m}$이면 $a \equiv b \pmod{m}$임을 보여라.

09 수학적 귀납법을 이용하여 $4^k \equiv 1 + 3k \pmod{9}$임을 보여라.

10 a, b는 양의 정수이고 $a \equiv r \pmod{b}$이면 $2^a - 1 \equiv 2^r - 1 \pmod{2^b - 1}$임을 보여라. 단, $0 \le r < b$이다.

11 a, b는 양의 정수이면 $(2^a - 1, 2^b - 1) = 2^{(a, b)} - 1$임을 보여라.

5.2 일차 합동방정식

정수를 계수로 가지는 다항식

$$f(x) = a_m x^m + a_{m-1}x^{m-1} + \cdots + a_1 x + a_0$$

과 양의 정수 n에 대하여 $f(x) \equiv 0 \pmod{n}$을 법 n에 관한 다항 합동방정식이라 한다. 만약 정수 b에 대하여

$$f(b) = a_m b^m + a_{m-1}b^{m-1} + \cdots + a_1 b + a_0 \equiv 0 \pmod{n}$$

이면 $x = b$가 주어진 합동방정식 $f(x) \equiv 0 \pmod{n}$의 해가 된다. 다음 정리는 만약 $x = b$가 합동방정식 $f(x) \equiv 0 \pmod{n}$의 해이면 b와 법 n에 관하여 합동인 모든 정수들은 합동방정식 $f(x) \equiv 0 \pmod{n}$의 해임을 보인다.

정리 5.2.1

만약 $x = b$가 합동방정식 $f(x) \equiv 0 \pmod{n}$의 해이고 $b \equiv c \pmod{n}$이면 $x = c$도 합동방정식 $f(x) \equiv 0 \pmod{n}$의 해이다.

증명

$f(x) = a_m x^m + a_{m-1}x^{m-1} + \cdots + a_1 x + a_0$이라 두면 $b \equiv c \pmod{n}$이므로 모든 i $(1 \le i \le m)$에 대하여 $a_i b^i \equiv a_i c^i \pmod{n}$이다. 따라서

$$\begin{aligned} f(b) &= a_m b^m + a_{m-1}b^{m-1} + \cdots + a_1 b + a_0 \\ &\equiv a_m c^m + a_{m-1}c^{m-1} + \cdots + a_1 c + a_0 \pmod{n} \\ &= f(c) \end{aligned}$$

이다. $x = b$가 주어진 합동방정식의 해이므로 $f(b) \equiv 0 \pmod{n}$이다. 그러므로 $f(c) \equiv 0 \pmod{n}$이다. ■

이 정리에 의해 만약 $x = b$가 합동방정식 $f(x) \equiv 0 \pmod{n}$의 해이면 법 n에 관한 잉여류들의 집합 $\mathbb{Z}_n$에서 b를 포함하는 잉여류 $\overline{b}$에 속하는 모든 정수들은 주어진 합동방정식의 해가 된다. 따라서 합동방정식 $f(x) \equiv 0 \pmod{n}$의 해는 $x \equiv b \pmod{n}$으로 적

는다. 다른 시각으로 보면 합동방정식은

$$f(x) = a_m x^m + a_{m-1} x^{m-1} + \cdots + a_1 x + a_0 \equiv 0 \pmod{n}$$
$$\Leftrightarrow \quad \overline{a_m}(\overline{x})^m + \overline{a_{m-1}}(\overline{x})^{m-1} + \cdots + \overline{a_1}\ \overline{x} + \overline{a_0} = \overline{0}$$

이므로 $\mathbb{Z}_n$에서 방정식을 푸는 것과 같다.

예제 5.2.2 합동방정식 $2x \equiv 0 \pmod{4}$를 풀어라.

풀이 $x = 0$와 $x = 2$가 주어진 합동방정식의 해이므로 법 4에 관해 0 또는 2와 합동인 모든 정수가 해이다. 그러므로 $x \equiv 0 \pmod{4}$와 $x \equiv 2 \pmod{4}$의 두 조의 해를 가진다. 또는

$$2x \equiv 0 \pmod{4} \quad \Leftrightarrow \quad x \equiv 0 \pmod{2}$$

이므로 해는 $x \equiv 0 \pmod{2}$이라고 적을 수 있다. ■

정리 5.2.3

일차 합동방정식

$$ax \equiv b \pmod{n}, \quad (a, n) = 1$$

은 단 한 조의 해만 갖는다.

증명

$(a, n) = 1$이므로 $\overline{a} \cdot \overline{c} == \overline{1}$을 만족하는 $\overline{c} \in \mathbb{Z}_n$가 존재한다. 주어진 합동방정식

$$ax \equiv b \pmod{n} \quad \Leftrightarrow \quad \overline{a} \cdot \overline{x} = \overline{b}$$

이다. 그러므로

$$\overline{c} \cdot \overline{a} \cdot \overline{x} = \overline{c} \cdot \overline{b}$$

이다. 따라서

$$\overline{x} = \overline{c} \cdot \overline{b} = \overline{cb}$$

이다. 즉

$$x \equiv cb \pmod{n}$$

이다. ■

예제 5.2.4 다음 합동방정식을 풀어라.

(1) $19x \equiv 20 \pmod{40}$

(2) $9x \equiv 12 \pmod{15}$

풀이 (1) $(19, 40) = 1$이므로 $\overline{19}$는 $\mathbb{Z}_{40}$에서 곱셈에 대한 역원을 가진다. 이제 그 역원을 계산해 보자.

0	19	40	2
	0	38	
9	19	2	2
	18	2	
	1	0	

a_i	0	2	9		
s_i	1	0	1	−2	19
t_i	0	1	0	1	−9

이 사실에서 $19 \cdot 19 + 40 \cdot (-9) = 1$임을 알 수 있다. 그러므로 $\mathbb{Z}_{40}$에서 $\overline{19} \cdot \overline{19} = \overline{1}$임을 안다. 따라서 주어진 합동방정식에서

$$\overline{x} = \overline{19} \cdot \overline{20} = \overline{19 \cdot 20} = \overline{380} = \overline{20}$$

이다. 그러므로 해는

$$x \equiv 20 \pmod{40}$$

이다.

(2) $(9, 15) = 3$이므로 $\mathbb{Z}_{15}$에서 $\overline{9}$가 곱셈에 대한 역원을 갖지 않는다. 따라서 (1)과 같은 방법으로 풀 수는 없으나 주어진 합동방정식은

$$9x \equiv 12 \pmod{15} \iff 3x \equiv 4 \pmod{5}$$

을 이용하여 풀 수 있다. 이제 $(3,\ 5)=1$이므로 $\mathbb{Z}_5$에서 $\overline{3}\cdot\overline{2}=\overline{1}$이다. 따라서 $\mathbb{Z}_5$에서

$$\overline{x} = \overline{2}\cdot\overline{4} = \overline{8} = \overline{3}$$

이다. 그러므로 구하는 해는

$$x \equiv 3 \pmod 5$$

이다. 그러나 문제가 법 15에 관한 합동방정식이므로 위의 해를 법 15로 표현하면 $x \equiv 3 \pmod{15}$ 또는 $x \equiv 3+5=8 \pmod{15}$ 또는 $x \equiv 3+2\cdot 5=13 \pmod{15}$이다. ■

실제로 법 5에 관한 3을 포함하는 잉여류가 법 15에 관한 3을 포함하는 잉여류, 8을 포함하는 잉여류, 그리고 13을 포함하는 잉여류 등 세 개의 잉여류로 세분된 것이다. 위의 예제 5.2.4 (2)의 경우를 다음 정리를 통하여 자세히 조사해 보자.

정리 5.2.5

합동방정식

$$ax \equiv b \pmod n,\ (a,\ n)=d$$

이 해를 가질 필요충분조건은 $d\,|\,b$이다. 주어진 합동방정식이 해를 가지면 d조의 법 n에 관해 서로 합동이 아닌 해를 갖는다.

증명

먼저 주어진 합동방정식이 해 $x \equiv c \pmod n$을 가진다고 가정하자. 즉 합동방정식

$$ac \equiv b \pmod n$$

을 만족한다. 즉 $ac-b=nk$를 만족하는 정수 k가 존재한다. a와 n이 d의 배수이므로 b도 d의 배수이다.

역으로 $d\,|\,b$이면 합동방정식

$$ax \equiv b \pmod n \quad \Leftrightarrow \quad \frac{a}{d}x \equiv \frac{b}{d}\left(\mathrm{mod}\ \frac{n}{d}\right)$$

이다. 오른쪽 합동방정식은 $(a/d, n/d)=1$이므로 위의 정리에 의해 법 n/d에 관해 단한 조의 해만 가진다. 만약

$$x \equiv c \left(\text{mod } \frac{n}{d}\right)$$

이 법 n/d에 관한 해이면 법 n/d에 관하여 c를 포함하는 잉여류는 법 n에 관한 c, $c+n/d$, $c+2n/d$, $\cdots$, $c+(d-1)n/d$를 포함하는 잉여류들로 세분된다. 그러므로 법 n에 관한 해는

$$x \equiv c \pmod{n},\ x \equiv c+\frac{n}{d} \pmod{n},\ \cdots,\ x \equiv c+\frac{(d-1)n}{d} \pmod{n}$$

이다. 이들 d조의 해들은 법 n에 관해 서로 합동이 아님은 자명하다(각자 증명). ■

예제 5.2.6 법 5에 관해 2를 포함하는 잉여류를 법 20에 관한 잉여류들로 세분하여라.

풀이 법 5에 관해 2를 포함하는 잉여류는

$$S=\{\cdots,\ -13,\ -8,\ -3,\ 2,\ 7,\ 12,\ \cdots\}$$

이다. 이 집합을 법 20에 관한 잉여류들로 세분하면 법 20에 관해 2를 포함하는 잉여류와 7을 포함하는 잉여류, 12를 포함하는 잉여류, 17을 포함하는 잉여류로 세분된다. 그러므로

$$S_1=\{\cdots,\ -18,\ 2,\ 22,\ \cdots\}$$
$$S_2=\{\cdots,\ -13,\ 7,\ 27,\ \cdots\}$$
$$S_3=\{\cdots,\ -8,\ 12,\ 32,\ \cdots\}$$
$$S_4=\{\cdots,\ -3,\ 17,\ 37,\ \cdots\}$$

이 각각 법 20에 관해 2를 포함하는 잉여류와 7을 포함하는 잉여류, 12를 포함하는 잉여류, 17을 포함하는 잉여류이며 $S=S_1\cup S_2\cup S_3\cup S_4$이다. ■

예제 5.2.7 합동방정식

$$21x \equiv 35 \pmod{56}$$

를 풀어라.

풀이 $(21,\ 56)=7$이고 $7 \mid 35$이다. 따라서 정리 5.2.5에 의해 주어진 합동방정식은 해를 가지며 7조의 법 56에 관해 서로 합동이 아닌 해를 갖는다. 주어진 합동방정식은 합동방정식 $3x \equiv 5 \pmod{8}$과 동치이다. 이제 이 합동방정식을 푼다.

0	3	8	2
	0	6	
1	3	2	2
	2	2	
	1	0	

a_i	0	2	1		
s_i	1	0	1	-2	3
t_i	0	1	0	1	-1

위의 표에 의해 $3 \cdot 3 + 8 \cdot (-1) = 1$이다. 따라서 $3 \cdot 3x \equiv x \equiv 3 \cdot 5 = 15 \equiv 7 \pmod{8}$이다. $x \equiv 7 \pmod{8}$이 해이다. 이 해를 법 56에 관한 잉여류로 표현하면

$$\begin{aligned} &x \equiv 7 \pmod{56}, && x \equiv 15 \pmod{56}, \\ &x \equiv 23 \pmod{56}, && x \equiv 31 \pmod{56}, \\ &x \equiv 39 \pmod{56}, && x \equiv 47 \pmod{56}, \\ &x \equiv 55 \pmod{56} \end{aligned}$$

이다. ■

5.2 연습문제

01 다음 일차 합동방정식을 풀어라.

(1) $21x \equiv 15 \pmod{10}$ (2) $25x \equiv 17 \pmod{29}$

(3) $34x \equiv 30 \pmod{94}$ (4) $34x \equiv 68 \pmod{51}$

02 서로 다른 양의 정수 m, n에 대하여 $m\mathbb{Z}$와 $n\mathbb{Z}$에 의한 $\mathbb{Z}$의 분할에 대하여 각자의 생각을 적어보아라.

03 $ax + by \equiv c \pmod{m}$이 해를 가질 조건을 구하고 해를 가지면 정확히 몇 조의 합동이 아닌 해를 가지는가?

04 합동방정식 $2x + 3y \equiv 1 \pmod{7}$을 풀어라.

5.3 연립 일차 합동방정식

이 절에서 n개의 미지수 $x_1,\ x_2,\ \cdots,\ x_n$을 갖는 n개의 일차 합동방정식을 동시에 만족하는 $x_1,\ x_2,\ \cdots,\ x_n$을 구하고자 한다. 이미 크래머(Cramer)의 공식이라 불리는 연립 일차 방정식을 푸는 해법을 선형대수학이나 1학년 교양과목을 통하여 잘 알고 있다. 여기서 이 크래머의 공식과 흡사한 연립 일차 합동방정식에 대한 공식을 유도해 본다. 이를 위해 $\mathbb{Z}_m$상에서 행렬들의 연산에 관한 성질을 먼저 조사해 본다. 기호 $M_{n\times k}(\mathbb{Z}_m)$을 $\mathbb{Z}_m$의 원소를 요소로 갖는 $n\times k$행렬들의 집합이라 한다. $M_{n\times k}(\mathbb{Z}_m)$의 원소 $A=(\overline{a_{ij}})$이라 함은 행렬 A의 i행, j 열의 원소가 $\overline{a_{ij}}\in\mathbb{Z}_m$임을 뜻한다. $\mathbb{Z}_m$의 원소들 사이의 덧셈과 곱셈을 상기한다.

정의 5.3.1 [법 m에 관해 합동]

$M_{n\times k}(\mathbb{Z}_m)$의 원소 $A=(\overline{a_{ij}})$와 $B=(\overline{b_{ij}})$에 대하여

$$\begin{aligned} A=B \ &\Leftrightarrow\ \overline{a_{ij}}=\overline{b_{ij}}\ (1\le i\le n\,,1\le j\le k) \\ &\Leftrightarrow\ a_{ij}\equiv b_{ij}\pmod{m}\ (1\le i\le n\,,1\le j\le k) \end{aligned}$$

으로 정의하고 이때 행렬 A와 B는 법 m에 관해 **합동**(A is congruent to B modulo m)이라고 한다. 또한 $M_{n\times k}(\mathbb{Z})$의 원소 $A=(a_{ij})$와 $B=(b_{ij})$에 대하여, 만약

$$a_{ij}\equiv b_{ij}\pmod{m}\ (1\le i\le n,\ 1\le j\le k)$$

이면 행렬 A와 B는 법 m에 관해 합동이라 하고 기호로 $A\equiv B\pmod{m}$이라 적는다.

또한 $M_{n\times k}(\mathbb{Z})$의 원소 $A=(a_{ij})$에 대하여 $\overline{A}=(\overline{a_{ij}})$로 정의하면 위의 사실에 의해

$$\overline{A}=\overline{B}\ \Leftrightarrow\ A\equiv B\pmod{m}$$

임을 알 수 있다.

예제 5.3.2 $M_{2\times 2}(\mathbb{Z}_{11})$에서 $\begin{pmatrix} \overline{15} & \overline{3} \\ \overline{12} & \overline{8} \end{pmatrix} = \begin{pmatrix} \overline{4} & \overline{3} \\ \overline{1} & \overline{-3} \end{pmatrix}$임은 명백하다.

정의 5.3.3 [행렬의 덧셈, 곱셈 그리고 상수곱]

$M_{n\times k}(\mathbb{Z}_m)$의 원소 $A = (\overline{a_{ij}})$, $B = (\overline{b_{ij}})$, $M_{k\times l}(\mathbb{Z}_m)$의 원소 $C = (\overline{c_{ts}})$와 $\overline{a} \in \mathbb{Z}_m$에 대하여 덧셈, 곱셈 그리고 상수곱을 아래와 같이 정의한다.
단, $1 \le i \le n$, $1 \le j$, $t \le k$, $1 \le s \le l$이다.

$$A + B = (\overline{a_{ij} + b_{ij}}) \in M_{n\times k}(\mathbb{Z}_m),\ AC = (\sum_{t=1}^{k} \overline{a_{it}c_{ts}}) \in M_{n\times l}(\mathbb{Z}_m),\ \overline{a}A = (\overline{a\,a_{ij}})$$

정리 5.3.4

$M_{n\times k}(\mathbb{Z}_m)$의 원소 A, B, C, $M_{k\times l}(\mathbb{Z}_m)$의 원소 D, $M_{l\times n}(\mathbb{Z}_m)$의 원소 E와 $M_{n\times n}(\mathbb{Z}_m)$의 원소 $I_n = \begin{pmatrix} \overline{1} & \cdots & \overline{0} \\ \vdots & \ddots & \vdots \\ \overline{0} & \cdots & \overline{1} \end{pmatrix}$, $\overline{a} \in \mathbb{Z}_m$, $\overline{b} \in \mathbb{Z}_m$에 대하여 다음 성질이 성립된다.

(1) $A + B = B + A$
(2) $A + 0 = A$ (여기서 $0 = (\overline{0})$이다. 즉 모든 (i, j)성분이 $\overline{0}$이다.)
(3) $(A + B) + C = A + (B + C)$
(4) $AI_k = A = I_nA$
(5) $(A + B)D = AD + BD$
(6) $E(A + B) = EA + EB$
(7) $\overline{a}(A + B) = (\overline{a}A + \overline{a}B)$
(8) $\overline{a}(AB) = A(\overline{a}B)$
(9) $(\overline{a} + \overline{b})A = \overline{a}A + \overline{b}A$
(10) $(\overline{a}\,\overline{b})A = \overline{a}(\overline{b}A)$

예제 5.3.5 $A = \begin{pmatrix} \overline{1} & \overline{2} & \overline{3} \\ \overline{4} & \overline{5} & \overline{6} \\ \overline{7} & \overline{8} & \overline{9} \end{pmatrix} \in M_{3\times 3}(\mathbb{Z}_{13})$, $B = \begin{pmatrix} \overline{3} & \overline{2} & \overline{1} \\ \overline{6} & \overline{5} & \overline{4} \\ \overline{9} & \overline{8} & \overline{7} \end{pmatrix} \in M_{3\times 3}(\mathbb{Z}_{13})$,

$C=\begin{pmatrix} \overline{2} & \overline{3} \\ \overline{0} & \overline{8} \\ \overline{4} & \overline{3} \end{pmatrix} \in M_{3\times 2}(\mathbb{Z}_{13})$에 대하여 다음을 계산하라.

(1) $A+B$　　　　(2) AC

(3) I_3C　　　　(4) CI_2

풀이 (1) $A+B=\begin{pmatrix} \overline{1} & \overline{2} & \overline{3} \\ \overline{4} & \overline{5} & \overline{6} \\ \overline{7} & \overline{8} & \overline{9} \end{pmatrix}+\begin{pmatrix} \overline{3} & \overline{2} & \overline{1} \\ \overline{6} & \overline{5} & \overline{4} \\ \overline{9} & \overline{8} & \overline{7} \end{pmatrix}=\begin{pmatrix} \overline{1+3} & \overline{2+2} & \overline{3+1} \\ \overline{4+6} & \overline{5+5} & \overline{6+4} \\ \overline{7+9} & \overline{8+8} & \overline{9+7} \end{pmatrix}=\begin{pmatrix} \overline{4} & \overline{4} & \overline{4} \\ \overline{10} & \overline{10} & \overline{10} \\ \overline{3} & \overline{3} & \overline{3} \end{pmatrix}$

(2) $AC=\begin{pmatrix} \overline{1} & \overline{2} & \overline{3} \\ \overline{4} & \overline{5} & \overline{6} \\ \overline{7} & \overline{8} & \overline{9} \end{pmatrix}\begin{pmatrix} \overline{2} & \overline{3} \\ \overline{0} & \overline{8} \\ \overline{4} & \overline{3} \end{pmatrix}=\begin{pmatrix} \overline{2+0+12} & \overline{3+16+9} \\ \overline{8+0+24} & \overline{12+40+18} \\ \overline{14+0+36} & \overline{21+64+27} \end{pmatrix}=\begin{pmatrix} \overline{1} & \overline{2} \\ \overline{6} & \overline{5} \\ \overline{11} & \overline{8} \end{pmatrix}$

(3) $I_3C=\begin{pmatrix} \overline{1} & \overline{0} & \overline{0} \\ \overline{0} & \overline{1} & \overline{0} \\ \overline{0} & \overline{0} & \overline{1} \end{pmatrix}\begin{pmatrix} \overline{2} & \overline{3} \\ \overline{0} & \overline{8} \\ \overline{4} & \overline{3} \end{pmatrix}=\begin{pmatrix} \overline{2+0+0} & \overline{3+0+0} \\ \overline{0+0+0} & \overline{0+8+0} \\ \overline{0+0+4} & \overline{0+0+3} \end{pmatrix}=\begin{pmatrix} \overline{2} & \overline{3} \\ \overline{0} & \overline{8} \\ \overline{4} & \overline{3} \end{pmatrix}=C$

(4) $CI_2=\begin{pmatrix} \overline{2} & \overline{3} \\ \overline{0} & \overline{8} \\ \overline{4} & \overline{3} \end{pmatrix}\begin{pmatrix} \overline{1} & \overline{0} \\ \overline{0} & \overline{1} \end{pmatrix}=\begin{pmatrix} \overline{2+0} & \overline{0+3} \\ \overline{0+0} & \overline{0+8} \\ \overline{4+0} & \overline{0+3} \end{pmatrix}=\begin{pmatrix} \overline{2} & \overline{3} \\ \overline{0} & \overline{8} \\ \overline{4} & \overline{3} \end{pmatrix}=C$ ■

정의 5.3.6 [법 m에 관한 역행렬]

$M_{n\times n}(\mathbb{Z}_m)$의 원소 A에 대하여 $AB=BA=I_n$을 만족하는 $B\in M_{n\times n}(\mathbb{Z}_m)$가 존재할 때 B를 A의 법 m에 관한 **역행렬**(inverse matrix of A modulo m)이라 부른다. 기호로 $B=A^{-1}$로 적는다.

예제 5.3.7 $M_{2\times 2}(\mathbb{Z}_6)$의 행렬 $A=\begin{pmatrix} \overline{1} & \overline{2} \\ \overline{3} & \overline{4} \end{pmatrix}$의 역행렬이 존재하지 않음을 보여라.

풀이 만약 $B=\begin{pmatrix} \overline{a} & \overline{b} \\ \overline{c} & \overline{d} \end{pmatrix}$가 주어진 행렬의 역행렬이라면

$$AB=\begin{pmatrix} \overline{1} & \overline{2} \\ \overline{3} & \overline{4} \end{pmatrix}\begin{pmatrix} \overline{a} & \overline{b} \\ \overline{c} & \overline{d} \end{pmatrix}=\begin{pmatrix} \overline{a+2c} & \overline{b+2d} \\ \overline{3a+4c} & \overline{3b+4d} \end{pmatrix}=\begin{pmatrix} \overline{1} & \overline{0} \\ \overline{0} & \overline{1} \end{pmatrix}$$

이다. 따라서

$$\overline{a+2c}=\overline{1},\ \overline{b+2d}=\overline{0},\ \overline{3a+4c}=\overline{0},\ \overline{3b+4d}=\overline{1}$$

이다. $\overline{a+2c} = \overline{1}$에서 $a+2c=6k+1$을 만족하는 정수 k가 존재하고 $\overline{3a+4c} = \overline{0}$에서 $3a+4c = 6l$을 만족하는 정수 l이 존재한다. 그러므로

$$3(-2c+6k+1)+4c=6l$$

즉

$$3 = 2c+6(l-3k)$$

이다. 3은 2의 배수가 아니어서 만족하는 정수 c, $l-3k$가 존재하지 않는다. 그러므로 A의 역행렬은 존재하지 않는다. ■

정리 5.3.8

$M_{n\times k}(\mathbb{Z})$의 원소 $A=(a_{ij})$, $B=(b_{ij})$, $M_{k\times l}(\mathbb{Z})$의 원소 $C=(c_{ts})$와 정수 a에 대하여

$$\overline{A}+\overline{B}=\overline{A+B},\quad \overline{A}\,\overline{C}=\overline{AC},\quad \overline{a}\,\overline{A}=\overline{aA}$$

이다.

증명

$$\overline{A}+\overline{B}=(\overline{a_{ij}})+(\overline{b_{ij}})=(\overline{a_{ij}}+\overline{b_{ij}})=(\overline{a_{ij}+b_{ij}})=\overline{A+B}$$

이다. 같은 방법으로 나머지도 증명할 수 있다. ■

예제 5.3.9 $A=\begin{pmatrix}1&2\\3&4\end{pmatrix}$, $B=\begin{pmatrix}-1&0\\2&-3\end{pmatrix}$, $C=\begin{pmatrix}0&1\\1&0\end{pmatrix}$, $a=5$, $m=3$의 경우에 위의 정리를 계산을 통하여 확인하여라.

풀이 $A+B=\begin{pmatrix}1&2\\3&4\end{pmatrix}+\begin{pmatrix}-1&0\\2&-3\end{pmatrix}=\begin{pmatrix}0&2\\5&1\end{pmatrix}$

이다. 그러므로

$$\overline{A+B}=\begin{pmatrix}\overline{0}&\overline{2}\\\overline{2}&\overline{1}\end{pmatrix}$$

이다. 한편

$$\overline{A}+\overline{B}=\begin{pmatrix}\overline{1} & \overline{2}\\ \overline{0} & \overline{1}\end{pmatrix}+\begin{pmatrix}\overline{2} & \overline{0}\\ \overline{2} & \overline{0}\end{pmatrix}=\begin{pmatrix}\overline{0} & \overline{2}\\ \overline{2} & \overline{1}\end{pmatrix}$$

이다. 따라서 $\overline{A}+\overline{B}=\overline{A+B}$이다.

$$AC=\begin{pmatrix}1 & 2\\ 3 & 4\end{pmatrix}\begin{pmatrix}0 & 1\\ 1 & 0\end{pmatrix}=\begin{pmatrix}2 & 1\\ 4 & 3\end{pmatrix}$$

이다. 그러므로

$$\overline{AC}=\begin{pmatrix}\overline{2} & \overline{1}\\ \overline{1} & \overline{0}\end{pmatrix}$$

이다. 한편

$$\overline{A}\,\overline{C}=\begin{pmatrix}\overline{1} & \overline{2}\\ \overline{0} & \overline{1}\end{pmatrix}\begin{pmatrix}\overline{0} & \overline{1}\\ \overline{1} & \overline{0}\end{pmatrix}=\begin{pmatrix}\overline{2} & \overline{1}\\ \overline{1} & \overline{0}\end{pmatrix}$$

이다. 따라서 $\overline{A}\,\overline{C}=\overline{AC}$이다. 마지막으로

$$aA=5\begin{pmatrix}1 & 2\\ 3 & 4\end{pmatrix}=\begin{pmatrix}5 & 10\\ 15 & 20\end{pmatrix}$$

이다. 그러므로

$$\overline{aA}=\begin{pmatrix}\overline{2} & \overline{1}\\ \overline{0} & \overline{2}\end{pmatrix}$$

이다. 한편

$$\overline{a}\,\overline{A}=\overline{2}\begin{pmatrix}\overline{1} & \overline{2}\\ \overline{0} & \overline{1}\end{pmatrix}=\begin{pmatrix}\overline{2} & \overline{1}\\ \overline{0} & \overline{2}\end{pmatrix}$$

이다. 그러므로 $\overline{a}\,\overline{A}=\overline{aA}$이다. ■

정의 5.3.10 [법 m에 관한 행렬식]

$A\in M_{n\times n}(\mathbb{Z})$에 대하여 $\overline{A}$의 법 m에 관한 행렬식(determinant of A modulo m)

$\det(\overline{A})$을 $\overline{\det(A)}$로 정의한다. 즉

$$\det(\overline{A}) = \overline{\det(A)}$$

로 정의한다.

예제 5.3.11 $A=\begin{pmatrix}1 & 2\\ 3 & 4\end{pmatrix}$, $B=\begin{pmatrix}-1 & 0\\ 2 & -3\end{pmatrix}$, $m=3$의 경우에 다음 물음에 답하여라.

(1) $\det(\overline{A})$를 구하여라.

(2) $\det(\overline{A})\det(\overline{B})=\det(\overline{A}\,\overline{B})$임을 계산을 통하여 보여라.

풀이 (1) $\det(A)=4-6=-2$이다. 그러므로 $\det(\overline{A})=\overline{\det(A)}=\overline{-2}=\overline{1}$이다.

(2) $\det(B)=3$이므로 $\det(\overline{B})=\overline{0}$ 이다. 따라서 $\det(\overline{A})\det(\overline{B})=\overline{0}$이다. 한편

$$AB=\begin{pmatrix}1 & 2\\ 3 & 4\end{pmatrix}\begin{pmatrix}-1 & 0\\ 2 & -3\end{pmatrix}=\begin{pmatrix}3 & -6\\ 5 & -12\end{pmatrix}$$

이므로

$$\overline{A}\,\overline{B}=\overline{AB}=\begin{pmatrix}\overline{0} & \overline{0}\\ \overline{2} & \overline{0}\end{pmatrix}$$

이다. 따라서 $\det(\overline{A}\,\overline{B})=\overline{0}$이다. 그러므로 $\det(\overline{A})\det(\overline{B})=\det(\overline{A}\,\overline{B})$이다. ■

요소가 실수인 n차 정사각행렬 A가 역행렬을 가질 필요충분조건은 A의 행렬식 $\det(A)$가 0이 아니다. 만약 A의 각 요소가 정수이면 그 행렬이 역행렬을 가지더라도 그 역행렬의 모든 요소가 정수일 필요는 없다. 따라서 위의 예제처럼 $A\in M_{n\times n}(\mathbb{Z}_m)$의 행렬식의 $\det(A)$가 $\overline{0}$이 아니라 하더라도 $M_{n\times n}(\mathbb{Z}_m)$에서 역행렬을 가지지 않을 수 있다.

정리 5.3.12

$A\in M_{n\times n}(\mathbb{Z}_m)$이 역행렬을 가질 필요충분조건은 $\det(A)$가 $\mathbb{Z}_m$에서 역원을 가진다. 즉 $\det(A)=\overline{k}$이면, $(k,\ m)=1$이다.

증명

만약 $A \in M_{n\times n}(\mathbb{Z}_m)$이 역행렬을 가지면 $AB = I_n$을 만족하는 $B \in M_{n\times n}(\mathbb{Z}_m)$가 존재한다. 그러므로 $\det(AB) = \det(A)\det(B) = \det(I_n) = \overline{1}$이다. 따라서 $\det(B)$가 $\det(A)$의 역원이다.

역으로 $A = \overline{A_0}$라 둘 수 있다. 여기서 $A_0 \in M_{n\times n}(\mathbb{Z})$이다. $\det(A) = \overline{\det(A_0)}$이고 $\det(A)$가 $\mathbb{Z}_m$에서 역원을 가지므로 $\det(A_0) \neq 0$이다. 그러므로 A_0는 $M_{n\times n}(\mathbb{R})$에서 역행렬 B_0를 갖는다. 실제로

$$B_0 = \frac{1}{\det(A_0)}\begin{pmatrix} A_{11} & A_{21} & \cdots & A_{n1} \\ A_{12} & A_{22} & \cdots & A_{n2} \\ \vdots & \vdots & \ddots & \vdots \\ A_{1n} & A_{2n} & \cdots & A_{nn} \end{pmatrix} = \frac{1}{\det(A_0)} B'$$

이다. 여기서 A_{ij}는 A_0의 (i, j)성분의 여인수이고 $B' = \begin{pmatrix} A_{11} & A_{21} & \cdots & A_{n1} \\ A_{12} & A_{22} & \cdots & A_{n2} \\ \vdots & \vdots & \ddots & \vdots \\ A_{1n} & A_{2n} & \cdots & A_{nn} \end{pmatrix}$이다. 따라서

$$A_0 B_0 = I_n \quad \rightarrow \quad A_0 B' = \det(A_0) I_n$$

이다. 여기서 I_n은 $M_{n\times n}(\mathbb{Z})$의 단위행렬이다. 그러므로

$$\overline{A_0 B'} = \overline{\det(A_0)}\,\overline{I_n}$$

이다. 여기서 $\det(A) = \overline{\det(A_0)}$이고 $\det(A)$가 $\mathbb{Z}_m$에서 역원을 가지므로 이 역원을 $\overline{a}$라 두면

$$\overline{A_0}\,\overline{a}\,\overline{B'} = \overline{I_n}$$

이다. 그러므로 $\overline{a}\,\overline{B'}$가 $A = \overline{A_0}$의 역행렬이다. ■

예제 5.3.13 행렬 $A = \begin{pmatrix} \overline{1} & \overline{2} \\ \overline{3} & \overline{4} \end{pmatrix} \in M_{2\times 2}(\mathbb{Z}_5)$의 $M_{2\times 2}(\mathbb{Z}_5)$에서의 역행렬을 구하여라.

풀이 $A_0 = \begin{pmatrix} 1 & 2 \\ 3 & 4 \end{pmatrix} \in M_{2\times 2}(\mathbb{Z})$라 두고 A_0의 $M_{2\times 2}(\mathbb{Z})$에서의 역행렬 A_0^{-1}을 구하면

$$A_0^{-1} = \frac{1}{-2}\begin{pmatrix} 4 & -2 \\ -3 & 1 \end{pmatrix}$$

이다. 그러므로

$$(-2)A_0 A_0^{-1} = \begin{pmatrix} -2 & 0 \\ 0 & -2 \end{pmatrix}$$

이다. 따라서

$$\overline{-2}\,\overline{A_0}\,\overline{A_0}^{-1} = \begin{pmatrix} \overline{-2} & \overline{0} \\ \overline{0} & \overline{-2} \end{pmatrix}$$

Z_5에서 $\overline{-2}$의 역원은 $\overline{2}$이다. 그러므로 $\overline{2}\,\overline{(-2)A_0^{-1}}$이 $A = \overline{A_0}$의 역원이다. 따라서

$$A^{-1} = \overline{2}\begin{pmatrix} \overline{4} & \overline{-2} \\ \overline{-3} & \overline{1} \end{pmatrix} = \begin{pmatrix} \overline{3} & \overline{1} \\ \overline{4} & \overline{2} \end{pmatrix}$$

이다. ■

다음은 n개의 미지수를 갖는 n개의 연립 일차방정식을 푸는 크래머의 방법을 합동방정식에 적용해 본다.

$$\begin{aligned} a_{11}x_1 + a_{12}x_2 + \cdots + a_{1n}x_n &\equiv b_1 \pmod{m} \\ a_{21}x_1 + a_{22}x_2 + \cdots + a_{2n}x_n &\equiv b_2 \pmod{m} \\ \vdots \qquad\qquad & \qquad \vdots \\ a_{n1}x_1 + a_{n2}x_2 + \cdots + a_{nn}x_n &\equiv b_n \pmod{m} \end{aligned}$$

을 행렬로 표시하면 다음과 같다.

$$A = \begin{pmatrix} a_{11} & a_{12} & \cdots & a_{1n} \\ a_{21} & a_{22} & \cdots & a_{2n} \\ \vdots & \vdots & \ddots & \vdots \\ a_{n1} & a_{n2} & \cdots & a_{nn} \end{pmatrix}, \quad B = \begin{pmatrix} b_1 \\ b_2 \\ \vdots \\ b_n \end{pmatrix}, \quad X = \begin{pmatrix} x_1 \\ x_2 \\ \vdots \\ x_n \end{pmatrix}$$

이라 두면 주어진 연립 합동방정식은

$$AX \equiv B \pmod{m}$$

으로 적을 수 있다. 따라서

$$\overline{A}\,\overline{X}=\overline{B}$$

이다. 만약 $\overline{A}$이 $M_{n\times n}(\mathbb{Z}_m)$에서 역원 $\overline{A}^{-1}$을 가지면

$$\overline{X}=\overline{A}^{-1}\,\overline{B}=\frac{1}{\det(\overline{A})}\begin{pmatrix}\overline{A_{11}} & \overline{A_{21}} & \cdots & \overline{A_{n1}}\\ \overline{A_{12}} & \overline{A_{22}} & \cdots & \overline{A_{n2}}\\ \vdots & \vdots & \ddots & \vdots\\ \overline{A_{1n}} & \overline{A_{2n}} & \cdots & \overline{A_{nn}}\end{pmatrix}\begin{pmatrix}\overline{b_1}\\ \overline{b_2}\\ \vdots\\ \overline{b_n}\end{pmatrix}$$

이다. 따라서

$$\overline{x_1}=\frac{1}{\det(\overline{A})}\det\begin{pmatrix}\overline{b_1} & \overline{a_{12}} & \cdots & \overline{a_{1n}}\\ \overline{b_2} & \overline{a_{22}} & \cdots & \overline{a_{2n}}\\ \vdots & \vdots & \ddots & \vdots\\ \overline{b_n} & \overline{a_{n2}} & \cdots & \overline{a_{nn}}\end{pmatrix},\ \cdots,\ \overline{x_n}=\frac{1}{\det(\overline{A})}\det\begin{pmatrix}\overline{a_{11}} & \overline{a_{12}} & \cdots & \overline{b_1}\\ \overline{a_{21}} & \overline{a_{22}} & \cdots & \overline{b_2}\\ \vdots & \vdots & \ddots & \vdots\\ \overline{a_{n1}} & \overline{a_{n2}} & \cdots & \overline{b_n}\end{pmatrix}$$

이다.

예제 5.3.14 다음 연립 합동방정식을 풀어라.

(1) $\begin{cases}x+2y\equiv 1 \pmod 5\\ 3x+4y\equiv 3 \pmod 5\end{cases}$

(2) $\begin{cases}x+y\equiv 1 \pmod 7\\ y+z\equiv 2 \pmod 7\\ z+x\equiv 3 \pmod 7\end{cases}$

풀이 (1) $A=\begin{pmatrix}1 & 2\\ 3 & 4\end{pmatrix}$, $X=\begin{pmatrix}x\\ y\end{pmatrix}$, $B=\begin{pmatrix}1\\ 3\end{pmatrix}$이라 두면 주어진 합동방정식은

$$AX\equiv B \pmod 5$$

와 동치이다. 따라서

$$\overline{A}\,\overline{X}=\overline{B}$$

이며 $\overline{A}$의 역행렬이

$$\overline{A^{-1}}=\begin{pmatrix}\overline{3} & \overline{1}\\ \overline{4} & \overline{2}\end{pmatrix}$$

이므로

$$\overline{X}=\begin{pmatrix}\overline{x}\\ \overline{y}\end{pmatrix}=\overline{A}^{-1}\,\overline{B}=\begin{pmatrix}\overline{3} & \overline{1}\\ \overline{4} & \overline{2}\end{pmatrix}\begin{pmatrix}\overline{1}\\ \overline{3}\end{pmatrix}=\begin{pmatrix}\overline{3}+\overline{3}\\ \overline{4}+\overline{6}\end{pmatrix}=\begin{pmatrix}\overline{1}\\ \overline{0}\end{pmatrix}$$

이다. 그러므로 구하는 해는

$$x\equiv 1 \pmod 5,\ y\equiv 0 \pmod 5$$

이다.

(2) $A=\begin{pmatrix}1 & 1 & 0\\ 0 & 1 & 1\\ 1 & 0 & 1\end{pmatrix},\ X=\begin{pmatrix}x\\ y\\ z\end{pmatrix},\ B=\begin{pmatrix}1\\ 2\\ 3\end{pmatrix}$이라 두면 주어진 합동방정식은

$$AX\equiv B \pmod 7$$

와 동치이다. 따라서

$$\overline{A}\,\overline{X}=\overline{B}$$

이며 $\overline{A}$의 역행렬이

$$\overline{A}^{-1}=\frac{1}{\overline{2}}\begin{pmatrix}\overline{1} & \overline{-1} & \overline{1}\\ \overline{1} & \overline{1} & \overline{-1}\\ \overline{-1} & \overline{1} & \overline{1}\end{pmatrix}$$

이므로

$$\overline{X}=\begin{pmatrix}\overline{x}\\ \overline{y}\\ \overline{z}\end{pmatrix}=\overline{A}^{-1}\,\overline{B}=\frac{1}{\overline{2}}\begin{pmatrix}\overline{1} & \overline{-1} & \overline{1}\\ \overline{1} & \overline{1} & \overline{-1}\\ \overline{-1} & \overline{1} & \overline{1}\end{pmatrix}\begin{pmatrix}\overline{1}\\ \overline{2}\\ \overline{3}\end{pmatrix}=\overline{4}\begin{pmatrix}\overline{2}\\ \overline{0}\\ \overline{4}\end{pmatrix}=\begin{pmatrix}\overline{1}\\ \overline{0}\\ \overline{2}\end{pmatrix}$$

이다. 그러므로 구하는 해는

$$x\equiv 1 \pmod 7,\ y\equiv 0 \pmod 7,\ z\equiv 2 \pmod 7$$

이다. ■

5.3 연습문제

01 다음 행렬의 법 5에 관한 역행렬을 구하라.

(1) $\begin{pmatrix} 0 & 1 & 1 \\ 1 & 0 & 1 \\ 1 & 1 & 0 \end{pmatrix}$ (2) $\begin{pmatrix} 1 & 1 & 1 \\ 2 & 2 & 4 \\ 3 & 5 & 6 \end{pmatrix}$

02 다음 연립방정식을 풀어라.

(1) $\begin{cases} x+3y \equiv 2 \pmod 7 \\ 3x+4y \equiv 3 \pmod 7 \end{cases}$

(2) $\begin{cases} 4x+3y \equiv 2 \pmod 7 \\ 2x+3y \equiv 3 \pmod 7 \end{cases}$

(3) $\begin{cases} x+y+z \equiv 1 \pmod 7 \\ 2x+2y+4z \equiv 2 \pmod 7 \\ 3x+5y+6z \equiv 3 \pmod 7 \end{cases}$

(4) $\begin{cases} x+y+z \equiv 1 \pmod 5 \\ 2x+2y+4z \equiv 2 \pmod 5 \\ 3x+5y+6z \equiv 3 \pmod 5 \end{cases}$

5.4 중국인의 나머지 정리

5.3절에서 n개의 미지수를 갖는 법 m에 관한 연립 일차 합동방정식을 풀어 보았다. 이 절에서 한 개의 미지수 x를 갖는 법 $m_1, m_2, \cdots, m_k$에 관한 k개의 연립 일차 합동방정식을 푸는 방법에 관해 조사해 본다. 우선 가장 간단한 경우를 생각해 본다.

합동방정식

$$\begin{cases} x \equiv a \pmod{m_1} \\ x \equiv a \pmod{m_2} \\ \quad\vdots \\ x \equiv a \pmod{m_k} \end{cases}$$

을 풀어보자. 위의 합동방정식은

$$m_1 \mid (x-a),\ m_2 \mid (x-a),\ \cdots,\ m_k \mid (x-a)$$

와 동치이다. 따라서 위의 식은

$$[m_1,\ m_2,\ \cdots,\ m_k] \mid (x-a)$$

와 동치이다. 그러므로 주어진 합동방정식의 해는

$$x \equiv a \pmod{[m_1,\ m_2,\ \cdots,\ m_k]}$$

이다. 즉, 각 i $(1 \le i \le k)$에 대하여 S_i를 법 m_i에 관한 a를 포함하는 잉여류들의 집합이라 두면 구하는 해집합은 $\cap S_i$이다. 이제 좀 더 복잡한 연립 합동방정식을 생각해 본다. 고대 중국인들의 수수께끼 중에 3으로 나누어 1이 남고 5로 나누어 2가 남고 7로 나누어 3이 남는 정수를 구하는 문제가 있다. 이 문제를 합동방정식으로 표현해보면

$$\begin{cases} x \equiv 1 \pmod{3} \\ x \equiv 2 \pmod{5} \\ x \equiv 3 \pmod{7} \end{cases}$$

와 같다. 여러분은 이 문제와 위에서 조사해본 연립 합동방정식과의 차이를 쉽게 발견할 수 있다. 위의 합동방정식에서는 각 i $(1 \le i \le k)$에 대하여 $x \equiv a \pmod{m_i}$로서 각 합동방정식에서 법 m_i에 관해 고정된 a와 합동이다. 그러나 이 문제에서는 법 3에 관해 1과 합동이고 법 5에 관해 2와 합동이고 법 7에 관해 3과 합동이다. 따라서 중국인의 나머지 정리는 주어진 합동방정식과 동치이면서 위와 같은 a를 찾는 과정을 보여준다. 이

문제에 관한 일반적인 해법은 1247년에 진구소(Ch'in Chiu-Shao)라는 중국인에 의해 밝혀졌으며 그러한 영향에 의해 중국인의 나머지 정리라고 이름이 붙여진 것이다.

정리 5.4.1 [중국인의 나머지 정리]

$m_1, m_2, \cdots, m_k$을 쌍으로 서로 소인 양의 정수들이라 하자. 연립 합동방정식

$$\begin{cases} x \equiv a_1 \pmod{m_1} \\ x \equiv a_2 \pmod{m_2} \\ \quad \vdots \\ x \equiv a_k \pmod{m_k} \end{cases}$$

은 법 $M = m_1 m_2 \cdots m_k$에 관해 단 한 조의 해를 가진다.

증명

$$M = m_1 m_2 \cdots m_k$$

이라 두고 각 $i \ (1 \le i \le k)$에 대하여

$$M_i = m_1 \cdots m_{i-1} m_{i+1} \cdots m_k$$

이라 둔다. $m_1, m_2, \cdots, m_k$을 쌍으로 서로 소인 양의 정수들이기 때문에 $(M_i, m_i) = 1$이다. 그러므로 각 $i \ (1 \le i \le k)$에 대하여 $N_i M_i + n_i m_i = 1$을 만족하는 정수 N_i, n_i가 존재한다. 즉, $N_i M_i \equiv 1 \pmod{m_i}$이다. 따라서 $a_i N_i M_i \equiv a_i \pmod{m_i}$이다. 그러나 $i \ne j$이면 $a_j N_j M_j \equiv 0 \pmod{m_i}$이다. 여기서

$$a = a_1 N_1 M_1 + a_2 N_2 M_2 + \cdots + a_k N_k M_k$$

라 두면, 각 $i \ (1 \le i \le k)$에 대하여

$$x \equiv a_i \pmod{m_i} \quad \Leftrightarrow \quad x \equiv a \pmod{m_i}$$

이다. 따라서 주어진 합동방정식은

$$\begin{cases} x \equiv a \pmod{m_1} \\ x \equiv a \pmod{m_2} \\ \quad \vdots \\ x \equiv a \pmod{m_k} \end{cases}$$

과 동치이다. 그러므로 구하는 해는

$$x \equiv a \pmod{[m_1,\ m_2,\ \cdots,\ m_k]}$$

이다. $m_1,\ m_2,\ \cdots,\ m_k$가 쌍으로 서로 소이므로 $[m_1,\ m_2,\ \cdots,\ m_k] = m_1 m_2 \cdots m_k$이다. 따라서 주어진 합동방정식은 법 $M = m_1 m_2 \cdots m_k$에 관해 단 한 조의 해

$$x \equiv a \pmod{m_1 m_2 \cdots m_k}$$

을 갖는다. ■

예제 5.4.2 연립 합동방정식

$$\begin{cases} x \equiv 1 \pmod 3 \\ x \equiv 2 \pmod 5 \\ x \equiv 3 \pmod 7 \end{cases}$$

을 풀어라.

풀이 $M = 3 \cdot 5 \cdot 7 = 105$라 두고 $M_1 = 35,\ M_2 = 21,\ M_3 = 15$라 둔다. $(3,\ 35) = 1$이며 정리 5.4.1의 증명과정에서 N_1은 $35N_1 \equiv 1 \pmod 3$을 만족하는 정수이다. 따라서 $2N_1 \equiv 1 \pmod 3$이며 $N_1 \equiv 2 \pmod 3$이다. 또한 $(5,\ 21) = 1$이며 위의 증명과정에서 N_2는 $21N_2 \equiv 1 \pmod 5$을 만족하는 정수이다. 따라서 $N_2 \equiv 1 \pmod 5$이다.
마찬가지로 $(7, 15) = 1$이며 위의 증명과정에서 N_3는 $15N_3 \equiv 1 \pmod 7$을 만족하는 정수이다. 따라서 $N_3 \equiv 1 \pmod 7$이다. 그러므로

$$a = 1 \cdot 2 \cdot 35 + 2 \cdot 1 \cdot 21 + 3 \cdot 1 \cdot 15 = 157$$

라 두면 구하는 해는

$$x \equiv 157 = 52 \pmod{105}$$

이다. ■

요약하면 중국인의 나머지 정리는 $m_1,\ m_2,\ \cdots,\ m_k$가 쌍으로 서로 소인 양의 정수에 대하여 연립 합동방정식

$$\begin{cases} x \equiv a_1 \pmod{m_1} \\ x \equiv a_2 \pmod{m_2} \\ \quad \vdots \\ x \equiv a_k \pmod{m_k} \end{cases}$$

와 동치인 연립 합동방정식

$$\begin{cases} x \equiv a \pmod{m_1} \\ x \equiv a \pmod{m_2} \\ \quad \vdots \\ x \equiv a \pmod{m_k} \end{cases}$$

를 만족하는 a를 구할 수 있는 유용한 수단이다. 이제 $\mathbb{Z}_m$의 대수적 구조를 이용하여 주어진 연립방정식이 단 하나의 해를 가짐을 보인다. 이 방법은 단순히 해의 존재성만 보이고 그 해 a를 구하는 방법을 제시하지 않는다는 단점을 가지고 있다. 그러나 이러한 $\mathbb{Z}_m$의 대수적 구조는 장차 여러 분야에서 유용하게 이용될 수 있다.

먼저 서로 소인 양의 정수 m_1, m_2에 대하여 집합 $\mathbb{Z}_{m_1} \times \mathbb{Z}_{m_2}$에 대하여 조사한다. $\mathbb{Z}_m$의 원소들을 $\overline{a}$의 꼴로 써왔으나 서로 소인 양수 m_1, m_2 에 대하여 $\mathbb{Z}_{m_1}$, $\mathbb{Z}_{m_2}$의 원소를 구별할 필요가 있으므로 $\mathbb{Z}_{m_1}$의 원소를 $< a >_{m_1}$으로, 그리고 $\mathbb{Z}_{m_2}$의 원소를 $< a >_{m_2}$으로 표현하기로 한다. 우선 $\mathbb{Z}_m$은 이항연산 덧셈과 곱셈을 가지고 있음을 상기한다. 따라서 집합

$$\mathbb{Z}_{m_1} \times \mathbb{Z}_{m_2} = \{ (< a_1 >_{m_1}, < a_2 >_{m_2}) \mid a_1, a_2 \in \mathbb{Z} \}$$

이므로 $\mathbb{Z}_{m_1} \times \mathbb{Z}_{m_2}$의 원소의 수는 $m_1 m_2$이다. $\mathbb{Z}_{m_1} \times \mathbb{Z}_{m_2}$상에서의 이항연산 덧셈과 곱셈을 다음과 같이 정의한다. (연습문제 2.3의 3을 참고)

정의 5.4.3 [$\mathbb{Z}_{m_1} \times \mathbb{Z}_{m_2}$의 덧셈과 곱셈]

서로 소인 양수 m_1, m_2에 대하여

$$(< a_1 >_{m_1}, < a_2 >_{m_2}) + (< b_1 >_{m_1}, < b_2 >_{m_2}) = (< a_1 + b_1 >_{m_1}, < a_2 + b_2 >_{m_2})$$
$$(< a_1 >_{m_1}, < a_2 >_{m_2})(< b_1 >_{m_1}, < b_2 >_{m_2}) = (< a_1 b_1 >_{m_1}, < a_2 b_2 >_{m_2})$$

으로 정의한다

정의 5.4.4 [표준함수]

함수 $f:\mathbb{Z}_{m_1m_2} \to \mathbb{Z}_{m_1} \times \mathbb{Z}_{m_2}$을

$$f(\overline{a}) = (< a >_{m_1}, < a >_{m_2})$$

으로 정의하고 이 함수를 $\mathbb{Z}_{m_1m_2}$에서 $\mathbb{Z}_{m_1} \times \mathbb{Z}_{m_2}$으로 대응되는 **표준함수**(canonical map)라 부른다. 이 함수는 $\mathbb{Z}_{m_1m_2}$의 원소 $\overline{a}$를 a를 m_1으로 나눈 나머지를 포함하는 법 m_1에 관한 잉여류와 a를 m_2로 나눈 나머지를 포함하는 법 m_2에 관한 잉여류의 쌍으로 대응시킨다.

예제 5.4.5 $\mathbb{Z}_2 \times \mathbb{Z}_3$의 원소

$$(< 1 >_2, < 2 >_3) + (< 1 >_2, < 1 >_3),$$
$$(< 1 >_2, < 2 >_3)(< 1 >_2, < 1 >_3)$$

을 계산하고 표준함수 $f:\mathbb{Z}_6 \to \mathbb{Z}_2 \times \mathbb{Z}_3$에 대하여 $f(\overline{4})$를 구하라.

풀이 $(< 1 >_2, < 2 >_3) + (< 1 >_2, < 1 >_3) = (< 1+1 >_2, < 2+1 >_3)$
$= (< 0 >_2, < 0 >_3)$
$(< 1 >_2, < 2 >_3)(< 1 >_2, < 1 >_3) = (< 1 >_2, < 2 >_3)$

이다. 그리고

$$f(\overline{4}) = (< 0 >_2, < 1 >_3)$$

이다. ■

정리 5.4.6

서로 소인 양수 m_1, m_2에 대하여 표준함수 $f:\mathbb{Z}_{m_1m_2} \to \mathbb{Z}_{m_1} \times \mathbb{Z}_{m_2}$은 전단사함수이다.

증명

만약 $f(\overline{a}) = f(\overline{b})$라 가정하면

$$(<a>_{m_1},\ <a>_{m_2}) = (<b>_{m_1},\ <b>_{m_2})$$

이다. 그러므로

$$<a>_{m_1} = <b>_{m_1} \text{이고 } <a>_{m_2} = <b>_{m_2}$$

이다. 따라서

$$m_1 \mid (b-a) \text{이고} \quad m_2 \mid (b-a)$$

이다. $(m_1,\ m_2) = 1$이므로

$$m_1 m_2 \mid (b-a)$$

이다. 그러므로 $\overline{a} = \overline{b}$이고 따라서 f는 단사함수이다. 한편 $\mathbb{Z}_{m_1 m_2}$과 $\mathbb{Z}_{m_1} \times \mathbb{Z}_{m_2}$이 모두 원소를 $m_1 m_2$개 가지고 있으므로 f는 전사함수이다. ■

예제 5.4.7 표준함수 $f : \mathbb{Z}_6 \to \mathbb{Z}_2 \times \mathbb{Z}_3$에 대하여 $f(\overline{x}) = (<1>_2,\ <2>_3)$을 만족하는 $\overline{x} \in \mathbb{Z}_6$을 구하라.

풀이 $\overline{x} \in \mathbb{Z}_6$가 $f(\overline{x}) = (<1>_2,\ <2>_3)$을 만족하면

$$x \equiv 1 \pmod 2,\ x \equiv 2 \pmod 3$$

이다. 따라서 중국인의 나머지 정리를 이용하여

$$x \equiv 1 \cdot (-1) \cdot 3 + 2 \cdot 2 \cdot 2 = 5 \pmod 6$$

이다. 그러므로 $\overline{x} = \overline{5}$이다. ■

정리 5.4.8

$m_1,\ m_2$가 서로 소인 양의 정수일 때 연립 합동방정식

$$\begin{cases} x \equiv a_1 \pmod{m_1} \\ x \equiv a_2 \pmod{m_2} \end{cases}$$

은 법 $m_1 m_2$에 관해 단 한 조의 해를 갖는다.

증명

m_1, m_2가 서로 소인 양의 정수이므로 함수 $f : \mathbb{Z}_{m_1 m_2} \rightarrow \mathbb{Z}_{m_1} \times \mathbb{Z}_{m_2}$은 전단사함수이다. 그러므로 $(< a_1 >_{m_1}, < a_2 >_{m_2}) \in \mathbb{Z}_{m_1} \times \mathbb{Z}_{m_2}$에 대하여

$$f(\overline{a}) = (< a >_{m_1}, < a >_{m_2}) = (< a_1 >_{m_1}, < a_2 >_{m_2})$$

을 만족하는 $\overline{a} \in \mathbb{Z}_{m_1 m_2}$가 단 하나 존재한다. 따라서

$$< a >_{m_1} = < a_1 >_{m_1} \text{이고} \quad < a >_{m_2} = < a_2 >_{m_2}$$

이다. 즉 $a \equiv a_1 \pmod{m_1}$, $a \equiv a_2 \pmod{m_2}$이다. 그러므로

$$x \equiv a \pmod{m_1 m_2}$$

이 한 조의 해이다. ■

이 사실을 일반화하여 $m_1, m_2, \cdots, m_k$가 쌍으로 서로 소인 양의 정수일 때 함수

$$f : \mathbb{Z}_{m_1 m_2 \cdots m_k} \rightarrow \mathbb{Z}_{m_1} \times \mathbb{Z}_{m_2} \times \cdots \times \mathbb{Z}_{m_k}$$

을 $f(\overline{a}) = (< a >_{m_1}, < a >_{m_2}, \cdots, < a >_{m_k})$로 정의하면 f는 전단사함수이다. 이 사실에서 연립 합동방정식

$$\begin{cases} x \equiv a_1 \pmod{m_1} \\ x \equiv a_2 \pmod{m_2} \\ \quad \vdots \\ x \equiv a_k \pmod{m_k} \end{cases}$$

이 법 $m_1 m_2 \cdots m_k$에 관해 단 한 조의 해만 가짐을 증명할 수 있다.

다음은 m_1, m_2가 서로 소가 아니면 연립 합동방정식

$$\begin{cases} x \equiv a_1 \pmod{m_1} \\ x \equiv a_2 \pmod{m_2} \end{cases}$$

이 해를 가질 수 있는가 하는 문제를 생각해 본다. 다음 예제를 참고하여 답을 생각해 보자.

예제 5.4.9 연립 합동방정식

$$\begin{cases} x \equiv 1 \pmod 4 \\ x \equiv 4 \pmod 6 \end{cases}$$

이 해를 갖는지를 결정하여라.

풀이 $x \equiv 1 \pmod 4$이므로 $x = 4t+1$을 만족하는 정수 t가 존재한다. 이 식을 다음 식에 대입하여 $4t+1 \equiv 4 \pmod 6$을 얻는다. 그러므로

$$4t \equiv 3 \pmod 6$$

을 얻을 수 있다. $(4, 6) = 2$이고 $2 \nmid 3$이므로 이 일차 합동방정식은 해를 갖지 않는다. 그러므로 두 식을 동시에 만족하는 t가 존재하지 않으며 주어진 연립 합동방정식은 해를 갖지 않는다. ■

예제 5.4.10 연립 합동방정식

$$\begin{cases} x \equiv 2 \pmod 4 \\ x \equiv 2 \pmod 6 \end{cases}$$

이 해를 갖는지 결정하고 해를 가지면 그 해를 구하라.

풀이 $x \equiv 2 \pmod 4$이므로 $x = 4t+2$를 만족하는 정수 t가 존재한다. 이 식을 다음 식에 대입하여 $4t+2 \equiv 2 \pmod 6$을 얻는다. 그러므로

$$4t \equiv 0 \pmod 6$$

을 얻을 수 있다. $(4, 6) = 2$이고 $2 \mid 0$이므로 이 일차 합동방정식은 법 6에 관한 합동이 아닌 두 조의 해

$$t \equiv 0 \pmod 6, \ t \equiv 3 \pmod 6$$

을 갖는다. 즉

$$t \equiv 0 \pmod 3$$

이다. 그러므로 주어진 연립 합동방정식의 해는

$$x = 4t + 2 \equiv 2 \pmod{12}$$

이다. ■

위의 두 예제의 차이는 다음과 같이 나타난다. 예제 5.4.9에서는 $4 - 1 = 3 \notin 4\mathbb{Z} + 6\mathbb{Z} = 2\mathbb{Z}$인 반면 예제 5.4.10에서는 $2 - 2 = 0 \in 4\mathbb{Z} + 6\mathbb{Z} = 2\mathbb{Z}$이다. 따라서 우리는 다음의 결론을 내릴 수 있다.

정리 5.4.11

연립 합동방정식

$$\begin{cases} x \equiv a_1 \pmod{m_1} \\ x \equiv a_2 \pmod{m_2} \end{cases}$$

이 해를 가질 필요충분조건은 $d \mid (a_2 - a_1)$이다. 여기서 $d = (m_1, m_2)$이다. 더욱이 해를 가지면 법 $[m_1, m_2]$에 관해 단 한 조의 해를 갖는다.

증명

먼저 주어진 합동방정식이 해 $x = a$를 갖는다고 가정하자. 그러면

$$\begin{cases} a \equiv a_1 \pmod{m_1} \\ a \equiv a_2 \pmod{m_2} \end{cases}$$

이다. 그러므로 $d \mid (a_2 - a_1)$이다.

역으로 $d \mid (a_2 - a_1)$을 가정한다. $x \equiv a_1 \pmod{m_1}$이므로 $x = m_1 t + a_1$을 만족하는 정수 t가 존재한다. 이 식을 다음 식에 대입하여 $m_1 t + a_1 \equiv a_2 \pmod{m_2}$을 얻는다. 그러므로

$$m_1 t \equiv a_2 - a_1 \pmod{m_2}$$

을 얻을 수 있다. 이 합동방정식은

$$\frac{m_1}{d} t \equiv \frac{a_2 - a_1}{d} \left(\operatorname{mod} \frac{m_2}{d}\right)$$

과 동치이다. $\left(\frac{m_1}{d}, \frac{m_2}{d}\right) = 1$이므로 이 합동방정식은 법 $\frac{m_2}{d}$에 관해 단 한 조의 해를

가진다. 이 해를 $t \equiv c \pmod{m_2/d}$라 두면, $t = c + (m_2/d)s$를 대입하여

$$x = m_1 t + a_1 \equiv m_1 c + a_1 \left(\mathrm{mod}\ \frac{m_1 m_2}{d} \right)$$

이다. ■

예제 5.4.12 연립 합동방정식

$$\begin{cases} x \equiv 4 & \pmod{6} \\ x \equiv 13 & \pmod{15} \end{cases}$$

이 해를 갖는지를 결정하고 해를 가지면 그 해를 구하라.

풀이 $13 - 4 = 9$, $(6, 15) = 3$이고 $3 \mid 9$이므로 위의 정리에 의해 이 합동방정식은 해를 가진다. 먼저 $x \equiv 4 \pmod{6}$이므로 $x = 6t + 4$을 만족하는 정수 t가 존재한다. 이 식을 다음 식에 대입하여 $6t + 4 \equiv 13 \pmod{15}$을 얻는다. 그러므로

$$6t \equiv 9 \pmod{15}$$

을 얻을 수 있다. 이 합동방정식은

$$2t \equiv 3 \pmod{5}$$

동치이다. 그러므로 이 합동방정식의 해는

$$t \equiv 4 \pmod{5}$$

이다. 따라서 주어진 합동방정식의 해는

$$x = 6t + 4 = 6(5k + 4) + 4 \equiv 24 + 4 = 28 \pmod{30}$$

이다. ■

5.4 연습문제

01 중국인의 나머지 정리를 쓰지 말고 다음 연립방정식을 풀어라.

(1) $\begin{cases} x \equiv 3 \pmod{4} \\ x \equiv 2 \pmod{5} \end{cases}$ (2) $\begin{cases} x \equiv 1 \pmod{6} \\ x \equiv 4 \pmod{9} \end{cases}$

02 중국인의 나머지 정리를 이용하여 다음 연립방정식을 풀어라.

(1) $\begin{cases} x \equiv 0 \pmod{3} \\ x \equiv 1 \pmod{5} \\ x \equiv 6 \pmod{7} \end{cases}$ (2) $\begin{cases} x \equiv 3 \pmod{12} \\ x \equiv 4 \pmod{13} \\ x \equiv 5 \pmod{17} \\ x \equiv 6 \pmod{19} \end{cases}$

03 다음 연립 합동방정식이 근을 가지는지 점검하고 근을 가지면 구하여라.

(1) $\begin{cases} x \equiv 4 \pmod{6} \\ x \equiv 13 \pmod{15} \end{cases}$ (2) $\begin{cases} x \equiv 2 \pmod{6} \\ x \equiv 13 \pmod{15} \end{cases}$

04 연립 합동방정식

$$\begin{cases} x \equiv a_1 \pmod{m_1} \\ x \equiv a_2 \pmod{m_2} \\ \quad \vdots \\ x \equiv a_k \pmod{m_k} \end{cases}$$

이 해를 가질 필요충분조건은 정수들의 쌍 (i, j)에 대하여

$$(m_i, m_j) \mid (a_i - a_j)$$

임을 증명하여라. (여기서 $1 \le i < j \le k$이다.)

05 위의 문제 4를 이용하여 다음 연립방정식이 해를 가지는지를 결정하고 해를 가지면 그 해를 구하여라.

(1) $\begin{cases} x \equiv 5 \pmod{6} \\ x \equiv 3 \pmod{10} \\ x \equiv 8 \pmod{15} \end{cases}$ (2) $\begin{cases} x \equiv 2 \pmod{14} \\ x \equiv 16 \pmod{21} \\ x \equiv 10 \pmod{30} \end{cases}$

5.5 다항 합동방정식

양의 정수 m과 정수를 계수로 갖는 다항식

$$f(x) = a_n x^n + a_{n-1} x^{n-1} + \cdots + a_1 x + a_0$$

에 대하여 $f(x) \equiv 0 \pmod{m}$을 **다항 합동방정식**이라 한다. 일반적으로 방정식 $f(x) = 0$의 해를 구하는 문제도 경우에 따라 매우 어려운 문제이다. 따라서 다항 합동방정식의 일반적인 해를 구하는 것은 불가능하게 보이며 특수한 경우에 해를 구하는 방법을 소개한다. 먼저 소수 p에 관한 합동방정식을 생각해 본다.

정리 5.5.1

소수 p에 대하여 $x \equiv c \pmod{p}$이 다항 합동방정식 $f(x) \equiv 0 \pmod{p}$의 해가 될 필요충분조건은

$$f(x) \equiv (x-c)g(x) \pmod{p}$$

이다. 즉 $x-c$가 $f(x)$의 법 p에 관한 인수이다.

이 정리의 증명은 정리 8.2.2의 증명과정에서 보인다. 이 정리에 의해 n차 다항 합동방정식은 법 p에 관해 기껏해야 n개의 합동이 아닌 근을 가질 수 있음을 보여준다.

예제 5.5.2 이차다항식 $x^2 - 3$을 법 7에 관하여 인수분해하여라.

풀이 $f(x) = x^2 - 3$이라 두고 법 7에 관한 완전잉여계 $S = \{0, 1, 2, 3, 4, 5, 6\}$의 원소를 대입하면 모든 $i \in S$에 대하여 $f(i) \not\equiv 0 \pmod{7}$이다. 그러므로 $x^2 - 3$은 법 7에 관한 일차인수를 가지지 않는다. 즉 $f(x) = x^2 - 3 \equiv 0 \pmod{7}$은 해를 갖지 않는다. ■

예제 5.5.3 삼차다항식 $x^3 + 8x^2 - x - 1$을 법 11에 관하여 인수분해하라.

풀이 $f(x) = x^3 + 8x^2 - x - 1$이라 두면 $f(4) \equiv 0 \pmod{11}$이다. 그러므로

$$
\begin{array}{r|l}
 & x^2 + 12x + 47 \\ \hline
x-4 & x^3 + 8x^2 - x - 1 \\
 & x^3 - 4x^2 \\ \hline
 & \quad 12x^2 - x \\
 & \quad 12x^2 - 48x \\ \hline
 & \qquad\quad 47x - 1 \\
 & \qquad\quad 47x - 188 \\ \hline
 & \qquad\qquad\quad 187
\end{array}
$$

이다. 즉,

$$
\begin{aligned}
x^3 + 8x^2 - x + 1 &= (x-4)(x^2 + 12x + 47) + 187 \\
&\equiv (x-4)(x^2 + x + 3) \pmod{11}
\end{aligned}
$$

이다. 또한 $g(x) = x^2 + x + 3$이라 두면 $g(5) = 33 \equiv 0 \pmod{11}$이다. 따라서

$$
\begin{array}{r|l}
 & x + 6 \\ \hline
x-5 & x^2 + x + 3 \\
 & x^2 - 5x \\ \hline
 & \quad 6x + 3 \\
 & \quad 6x - 30 \\ \hline
 & \qquad 33
\end{array}
$$

이다. 그러므로

$$g(x) = x^2 + x + 3 = (x-5)(x+6) \equiv (x-5)^2 \pmod{11}$$

이다. 따라서

$$x^3 + 8x^2 - x - 1 \equiv (x-4)(x-5)^2 \pmod{11}$$

이다. 따라서 합동방정식 $f(x) \equiv 0 \pmod{11}$은 두 조의 해 $x \equiv 4 \pmod{11}$과 $x \equiv 5 \pmod{11}$을 갖는다. ■

정리 5.5.4

만약 $m=p_1^{e_1}p_2^{e_2}\cdots p_k^{e_k}$ (p_1, p_2, $\cdots$, p_k는 서로 다른 소수, 각 i에 대하여 $e_i>0$)이면 합동방정식

$$f(x)=a_nx^n+a_{n-1}x^{n-1}+\cdots+a_1x+a_0\equiv 0 \pmod{m}$$

은 연립 합동방정식

$$\begin{cases} f(x)\equiv 0 \pmod{p_1^{e_1}} \\ f(x)\equiv 0 \pmod{p_2^{e_2}} \\ \quad\vdots \qquad\qquad \vdots \\ f(x)\equiv 0 \pmod{p_k^{e_k}} \end{cases}$$

와 동치이다.

이 정리에 의해 합동방정식 $f(x)\equiv 0 \pmod{m}$을 풀기 위해 먼저 연립 합동방정식

$$\begin{cases} f(x)\equiv 0 \pmod{p_1^{e_1}} \\ f(x)\equiv 0 \pmod{p_2^{e_2}} \\ \quad\vdots \qquad\qquad \vdots \\ f(x)\equiv 0 \pmod{p_k^{e_k}} \end{cases}$$

을 푼다. 만약

$$x\equiv c_1 \pmod{p_1^{e_1}},\ x\equiv c_2 \pmod{p_2^{e_2}},\ \cdots,\ x\equiv c_k \pmod{p_k^{e_k}}$$

이 각 합동방정식의 해이면 $p_1^{e_1}$, $p_2^{e_2}$, $\cdots$, $p_k^{e_k}$이 쌍으로 서로 소이므로 중국인의 나머지 정리를 이용하여 $f(x)\equiv 0 \pmod{m}$의 해를 구할 수 있다.

따라서 합동방정식 $f(x)\equiv 0 \pmod{m}$을 풀기 위해서는 각 i에 대하여 합동방정식 $f(x)\equiv 0 \pmod{p_i^{e_i}}$을 풀면 된다.

만약 $x=c$가 합동방정식 $f(x)\equiv 0 \pmod{p_i^{e_i}}$의 해이고 $c\equiv d \pmod{p_i^{e_i}}$이면

$$f(c)\equiv f(d) \pmod{p_i^{e_i}}$$

이므로 $x=d$도 합동방정식 $f(x)\equiv 0 \pmod{p_i^{e_i}}$의 해이다. 즉 $x\equiv c \pmod{p_i^{e_i}}$이 해이다.

또한 만약 $x\equiv c \pmod{p_i^{e_i}}$가 합동방정식 $f(x)\equiv 0 \pmod{p_i^{e_i}}$의 해이면

$$p_i^{e_i} \mid f(c)$$

이다. 따라서 모든 $f_i\ (1\le f_i\le e_i)$에 대하여

$$p_i^{f_i} \mid f(c)$$

이다. 즉 $x\equiv c \pmod{p_i^{e_i}}$가 합동방정식 $f(x)\equiv 0 \pmod{p_i^{f_i}}$의 해이다. 이 사실에 의해 합동방정식 $f(x)\equiv 0 \pmod{p_i^{e_i}}$의 해를 구하기 위해 먼저 합동방정식

$$f(x)\equiv 0 \pmod{p_i}$$

의 해를 구하고 이를 이용하여 합동방정식

$$f(x)\equiv 0 \pmod{p_i^2}$$

의 해를 구한다. 이러한 과정을 반복하여 최종적으로

$$f(x)\equiv 0 \pmod{p_i^{e_i}}$$

의 해를 구한다. 일반적인 방법을 소개하기 전에 다음의 예제를 통하여 그 개념을 알아보자.

예제 5.5.5 법 m에 관해 $a\in\mathbb{Z}$를 포함하는 잉여류를 $<a>_m$으로 표현하자. $7|49$이므로 법 7에 관해 a를 포함하는 잉여류는 7개의 법 49에 관한 잉여류들로 분할이 된다. $<2>_7$을 법 49에 관한 잉여류들의 합집합으로 표현하라. 이 사실을 일반화하여 소수 p에 관하여 $<a>_{p^{k-1}}$을 법 p^k에 관한 잉여류들의 합집합으로 표현하라.

풀이 정수 전체의 집합 $\mathbb{Z}$는 법 7에 관한 7개의 잉여류 $<0>_7$, $<1>_7$, $\cdots$, $<6>_7$로 분할이 되며 법 49에 관해서는 49개의 잉여류 $<0>_{49}$, $<1>_{49}$, $\cdots$, $<48>_{49}$로 분할이 된다. 여기서 법 7에 관한 각 잉여류는 7개의 법 49에 관한 잉여류로 세분이 된다. 예컨대

$$< 2 >_7 = < 2 >_{49} \cup < 9 >_{49} \cup < 16 >_{49} \cup < 23 >_{49}$$
$$\cup < 30 >_{49} \cup < 37 >_{49} \cup < 44 >_{49}$$

이다. 법 49에 관한 잉여류의 대표원소는 $2+7t$ $(0 \le t < 7)$로 표현될 수 있다. 마찬가지로 법 p^{k-1}에 관한 잉여류는 p개의 법 p^k에 관한 잉여류들로 세분된다. 즉,

$$< a >_{p^{k-1}} = < a >_{p^k} \cup < a+p^{k-1} >_{p^k} \cup < a+2p^{k-1} >_{p^k}$$
$$\cup \cdots \cup < a+(p-1)p^{k-1} >_{p^k}$$

이다. ■

예제 5.5.6 합동방정식 $x^2-4 \equiv 0 \pmod 7$의 해를 구하고 그 해를 이용하여 $x^2-4 \equiv 0 \pmod{7^2}$의 해를 구하라.

풀이 $f(x) = x^2-4$라 두면 $x \equiv 2 \pmod 7$과 $x \equiv 5 \pmod 7$이 $f(x) \equiv 0 \pmod 7$의 해임을 쉽게 알 수 있다. 먼저 $x \equiv 2 \pmod 7$이 해임을 이용하여 $f(x) \equiv 0 \pmod{7^2}$의 해를 구해본다. $x \equiv 2 \pmod 7$이므로 $x = 7t+2$의 형태이다. 그러므로 이 식을 x^2-4에 대입하여

$$\begin{aligned} x^2-4 &= (7t+2)^2-4 = 49t^2+28t+4-4 \\ &\equiv 28t \pmod{7^2} \end{aligned}$$

을 얻는다. 따라서

$$\begin{aligned} x^2-4 \equiv 0 \pmod{7^2} &\Leftrightarrow 28t \equiv 0 \pmod{7^2} \\ &\Leftrightarrow 4t \equiv 0 \pmod 7 \\ &\Leftrightarrow t \equiv 0 \pmod 7 \end{aligned}$$

이다. 그러므로 $x = 7t+2$가 $x^2-4 \equiv 0 \pmod{7^2}$의 해가 될 필요충분조건은

$$t = 7s$$

의 꼴이다. 따라서

$$x = 7t + 2 = 49s + 2 \equiv 2 \pmod{49}$$

이 $x^2 - 4 \equiv 0 \pmod{7^2}$의 해이다.

마찬가지 방법으로 $x \equiv 5 \pmod 7$이 $x^2 - 4 \equiv 0 \pmod 7$의 해임을 이용하여 $x \equiv 47 \pmod{49}$을 얻는다. ■

정의 5.5.7 [형식적 도함수]

함수 $f(x) = a_n x^n + a_{n-1} x^{n-1} + \cdots + a_1 x + a_0$에 대하여

$$f'(x) = n a_n x^{n-1} + (n-1) a_{n-1} x^{n-2} + \cdots + a_1$$

을 $f(x)$의 **형식적 도함수**(formal derivative)라 부른다. 여기서 형식적이라 이름 붙이는 것은 도함수가 갖는 극한의 개념은 무시한다는 뜻이다. 그러나 미분적분학에서 사용하는 기본적인 도함수의 성질은 대다수 갖고 있다. 기호로 $f''(x) = \{f'(x)\}'$, $\cdots$, $f^{(k)}(x) = \{f^{(k-1)}(x)\}'$로 적는다.

정리 5.5.8

임의의 정수 a, b와 함수 $f(x) = a_n x^n + a_{n-1} x^{n-1} + \cdots + a_1 x + a_0$에 대하여

$$f(a+b) = f(a) + f'(a)b + \frac{f''(a)}{2!} b^2 + \cdots + \frac{f^{(n)}(a)}{n!} b^n$$

이다.

증명

$$\begin{aligned} f(a+b) &= a_n (a+b)^n + a_{n-1} (a+b)^{n-1} + \cdots a_1 (a+b) + a_0 \\ &= a_n \left(\sum_{r=0}^{n} \binom{n}{r} a^{n-r} b^r \right) + a_{n-1} \left(\sum_{r=0}^{n-1} \binom{n-1}{r} a^{n-1-r} b^r \right) + \cdots + a_1 (a+b) + a_0 \\ &= c_0 + c_1 b + \cdots + c_n b^n \end{aligned}$$

이라 두자. 여기서 모든 i $(0 \le i \le n)$에 대하여 c_i는 a에 관한 다항식

$$c_i = \binom{n}{i} a_n a^{n-i} + \binom{n-1}{i} a_{n-1} a^{n-1-i} + \cdots + a_i$$

이다. 한편

$$f^{(i)}(a) = n(n-1)\cdots(n-i+1)a_n a^{n-i}$$
$$+ (n-1)(n-2)\cdots(n-i)a_{n-1}a^{n-i-1} + \cdots + i!\,a_i$$

이다. 그러므로

$$\frac{f^{(i)}(a)}{i!} = c_i$$

이다. ■

정리 5.5.9 [헨젤(Hensel)의 보조정리]

$f(x) = a_n x^n + a_{n-1}x^{n-1} + \cdots + a_1 x + a_0$가 정수를 계수로 갖고 $a_n \not\equiv 0 \pmod{p^k}$인 다항식, p는 소수일 때 $k \geq 2$인 정수 k에 대하여 $x = c$이 합동방정식 $f(x) \equiv 0 \pmod{p^{k-1}}$의 해라 가정하면 다음이 성립한다.

(1) 만약 $f'(c) \not\equiv 0 \pmod{p}$이면

$$f(c + tp^{k-1}) \equiv 0 \pmod{p^k}$$

을 만족하는 t $(0 \leq t < p)$가 유일하게 존재한다.

(2) 만약 $f'(c) \equiv 0 \pmod{p}$이고 $f(c) \equiv 0 \pmod{p^k}$이면 모든 정수 t에 대하여

$$f(c + tp^{k-1}) \equiv 0 \pmod{p^k}$$

이다.

(3) 만약 $f'(c) \equiv 0 \pmod{p}$이고 $f(c) \not\equiv 0 \pmod{p^k}$이면 합동방정식 $f(x) \equiv 0 \pmod{p^k}$은 $x \equiv c \pmod{p^{k-1}}$을 만족하는 해를 갖지 않는다.

증명

$x = c$가 합동방정식 $f(x) \equiv 0 \pmod{p^k}$의 해라면 $x = c$는 $f(x) \equiv 0 \pmod{p^{k-1}}$의 해다. 따라서 $f(x) \equiv 0 \pmod{p^k}$의 해 $\langle d \rangle_{p^k}$은 $f(x) \equiv 0 \pmod{p^{k-1}}$의 해$\langle c \rangle_{p^{k-1}}$

의 법 p^k에 관한 p개의 분할 중 하나이다. 즉 $<c>_{p^{k-1}}$ 의 법 p^k에 관한 p개의 분할 가운데 $f(x) \equiv 0 \pmod{p^k}$의 해인 잉여류를 찾으면 된다. 지금부터 $<c>_{p^{k-1}}$이 $f(x) \equiv 0 \pmod{p^{k-1}}$의 해라 가정한다. 그리고 $f(x) \equiv 0 \pmod{p^k}$을 만족하는 법 p^k에 관한 잉여류를 찾는다. 법 p^k에 관한 잉여류로 세분하면 대표원소를 적당한 $t\ (0 \le t < p)$에 대하여 $x = c + tp^{k-1}$으로 선택할 수 있다. 따라서 위의 정리를 사용하여 $f(c+tp^{k-1}) \equiv 0 \pmod{p^k}$을 만족하는 t를 구하면 된다. 정리 5.5.8에 의해

$$f(c+tp^{k-1}) = f(c) + f'(c)tp^{k-1} + \frac{f''(c)}{2!}t^2p^{2(k-1)} + \cdots + \frac{f^{(n)}(c)}{n!}t^np^{n(k-1)}$$

이다. 여기서 $k \ge 2$이므로 $i\ (i \ge 2)$에 대하여 $i(k-1) \ge k$이다. 따라서

$$p^{i(k-1)} \equiv 0 \pmod{p^k}$$

이다. 이 사실에서

$$f(c+tp^{k-1}) \equiv f(c) + f'(c)tp^{k-1} \pmod{p^k}$$

만약 $x = c + tp^{k-1}$이 합동방정식 $f(x) \equiv 0 \pmod{p^k}$의 근이라면

$$f(c) \equiv -f'(c)tp^{k-1} \pmod{p^k}$$

이다. $p^{k-1} \mid f(c)$이므로 위의 합동식을 p^{k-1}으로 나누면

$$f'(c)t \equiv \frac{-f(c)}{p^{k-1}} \pmod{p}$$

를 얻는다.

만약 $f'(c) \not\equiv 0 \pmod{p}$이면 $f'(c)$는 $\mathbb{Z}_p$에서 역원을 갖는다. 그 역원을 b라 두면

$$t \equiv \frac{-bf(c)}{p^{k-1}} \pmod{p}$$

이다. 따라서 합동방정식 $f(x) \equiv 0 \pmod{p^k}$는 $<c>_{p^{k-1}}$ 내에 법 p^k에 관한 단 하나의 잉여류를 해로 갖는다.

만약 $f'(c) \equiv 0 \pmod{p}$이고 $f(c) \equiv 0 \pmod{p^k}$이면 $f(c) \equiv -f'(c)tp^{k-1} \pmod{p^k}$이 t에 관계없이 항등식이 된다. 그러므로 법 p^{k-1}에 관한 c를 포함하는 잉여류 내의 모든

정수가 해가 된다. 즉 법 p^k에 관하여 세분된 p개의 잉여류가 모두 해가 된다.
만약 $f'(c) \equiv 0 \pmod{p}$이고 $f(c) \not\equiv 0 \pmod{p^k}$이면 $f(c) \equiv -f'(c)tp^{k-1} \pmod{p^k}$을 만족하는 t가 존재하지 않는다. 그러므로 합동방정식 $f(x) \equiv 0 \pmod{p^k}$는 해를 갖지 않는다. ■

예제 5.5.10 다음 합동방정식의 모든 해를 구하라.

(1) $x^3 + 8x^2 - x - 1 \equiv 0 \pmod{11}$

(2) $x^3 + 8x^2 - x - 1 \equiv 0 \pmod{11^2}$

풀이 (1) $f(x) = x^3 + 8x^2 - x - 1$라 둔다. $p = 11$은 소수이고 합동방정식이 3차이므로 주어진 합동방정식은 기껏해야 세 개의 해를 갖는다. 예제 5.5.3에 의해

$$f(x) \equiv (x-4)(x-5)^2 \pmod{11}$$

이며 $x \equiv 4 \pmod{11}$과 $x \equiv 5 \pmod{11}$이 $f(x) \equiv 0 \pmod{11}$의 해이다.

(2) 먼저 $x \equiv 4 \pmod{11}$이 $f(x) \equiv 0 \pmod{11}$의 해이므로 $f(x) \equiv 0 \pmod{11^2}$의 해 중에 $x \equiv 4 \pmod{11}$을 만족하는 해는 $x = 4 + 11t$ $(0 \le t < 11)$의 형태이다. 이 중에서 $f(x) \equiv 0 \pmod{11^2}$을 만족하는 t를 구해보자. 물론 위의 헨젤의 보조정리를 이용하여 풀 수 있으나 여기서는 직접 풀어본다.

$$f(4 + 11t) \equiv f(4) + f'(4)11t \pmod{11^2}$$

이고 $f'(x) = 3x^2 + 16x - 1$이므로 $f'(4) \equiv 111 \pmod{11^2}$이며 $f(4) \equiv 66 \pmod{11^2}$이다. 그러므로 합동방정식

$$\begin{aligned} f(4 + 11t) &\equiv f(4) + f'(4)11t \pmod{11^2} \\ &\equiv 0 \pmod{11^2} \end{aligned}$$

을 만족하는 t를 구한다. 즉 t는 합동방정식

$$111t \equiv -6 \equiv 5 \pmod{11}$$

을 만족한다. 따라서

$$t = 5 + 11s$$

의 형태이다. 그러므로

$$x = 4 + 11t = 4 + 11(5 + 11s) \equiv 59 \pmod{11^2}$$

$f(x) \equiv 0 \pmod{11^2}$의 해이다.
같은 방법으로 $x \equiv 5 \pmod{11}$를 만족하는 $f(x) \equiv 0 \pmod{11^2}$의 해를 구한다. $f(5) = 319 = 77 + 2 \cdot 11^2$, $f'(5) = 154$를 이용하여 위의 식에 대입하면

$$154t \equiv -7 \equiv 4 \pmod{11}$$

이다. $11 | 154$이므로 $0t \equiv 4 \pmod{11}$를 얻는다. 그러나 이 식을 만족하는 t는 존재하지 않으므로 $x \equiv 5 \pmod{11}$를 만족하는 $f(x) \equiv 0 \pmod{11^2}$의 해는 존재하지 않는다. ■

5.5 연습문제

01 다음 합동방정식의 해를 구하여라.

(1) $x^2+4x+2 \equiv 0 \pmod{7}$

(2) $x^2+4x+2 \equiv 0 \pmod{7^2}$

(3) $x^2+4x+2 \equiv 0 \pmod{7^3}$

02 다음 합동방정식의 해를 구하여라.

(1) $x^3+x^2+29 \equiv 0 \pmod{5}$

(2) $x^3+x^2+29 \equiv 0 \pmod{5^2}$

03 다음 합동방정식의 해를 구하여라.

(1) $x^2 \equiv 1 \pmod{2}$

(2) $x^2 \equiv 1 \pmod{2^2}$

(3) $x^2 \equiv 1 \pmod{2^3}$

(4) $x^2 \equiv 1 \pmod{2^4}$

5.6 합동식의 응용

합동식의 몇 가지 응용문제를 생각해본다. 먼저 임의의 정수를 특별한 양의 정수로 나누어서 나머지를 계산하는 문제를 다룬다. 다음으로 여권번호나 도서의 ISBN과 상품의 막대 부호의 검색방법을 다룬다. 끝으로 몇 팀이 하는 라운드-로빈 토너먼트 경기의 대진표 작성방법을 다룬다.

| 진법을 이용한 나눗셈 |

우리가 흔히 사용하는 정수는 10진법의 수이며 만약 $a > 0$인 정수이면

$$a = a_n 10^n + a_{n-1} 10^{n-1} + \cdots + a_0$$

을 만족하는 정수 a_i $(0 \le i \le n)$가 존재하며, 이때 $a = a_n a_{n-1} \cdots a_0$으로 표현한 것이다. 여기서

$$n \ge 0,\ 1 \le a_n < 10,\ 0 \le a_i < 10\ (0 \le i \le n-1)$$

이다. 예를 들어

$$3456 = 3 \cdot 10^3 + 4 \cdot 10^2 + 5 \cdot 10 + 6$$

이다.

다음 정리는 모든 양의 정수 b에 대하여 임의의 양의 정수를 b진법의 수로 표현할 수 있음을 보여준다.

정리 5.6.1

양의 정수 b에 대하여 모든 양의 정수 a는

$$a = a_n b^n + a_{n-1} b^{n-1} + \cdots + a_0$$

로 유일하게 표현된다. 여기서 $n \ge 0,\ 1 \le a_n < b,\ 0 \le a_i < b\ (0 \le i \le n-1)$이다.

증명

$S = \{0, 1, 2, \cdots, b-1\}$이라 두면 S는 법 b에 관한 완전잉여계이다. 그러므로 a는 S에 속하는 단 하나의 원소와 법 b에 관해 합동이다. 그 원소를 a_0라 둔다. 따라서 $a - a_0$는

b의 배수이며 $a - a_0 = q_1 b$ 라 두자. 마찬가지로 q_1도 S에 속하는 단 하나의 원소와 법 b에 관해 합동이다. 그 원소를 a_1이라 둔다. 그러면 $q_1 - a_1$는 b의 배수이며 $q_1 - a_1 = q_2 b$라 두자. 그러면

$$a - a_0 = q_1 b = (q_2 b + a_1) b$$

이다. 그러므로

$$a = q_2 b^2 + a_1 b + a_0$$

이다. q_2에 대하여 이러한 작업을 반복하여 $0 < q_n < b$을 얻는다. 그러면 $a_n = q_n$으로 두면

$$a = a_n b^n + a_{n-1} b^{n-1} + \cdots + a_0$$

을 얻는다. 이 과정을 간략히 적어보면 아래와 같다.

$$\begin{array}{lccc}
b & \underline{)\quad a \quad} & & \\
b & \underline{)\quad q_1 \quad} & \cdots & a_0 \\
b & \underline{)\quad q_2 \quad} & \cdots & a_1 \\
\vdots & \vdots & & \vdots \\
 & q_n = a_n & & 0
\end{array}$$

■

정의 5.6.2 [b진법]

양의 정수 b에 대하여 양의 정수 a가

$$a = a_n b^n + a_{n-1} b^{n-1} + \cdots + a_0$$

으로 표현될 때, $a = a_n a_{n-1} \cdots a_{0\,(b)}$로 적고 a의 b진법 표현(base b representation)이라 한다.

예제 5.6.3 10진법의 수 345를 7진법으로 표현하라.

풀이

$$\begin{array}{r|l} 7 & 345 \\ \hline 7 & 49 \quad \cdots \quad 2 \\ \hline 7 & 7 \quad \cdots \quad 0 \\ \hline & 1 \quad \cdots \quad 0 \end{array}$$

이다. 그러므로 $345 = 1002_{(7)}$이다. 즉

$$345 = 7^3 + 2$$

이다. ■

임의의 정수를 10으로 나누었을 때 나머지를 계산하는 것은 매우 쉽다. 각 i $(i \geq 1)$에 대하여 $10 | 10^i$이다. 따라서 만약

$$a = a_n 10^n + a_{n-1} 10^{n-1} + \cdots + a_0$$

이라면 $a \equiv a_0 \pmod{10}$임은 명백하다. 즉 a를 10으로 나눈 나머지는 a_0이다. 마찬가지로 a의 b진법 표현이

$$a = a_n b^n + a_{n-1} b^{n-1} + \cdots + a_0$$

이면 $a \equiv a_0 \pmod{b}$이다. 즉 a를 b로 나눈 나머지는 a_0이다.

정리 5.6.4

$a = a_n 10^n + a_{n-1} 10^{n-1} + \cdots + a_0$이면 다음이 성립한다.

(1) $a \equiv (-1)^n a_n + (-1)^{n-1} a_{n-1} + \cdots + a_0 \pmod{11}$

(2) $a \equiv a_n + a_{n-1} + \cdots + a_0 \pmod{9}$

(3) $a \equiv a_n + a_{n-1} + \cdots + a_0 \pmod{3}$

증명

(1) $10 = 11 - 1$을 $a = a_n 10^n + a_{n-1} 10^{n-1} + \cdots + a_0$에 대입하면

$$a = a_n (11-1)^n + a_{n-1} (11-1)^{n-1} + \cdots + a_0$$

$$\equiv (-1)^n a_n + (-1)^{n-1} a_{n-1} + \cdots + a_0 \pmod{11}$$

이다.

(2) $10 = 9 + 1$을 $a = a_n 10^n + a_{n-1} 10^{n-1} + \cdots + a_0$에 대입하면

$$a = a_n (9+1)^n + a_{n-1} (9+1)^{n-1} + \cdots + a_0$$
$$\equiv a_n + a_{n-1} + \cdots + a_0 \pmod{9}$$

이다.

(3) $10 \equiv 1 \pmod{3}$이므로 $a \equiv a_n + a_{n-1} + \cdots + a_0 \pmod{3}$이다. ■

예제 5.6.5 $a = 123456$을 3, 9, 11로 나눌 때 나머지를 계산하라.

풀이 $1+2+3+4+5+6 = 21$이며 $3 | 21$, $9 \nmid 21$이므로 $3 | a$, $9 \nmid a$이다. 실제로 $a \equiv 21 \equiv 3 \pmod{9}$이다. 한편 $-1+2-3+4-5+6 = 3$이므로 $a \equiv 3 \pmod{11}$이다. ■

$10 = 2 \cdot 5$임을 이용하여 i $(i \geq 1)$에 대하여 2^i이나 5^i로 나누어지는가를 점검해볼 수 있다. 먼저 a를 2^i으로 나눈 나머지를 계산해본다. 양의 정수

$$a = a_n 10^n + a_{n-1} 10^{n-1} + \cdots + a_0$$

이면 j $(j \geq i)$에 대하여 $10^j \equiv 0 \pmod{2^i}$이므로

$$a \equiv a_{i-1} 10^{i-1} + a_{n-2} 10^{i-2} + \cdots + a_0 \pmod{2^i}$$

이다. 따라서 a를 2^i으로 나눈 나머지는 a의 마지막 i자리수를 2^i으로 나눈 나머지와 같다.

마찬가지로 j $(j \geq i)$에 대하여 $10^i \equiv 0 \pmod{5^i}$이므로

$$a \equiv a_{i-1} 10^{i-1} + a_{n-2} 10^{i-2} + \cdots + a_0 \pmod{5^i}$$

이다. 따라서 a를 5^i으로 나눈 나머지는 a의 마지막 i 자릿수를 5^i으로 나눈 나머지와 같다.

예제 5.6.6 2^i과 5^j이 $a = 1234500$의 약수가 되는 i, j의 최대값을 구하라.

풀이 $2 \mid 10$이므로 $2 \mid a$이다. 또한 $2^2 = 4 \mid 100$이므로 $4 \mid a$이다. 그러나 $2^3 = 8 \nmid 500$이므로 $8 \nmid a$이다. 따라서 i의 최대값은 2이다. 마찬가지로 $5^2 = 25 \mid 100$이므로 $25 \mid a$이다. 그리고 $5^3 \mid 500$이므로 $5^3 \mid a$이다. 그러나 $5^4 = 625 \nmid 4500$이다. 그러므로 $625 \nmid a$이다. 따라서 j의 최대값은 3이다. ■

| 검 색 |

여권번호나, 국제표준서적번호 또는 상품의 막대부호 등에는 그 번호의 오류여부를 검색하는 검색기호가 있다. 고유번호의 제일 마지막 번호나 기호가 검색기호이다.

먼저 여권번호를 조사해 보자. 만약 여권번호가 $x_1x_2x_3x_4x_5x_6x_7$이라면

$$x_7 \equiv 7x_1 + 3x_2 + x_3 + 7x_4 + 3x_5 + x_6 \pmod{10}$$

이다.

요즘 출판되는 모든 서적들은 국제표준서적번호 ISBN(International Standard Book Number)가 정해져 있다. 예를 들어 어떤 책의 ISBN이 89-5526-054-7로 되어 있으면 앞의 두 자리수 89는 책에 사용된 언어(한국어)를 나타내고 뒤의 네 자리 5526은 출판사를, 다음의 세 자리 054는 그 책에 붙여준 고유번호이다. 마지막 10번째 자릿수는 이 번호가 정확한지를 점검할 수 있는 검색기호이다. 이 숫자는

$$1 \cdot 8 + 2 \cdot 9 + 3 \cdot 5 + 4 \cdot 5 + 5 \cdot 2 + 6 \cdot 6 + 7 \cdot 0 + 8 \cdot 5 + 9 \cdot 4 = 183 \equiv 7 \pmod{11}$$

으로 원래 ISBN의 마지막 수와 일치함을 알 수 있다.

이와 같이 어떤 책의 ISBN이 $x_1x_2x_3x_4x_5x_6x_7x_8x_9x_{10}$이라 하면

$$x_{10} \equiv \sum_{i=1}^{9} ix_i \pmod{11}$$

이다. 여기서 $x_{10} = 10$인 경우는 $x_{10} = X$로 적기로 한다.

상품마다 부착되어 있는 막대부호(bar code)의 하단에 숫자가 기록되어 있다. 요즘 막대부호의 종류가 다양화 되어 있으나 13자리의 숫자로 표기되어 있는 것이 표준형이다. 처음 두 자리는 제조국가, 다음 다섯 자리는 제조회사, 그 다음 다섯 자리는 상품명을,

그리고 마지막 13번째 자리는 검색기호이다. 예를 들어 어떤 제품의 막대부호가 8809044500352라 하면 처음 두 자리 88은 제조국가(한국)을, 09044는 제조회사를, 50035는 상품명을 나타낸다. 이 수의 홀수 번째 자릿수의 합과 짝수 번째 자릿수의 합의 -3배는 법 10에 관해 합동이다. 즉, 홀수 번째 자릿수의 합은

$$8+0+0+4+0+3+2=17$$

이고 짝수 번째 자릿수의 합의 -3배는

$$-3(8+9+4+5+0+5)=-93$$

이다. 따라서 $17+93=110\equiv 0 \pmod{10}$이다.

이와 같이 제품의 막대부호가 $x_1x_2x_3x_4x_5x_6x_7x_8x_9x_{10}x_{11}x_{12}x_{13}$이라면

$$x_1+x_3+x_5+x_7+x_9+x_{11}+x_{13}+3(x_2+x_4+x_6+x_8+x_{10}+x_{12})\equiv 0 \pmod{10}$$

이다.

예제 5.6.7 다음에 주어진 고유번호가 정확한지 확인하라.

(1) 여권번호 2119523

(2) ISBN 071670438-2

(3) 막대부호 8802966050203

풀이 (1) $7\cdot 2+3\cdot 1+1\cdot 1+7\cdot 9+3\cdot 5+1\cdot 2=98\not\equiv 3 \pmod{10}$이다. 그러므로 이 여권번호는 정확한 것이 아니다.

(2) $1\cdot 0+2\cdot 7+3\cdot 1+4\cdot 6+5\cdot 7+6\cdot 0+7\cdot 4+8\cdot 3+9\cdot 8$
$=200\equiv 2 \pmod{11}$
이다. 그러므로 이 ISBN은 정확한 것이다.

(3) $8+0+9+6+5+2+3=32$이고 $3(8+2+6+0+0+0)=48$이다. 그러므로 $32+48=80\equiv 0 \pmod{10}$이다. 따라서 이 막대부호는 정확한 것이다. ■

| 대진표 작성 |

N팀이 겨루는 경기에서 한 팀이 나머지 모든 상대팀과 꼭 한 번씩 경기를 치루는 방식을 라운드-로빈 토너먼트(round-Robin tournament)라 부른다. 흔히 우리가 말하는 리

그전이다. 이제 N팀이 겨루는 라운드-로빈 토너먼트의 대진표를 작성하는 방법을 생각해 본다. 각 팀에 1, 2 $\cdots$, N의 숫자를 부여해준다. N이 홀수인 경우는 여분의 한 팀을 만들고 그 팀에 $N+1$팀으로 이름 붙여 둔다. 만약 어떤 팀이 어느 회전에서 $N+1$팀과 시합을 하도록 편성되면 그 팀은 쉬는 것으로 약속한다. 그러므로 우리는 팀 수 N이 짝수라고 가정한다. 팀이 N개 있으므로 각 팀은 $N-1$번의 경기를 치러야 한다. 따라서 $N-1$회전의 경기를 치루는 동안 각 팀은 매 회전 경기를 해야 한다. 지금부터 k $(1 \le k \le N-1)$회전에 $i(1 \le i \le N-1)$팀이 경기를 할 팀을 결정하자.

주어진 k $(1 \le k \le N-1)$와 i $(1 \le i \le N-1)$에 대하여

$$i+j \equiv k \pmod{N-1} \qquad (*)$$

을 만족하는 j $(1 \le j \le N-1)$가 단 하나 존재한다. 만약 $i \ne j$이면 k회전에서 i팀과 j팀이 경기를 한다. 그러나 $i=j$이면 i팀은 k회전 대진표에서 빠지게 된다. 위의 (*)합동방정식에서 $i=j$인 경우는

$$2i \equiv k \pmod{N-1}$$

을 만족하고 여기서 $(2, N-1)=1$이므로 위의 합동방정식은 단 하나의 해를 가진다. 따라서 위의 (*)합동방정식에서 $i=j$ 인 경우는 단 한 팀이다. N팀 역시 대진표에서 빠진 것은 당연하다. 이때 i팀은 N팀과 경기를 치른다.

예제 5.6.8 $N=4$일 때 라운드-로빈 토너먼트 대진표를 작성하라.

풀이 위의 방식을 이용하여 1회전의 대진표를 작성해보자. i $(1 \le i \le 3)$에 대하여 합동방정식

$$i+j \equiv 1 \pmod{3}$$

을 푼다. $i=1, 2, 3$인 각 경우를 풀자.

$$1+j \equiv 1 \pmod{3},\ 2+j \equiv 1 \pmod{3},\ 3+j \equiv 1 \pmod{3}$$

을 풀면 각각 $j=3$, $j=2$, $j=1$을 얻는다. 그러므로 1회전에서 1번과 3번 팀, 2번과 4번 팀이 경기를 갖는다. 같은 방법으로 2, 3회전을 계산하면 다음 표를 얻는다.

회전 \ 팀	1	2	3	4
1	3	4	1	2
2	4	3	2	1
3	2	1	4	3

■

예제 5.6.9 $N=5$일 때 라운드-로빈 토너먼트 대진표를 작성하라.

풀이 제6의 팀을 두고 위의 방식을 이용하여 2회전의 대진표를 작성해보자. i $(1 \le i \le 5)$에 대하여 합동방정식

$$i+j \equiv 2 \pmod{5}$$

을 푼다. $i=1,\ 2,\ 3,\ 4,\ 5$인 각 경우를 풀자.

$$1+j \equiv 2 \pmod{5},\ 2+j \equiv 2 \pmod{5},\ 3+j \equiv 2 \pmod{5},$$
$$4+j \equiv 2 \pmod{5},\ 5+j \equiv 2 \pmod{5}$$

을 풀면 각각 $j=1,\ j=5,\ j=4,\ j=3,\ j=2$을 얻는다. 그러므로 2회전에서 2번과 5번 팀, 3번과 4번 팀이 경기를 갖는다. 그리고 1번 팀은 여분의 팀 6번과 경기를 갖도록 되어 있으므로 2회전에 쉰다. 같은 방법으로 1, 3, 4, 5회전을 계산하면 다음 표를 얻는다.

회전 \ 팀	1	2	3	4	5
1	5	4	*	2	1
2	*	5	4	3	2
3	2	1	5	*	3
4	3	*	1	5	4
5	4	3	2	1	*

■

제5장 주요내용

1. 합동의 정의
2. n이 양의 정수일 때 $\mathbb{Z}_n$에서의 덧셈과 곱셈은 잘 정의된다.
3. $\bar{a}\in\mathbb{Z}_n$이 곱셈에 관한 역원을 가질 필요충분조건은 $(a,\ n)=1$이다.
4. n이 합성수이면 $\mathbb{Z}_n$은 영인자(divisor of zero)를 포함한다(문제 5.1의 2번 참고).
5. 일차 합동방정식 $ax\equiv b\ (\text{mod}\ n)$이 근을 가질 필요충분조건은 $d\,|\,b$이다. 여기서 $d=(a,\ n)$이다.
6. $\mathbb{Z}_m$의 원소를 요소로 갖는 행렬들의 덧셈과 곱셈연산
7. $\mathbb{Z}_m$의 원소를 요소로 갖는 행렬이 역행렬을 가질 조건
8. $\mathbb{Z}_m$의 원소를 요소로 갖는 행렬의 역행렬의 계산
9. $\mathbb{Z}_m$의 원소를 요소로 갖는 행렬의 행렬식
10. 연립 일차 합동방정식을 풀기 위한 크래머(Cramer)의 공식과 유사한 연립 합동방정식에 관한 공식
11. 중국인의 나머지 정리
12. m_1, m_2가 서로 소인 양의 정수일 때 표준함수

$$f:\mathbb{Z}_{m_1m_2}\to\mathbb{Z}_{m_1}\times\mathbb{Z}_{m_2}$$

은 전단사함수이다.

13. 12번의 성질에 의해 중국인의 나머지 정리에 나오는 연립방정식이 단 하나의 법 $m_1\ m_2$에 관한 해를 갖는다.
14. 합동방정식의 응용(진법, 여권번호, 대진표 등)

제 6 장 페르마와 오일러의 정리

6.1 윌슨의 정리

5.1절에서 양의 정수 n에 대하여 $\mathbb{Z}_n$의 구조를 알아보았다. 간단히 그 결과들을 복습해 보자. $\mathbb{Z}_n$의 원소들 사이에 덧셈과 곱셈이 정의되었고 각 이항연산에 대한 항등원이 존재한다. 모든 $\mathbb{Z}_n$의 원소가 덧셈에 대한 역원을 가진다. 그러나 $\overline{a}\in\mathbb{Z}_n$이 곱셈에 대한 역원을 가질 필요충분조건은 $(a,\ n)=1$일 때이다. 이 사실이 장차 유용하게 사용될 것이다.

정리 6.1.1 [윌슨(Wilson)의 정리]

p가 소수일 때

$$(p-1)! \equiv -1 \pmod p$$

이다.

증명

$p=2$이면 위의 결과는 자명하다. 그러므로 p가 홀수인 소수라 가정한다. p가 소수이므로 $\overline{0}$를 제외한 모든 $\mathbb{Z}_p$의 원소들은 곱셈에 대한 역원을 갖는다. 한 원소의 곱셈에 대한 역원은 단 하나 존재하며 더욱이 서로 다른 원소의 곱셈에 대한 역원은 서로 다르다(각자 증명). 이제 자기 자신이 자신의 곱셈에 대한 역원인 원소는 몇 개나 있으며 어떤 원소들인지 조사한다. 만약 $\overline{x}\in\mathbb{Z}_p$가 자신이 자신의 역원인 원소라 하면

$$(\overline{x})^2=\overline{1} \quad \Leftrightarrow \quad x^2 \equiv 1 \pmod p$$

를 만족한다. 이 2차 합동방정식은

$$(x-1)(x+1) \equiv 0 \pmod p$$

과 동치이며 p가 소수이므로

$$x \equiv 1 \pmod p \quad \text{또는} \quad x \equiv -1 \equiv p-1 \pmod p$$

이다. 그러므로 $\mathbb{Z}_p$의 원소 중에 자기 자신이 자신의 곱셈에 대한 역원인 원소는 $\overline{1}$과 $\overline{p-1}$ 두 원소뿐이다. $\overline{1}$과 $\overline{p-1}$을 제외한 $p-3$개의 $\mathbb{Z}_p$의 원소는 자신 이외의 원소를

역원으로 가진다. p가 홀수인 소수라 가정에서 $p-3$은 짝수이다. $\overline{1}$과 $\overline{p-1}$을 제외한 $p-3$개의 $\mathbb{Z}_p$의 원소들의 곱은 역원끼리 곱한 $\frac{p-3}{2}$조의 $\overline{1}$들의 곱이다. 그러므로

$$\begin{aligned}\overline{(p-1)!} &= \overline{1}\cdot\overline{2}\cdot\cdots\overline{p-2}\cdot\overline{p-1}\\ &= \overline{1}\cdot\overline{p-1}=\overline{p-1}\end{aligned}$$

이다. 따라서

$$(p-1)!\equiv p-1\equiv -1 \pmod p$$

이다. ■

윌슨의 정리는 그 역도 참이다.

정리 6.1.2

만약

$$(n-1)!\equiv -1 \pmod n$$

이면 n은 소수이다.

증명

n이 합성수라 가정하고 $d\ (1<d<n)$가 n의 약수라 가정한다. 그러면

$$d\,|\,(n-1)!$$

이다. 그러므로

$$d \nmid (n-1)!+1$$

이며 따라서

$$n \nmid (n-1)!+1$$

이다. 그러므로

$$(n-1)! \not\equiv -1 \pmod{n}$$

이다. ■

실제로 n이 4가 아닌 합성수이면 $(n-1)! \equiv 0 \pmod{n}$이다. 만약 $n=4$이면 $(4-1)! = 6 \equiv 2 \pmod{4}$이며 이것은 4의 배수가 아니다.

예제 6.1.3 $16! \equiv -1 \pmod{17}$임을 정리 6.1.1의 증명과정을 따라 증명하라.

풀이 $p=17$이 소수이므로 $\overline{0}$를 제외한 $\mathbb{Z}_{17}$의 모든 원소는 역원을 가진다. 그리고 $(\overline{1})^2 = \overline{1}$이고 $(\overline{16})^2 = \overline{1}$이며 나머지 원소들은 자기 자신 이외의 원소를 역원으로 가진다. 이들은

$$\overline{2}\cdot\overline{9} = \overline{1},\quad \overline{3}\cdot\overline{6} = \overline{1},\quad \overline{4}\cdot\overline{13} = \overline{1},\quad \overline{5}\cdot\overline{7} = \overline{1},$$
$$\overline{8}\cdot\overline{15} = \overline{1},\quad \overline{10}\cdot\overline{12} = \overline{1},\quad \overline{14}\cdot\overline{11} = \overline{1}$$

이다. 그러므로

$$\begin{aligned}\overline{16!} &= \overline{1}\cdot\overline{2}\cdot\overline{9}\cdot\overline{3}\cdot\overline{6}\cdot\overline{4}\cdot\overline{13}\cdot\overline{5}\cdot\overline{7}\cdot\overline{8}\cdot\overline{15}\cdot\overline{10}\cdot\overline{12}\cdot\overline{14}\cdot\overline{11}\cdot\overline{16}\\ &= \overline{16}\end{aligned}$$

이다. 그러므로 $16! \equiv -1 \pmod{17}$이다. ■

예제 6.1.4 $5! \not\equiv -1 \pmod{6}$임을 보여라.

풀이 $5! = 5\cdot4\cdot3\cdot2\cdot1 = 120 \equiv 0 \pmod{6}$이다. 이 경우 6의 소인수들이 모두 5!의 인수이기 때문에 $6 \mid 5!$이다. ■

6.1 연습문제

01 모든 홀수인 소수 p에 대하여 이차 합동방정식 $x^2 - 1 \equiv 0 \pmod p$은 정확히 두 개의 합동이 아닌 해를 가짐을 보여라.

02 홀수인 소수 p에 대하여 이차 합동방정식 $x^2 + 1 \equiv 0 \pmod p$이 해를 가질 필요충분조건은 $p \equiv 1 \pmod 4$임을 보여라.

03 $12! \equiv -1 \pmod{13}$임을 윌슨의 정리의 증명과정을 따라 증명하여라.

04 $17!$을 19로 나눌 때 나머지를 구하여라.

05 윌슨의 정리를 이용하여 임의의 홀수인 소수 p에 대하여

$$1^2 \cdot 3^2 \cdot 5^2 \cdot \cdots \cdot (p-2)^2 \equiv (-1)^{(p+1)/2} \pmod p$$

임을 보여라.

06 소수 p에 대하여 $p \equiv 3 \pmod 4$이면

$$\left(\frac{p-1}{2}\right)! \equiv \pm 1 \pmod p$$

임을 보여라.

07 소수 p에 대하여 $p \equiv 1 \pmod 4$이면 이차 합동방정식 $x^2 + 1 \equiv 0 \pmod p$은 정확하게 두 개의 합동이 아닌 해를 가짐을 보여라.

08 양수 n이 4가 아닌 합성수일 때 $(n-1)! \equiv 0 \pmod n$임을 보여라.

6.2 페르마의 정리와 오일러의 정리

페르마의 정리와 오일러의 정리를 증명하기 전에 군의 성질을 먼저 조사하고 이 성질을 이용하여 페르마 정리와 오일러의 정리를 증명한다. 먼저 오일러의 파이함수를 정의하고 이 함수가 갖는 성질은 7.2절에서 다시 논의한다.

정의 6.2.1 [오일러의 파이함수]

각 양의 정수 n에 대하여

$$A_n = \{a \mid 1 \leq a \leq n,\ (a,\ n) = 1\}$$

이라 둔다. 함수 $\phi : \mathbb{N} \to \mathbb{N}$을 $\phi(n) = |A_n|$으로 정의하고 이 함수를 **오일러 파이함수(Euler phi-function)**라 부른다. 즉 $\phi(n)$은 n보다 크지 않은 정수 중에서 n과 서로 소인 양의 정수들의 개수이다.

특히 $n=1$인 경우 $(1,1)=1$이므로 $\phi(1)=1$임을 알 수 있다. 그러나 만약 n이 $n>1$인 정수이면 $\phi(n)<n$이다.

지금부터 $\mathbb{Z}_n^* = \{\overline{a} \in \mathbb{Z}_n \mid (a,\ n) = 1\}$으로 둔다. 당연히 $|\mathbb{Z}_n^*| = \phi(n)$이다. 이미 $\mathbb{Z}_n$의 원소들 사이의 곱셈이 $\overline{a}\,\overline{b} = \overline{ab}$로 정의되어 있음을 알고 있다. 이제 이 곱셈에 대하여 $\mathbb{Z}_n^*$이 군이 됨을 보인다.

정리 6.2.2

$\mathbb{Z}_n^*$는 곱셈에 대하여 군이다.

증명

먼저 $\mathbb{Z}_n^*$가 곱셈에 대하여 닫혀 있음을 보인다. 만약 $\overline{a},\ \overline{b} \in \mathbb{Z}_n^*$라 하면 $(a,\ n) = (b,\ n) = 1$이다. 그러므로 $(ab,\ n) = 1$임은 당연하다. 따라서 $\overline{a}\,\overline{b} = \overline{a\,b} \in \mathbb{Z}_n^*$이다. 즉, $\mathbb{Z}_n^*$가 곱셈에 대하여 닫혀있다. $\mathbb{Z}_n$이 곱셈에 대하여 결합법칙과 교환법칙을 만족하므로 $\mathbb{Z}_n^*$도 곱셈에 대하여 결합법칙과 교환법칙을 만족한다. $\overline{1}$가 $\mathbb{Z}_n^*$에 속하며 이 원소

가 곱셈에 대한 항등원이다. 마지막으로 $\overline{a} \in \mathbb{Z}_n^*$라 하면 $\overline{a}$의 곱셈에 대한 역원이 존재함을 보인다. $\overline{a} \in \mathbb{Z}_n^*$라 하면 $(a, n) = 1$이다. 따라서 $ar + ns = 1$을 만족하는 정수 r, s가 존재한다. 그러므로 $\overline{a}\ \overline{r} = \overline{1}$ 이며 $\overline{r} \in \mathbb{Z}_n^*$이고 $\overline{a}$의 곱셈에 대한 역원이다. ■

만약 $(G, \ \cdot\ )$가 원소를 n개 가지고 항등원 e를 갖는 유한군이라 가정하자. a가 G의 임의의 원소라 하자. 그러면 집합 $S = \{a^0 = e, a^1, a^2, \cdots\}$라 두면 $S \subseteq G$이다. 그러므로 $i \neq j$에 대하여 $a^i = a^j$을 만족하는 양의 정수 i, j가 존재한다. 만약 $i < j$라 가정하면 $a^{j-i} = a^0 = e$이다. 따라서 $a^r = e$를 만족하는 양수 r가 존재한다. 이러한 양수들 중에서 가장 작은 양수를 a의 위수라 한다. $\mathbb{Z}_n^*$가 원소를 $\phi(n)$개 갖는 유한군이므로 $\overline{a} \in \mathbb{Z}_n^*$에 대하여 $(\overline{a})^r = \overline{1}$를 만족하는 양수 r가 존재한다.

정의 6.2.3 [원소의 위수]

$\overline{a} \in \mathbb{Z}_n^*$에 대하여 $(\overline{a})^r = \overline{1}$를 만족하는 양수들 중에서 가장 작은 양수 r를 a의 법 n에 관한 위수(order of a modulo n)라 하고 기호는

$$r = \operatorname{ord}_n a$$

로 적는다. 즉 $r = \operatorname{ord}_n a$이면 $a^r \equiv 1 \pmod{n}$이고 모든 s $(1 \leq s < r)$에 대하여 $a^s \not\equiv 1 \pmod{n}$이다.

보조정리 6.2.4

$\overline{a} \in \mathbb{Z}_n^*$이고 $r = \operatorname{ord}_n a$이면 다음이 성립한다.

(1) $(\overline{1}) = (\overline{a})^t \quad \Leftrightarrow \quad t \equiv 0 \pmod{r}$

(2) $(\overline{a})^i = (\overline{a})^j \quad \Leftrightarrow \quad i \equiv j \pmod{r}$

증명

(1) $(\overline{1}) = (\overline{a})^t$이고 $t = qr + s$ $(0 \leq s < r)$이면

$$(\overline{a})^t = (\overline{a})^{qr+s} = ((\overline{a})^r)^q (\overline{a})^s = (\overline{a})^s \qquad (*)$$

이다. 그러나 $r = \text{ord}_n a$이고 $0 \le s < r$이므로 $s = 0$이다. 따라서 $t \equiv 0 \pmod r$이다.

역으로 $t = qr$이면

$$(\overline{a})^t = (\overline{a})^{qr} = ((\overline{a})^r)^q = (\overline{1})^q = \overline{1}$$

이다.

(2) $(\overline{a})^i = (\overline{a})^j$이고 $i < j$이라 가정하자. 그러면 $(\overline{1}) = (\overline{a})^{j-i}$이다. 그러므로 (1)에 의해 $i \equiv j \pmod r$이다. 역의 증명은 (*)에 의해 명백하다. ■

예제 6.2.5 $\mathbb{Z}_6^*$의 원소를 나열하고 각 원소의 위수를 구하라.

풀이 $\mathbb{Z}_6^* = \overline{1}, \overline{5}$이며 $\overline{1}$의 위수는 1이고 $(\overline{5})^2 = \overline{1}$이다. 따라서 $\overline{5}$의 위수는 2이다. ■

정리 6.2.6

$\overline{a} \in \mathbb{Z}_n^*$이고 $r = \text{ord}_n a$이면, $r \mid \phi(n)$이다.

증명

집합 $H = \{\overline{1}, \overline{a}, \cdots, (\overline{a})^{r-1}\}$이라 두면 $i \ne j$ $(1 \le i, j < r)$에 대하여 $(\overline{a})^i \ne (\overline{a})^j$이다. 왜냐하면 만약 $(\overline{a})^i = (\overline{a})^j$이고 $i < j$라 하면 $(\overline{1}) = (\overline{a})^{j-i}$이며 $1 \le j - i < r$이다. 이것은 $r = \text{ord}_n a$에 모순이다. 따라서 $|H| = r$이다. 또한 H는 $\mathbb{Z}_n^*$의 부분군이다. 이것을 보이기 위해 H가 곱셈에 대해 닫혀있음과 H의 각 원소가 H내에 역원을 가짐을 보이면 된다. 만약 $(\overline{a})^i$, $(\overline{a})^j \in H$라 가정하면 $(\overline{a})^i(\overline{a})^j = (\overline{a})^{i+j} = (\overline{a})^k$이다. 여기서 $0 \le k < r$이고 $i + j \equiv k \pmod r$이다. 그러므로 H가 곱셈에 대해 닫혀있다. 그리고 만약 $(\overline{a})^i \in H$이면 $j = r - i$에 대해 $(\overline{a})^i(\overline{a})^j = (\overline{a})^{i+j} = (\overline{a})^r = \overline{1}$이다. 그러므로 $(\overline{a})^j \in H$이 $(\overline{a})^i$ 의 역원이다. 실제로 이 부분군이 $\overline{a}$에 의해 생성된 순환부분군이다. 라그랑주(Lagrange) 정리(정리 2.3.5)에 의해

$$|H| \mid |Z_n^*|, \text{ 즉 } r \mid \phi(n)$$

이다. ■

따름정리 6.2.7

$\overline{a} \in \mathbb{Z}_n^*$이면, $(\overline{a})^{\phi(n)} = \overline{1}$이다.

따름정리 6.2.7에서 n이 소수일 때 얻는 결과가 페르마의 정리이며 n이 임의의 양수일 때의 결과가 오일러의 정리이다.

정의 6.2.8 [기약잉여계]

양의 정수 n에 대하여 다음 성질을 갖는 집합 S를 법 n에 관한 기약잉여계(reduced residue system modulo n)라 부른다.

(1) $|S| = \phi(n)$

(2) 모든 $a \in S$에 대하여 $(a, n) = 1$이다.

(3) $a \neq b \in S$이면 $a \not\equiv b \pmod{n}$이다.

즉 법 n에 관한 기약잉여계 S는 $\mathbb{Z}_n^*$의 각 잉여류에서 원소를 하나씩 선택하여 구성한 집합이다. 따라서 n과 서로 소인 모든 정수는 기약잉여계 내의 단 하나의 원소와 합동이다.

정리 6.2.9 [페르마의 정리]

p가 소수이고 a가 $(a, p) = 1$인 양수이면, $a^{p-1} \equiv 1 \pmod{p}$이다.

증명

a가 $(a, p) = 1$인 양수이므로 $\overline{a} \in \mathbb{Z}_p^*$이다. 그러므로 $(\overline{a})^{\phi(p)} = (\overline{a})^{p-1} = \overline{1}$이다. 따라서 $a^{p-1} \equiv 1 \pmod{p}$이다.

[별해] a가 $(a, p) = 1$인 양수이므로 $S = \{a, 2a, \cdots, (p-1)a\}$는 법 p에 관한 기약잉여계이다. 왜냐하면 모든 i $(1 \leq i \leq p-1)$에 대하여 $(ai, p) = 1$이며 $i \neq j$ $(1 \leq i,\ j < r)$에 대하여 $ai \not\equiv aj \pmod{p}$이다.

그리고 집합 $S' = \{1, 2, \cdots, p-1\}$도 기약잉여계이므로 모든 i $(1 \leq i \leq p-1)$에 대하여 $ai \equiv j \pmod{p}$을 만족하는 j $(1 \leq j \leq p-1)$이 단 하나 존재한다. 따라서 순서를 적당히 조절하여

$$a \cdot 2a \cdot \cdots \cdot (p-1)a \equiv 1 \cdot 2 \cdot \cdots \cdot (p-1) \pmod{p},$$
$$\text{즉 } a^{p-1}(p-1)! \equiv (p-1)! \pmod{p}$$

이다. 한편 $(p, (p-1)!) = 1$이므로 $(p-1)!$을 소거하여

$$a^{p-1} \equiv 1 \pmod{p}$$

을 얻는다. ■

따름정리 6.2.10

p가 소수일 때 모든 양수 a에 대하여

$$a^p \equiv a \pmod{p}$$

이다.

증명

$(a, p) = 1$이면 페르마의 정리에 의해

$$a^{p-1} \equiv 1 \pmod{p}$$

이다. 양변에 a를 곱하여

$$a^p \equiv a \pmod{p}$$

을 얻는다. 한편 $p \mid a$이면

$$a^p \equiv a \equiv 0 \pmod{p}$$

이다. ■

정리 6.2.11 [오일러 정리]

n이 임의의 양수이고 a가 $(a, n) = 1$인 양수이면 $a^{\phi(n)} \equiv 1 \pmod{n}$이다.

증명 따름정리 6.2.7의 다른 표현이다.

[별해] 페르마의 정리의 별해와 같은 방법으로 증명할 수 있다. 여기서 간단한 구성만 소개한다.

집합 $S = \{r_1, r_2, \cdots, r_{\phi(n)}\}$을 법 n에 관한 기약잉여계라 하고 $S' = \{ar_1, ar_2, \cdots, ar_{\phi(n)}\}$라 두면 S'도 법 n에 관한 기약잉여계이다. 따라서 S와 S'의 원소들의 곱은 법 n에 관해 합동이다. 여기서 $(r_1 r_2 \cdots r_{\phi(n)}, n) = 1$이므로 $r_1 r_2 \cdots r_{\phi(n)}$을 소거하여

$$a^{\phi(n)} \equiv 1 \pmod{n}$$

을 얻는다. ■

예제 6.2.12 5^{25}을 7로 나눈 나머지를 구하여라.

풀이 $p = 7$이 소수이고 $(5, 7) = 1$이므로 페르마의 정리에 의해

$$5^{p-1} = 5^6 \equiv 1 \pmod{7}$$

이다. 따라서

$$5^{25} = (5^6)^4 \cdot 5 \equiv 1 \cdot 5 = 5 \pmod{7}$$

이다. ■

예제 6.2.13 5^{25}을 6으로 나눈 나머지를 구하여라.

풀이 $n = 6$이라 두면 $\phi(n) = 2$이고 $(5, n) = 1$이다. 그러므로 오일러의 정리에 의해

$$5^{\phi(n)} = 5^2 \equiv 1 \pmod{6}$$

이다. 그러므로

$$5^{25} = (5^2)^{12} \cdot 5 \equiv 1 \cdot 5 = 5 \pmod{6}$$

이다. ■

다음 사실은 일차 합동방정식을 풀 때 유용하게 사용될 수 있다. 일차 합동방정식

$$ax \equiv b \pmod{n}$$

을 푸는 것은 기본적으로 a의 법 n에 관한 역원이 있으면 그 역원을 양변에 곱하여

$$x \equiv cb \pmod{n}$$

으로 풀 수 있다. 여기서 c는 법 n에 관한 a의 역원이다. 즉 $\mathbb{Z}_n$에서 $\overline{a}\,\overline{c} = \overline{1}$이다.

이제 페르마의 정리나 오일러의 정리를 이용하여 법 n에 관한 역원을 쉽게 구할 수 있다.

정리 6.2.14

(1) p가 소수이고 $(a, p) = 1$이면, 법 p에 관한 a의 역원은 a^{p-2}이다.

(2) n이 임의의 양수이고 $(a, n) = 1$이면, 법 n에 관한 a의 역원은 $a^{\phi(n)-1}$이다.

증명

(1) 페르마의 정리에 의해 $a^{p-1} \equiv 1 \pmod{p}$이므로

$$a \cdot a^{p-2} = a^{p-1} \equiv 1 \pmod{p}$$

이다. 따라서 법 p에 관한 a의 역원은 a^{p-2}이다.

(2) 똑같은 방법으로 오일러의 정리를 적용하여 위의 결과를 얻을 수 있다. ■

예제 6.2.15 다음 일차 합동방정식을 풀어라.

(1) $5x \equiv 2 \pmod{7}$

(2) $5x \equiv 2 \pmod{12}$

풀이 (1) $p = 7$이 소수이므로 $5^{7-2} = 5^5$이 법 7에 관한 5의 역원이다. 그러므로

$$x \equiv 5^5 \cdot 2 \equiv 5 \cdot (5^2)^2 \cdot 2 \equiv 5 \cdot 4^2 \cdot 2 \equiv 5 \cdot 2 \cdot 2 \equiv 6 \pmod{7}$$

이다.

(2) $\phi(12) = 4$이므로 법 12에 관한 5의 역원은 5^3이다. 그러므로

$$x \equiv 5^3 \cdot 2 \equiv 5 \cdot 2 = 10 \pmod{12}$$

이다. ■

6.2 연습문제

01 5^{100}을 7로 나눈 나머지를 구하여라.

02 3^{10}을 11^2으로 나눈 나머지를 구하여라.

03 7^{355}의 십의 자릿수와 일의 자릿수를 구하여라.

04 소수 $p>2$에 대하여

$$1^p + 2^p + \cdots + (p-1)^p \equiv 0 \pmod{p}$$

임을 보여라.

05 소수 p에 대하여

$$1^{p-1} + 2^{p-1} + \cdots + (p-1)^{p-1} \equiv -1 \pmod{p}$$

임을 보여라.

06 $(a,\ 42)=1$인 정수 a에 대하여

$$a^6 \equiv 1 \pmod{168}$$

임을 보여라.

07 $(a,\ 35)=1$인 정수 a에 대하여

$$a^{12} \equiv 1 \pmod{35}$$

임을 보여라.

08 곱셈에 대한 군 $\mathbb{Z}_{17}^*$의 원소 $\overline{5}$에 대하여 $\overline{5}$에 의해 생성되는 순환부분군을 구하라. 또한 $\mathbb{Z}_{17}^*$의 원소 중에서 위수 16인 원소가 존재하는지 조사하여라.

09 페르마의 정리를 이용하여 63이 합성수임을 보여라.
(도움말 : $2^{63} \not\equiv 2 \pmod{63}$임을 보인다.)

6.3 유사소수

페르마의 정리에 의하면 p가 소수이면 모든 양의 정수 a에 대하여

$$a^p \equiv a \pmod{p}$$

이다. 따라서 이 정리에 의해 $a^n \not\equiv a \pmod{n}$을 만족하는 정수 a가 존재한다면 n은 소수가 아니다. 예를 들어

$$2^{10} = (2^5)^2 \equiv 2^2 = 4 \not\equiv 2 \pmod{10}$$

이다. 그러므로 10은 소수가 아님을 알 수 있다. 이와 같이 페르마의 정리는 어떤 양수가 소수인지를 판정하는데 이용될 수 있다. 그러면 페르마의 정리의 역인 모든 양의 정수 a에 대하여

"$a^p \equiv a \pmod{p}$이면 p는 소수이다."

인 명제는 참일까? 먼저 하나의 양의 정수 a에 대하여 $a^n \equiv a \pmod{n}$을 만족하는 정수 n을 생각해 본다.

예제 6.3.1 2^{341}을 341로 나눈 나머지를 구하여라.

풀이 $341 = 11 \cdot 31$이므로 먼저 11로 나눈 나머지와 31로 나눈 나머지를 계산한다. 페르마 정리에 의해 $2^{10} \equiv 1 \pmod{11}$이다. 따라서

$$2^{341} = (2^{10})^{34} \cdot 2 \equiv 2 \pmod{11}$$

이다. 또한 $2^{30} \equiv 1 \pmod{31}$이고 $2^5 = 32 \equiv 1 \pmod{31}$이므로

$$2^{341} = (2^{30})^{11} \cdot (2^5)^2 \cdot 2 \equiv 2 \pmod{31}$$

이다. 그러므로

$$2^{341} \equiv 2 \pmod{341}$$

이다. ■

위의 예제에서 341은 합성수이지만 $2^{341} \equiv 2 \pmod{341}$이다. 그러므로 페르마 정리의 역은 참이 아님을 알 수 있다. 약 25세기 전에 고대 중국 사람들은 $2^n \equiv 2 \pmod{n}$이면 n은 소수일 것으로 예상했다. 그러나 이 예상은 $n \le 340$일 때 참인 것으로 밝혀졌다. 341과 같이 합성수 중에서 적어도 하나의 양의 정수 a에 대하여 $a^n \equiv a \pmod{n}$을 만족하는 합성수 n를 유사소수라 부른다.

정의 6.3.2 [유사소수]

n이 합성수이고 양의 정수 b에 대하여

$$b^n \equiv b \pmod{n}$$

을 만족하면 n을 밑수 b에 대한 유사소수(pseudo prime to the base b)라 부른다.

밑수 2에 대한 유사소수로써는 341이 가장 작고 다음으로 561, 645, 1105의 순이다.

정의 6.3.3

n이 합성수이고 모든 양의 정수 b에 대하여

$$b^n \equiv b \pmod{n}$$

을 만족하면 n을 절대유사소수(absolute pseudo prime) 또는 카마이클 수(Carmichael number)라 부른다.

다음 예제에서 절대유사소수 중에 가장 작은 것이 561임을 보인다.

예제 6.3.4 561이 절대유사소수임을 보여라. 또한 341은 밑수 7에 대한 유사소수가 아님을 보여라. 그러므로 341은 절대유사소수가 아니다.

풀이 $561 = 3 \cdot 11 \cdot 17$이다. 따라서 임의의 양의 정수 b에 대하여 b^{561}을 3, 11, 17로 나눈 나머지를 구한다. 먼저 $(561, b) = 1$인 경우부터 조사한다. $(561, b) = 1$이므로

$$(3,\ b) = (11,\ b) = (17,\ b) = 1$$

이다. 따라서 페르마의 정리에 의해

$$b^2 \equiv 1 \pmod{3},\ b^{10} \equiv 1 \pmod{11},\ b^{16} \equiv 1 \pmod{17}$$

이다. 그러므로

$$\begin{aligned} b^{561} &= (b^2)^{280} \cdot b \equiv b \pmod{3} \\ b^{561} &= (b^{10})^{56} \cdot b \equiv b \pmod{11} \\ b^{561} &= (b^{16})^{35} \cdot b \equiv b \pmod{17} \end{aligned}$$

이다. 그러므로

$$b^{561} \equiv b \pmod{561}$$

이다. 한편 만약 $3 = (561,\ b)$이면

$$\begin{aligned} b^{561} &\equiv b \equiv 0 \pmod{3} \\ b^{561} &= (b^{10})^{56} \cdot b \equiv b \pmod{11} \\ b^{561} &= (b^{16})^{35} \cdot b \equiv b \pmod{17} \end{aligned}$$

이다. 따라서

$$b^{561} \equiv b \pmod{561}$$

이다. 나머지 경우에도 같은 결론을 얻는다. 따라서 모든 양의 정수 b에 대하여

$$b^{561} \equiv b \pmod{561}$$

이다. 즉 561은 절대유사소수이다.

이제 $341 = 11 \cdot 31$이 밑수 7에 대한 유사소수가 아님을 보인다.

$$7^3 = 343 \equiv 2 \pmod{341}$$

이고

$$2^{10} = 1024 \equiv 1 \pmod{341}$$

이다. 그러므로

$$\begin{aligned} 7^{341} &= (7^3)^{113} \cdot 7^2 \equiv 2^{113} \cdot 7^2 = (2^{10})^{11} \cdot 2^3 \cdot 7^2 \\ &\equiv 8 \cdot 7^2 = 51 \not\equiv 7 \pmod{341} \end{aligned}$$

이다. 그러므로 341이 밑수 7에 대한 유사소수가 아니다. ■

모든 양의 정수 b에 대하여 밑수 b에 대한 유사소수가 무한히 많이 존재함이 알려져 있다. 다음 정리에서 밑수 2에 대한 유사소수는 무한히 많이 존재함을 보인다.

정리 6.3.5

밑수 2에 대한 유사소수는 무한히 많이 존재한다.

증명

먼저 n이 밑수 2에 대한 홀수인 유사소수이면 $m = 2^n - 1$도 밑수 2에 대한 홀수인 유사소수임을 보인다. 따라서 하나의 밑수 2에 대한 홀수인 유사소수에서 시작하여 증가하는 밑수 2에 대한 홀수인 유사소수들의 수열을 얻을 수 있다. 그러므로 밑수 2에 대한 유사소수가 무한히 많이 존재함을 증명할 수 있다. n이 밑수 2에 대한 홀수인 유사소수라 가정한다. 그러면 n은 합성수이고 $2^n \equiv 2 \pmod{n}$이다. $m = 2^n - 1$도 유사소수임을 보이기 위해 두 가지를 보여야 한다. 하나는 m이 합성수임을 보이고, 또 하나는 $2^m \equiv 2 \pmod{m}$을 보여야 한다.
n이 합성수이므로 $n = dt$ $(1 < d,\ t < n)$라 두자.

$$(2^d - 1)(2^{d(t-1)} + 2^{d(t-2)} + \cdots + 2^d + 1) = 2^{dt} - 1 = m$$

이고 $1 < 2^d - 1 < 2^n - 1 = m$이므로 m은 합성수이다. 또한 $2^{n-1} - 1 \equiv 0 \pmod{n}$이므로

$$2^n - 2 = kn$$

이라 두면

$$2^{m-1} - 1 = 2^{2^n - 2} - 1 = 2^{kn} - 1 = (2^n - 1)(2^{n(k-1)} + \cdots + 2^n + 1)$$

이다. $m = 2^n - 1$이므로

$$m \mid 2^{m-1} - 1$$

이다. 즉

$$2^{m-1} \equiv 1 \pmod{m}$$

이다. ■

정의 6.3.6 [제곱인수가 없는 정수]

양의 정수 n이 서로 다른 소수들의 곱으로 표준분해될 때 n을 **제곱인수가 없는 정수**(square free integer)라 한다. 즉

$$n = p_1 p_2 \cdots p_k$$

이고 $i\ (1 \le i \le k)$에 대하여 p_i는 소수이고 $i \ne j\ (1 \le i,\ j \le k)$에 대하여 $p_i \ne p_j$ 이다.

만약 n이 절대 유사소수이면 n은 제곱인수가 없는 정수임을 쉽게 알 수 있다. 왜냐하면 n이 절대유사소수이고 $n = p^k m$, p는 소수, $k \ge 2$이라 가정하자. 그러면 모든 양수 a에 대하여

$$a^n \equiv a \pmod{n}$$

이다. 따라서

$$p^n \equiv p \pmod{n}$$

이다. $p^k \mid n$이고 $p^k \mid p^n$이므로 $p^k \mid p$이다. 이것은 모순이다. 다음 정리는 어떤 양수가 절대유사소수인지를 판정하는 하나의 기준이 된다.

정리 6.3.7

n이 제곱인수가 없는 합성수 $n = p_1 p_2 \cdots p_k$이라 하자. 만약 모든 $i\ (1 \le i \le k)$에 대하여 $(p_i - 1) \mid (n-1)$이면 n은 절대유사소수이다.

증명

만약 b가 임의의 양의 정수라 하면 모든 i $(1 \le i \le k)$에 대하여 $(p_i - 1) | (n-1)$이므로 $n-1 = (p_i - 1)q_i$라 두자. 만약 $(b,\ p_i) = 1$이면 페르마 정리에 의해

$$b^{n-1} = b^{(p_i - 1)q_i} \equiv 1^{q_i} \equiv 1 \pmod{p_i}$$

이다. 즉 $b^n \equiv b \pmod{p_i}$이다. 또한, 만약 $p_i | b$이면 $b^n \equiv b \equiv 0 \pmod{p_i}$이다. 그러므로

$$\begin{aligned} b^n &\equiv b \pmod{p_1 p_2 \cdots p_k} \\ &\equiv b \pmod{n} \end{aligned}$$

이다. 그러므로 n은 절대유사소수이다. ■

위의 정리에 의해 다음 정수들은 절대유사소수임을 알 수 있다.

$$1729 = 7 \cdot 13 \cdot 19, \quad 6601 = 7 \cdot 23 \cdot 41, \quad 10585 = 5 \cdot 29 \cdot 73$$

1992년에 절대유사소수가 무한히 많이 존재함이 밝혀졌다. 그러나 그 수는 매우 적어서 100만보다 작은 절대유사소수는 43개만이 존재함이 밝혀졌다.

6.3 연습문제

01 91이 밑수 3에 대한 유사소수임을 보여라.

02 45는 밑수 17에 대한 유사소수임을 보여라.

03 p가 소수이고 $2^p - 1$이 합성수이면 $2^p - 1$이 밑수 2에 대한 유사소수임을 보여라.

04 n이 밑수 a와 b에 대한 유사소수이면 n은 밑수 ab에 대한 유사소수임을 보여라.

6.4 암호기법에의 응용

예로부터 군사적, 외교적 또는 경제적 목적으로 메시지를 특정한 사람에게 비밀리에 전달할 필요가 있다. 따라서 받는 사람 외에 다른 사람은 그 메시지의 내용을 이해하지 못하게 해야 한다. 이렇게 하기 위해 보내는 사람과 받는 사람 사이에 특별한 암호가 필요하다. 고대 로마시대부터 이러한 암호는 사용되어 왔으며 오늘날은 컴퓨터의 계산 능력의 향상과 더불어 더 안전한 암호기법(Crytography)이 필요해 졌다. 이것이 계기가 되어 오늘날 암호학(Cryptology)이 학문으로 발전하게 되었다. 암호기법은 우선 주어진 원문(plaintext)을 적당한 열쇠(key)를 이용하여 암호문(ciphertext)으로 변환시키는 작업과 이 암호문을 같은 열쇠 또는 다른 열쇠를 이용하여 해독하는 작업을 포함한다. 암호학은 더 안전한 암호기법을 연구하는 학문이다. 암호체계는 열쇠의 공개여부에 따라 두 가지 분류된다. 하나는 보내는 사람과 받는 사람만이 암호의 열쇠를 알고 있는 경우(personal key cryptosystem)와 또 다른 하나는 암호의 열쇠가 일반에게 공개된 경우(public key cryptosystem)이다. 전자가 안전할 것으로 생각되나 통신기술 및 컴퓨터 계산 능력의 향상에 따라 전자의 경우 열쇠의 보안문제나 단순한 열쇠 해독기법 때문에 20세기 후반부터 후자가 더 유용하게 이용된다. 이 절에서 간단한 몇 가지 암호기법을 소개한다. 불행히도 이러한 암호기법이 서구에서 발달하였기 때문에 영어로 작성된 문장에 대한 암호기법을 소개한다.

| 개인 대 개인 열쇠 암호체계(personal key cryptosystem) |

(1) 시저 암호(Caesar cipher)

B.C. 50세기경에 로마황제 시저(Caesar)는 알파벳을 세 문자씩 앞쪽으로 옮기고 마지막 세 문자는 처음 세 문자로 대체하는 이동암호를 사용하여 시서로(Cicero)에게 편지를 보냈다. 따라서 시저의 암호문은 원문의 알파벳을 다음 알파벳으로 대체하여 작성되었다.

원문 : A B C D E F G H I J K L M N O P Q R S T U V W X Y Z
암호문 : D E F G H I J K L M N O P Q R S T U V W X Y Z A B C

예를 들어 원문

CAESAR WAS GREAT

는 위의 규칙에 의해 암호문으로 바꾸면

$$\text{FDHVDU ZDV JUHDW}$$

이다. 만약 다음과 같이 알파벳에 숫자를 대응시키면 시저의 암호는 합동식으로 표현된다.

A	B	C	D	E	F	G	H	I	J	K	L	M
01	02	03	04	05	06	07	08	09	10	11	12	13
N	O	P	Q	R	S	T	U	V	W	X	Y	Z
14	15	16	17	18	19	20	21	22	23	24	25	26

만약 P를 원문에 대응되는 숫자라 하고 C를 암호문에 대응되는 숫자라 하면

$$C \equiv P+3 \pmod{26}$$

을 얻는다. 예를 들어 위에 주어진 원문 CAESAR WAS GREAT을 숫자로 변환하면

$$03\ 01\ 05\ 19\ 01\ 18\ 23\ 01\ 19\ 17\ 18\ 05\ 01\ 20$$

이다. 합동식 $C \equiv P+3 \pmod{26}$을 이용하여 암호문

$$06\ 04\ 08\ 22\ 04\ 21\ 26\ 04\ 22\ 20\ 21\ 08\ 04\ 23$$

을 얻는다. 따라서 이 암호문으로부터 원문을 얻기 위해 합동식

$$P \equiv C-3 \equiv C+23 \pmod{26}$$

을 이용하면 된다. 시저의 암호는 너무 간단하고 안전이 보장되지 않기 때문에 시저 자신도 사용을 포기하였다. 시저 암호의 약간 일반화된 변환은 3 대신 정수 b를 이용하여 b만큼 이동시키는 이동암호(shift cipher)를 생각할 수 있다. 이 경우에

$$C \equiv P+b \pmod{26},\ 1 \le C \le 26$$

로 나타난다.

(2) 아파인 변환(Affine Transformation)

시저의 이동암호를 좀 더 일반화하여 다음과 같은 변환을 생각해 보자. $(a, 26)=1$을 만족하는 두 정수 a, b에 대하여 변환

$$C \equiv aP+b \pmod{26},\ 1 \le C \le 26$$

을 아파인 변환(Affine Transformation)이라 부른다. 이때 $a=1$, $b=3$이면 시저의 이동 암호를 얻는다. $(a, 26)=1$이므로 a는 법 26에 관한 역원 x를 갖는다. 즉 $\mathbb{Z}_{26}^{*}$에서

$$\overline{a}\,\overline{x}=\overline{1}\text{이고 } ax\equiv 1 \pmod{26}$$

이다. 오일러의 정리에 의해 $x\equiv a^{\phi(26)-1}=a^{11} \pmod{26}$이다. 그러므로 이렇게 변환된 암호문을 원문으로 바꾸는 것은 합동식

$$P\equiv x(C-b) \pmod{26},\ 1\le P\le 26$$

을 이용하면 된다.

예제 6.4.1 $a=7$, $b=10$일 때 아파인 암호 $C\equiv aP+b \pmod{26}$, $1\le C\le 26$을 이용하여 다음 물음에 답하라.

(1) 암호문의 알파벳에 숫자를 부여하라.

(2) 원문 "PLEASE SEND MONEY"을 암호화하라.

(3) 암호문 "NW HWT PCXCUD TVC ECYPCT"의 원문을 구하라.

풀이 (1) 아파인 암호 $C\equiv 7P+10 \pmod{26}$에 의해 알파벳에 부여된 숫자는 다음과 같다.

원문에 부여된 숫자 :

A	B	C	D	E	F	G	H	I	J	K	L	M
01	02	03	04	05	06	07	08	09	10	11	12	13
N	O	P	Q	R	S	T	U	V	W	X	Y	Z
14	15	16	17	18	19	20	21	22	23	24	25	26

암호문에 부여된 숫자 :

A	B	C	D	E	F	G	H	I	J	K	L	M
17	24	05	12	19	01	07	14	21	02	09	16	23
N	O	P	Q	R	S	T	U	V	W	X	Y	Z
04	11	18	25	06	13	20	01	08	15	22	03	10

(2) 예를 들어 원문의 P는 숫자 16이 부여되고 암호문의 숫자 16은 L에 대응된다. 마찬가지 방법으로 원문 "PLEASE SEND MONEY"을 암호화하면

"LDCUEC ECHN SWHCQ"

를 얻는다.

(3) (2)의 방법을 역으로 적용하면 암호문의 N은 원문의 D에 해당한다. 마찬가지로 계산하면 암호문 “NW HWT PCXCUD TVC ECYPCT”의 원문은

“DO NOT REVEAL THE SECRET”

이다. ■

위에서 주어진 시저 암호나 아파인 암호도 결정적인 약점을 갖고 있다. 실제로 영어 단어에서 각 알파벳이 등장하는 확률을 이용하면 대체로 누구나 암호를 해독할 수 있다. 다음 표는 영어 단어에서 알파벳이 나타나는 대략적 확률이다. 단, <1은 1% 미만을 뜻한다.

	A	B	C	D	E	F	G	H	I	J	K	L	M	N	O	P	Q	R	S	T	U	V	W	X	Y	Z
빈도 %	7	1	3	4	13	3	2	3	8	<1	<1	4	3	8	7	3	<1	8	6	9	3	1	1	<1	2	<1

위의 표에 의하면 영어 단어에서 E가 나타나는 확률이 가장 높고(13%) 다음으로 T, N, R, I, O, A의 순이다. 이를 이용하여 암호문에 가장 많이 등장하는 일파벳을 E, T, N, R, I, O, A의 순서로 대응시켜 보면 시저의 이동 암호를 알 수 있다. 물론 문장이 되도록 몇 차례의 시행착오가 필요하다. 즉 합동방정식

$$C \equiv P + b \pmod{26},\ 1 \le C \le 26$$

에서 미지수 b를 구한다. 마찬가지 방법으로 아파인 암호문에서 가장 많이 나타나는 두 알파벳과 확률적으로 가장 많이 나타나는 두 알파벳을 선택하면 합동방정식

$$C \equiv aP + b \pmod{26},\ 1 \le C \le 26$$

에 대입하여 a, b를 미지수로 갖는 연립합동방정식을 얻는다. 이 합동방정식을 풀면 아파인 암호로 작성된 암호문을 해독할 수 있다.

(3) 블록 암호(Block Ciphers)

아파인 암호에서 나타나는 약점을 보완하기 위해 블록 암호가 등장하였다. 여기서는 비즈네르(Vigenere) 암호와 힐(Hill) 암호를 간략하게 소개한다. 비즈네르 암호는 프랑스

의 외교관이자 암호학자인 블레즈 드 비즈네르(Blaise de Vigenere)에 의해 알려진 암호로써 원문의 각 문자에 같은 방법으로 암호를 부여하는 대신 암호를 부여하는 방법을 다양화하였다. 비즈네르 암호의 핵심은 열쇠 단어(key word) $l_1 l_2 \cdots l_n$의 각 문자 l_i에 숫자 k_i를 대응시키고 원문을 블록으로 나누어 각 블록에 k_i만큼 시저의 이동암호를 적용한다. 즉, 원문에 숫자 p_i가 부여된 블록의 암호문에 부여하는 숫자는

$$c_i \equiv p_i + k_i \pmod{26}, \ 1 \le c_i \le 26$$

이다.

예제 6.4.2 열쇠 단어 YTWOK를 사용하여 원문 CRYPTOLOGY의 비즈네르 암호를 구하라.

풀이 원문에 부여된 숫자는

$$p_1 p_2 p_3 p_4 p_5 p_6 p_7 p_8 p_9 = 03\,18\,25\,16\,20\,15\,12\,15\,07\,25$$

이며 열쇠 단어 YTWOK에 부여된 숫자는

$$k_1 k_2 k_3 k_4 k_5 = 25\,20\,23\,15\,11$$

이다. 비즈네르 암호기법에 의해 부여된 숫자는

$$\begin{aligned}
c_1 &= p_1 + k_1 = 3 + 25 \equiv 2 \pmod{26} \\
c_2 &= p_2 + k_2 = 18 + 20 \equiv 12 \pmod{26} \\
c_3 &= p_3 + k_3 = 25 + 23 \equiv 22 \pmod{26} \\
c_4 &= p_4 + k_4 = 16 + 15 \equiv 5 \pmod{26} \\
c_5 &= p_5 + k_5 = 20 + 11 \equiv 5 \pmod{26} \\
c_6 &= p_6 + k_1 = 15 + 25 \equiv 14 \pmod{26} \\
c_7 &= p_7 + k_2 = 12 + 20 \equiv 6 \pmod{26} \\
c_8 &= p_8 + k_3 = 15 + 23 \equiv 12 \pmod{26} \\
c_9 &= p_9 + k_4 = 7 + 15 \equiv 22 \pmod{26} \\
c_{10} &= p_{10} + k_5 = 25 + 11 \equiv 10 \pmod{26}
\end{aligned}$$

이다. 그러므로 암호문은 “BLVEE NFLVJ”이다. ■

다음은 1929년에 레스터 힐(Lester Hill)에 의해 개발된 힐 암호에 대해 소개한다. 힐 암호체계는 원문을 n 문자들의 블록들로 나누고 하나의 블록에 속하는 알파벳에 대응되는 숫자를 $P_1, P_2, \cdots, P_n$으로 둔다. 마지막 블록에 속하는 알파벳의 숫자가 n보다 적으면 임의로 여분의 문자를 채워 n개가 되도록 한다. 여기서 $(\det A, 26) = 1$을 만족하는 $n \times n$ 행렬 A를 선택하고 주어진 블록에 규칙

$$C \equiv AP \pmod{26}, \quad C = \begin{pmatrix} C_1 \\ C_2 \\ \vdots \\ C_n \end{pmatrix}, \quad P = \begin{pmatrix} P_1 \\ P_2 \\ \vdots \\ P_n \end{pmatrix}$$

에 의해 n개의 숫자 $C_1, C_2, \cdots, C_n$을 구한다. 이 숫자에 대응되는 알파벳을 이 블록의 암호문으로 선택한다. 각 블록에 같은 작업을 수행하여 힐 암호가 완성된다. 역으로 힐 암호를 해독하는 과정은 암호문의 각 블록에 암호를 부여하는 역 과정을 수행하여 해독한다. 행렬 A가 $(\det A, 26) = 1$을 만족하므로 A는 법 26에 관한 역행렬 X를 갖는다. 즉 $XA \equiv I_n \pmod{26}$이므로

$$XC \equiv (XA)P \equiv P \pmod{26}$$

이다. 따라서 암호문을 각 블록을 해독하여 원문을 얻을 수 있다.

예제 6.4.3 행렬 $A = \begin{pmatrix} 2 & 1 \\ 1 & 1 \end{pmatrix}$을 이용하여 CRYPTOLOGY의 힐 암호를 구하라.

풀이 03 18 25 16 20 15 12 15 07 25가 원문 CRYPTOLOGY에 숫자를 부여한 것이다. 두 숫자씩 블록을 만들어

$$P_1 = \begin{pmatrix} 3 \\ 18 \end{pmatrix}, \quad P_2 = \begin{pmatrix} 25 \\ 16 \end{pmatrix}, \quad P_3 = \begin{pmatrix} 20 \\ 15 \end{pmatrix}, \quad P_4 = \begin{pmatrix} 12 \\ 15 \end{pmatrix}, \quad P_5 = \begin{pmatrix} 7 \\ 25 \end{pmatrix}$$

라 둔다. 그러면

$$C_1 = AP_1 = \begin{pmatrix} 2 & 1 \\ 1 & 1 \end{pmatrix} \begin{pmatrix} 3 \\ 18 \end{pmatrix} = \begin{pmatrix} 24 \\ 21 \end{pmatrix} \equiv \begin{pmatrix} 24 \\ 21 \end{pmatrix} \pmod{26}$$

이다. 마찬가지로

$$C_2 = \begin{pmatrix} 66 \\ 41 \end{pmatrix} \equiv \begin{pmatrix} 14 \\ 15 \end{pmatrix} \pmod{26}, \quad C_3 = \begin{pmatrix} 55 \\ 35 \end{pmatrix} \equiv \begin{pmatrix} 3 \\ 9 \end{pmatrix} \pmod{26}$$

$$C_4 = \begin{pmatrix} 39 \\ 27 \end{pmatrix} \equiv \begin{pmatrix} 13 \\ 1 \end{pmatrix} \pmod{26}, \quad C_5 = \begin{pmatrix} 39 \\ 32 \end{pmatrix} \equiv \begin{pmatrix} 13 \\ 6 \end{pmatrix} \pmod{26}$$

을 얻는다. 그러므로 CRYPTOLOGY의 힐 암호는

XU NO CI MA MF

이다. ■

| 공개 열쇠 암호체계(public key cryptosystem) **|**

개인 대 개인 열쇠 암호체계는 암호문을 작성할 때 사용하는 열쇠와 해독할 때 사용하는 열쇠가 같거나 단순한 역 과정이기 때문에 열쇠가 노출되면 비밀을 보장하기 힘들다. 요즘은 인터넷 및 컴퓨터 사용의 활성화로 열쇠의 노출 위험성이 점차 증가하고 있다. 이러한 단점을 보완하기 위해 암호문을 작성할 때 사용하는 열쇠와 해독할 때 사용하는 열쇠를 다르게 할 필요가 있다. 이 경우에 암호문을 작성할 때 사용하는 열쇠는 공개하고 해독할 때 사용하는 열쇠는 수신자가 만들어 사용한다. 이러한 공개 열쇠 암호체계의 대표적인 것이 RSA 암호체계이다. 이외에 배낭 암호(knapsack cipher) 등이 있어나, 여기서는 RSA 암호체계만 소개한다.

(1) RSA 암호체계

RSA 암호체계는 1977년 리베스트(R. Rivest), 셰미르(A. Shamir) 그리고 아델만(L. Adleman)에 의해 제시되었으며 개발자들의 이름의 첫 알파벳을 이용하여 RSA 암호라 이름 붙여졌다. 이 암호체계는 상당히 큰 합성수의 표준분해를 구하는 것이 어렵다는 수론의 기본적인 성질을 사용한다. 먼저 암호문을 작성하는 과정을 소개한다. 암호문을 작성하기 위해 매우 큰 두 소수의 곱으로 표현되는 양의 정수 $n = pq$, (p, q는 소수)를 선택하고 $\phi(n)$과 서로 소인 양의 정수 $k\,(k < n)$를 선택한다. 원문을 n보다 작은 문자가 포함되도록 블록으로 나누고 각 블록을 다음과 같이 암호화한다. 먼저 원문에 포함되어 있는 알파벳이나 숫자에 다음 규칙으로 숫자화한다.

A	B	C	D	E	F	G	H	I	J	K	L	M	
01	02	03	04	05	06	07	08	09	10	11	12	13	
N	O	P	Q	R	S	T	U	V	W	X	Y	Z	
14	15	16	17	18	19	20	21	22	23	24	25	26	
,	.	?	0	1	2	3	4	5	6	7	8	9	!
27	28	29	30	31	32	33	34	35	36	37	38	39	40

그리고 00은 두 문자 사이의 공란으로 지정한다. 숫자 P가 부여된 블록에

$$P^k \equiv C \pmod{n},\ 0 \le C \le n-1$$

을 만족하는 C를 구한다. 여기서 구한 C가 이 블록의 암호문이다. 이러한 암호문 작성 과정에서 등장하는 n, k는 공개된다. 그러나 n의 소수들의 곱으로의 표현은 공개하지 않는다. 이제 이렇게 작성된 암호문의 해독과정을 알아본다. $(k, \phi(n))=1$이므로

$$kj \equiv 1 \pmod{\phi(n)}$$

을 만족하는 정수 j가 존재한다. 따라서

$$kj = 1 + \phi(n)t$$

을 만족하는 t가 존재한다. 만약 $(P, n)=1$이면 오일러의 정리에 의해 $P^{\phi(n)} \equiv 1 \pmod{n}$이고, 따라서

$$\begin{aligned} C^j = (P^k)^j &\equiv P^{1+\phi(n)t} \\ &\equiv P\,(P^{\phi(n)})^t \equiv P \pmod{n} \end{aligned}$$

을 얻는다. 만약 $(P, n) \ne 1$이면 $n=pq$이고 $P<n$이므로 $(P, n)=p$ 또는 $(P, n)=q$이다. 어느 경우에도

$$C^j \equiv P \pmod{p}\text{이고 } C^j \equiv P \pmod{q}$$

이다. 그러므로

$$C^j \equiv P \pmod{n}$$

이다. P를 알파벳이나 숫자로 변환한 것이 이 블록의 원문이다. 여기서 주어진 k를 **암호지수**(enciphering exponent) 그리고 j를 **복구지수**(recovery exponent)라 부른다. RSA 암호체계에서 n, k는 공개되지만 n의 소수로의 표준분해 pq와 j가 공개되지 않는다. j를 구하기 위해 먼저 $\phi(n)$을 구해야 한다. $\phi(n)=(p-1)(q-1)$을 구하기 위해 n의 인수분해가 반드시 필요하나 매우 큰 수 n의 인수분해는 매우 긴 시간을 요구하거나 또는 불가능하다. 따라서 RSA 암호체계에서 합법적인 수신자는 n의 인수분해를 이미 알고 있어야 한다. 그러므로 합법적인 수신자 이외의 사람은 암호문을 해독하는 것이 불가능하다.

예제 6.4.4 $n=1537$, $k=47$에 대하여 다음 물음에 답하라.

(1) 복구지수 j를 구하라.

(2) 원문 "NO WAY"의 RSA 암호문을 구하라.

(3) (2)에서 구한 암호문을 해독하여 원문이 나오는지를 확인하라.

풀이 (1) $n=1537=29\cdot 53$이므로

$$\phi(n)=(p-1)(q-1)=28\cdot 52=1456$$

이다. $(47,\ 1456)=1$이므로 $47j\equiv 1\ (\mathrm{mod}\ 1456)$을 만족하는 j는 법 1456에 관하여 단하나 존재한다. 이 합동방정식을 풀면 $j=31$을 얻는다.

(2) 원문을 숫자화하면

$$P=141500230125$$

를 얻는다. 이것을 세 숫자씩 네 개의 블록을 만든다. 따라서 첫 블록은 141이고 이것을 RSA 암호화하면

$$141^{47}\equiv 658\ (\mathrm{mod}\ 1537)$$

을 얻는다. 각 블록들을 다 계산하면

$$500^{47}\equiv 1408\ (\mathrm{mod}\ 1537),$$
$$230^{47}\equiv 1250\ (\mathrm{mod}\ 1537),$$
$$125^{47}\equiv 1252\ (\mathrm{mod}\ 1537)$$

를 얻는다. 그러므로 RSA 암호문은

$$C=0658\ 1408\ 1250\ 1252$$

이다.

(3) 먼저 암호문의 각 블록에서 주어진 숫자에 대하여 원문에 부여한 숫자를 구한다. 이들의 관계는

$$P^{k}\equiv C\ (\mathrm{mod}\ n)\ \Leftrightarrow\ C^{j}\equiv P\ (\mathrm{mod}\ n)$$

이다. 그러므로 이 관계를 이용하여 암호문

$C = 0658\ 1408\ 1250\ 1252$의 각 블록에 대응되는 원문에 부여한 숫자

$$658^{31} \equiv 141 \pmod{1537},\ 1408^{31} \equiv 500 \pmod{1537},$$
$$1250^{31} \equiv 230 \pmod{1537},\ 1252^{31} \equiv 125 \pmod{1537}$$

를 얻는다. 따라서

$$P = 141500230125$$

이며 이것을 알파벳이나 숫자로 바꾸면 NO WAY을 얻는다. ■

6.4 연습문제

01 $n = pq = 274279$, $\phi(n) = 272376$일 때 소수 p, q를 구하라.
(도움말 : $p+q = n-\phi(n)+1$, $p-q = [(p+q)^2 - 4n]^{1/2}$)

02 RSA 암호체계에서 $n = 3233$, $k = 37$일 때 복구지수를 구하라.

03 RSA 암호체계에서 $n = 3233$, $k = 37$일 때 "GOLD MEDAL"의 RSA 암호문을 구하라.
(도움말 : 컴퓨터사용이 필수적임)

04 RSA 암호체계에서 $n = 1643$, $k = 223$일 때 RSA 암호문

1451 0103 1263 0560 0127 0897

의 원문을 구하라.
(도움말 : 복구지수 $j = 7$)

TIP

제6장 주요내용

1. 윌슨의 정리
2. 페르마와 오일러의 정리
3. $\mathbb{Z}_n^*$의 대수적 구조 ($\mathbb{Z}_n^*$의 원소의 위수, 순환 부분군)
4. 유사소수, 절대유사소수
5. 암호기법

제 7 장 정수론적 함수

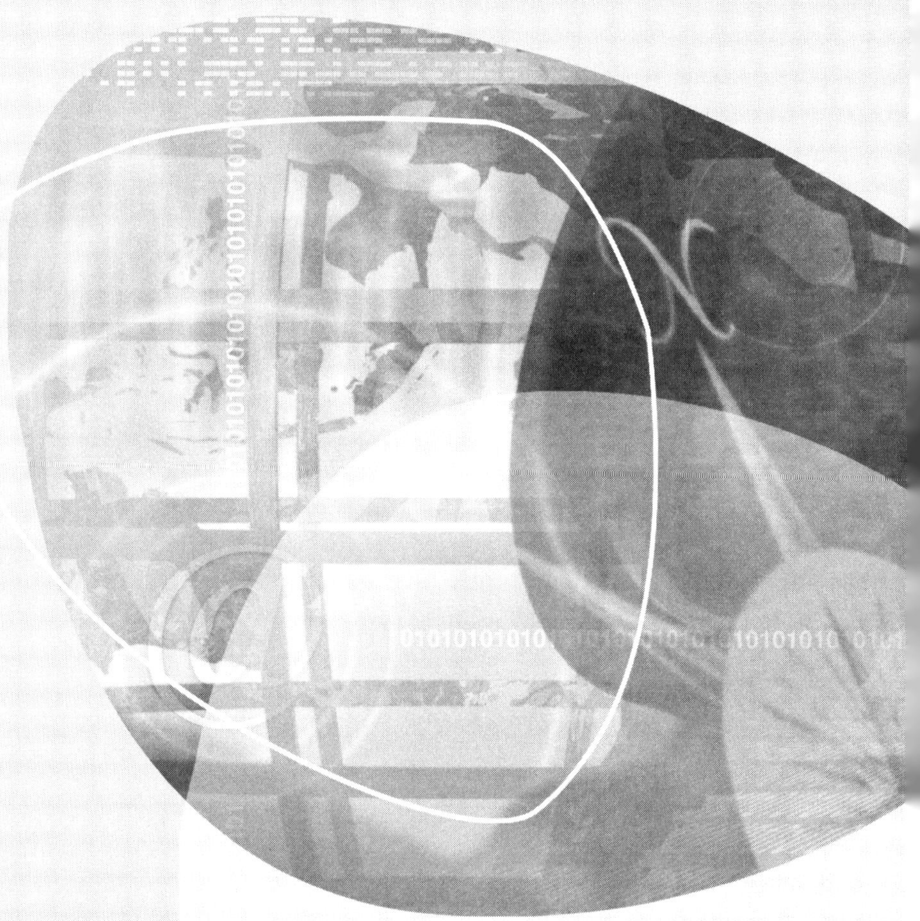

7.1 함수 τ와 σ

자연수들의 집합을 정의역으로 갖는 모든 함수를 **정수론적 함수**(number theoretic function)라 부른다. 따라서 정수론적 함수의 상은 반드시 정수일 필요는 없으나 우리가 다루는 대부분의 함수는 정수를 상으로 갖는다. 먼저 주어진 양의 정수의 양의 약수의 개수와 합을 계산하는 문제를 이 절에서 다루기로 한다.

정의 7.1.1 [함수 τ 와 σ]

주어진 양의 정수 n에 대하여 $\tau(n)$을 n의 **양의 약수들의 개수**로, $\sigma(n)$을 n의 양의 약수들의 총합으로 정의한다.

예제 7.1.2 $\tau(12)$와 $\sigma(12)$를 계산하라.

풀이 12의 양의 약수는 1, 2, 3, 4, 6, 12 등 6개가 있다. 따라서 $\tau(12)=6$이다. 한편

$$1+2+3+4+6+12=28$$

이므로 $\sigma(12)=28$이다. ■

예제 7.1.3 $\tau(72)$와 $\sigma(72)$를 계산하라.

풀이 $72=2^3 \cdot 3^2$임을 알고 있다. 따라서 72의 모든 양의 약수는 $2^i \cdot 3^j$의 형태이다. 단, $i=0, 1, 2, 3$이고 $j=0, 1, 2$이다. $I=\{0, 1, 2, 3\}$, $J=\{0, 1, 2\}$이라 두면 $I\times J$의 각 원소 (i, j)에 대해 72의 양의 약수 $2^i \cdot 3^j$을 대응시키는 함수는 전단사함수임을 쉽게 보일 수 있다. 그러므로 $\tau(72)=|I\times J|=12$임을 알 수 있다. 또한

$$\begin{aligned}\sigma(72)&=\sum_{(i,j)\in I\times J} 2^i \cdot 3^j = \sum_{i\in I} 2^i\left(\sum_{j\in J} 3^j\right)=\left(\sum_{i\in I}2^i\right)\left(\sum_{j\in J}3^j\right)\\&=(2^0+2^1+2^2+2^3)(3^0+3^1+3^2)=195\end{aligned}$$

이다. ■

정의 7.1.4 [곱셈함수]

정수론적 함수 f가 $(m, n) = 1$인 모든 양의 정수 m, n에 대하여

$$f(mn) = f(m)f(n)$$

을 만족할 때, 이 함수 f를 **곱셈함수**(multiplicative function)라 한다.

0 함수(모든 자연수에 대하여 상이 0인 함수)가 아닌 정수론적 함수 f가 곱셈함수이면 $f(1) = 1$이다. 왜냐하면 $f \neq 0$이면 $f(n) \neq 0$인 자연수 n이 존재한다. 그리고 $(n, 1) = 1$이므로

$$f(n) = f(n \cdot 1) = f(n)f(1)$$

이 성립된다. $f(n) \neq 0$이므로 $f(n)$을 소거하면 $f(1) = 1$을 얻게 된다.

정의 7.1.5 [합함수]

주어진 정수론적 함수 f에 대하여

$$F(n) = \sum_{d \mid n} f(d)$$

로 정의된 함수를 f의 **합함수**(summatory function)라 부른다. 여기서 $\sum_{d \mid n}$은 n의 모든 양의 약수 d에 관한 합을 나타낸다.

예제 7.1.6 (1) 함수 τ와 σ를 어떤 정수론적 함수의 합함수로 표현하여라.

(2) 정수론적 함수 $f(n) = n^2$의 합함수를 F라 할 때 $F(12)$의 값을 구하여라.

풀이 (1) 모든 양의 정수 n에 대하여

$$\tau(n) = \sum_{d \mid n} 1$$

이다. 그러므로 정수론적 함수 f를 모든 양의 정수 n에 대하여

$f(n)=1$로 정의하면

$$\tau(n)=\sum_{d\mid n}1=\sum_{d\mid n}f(d)$$

이다. 또한

$$\sigma(n)=\sum_{d\mid n}d$$

이다. 그러므로 정수론적 함수 g를 모든 양의 정수 n에 대하여 $g(n)=n$으로 정의하면

$$\sigma(n)=\sum_{d\mid n}d=\sum_{d\mid n}g(d)$$

이다.

(2) 12의 양의 약수는 1, 2, 3, 4, 6, 12이므로

$$\begin{aligned}F(12)&=f(1)+f(2)+f(3)+f(4)+f(6)+f(12)\\&=1^2+2^2+3^2+4^2+6^2+12^2=1+4+9+16+36+144=210\end{aligned}$$

이다. ■

위에서 정의한 τ와 σ가 곱셈함수임을 증명하기 위해 먼저 다음 정리를 증명한다.

정리 7.1.7

정수론적 함수 f가 곱셈함수이면

$$F(n)=\sum_{d\mid n}f(d)$$

으로 정의된 합함수 F도 곱셈함수이다.

증명

m, n이 $(m, n)=1$인 양의 정수라 가정하자. $d_1\mid m$이고 $d_2\mid n$이면 $(d_1, d_2)=1$이고 $d_1d_2\mid mn$임은 명백하다. 역으로 $d\mid mn$이면 $d=d_1d_2$이다. 여기서 $d_1\mid m$이고 $d_2\mid n$이다. f가 곱셈함수이고 $(d_1, d_2)=1$이므로

$$F(mn) = \sum_{d \mid mn} f(d) = \sum_{d_1 \mid m,\ d_2 \mid n} f(d_1 d_2)$$
$$= \sum_{d_1 \mid m,\ d_2 \mid n} f(d_1) f(d_2) = \sum_{d_1 \mid m} f(d_1) \sum_{d_2 \mid n} f(d_2) = F(m) F(n)$$

이다. 그러므로 F도 곱셈함수이다. ■

정리 7.1.8

함수 τ와 σ가 곱셈함수이다.

증명

먼저

$$\tau(n) = \sum_{d \mid n} 1,\ \sigma(n) = \sum_{d \mid n} d$$

임을 알 수 있다. 여기서 $f_1(n) = 1$, $f_2(n) = n$으로 정의하면 f_1과 f_2는 곱셈함수임을 알 수 있다. 그리고 예제 7.1.6의 (1)에서

$$\tau(n) = \sum_{d \mid n} 1 = \sum_{d \mid n} f_1(d),\ \sigma(n) = \sum_{d \mid n} d = \sum_{d \mid n} f_2(d)$$

이다. 그러므로 정리 7.1.7에 의해 τ와 σ가 곱셈함수이다. ■

정리 7.1.9

양의 정수 $n = p^k$, (p는 소수)이면

$$\tau(n) = k + 1,\ \sigma(n) = \frac{p^{k+1} - 1}{p - 1} = 1 + p + p^2 + \cdots + p^k$$

이다.

증명

$n = p^k$이면 $1,\ p,\ p^2,\ \cdots,\ p^k$이 n의 모든 양의 약수들이다. 그러므로

$$\tau(n) = k+1,\ \sigma(n) = 1+p+p^2+\cdots+p^k = \frac{p^{k+1}-1}{p-1}$$

이다. ■

정리 7.1.10

양의 정수 n의 표준분해가 $n = p_1^{k_1} p_2^{k_2} \cdots p_r^{k_r}$이라면

$$\tau(n) = (k_1+1)(k_2+1)\cdots(k_r+1)$$
$$\sigma(n) = \frac{p_1^{k_1+1}-1}{p_1-1} \cdot \frac{p_2^{k_2+1}-1}{p_2-1} \cdot \cdots \cdot \frac{p_r^{k_r+1}-1}{p_r-1}$$

이다.

증명

정리 7.1.8에 의해 τ와 σ가 곱셈함수이므로

$$\tau(n) = \tau(p_1^{k_1})\tau(p_2^{k_2})\cdots\tau(p_r^{k_r}) = (k_1+1)(k_2+1)\cdots(k_r+1)$$
$$\sigma(n) = \sigma(p_1^{k_1})\sigma(p_2^{k_2})\cdots\sigma(p_r^{k_r}) = \frac{p_1^{k_1+1}-1}{p_1-1} \cdot \frac{p_2^{k_2+1}-1}{p_2-1} \cdot \cdots \cdot \frac{p_r^{k_r+1}-1}{p_r-1}$$

이다. ■

예제 7.1.11 $\tau(720)$과 $\sigma(720)$을 계산하라.

풀이 $720 = 2^4 \cdot 3^2 \cdot 5$이므로 위의 식에 의해

$$\tau(720) = (4+1)(2+1)(1+1) = 30$$
$$\sigma(720) = \frac{2^5-1}{2-1} \cdot \frac{3^3-1}{3-1} \cdot \frac{5^2-1}{5-1} = 31 \cdot 13 \cdot 6 = 2418$$

이다. ■

7.1 연습문제

01 $\tau(180)$, $\sigma(180)$을 계산하여라.

02 $\tau(n)$이 홀수일 필요충분조건은 n이 완전제곱수이다.

03 $\sigma(n)$이 홀수일 필요충분조건은 n이 완전제곱수이거나 완전제곱수의 두 배이다.

04 모든 양의 정수 n에 대하여

$$\sum_{d \mid n} \frac{1}{d} = \frac{\sigma(n)}{n}$$

임을 보여라.

05 $n = p_1 p_2 \cdots p_r$인 제곱인수를 갖지 않는 양의 정수이면 $\tau(n) = 2^r$임을 보여라.

06 모든 양의 정수 n에 대하여 다음 사실을 증명하여라.

(1) $\sum_{d \mid n} \sigma(d) = \sum_{d \mid n} \frac{n}{d} \tau(d)$

(2) $\sum_{d \mid n} \frac{n}{d} \sigma(d) = \sum_{d \mid n} d\tau(d)$

7.2 오일러의 파이함수

6.2절에서 오일러의 파이함수를 $\phi(n) = |\mathbb{Z}_n^*|$으로 정의하였다. 즉, 1과 n 사이에 n과 서로 소인 정수들의 개수이다. 여기서는 이 함수가 갖는 성질을 조사해 본다.

먼저 자연수 n에 대하여 $\phi(n)$의 값을 구해보자. 이것을 위하여 오일러 파이함수가 곱셈함수임을 이용하기로 한다.

정리 7.2.1

n이 소수일 필요충분조건은 $\phi(n) = n-1$이다.

증명

n이 소수이면 모든 자연수 $a(1 \le a \le n-1)$에 대하여 $(a,\ n) = 1$이므로 $\phi(n) = n-1$이다. 역으로 $\phi(n) = n-1$이고 n이 합성수라 가정하면 $n = ab$, $(1 < a,\ b < n)$인 양의 정수 $a,\ b$가 존재한다. 따라서 $(a,\ n) = a > 1$이고 $(n,\ n) = n > 1$이다. 그러므로 $\bar{a},\ \bar{n} \not\in \mathbb{Z}_n^*$이다. 그러므로 $\phi(n) = |\mathbb{Z}_n^*| \le n-2$이다. 이것은 $\phi(n) = n-1$에 모순이다. 그러므로 n이 소수이다. ■

정리 7.2.2

소수 p와 양의 정수 k에 대하여

$$\phi(p^k) = p^k - p^{k-1} = p^{k-1}(p-1)$$

이다. 특히

$$\phi(2^k) = 2^{k-1}$$

이다.

증명

$1 \le a \le p^k$인 정수 a에 대하여

$$(a,\ p^k) = 1 \quad \Leftrightarrow \quad (a,\ p) = 1$$

$$\Leftrightarrow \ p \nmid a$$

이다. $1 \le a \le p^k$인 정수 중에서 p의 배수인 정수는

$$p, \ 2p, \ \cdots, \ p^2, \ \cdots, \ p^k$$

이며 이들의 개수는 p^{k-1}개이다. 그러므로

$$\phi(p^k) = p^k - p^{k-1} = p^{k-1}(p-1)$$

이다. ■

정리 7.2.3

ϕ는 곱셈함수이다. 즉

$$(m, \ n) = 1 \ \Rightarrow \ \phi(mn) = \phi(m)\phi(n)$$

이다.

증명

6.2절에서 $\phi(1) = 1$임을 알고 있다. 만약 $(m, \ n) = 1$이라 가정하자. 5.4.4에서 정의한 표준함수

$$f : \mathbb{Z}_{mn} \to \mathbb{Z}_m \times \mathbb{Z}_n, \ f(\overline{a}) = (< a >_m, \ < a >_n)$$

은 일대일 대응함수임을 알고 있다. 만약 $\overline{a} \in \mathbb{Z}_{mn}^*$이면 $(a, \ mn) = 1$이다. 그러므로 $(a, \ m) = (a, \ n) = 1$이다. 따라서 $< a >_m \in \mathbb{Z}_m^*$이고 $< a >_n \in \mathbb{Z}_n^*$이다. 즉 주어진 함수의 축소함수

$$\overline{f} : \mathbb{Z}_{mn}^* \to \mathbb{Z}_m^* \times \mathbb{Z}_n^*$$

이 정의되며 원래의 함수 f가 단사함수이므로 축소함수도 단사함수이다. 이제 이 함수 $\overline{f}$가 전사함수임을 보인다. 만약 $(< a >_m, \ < b >_n) \in \mathbb{Z}_m^* \times \mathbb{Z}_n^*$이면 $(a, \ m) = 1$이고 $(b, \ n) = 1$이다. $(n, \ m) = 1$이므로, 정리 5.4.8에 의해

$$\begin{cases} x \equiv a \pmod{m} \\ x \equiv b \pmod{n} \end{cases}$$

은 법 mn에 관해 단 한 조의 해 $x \equiv c \pmod{mn}$를 갖는다. $(c,\ m) = 1$이고 $(c,\ n) = 1$이므로 $(c,\ mn) = 1$이다. 따라서 $\bar{c} \in \mathbb{Z}_{mn}^*$이다. 그러므로

$$\bar{f}\,(\bar{c}) = (< c >_m,\ < c >_n) = (< a >_m,\ < b >_n)$$

이며 $\bar{f}$은 전단사함수이다. 그러므로

$$|\mathbb{Z}_{mn}^*| = |\mathbb{Z}_m^* \times \mathbb{Z}_n^*| = |\mathbb{Z}_m{}^*| \cdot |\mathbb{Z}_n{}^*|$$

이다. 즉 $\phi(mn) = \phi(m)\phi(n)$이다. ■

위의 두 정리에 의해 모든 자연수 n에 대하여 $\phi(n)$의 값을 구하는 공식을 유도할 수 있다. 다음 정리에서 이 공식을 알아본다.

정리 7.2.4

양의 정수 n의 표준분해가 $n = p_1^{k_1} p_2^{k_2} \cdots p_r^{k_r}$이라면

$$\phi(n) = n\left(1 - \frac{1}{p_1}\right)\left(1 - \frac{1}{p_2}\right) \cdots \left(1 - \frac{1}{p_r}\right)$$

이다.

증명

서로 다른 $i,\ j\ (1 \le i,\ j \le r)$에 대하여 $(p_i^{k_i},\ p_j^{k_j}) = 1$이고 ϕ가 곱셈함수이므로

$$\begin{aligned} \phi(n) &= \phi(p_1^{k_1})\phi(p_2^{k_2}) \cdots \phi(p_r^{k_r}) \\ &= p_1^{k_1}\left(1 - \frac{1}{p_1}\right)p_2^{k_2}\left(1 - \frac{1}{p_2}\right) \cdots p_r^{k_r}\left(1 - \frac{1}{p_r}\right) \\ &= n\left(1 - \frac{1}{p_1}\right)\left(1 - \frac{1}{p_2}\right) \cdots \left(1 - \frac{1}{p_r}\right) \end{aligned}$$

이다. ■

예제 7.2.5 $\phi(720)$의 값을 구하라.

풀이 $720 = 2^4 3^2 5$이므로

$$\begin{aligned}\phi(720) &= \phi(2^4)\phi(3^2)\phi(5) \\ &= 720\left(1-\frac{1}{2}\right)\left(1-\frac{1}{3}\right)\left(1-\frac{1}{5}\right) = 192\end{aligned}$$

이다. ■

정리 7.2.6

n이 2보다 큰 양의 정수이면 $\phi(n)$은 짝수이다.

증명

n의 표준분해가 $n = p_1^{k_1} p_2^{k_2} \cdots p_r^{k_r}$이라면

$$\begin{aligned}\phi(n) &= n\left(1-\frac{1}{p_1}\right)\left(1-\frac{1}{p_2}\right)\cdots\left(1-\frac{1}{p_r}\right) \\ &= p_1^{k_1-1} p_2^{k_2-1} \cdots p_r^{k_r-1}(p_1-1)(p_2-1)\cdots(p_r-1)\end{aligned}$$

이다. 만약 p_1이 홀수이면 $p_1 - 1$은 짝수이다. 그러므로 $\phi(n)$은 짝수이다. 따라서 n이 홀수인 인수를 가지면 $\phi(n)$은 짝수이다. 만약 n이 홀수인 인수를 가지지 않으면 $n = 2^k (k > 1)$을 만족하는 정수 k가 존재한다. 그러면 $\phi(n) = 2^{k-1}$이다. 그러므로 $\phi(n)$은 짝수이다. ■

정리 7.2.7 [가우스 정리]

모든 양의 정수 n에 대하여

$$\sum_{d \mid n} \phi(d) = n$$

이다.

증명

먼저 소수 p와 임의의 양의 정수 k에 대하여 p^k의 양의 약수는 1, p, p^2, $\cdots$, p^k이 전부이다. 그러므로

$$\begin{aligned}\sum_{d \mid p^k} \phi(d) &= \phi(1)+\phi(p)+\phi(p^2)+\cdots+\phi(p^k) \\ &= 1+(p-1)+(p^2-p)+\cdots+(p^k-p^{k-1}) \\ &= p^k\end{aligned}$$

이다. ϕ가 곱셈함수이고 곱셈함수의 합함수는 곱셈함수이다. (정리 7.1.7) 그러므로

$$\sum_{d \mid n} \phi(d) = F(n)$$

이라 두고 n의 표준분해가 $n = p_1^{k_1} p_2^{k_2} \cdots p_r^{k_r}$이라면

$$\begin{aligned}F(n) &= F(p_1^{k_1})F(p_2^{k_2}) \cdots F(p_r^{k_r}) \\ &= p_1^{k_1} p_2^{k_2} \cdots p_r^{k_r} = n\end{aligned}$$

이다. ■

예제 7.2.8 $n = 12$에 대하여 위의 정리가 성립함을 보여라.

풀이 12의 양의 약수는 1, 2, 3, 4, 6, 12이다. 따라서

$$\begin{aligned}\sum_{d \mid 12} \phi(d) &= \phi(1)+\phi(2)+\phi(3)+\phi(4)+\phi(6)+\phi(12) \\ &= 1+1+2+2+2+4 = 12\end{aligned}$$

이다. ■

정리 7.2.9

$n > 1$인 n에 대하여 n보다 작고 n과 서로 소인 양의 정수들의 합은 $\frac{1}{2}n\phi(n)$이다. 즉

$$\sum_{\substack{(k,n)=1 \\ 1 \le k < n}} k = \frac{1}{2} n\,\phi(n)$$

이다.

증명

$a_1,\ a_2,\ \cdots,\ a_{\phi(n)}$을 n보다 작고 n과 서로 소인 양의 정수들의 집합이라 하자.

$$(a_i,\ n) = 1 \iff (n - a_i,\ n) = 1$$

임은 명백하다. 만약

$$a_1 < a_2 < \cdots < a_{\phi(n)}$$

이라 가정하면

$$n - a_1 > n - a_2 > \cdots > n - a_{\phi(n)}$$

이며 $n - a_1,\ n - a_2,\ \cdots,\ n - a_{\phi(n)}$도 n보다 작고 n과 서로 소인 양의 정수 전체의 집합이다. 그러므로

$$\begin{aligned} a_1 + a_2 + \cdots + a_{\phi(n)} &= n - a_1 + n - a_2 + \cdots + n - a_{\phi(n)} \\ &= n\phi(n) - (a_1 + a_2 + \cdots + a_{\phi(n)}) \end{aligned}$$

이다. 따라서

$$a_1 + a_2 + \cdots + a_{\phi(n)} = \frac{1}{2} n\phi(n)$$

이다. ■

예제 7.2.10 $n = 12$에 대하여 위의 정리가 성립함을 보여라.

풀이 12보다 작고 12와 서로 소인 양의 정수 전체의 집합은 $\{1,\ 5,\ 7,\ 11\}$이다. 그러므로

$$1+5+7+11=24=\frac{1}{2}\cdot 12\cdot \phi(12)$$

이다. ■

7.2 연습문제

01 $(m, n) > 1$이면 $\phi(mn) > \phi(m)\phi(n)$임을 보여라.

02 $(m, n) = 2$이면 $\phi(mn) = 2\phi(m)\phi(n)$임을 보여라.

03 $(m, n) = p$일 때 $\phi(mn)$과 $\phi(m)\phi(n)$의 관계를 구하여라.

04 $\phi(n) = 14$를 만족하는 정수 n은 존재하지 않음을 보여라.

05 $n = 5186$이면 $\phi(n) = \phi(n+1) = \phi(n+2)$임을 보여라.

06 $n = p_1 p_2 \cdots p_r$인 제곱인수를 갖지 않는 홀수인 양의 정수이면 $2^r \mid \phi(n)$임을 보여라.

7.3 완전수

고대 그리스사람들은 양의 정수 중에서 자신 이외의 양의 약수의 합이 자신과 같아지는 정수에 관심을 가졌다, 예를 들어

$$6 = 1 + 2 + 3,\ 28 = 1 + 2 + 4 + 7 + 14$$

임을 알 수 있다. 위의 식을 다시 바꾸어 보면

$$\sigma(6) - 6 = 6,\ \sigma(28) - 28 = 28$$

로 표현할 수 있다. 즉,

$$\sigma(6) = 2 \cdot 6,\ \sigma(28) = 2 \cdot 28$$

로 쓸 수 있다. 이러한 성질을 가지는 수를 다음과 같이 정의한다.

정의 7.3.1 [완전수]

n이 양의 정수이고

$$\sigma(n) = 2n$$

을 만족하면 n을 완전수(perfect number)라 부른다.

고대 그리스학자들에게는 다음 네 개의 완전수만이 알려졌다.

$$P_1 = 6,\ P_2 = 28,\ P_3 = 496,\ P_4 = 8128$$

따라서 이 수들을 참고로 하여 다음의 가설을 제시하였는데 이 가설들은 모두 참이 아닌 것으로 밝혀졌다.

가설 1. n번째 완전수는 n 자릿수의 수이다.
가설 2. 완전수의 끝자리는 6과 8이 교대로 나타난다.

다섯 번째 완전수는

$$P_5 = 33,550,336$$

이다. 그러므로 다섯 자릿수의 완전수는 존재하지 않는 것으로 알려져 가설 1은 거짓으로 판명되었다.

한편 다섯 번째 완전수의 끝 자릿수가 6이고 여섯 번째 완전수

$$P_6 = 8,589,869,056$$

의 끝 자릿수도 6이다. 따라서 가설 2도 거짓으로 판명되었다.

그러나 실제로 모든 짝수인 완전수의 끝 자릿수는 6 또는 8임이 밝혀졌다. 여섯 번째 완전수의 크기로 보아 완전수는 매우 드물게 분포하고 있음을 알 수 있다. 이러한 완전수가 유한 개 존재하는지 무한 개 존재하는지에 대해서는 아직 해결되지 않았다.

완전수의 일반적인 형태를 결정하는 것은 유클리드가 부분적으로 해결한 다음 이론에 의해 완성된다. 만약

$$1 + 2 + 2^2 + \cdots + 2^{k-1} = 2^k - 1$$

이 소수이면 $2^{k-1}(2^k - 1)$는 완전수이다. 예를 들어

$$1 + 2 + 4 = 7$$

은 소수이다. 그리고 $4 \cdot 7 = 28$은 완전수임을 알고 있다. 또한

$$496 = 2^4(2^5 - 1),\ 8128 = 2^6(2^7 - 1)$$

임을 알 수 있다. 이 사실을 일반화하여 다음 정리를 얻을 수 있다.

정리 7.3.2

만약 $2^k - 1\ \ (k > 1)$이 소수이면 $n = 2^{k-1}(2^k - 1)$은 완전수이다. 또한 모든 짝수인 완전수는 이러한 형태이다.

증명

$k > 1$이므로 $2^k - 1$은 홀수이다. 그러므로 $(2^{k-1},\ 2^k - 1) = 1$이다. 한편 σ가 곱셈함수이다. 그리고 $2^k - 1\ (k > 1)$이 소수이므로 $\sigma(2^k - 1) = 2^k$이다. 따라서

$$\sigma(n) = \sigma(2^{k-1})\sigma(2^k - 1)$$

$$= (2^k - 1)2^k = 2n$$

이다. 그러므로 $n = 2^{k-1}(2^k - 1)$은 완전수이다.

역을 증명하기 위해 n이 짝수인 완전수라 가정하자. 만약 $n = 2^l m$, $l \geq 1$이고 $(2, m) = 1$이라 하자. 그러면

$$\sigma(n) = \sigma(2^l)\sigma(m) = (2^{l+1} - 1)\sigma(m)$$

이다. n이 완전수이므로

$$\sigma(n) = 2n = 2^{l+1}m$$

이다. 그러므로 위의 두 식에 의해

$$(2^{l+1} - 1)\sigma(m) = 2^{l+1}m \tag{1}$$

이다. 여기서 $(2^{l+1} - 1, 2^{l+1}) = 1$이므로 $2^{l+1} | \sigma(m)$이다. 그러므로 $\sigma(m) = 2^{l+1}q$를 만족하는 정수 q가 존재한다. 식 (1)에 $\sigma(m) = 2^{l+1}q$를 대입하여

$$(2^{l+1} - 1)q = m$$

을 얻는다. 따라서 $q | m$이고 $q \neq m$이다. 위의 식의 양변에 q를 더하면

$$m + q = 2^{l+1}q = \sigma(m) \tag{2}$$

을 얻는다. 이제 $q = 1$임을 보인다. 만약 $q \neq 1$이라 가정하면 m은 적어도 세 개의 양의 약수, 즉 1, q, m을 갖는다. 이 사실에서 $\sigma(m) \geq 1 + m + q$를 얻는다. 이것은 식 (2)에 모순이다. 그러므로 $q = 1$이고 $(2^{l+1} - 1) = m$이다. 또한 $\sigma(m) = m + 1$이므로 m은 소수이다. 그러므로 $n = 2^l(2^{l+1} - 1)$이며 $(2^{l+1} - 1) = m$은 소수이다. ■

위의 정리에 의해 짝수인 완전수를 찾기 위해 $2^k - 1$이 소수인 k를 찾아야 한다. 이것은 정리 4.3.11에 의해 k가 소수일 때만 $2^k - 1$이 소수이다. 결국 메르센의 수 $M_k = 2^k - 1$이 소수이면 $2^{k-1}M_k$는 짝수인 완전수이다. 위의 정리에서 이러한 형태의 수가 짝수인 완전수 전부이다. 우리는 4.3절에서 $k = 2, 3, 5, 7, 13, 17, \cdots$에 대하여 $M_k = 2^k - 1$는 소수임을 알고 있다. 따라서 각 경우에 완전수 $2^{k-1}M_k$를 계산해보자.

$$2(2^2 - 1) = 6$$

$$2^2(2^3-1)=28$$
$$2^4(2^5-1)=496$$
$$2^6(2^7-1)=8128$$
$$2^{12}(2^{13}-1)=33,550,336$$
$$2^{16}(2^{17}-1)=8,589,869,056$$

결국 짝수 완전수가 무한히 존재하는가 하는 문제는 메르센 소수가 무한히 존재하는가 하는 문제와 직결된다. 그러나 이 문제 역시 아직 미해결된 문제이다. 이 절의 마지막으로 제4장에서 소개한 메르센 수의 약수에 관한 정리의 증명을 알아본다. (정리 4.3.12)

정리 7.3.3 [정리 4.3.12]

만약 p가 홀수인 소수이면 M_p의 모든 약수는 $2kp+1$의 꼴이다.

증명

q를 $M_p=2^p-1$의 소인수라 가정하자. 페르마의 정리에 의해 $q\mid(2^{q-1}-1)$이다. 그리고 연습문제 5.1의 11에 의해

$$(2^p-1,\ 2^{q-1}-1)=2^{(p,\,q-1)}-1$$

임을 알고 있다. $q\mid(2^p-1)$이고 $q\mid(2^{q-1}-1)$이므로 $(2^p-1,\ 2^{q-1}-1)>1$이다. 따라서 $(p,\ q-1)=p$이다. 그러므로 $p\mid q-1$이며 적당한 정수 m에 대하여 $q-1=mp$이다. 여기서 q가 홀수이므로 m은 짝수이다. 그러므로 $m=2k$를 만족하는 정수 k가 존재한다. 따라서 $q=2kp+1$이다. 또한 M_p의 모든 약수는 $2kp+1$ 꼴의 소인수들의 곱이므로 다시 $2kp+1$ 꼴의 정수이다. 그러므로 M_p의 모든 약수는 $2kp+1$의 꼴이다. ■

정리 7.3.4

모든 짝수인 완전수는 끝 자릿수가 6 또는 8이다. 즉 n이 짝수인 완전수이면

$$n\equiv 6 \pmod{10} \quad 또는 \quad n\equiv 8 \pmod{10}$$

이다.

증명

n이 짝수인 완전수이므로 $n=2^{k-1}(2^k-1)$이고 2^k-1이 소수인 형태이다. 만약 $k=2$이면 $n=6$이고 위의 결과는 자명하다. 2^k-1이 소수이므로 k도 소수이다. 그러므로 우리는 $k=4m+1$ 꼴의 소수와 $k=4m+3$ 꼴의 소수일 때 위의 정리를 증명하면 된다. 만약 $k=4m+1$ 꼴의 소수이면

$$\begin{aligned} n &= 2^{4m}(2^{4m+1}-1) \\ &= 2^{8m+1}-2^{4m} = 2\cdot 16^{2m}-16^m \end{aligned}$$

이다. 모든 자연수 m에 대하여 $16^{2m}\equiv 16^m \equiv 6 \pmod{10}$이다. 그러므로

$$n \equiv 2\cdot 6-6=6 \pmod{10}$$

이다. 한편 $k=4m+3$ 꼴의 소수이면

$$\begin{aligned} n &= 2^{4m+2}(2^{4m+3}-1) \\ &= 2^{8m+5}-2^{4m+2} = 2\cdot 16^{2m+1}-4\cdot 16^m \end{aligned}$$

그러므로

$$n \equiv 2\cdot 6-4\cdot 6=-12\equiv 8 \pmod{10}$$

이다. ■

지금까지 우리는 짝수인 완전수에 대하여 조사하였다. 그러나 홀수인 완전수의 존재성은 아직 밝혀지지 않았다. 알려진 바로는 10^{300}보다 작은 홀수인 완전수는 존재하지 않는다.

7.3 연습문제

01 $\sigma(n) > 2n$을 만족하는 정수 n을 **풍족수**, $\sigma(n) < 2n$을 만족하는 정수 n을 **부족수**라 부른다. 12와 24는 풍족수이고 8과 14는 부족수임을 보여라.

02 p가 홀수인 소수이고 $e \geq 1$인 정수이면 p^e은 부족수임을 보여라.

7.4 뫼비우스 반전 공식

f가 정수론적 함수일 때 f의 합함수 F는 다음과 같이 정의하였다. 모든 양의 정수 n에 대하여

$$F(n) = \sum_{d \mid n} f(d)$$

으로 정의하였다. 즉 함수 F의 값을 f의 값들의 합으로 표현하였다. 이제 그 역으로 f의 값을 F의 값들의 합 또는 차로 표현하는 방법을 생각해 보자. 먼저 다음의 식을 참고로 공식을 유도할 수 있는 방법을 생각해 본다.

$$\begin{aligned} F(1) &= f(1) \\ F(2) &= f(1) + f(2) \\ F(3) &= f(1) + f(3) \\ F(4) &= f(1) + f(2) + f(4) \\ F(5) &= f(1) + f(5) \\ F(6) &= f(1) + f(2) + f(3) + f(6) \end{aligned}$$

임을 안다. 이를 이용하여

$$\begin{aligned} f(1) &= F(1) \\ f(2) &= F(2) - F(1) = F\left(\frac{2}{1}\right) - F\left(\frac{2}{2}\right) \\ f(3) &= F(3) - F(1) = F\left(\frac{3}{1}\right) - F\left(\frac{3}{3}\right) \\ f(4) &= F(4) - F(2) = F\left(\frac{4}{1}\right) - F\left(\frac{4}{2}\right) + 0 \cdot F\left(\frac{4}{4}\right) \\ f(5) &= F(5) - F(1) = F\left(\frac{5}{1}\right) - F\left(\frac{5}{5}\right) \\ f(6) &= F(6) - F(3) - F(2) + F(1) \\ &= F\left(\frac{6}{1}\right) - F\left(\frac{6}{2}\right) - F\left(\frac{6}{3}\right) + F\left(\frac{6}{6}\right) \end{aligned}$$

을 얻을 수 있다. 위의 식을 참고하면 $f(n)$은 $\pm F\left(\frac{n}{d}\right)$의 합임을 알 수 있다. 그러므로

$$f(n) = \sum_{d|n} \mu(d) F\left(\frac{n}{d}\right)$$

의 형태로 적을 수 있다. 위의 계산에 의하면

$$\mu(1) = 1,\ \mu(2) = -1,\ \mu(3) = -1,\ \mu(4) = 0,\ \mu(5) = -1,\ \mu(6) = 1$$

임을 안다. 특히 p가 소수이면

$$f(p) = F(p) - F(1) = \mu(1)F\left(\frac{p}{1}\right) + \mu(p)F\left(\frac{p}{p}\right) \tag{1}$$

이다. 따라서 $\mu(p) = -1$이다. 또한 소수 p에 대하여

$$F(p^2) = f(1) + f(p) + f(p^2)$$

이므로

$$\begin{aligned} f(p^2) &= F(p^2) - f(p) - f(1) = F(p^2) - F(p) \\ &= \mu(1)F\left(\frac{p^2}{1}\right) + \mu(p)F\left(\frac{p^2}{p}\right) + \mu(p^2)F\left(\frac{p^2}{p^2}\right) \end{aligned}$$

이다. 그러므로 $\mu(p^2) = 0$이다. 만약 p, q가 서로 다른 소수이면

$$F(pq) = f(1) + f(p) + f(q) + f(pq)$$

이다. 그러므로 식 (1)에 의해

$$\begin{aligned} f(pq) &= F(pq) - f(q) - f(p) - f(1) \\ &= F(pq) - F(q) - F(p) + F(1) \\ &= \mu(1)F\left(\frac{pq}{1}\right) + \mu(p)F\left(\frac{pq}{p}\right) + \mu(q)F\left(\frac{pq}{q}\right) + \mu(pq)F\left(\frac{pq}{pq}\right) \end{aligned}$$

이다. 그러므로 $\mu(pq) = 1$이다. 이러한 사실을 유추해보면 함수 μ를 다음과 같이 정의하는 것이 타당하다.

정의 7.4.1 [뫼비우스 함수]

양의 정수 n에 대하여 $\mu(n)$을 다음과 같이 정의하고 이 함수 μ를 **뫼비우스 함수**(Mőbius function)라 부른다.

$$\mu(n)=\begin{cases}1 & , \quad n=1 \\ (-1)^k, & n=p_1p_2\cdots p_k,\ p_i\neq p_j\ (i\neq j),\ p_i:\text{ 소수} \\ 0 & , \quad p^2\mid n,\ p:\text{ 소수}\end{cases}$$

예제 7.4.2 다음에 주어진 정수들의 뫼비우스 함수값을 구하라.

$$10010,\ 32,\ 17$$

풀이 $10010=2\cdot 5\cdot 7\cdot 11\cdot 13$이므로 $\mu(10010)=(-1)^5=-1$이다.

$32=2^5$이므로 $2^2\mid 32$이다. 그러므로 $\mu(32)=0$이다.

17은 소수이므로 $\mu(17)=-1$이다. ■

정리 7.4.3

뫼비우스 함수 μ는 곱셈함수이다.

증명

정의에 의해 $\mu(1)=1$이다. 만약 $m,\ n$이 서로 소인 양의 정수이고 $m,\ n$의 표준분해가 각각

$$m=p_1^{e_1}p_2^{e_2}\cdots p_r^{e_r},\ n=q_1^{f_1}q_2^{f_2}\cdots q_s^{f_s}$$

이라 가정하자. $m,\ n$이 서로 소이므로 모든 $i\ (1\le i\le r),\ j\ (1\le j\le s)$에 대하여 $p_i\neq q_j$이다. 만약

$$e_1=e_2=\cdots=e_r=f_1=f_2=\cdots=f_s=1$$

이면

$$\mu(m)=(-1)^r,\ \mu(n)=(-1)^s,\ \mu(mn)=(-1)^{r+s}$$

이다. 그러므로 $\mu(mn) = \mu(m)\mu(n)$이다. 만약 i $(1 \le i \le r)$에 대하여 $e_i > 1$인 i가 존재하면 $p_i^2 \mid m$이고 따라서 $\mu(m) = 0$이다. 또한 $p_i^2 \mid mn$이므로 $\mu(mn) = 0$이다. 그러므로 $\mu(mn) = 0 = \mu(m)\mu(n)$이다. $f_j > 1$인 경우도 마찬가지 방법으로 증명할 수 있다. ■

뫼비우스 함수가 곱셈함수이므로 이 함수의 합함수인

$$F(n) = \sum_{d \mid n} \mu(d)$$

도 곱셈함수이다(정리 7.1.7). 다음 정리에서 이 함수의 성질을 살펴본다.

정리 7.4.4

뫼비우스 함수 μ의 합함수는

$$F(n) = \sum_{d \mid n} \mu(d) = \begin{cases} 1, & n = 1 \\ 0, & n > 1 \end{cases}$$

이다.

증명

$F(1) = \mu(1) = 1$임은 명백하다. 소수 p에 대하여

$$F(p) = \mu(1) + \mu(p) = 1 + (-1) = 0$$

이다. 그리고 임의의 양의 정수 k에 대하여

$$\begin{aligned} F(p^k) &= \mu(1) + \mu(p) + \mu(p^2) + \cdots + \mu(p^k) \\ &= 1 + (-1) + 0 + \cdots + 0 = 0 \end{aligned}$$

이다. 만약 n $(n > 1)$의 표준분해가 $n = p_1^{e_1} p_2^{e_2} \cdots p_r^{e_r}$이라 가정하면 정리 7.4.3과 정리 7.1.7에 의해 F는 곱셈함수이고 따라서

$$F(n) = F(p_1^{e_1}) F(p_2^{e_2}) \cdots F(p_k^{e_k}) = 0$$

을 얻는다. ■

이 절의 첫 부분에 언급한 정수론적 함수 f의 값을 합함수 F의 값들의 합, 차로 표현해보자.

정리 7.4.5 [뫼비우스의 반전 공식]

f를 정수론적 함수라 하고 f의 합함수를 F라 두자. 즉

$$F(n)=\sum_{d\mid n} f(d)$$

이라 두면, 모든 양의 정수 n에 대하여

$$f(n)=\sum_{d\mid n}\mu(d)F\left(\frac{n}{d}\right)$$

이다.

증명

이중 합을 서로 다른 두 가지로 표현함으로써 반전공식을 증명할 수 있다. 먼저 등식

$$f(n)=\sum_{d\mid n}\mu(d)F\left(\frac{n}{d}\right)$$

의 오른쪽 변을 계산하여 왼쪽이 되도록 증명한다. F가 f의 합함수라는 사실에서

$$\begin{aligned}\sum_{d\mid n}\mu(d)F\left(\frac{n}{d}\right)&=\sum_{d\mid n}\left\{\mu(d)\sum_{e\mid \frac{n}{d}} f(e)\right\}\\&=\sum_{d\mid n}\left\{\sum_{e\mid \frac{n}{d}}\mu(d)f(e)\right\}\end{aligned}$$

이다. 두 집합을

$$A=\left\{(d,\ e)\mid d\mid n,\ e\mid\frac{n}{d}\right\},\ B=\left\{(d,\ e)\mid e\mid n,\ d\mid\frac{n}{e}\right\}$$

이라 두면 $A=B$이다. 왜냐하면 $(d,\ e)\in A$이면 $e\mid\dfrac{n}{d}$이므로 $em=\dfrac{n}{d}$를 만족하는 정수 m이 존재한다. 그러므로 $n=edm$이다. 따라서 $e\mid n$이고 $d\mid\dfrac{n}{e}$이다. 즉 $(d,\ e)\in B$이다.

같은 방법으로 그 역도 증명할 수 있다. 그러므로

$$\sum_{(d,e)\in A}\mu(d)f(e)=\sum_{(d,e)\in B}\mu(d)f(e)$$

이다. 그러므로

$$\begin{aligned}\sum_{(d,\ e)\in A}\mu(d)f(e)&=\sum_{d\mid n}\left\{\sum_{e\mid \frac{n}{d}}\mu(d)f(e)\right\}\\&=\sum_{(d,\ e)\in B}\mu(d)f(e)=\sum_{e\mid n}\left\{\sum_{d\mid \frac{n}{e}}\mu(d)f(e)\right\}\\&=\sum_{e\mid n}\left\{f(e)\sum_{d\mid \frac{n}{e}}\mu(d)\right\}\end{aligned}$$

이다. 한편 정리 7.4.4에 의해

$$\sum_{d\mid \frac{n}{e}}\mu(d)=\begin{cases}1, & \dfrac{n}{e}=1\\[2mm] 0, & \dfrac{n}{e}\neq 1\end{cases}$$

이다. 그러므로

$$\sum_{e\mid n}\left\{f(e)\sum_{d\mid \frac{n}{e}}\mu(d)\right\}=f(n)$$

이다. ■

$n=12$일 때 위의 증명과정을 다시 한 번 알아보자. 12의 양의 약수는 1, 2, 3, 4, 6, 12이다. 따라서

$$\begin{aligned}\sum_{d\mid 12}\mu(d)F\left(\frac{12}{d}\right)&=\sum_{d\mid 12}\left\{\mu(d)\sum_{e\mid \frac{12}{d}}f(e)\right\}=\sum_{d\mid 12}\left\{\sum_{e\mid \frac{12}{d}}\mu(d)f(e)\right\}\\&=\sum_{e\mid 12}\mu(1)f(e)+\sum_{e\mid 6}\mu(2)f(e)+\sum_{e\mid 4}\mu(3)f(e)\\&\quad+\sum_{e\mid 3}\mu(4)f(e)+\sum_{e\mid 2}\mu(6)f(e)+\sum_{e\mid 1}\mu(12)f(e)\\&=\mu(1)\{f(1)+f(2)+f(3)+f(4)+f(6)+f(12)\}\\&\quad+\mu(2)\{f(1)+f(2)+f(3)+f(6)\}\end{aligned}$$

$$\begin{aligned}
&+\mu(3)\{f(1)+f(2)+f(4)\} \\
&+\mu(4)\{f(1)+f(3)\}+\mu(6)\{f(1)+f(2)\}+\mu(12)f(1) \\
=\ &f(1)\{\mu(1)+\mu(2)+\mu(3)+\mu(4)+\mu(6)+\mu(12)\} \\
&+f(2)\{\mu(1)+\mu(2)+\mu(3)+\mu(6)\} \\
&+f(3)\{\mu(1)+\mu(2)+\mu(4)\}+f(4)\{\mu(1)+\mu(3)\} \\
&+f(6)\{\mu(1)+\mu(2)\}+f(12)\mu(1) \\
=\ &\sum_{e\,|\,12}\left\{f(e)\sum_{d\,|\,\frac{12}{e}}\mu(d)\right\}=f(12)
\end{aligned}$$

임을 알 수 있다.

예제 7.4.6 예제 7.1.6에서 τ와 σ는 다음과 같이 표현되며 이는 곧 τ와 σ가 각각 f_1과 f_2의 합함수임을 뜻한다. 뫼비우스의 반전 공식을 이용하여 f_1과 f_2를 각각 τ와 σ의 합으로 표현하고 $n=12$일 때 이 사실을 증명하라. 모든 양의 정수 n에 대하여

$$\tau(n)=\sum_{d\,|\,n}f_1(d),\ \sigma(n)=\sum_{d\,|\,n}f_2(d)$$

이다. 여기서 모든 양의 정수 d에 대하여 $f_1(d)=1$, $f_2(d)=d$이다.

풀이 뫼비우스의 반전 공식에 의하여

$$1=f_1(n)=\sum_{d\,|\,n}\mu(d)\tau\left(\frac{n}{d}\right),\ n=f_2(n)=\sum_{d\,|\,n}\mu(d)\sigma\left(\frac{n}{d}\right)$$

이다. 만약 $n=12$이면 위의 계산에 의해

$$\begin{aligned}
\sum_{d\,|\,12}\mu(d)\tau\left(\frac{12}{d}\right)&=\sum_{e\,|\,12}\left\{f_1(e)\sum_{d\,|\,\frac{12}{e}}\mu(d)\right\} \\
&=f_1(1)\{\mu(1)+\mu(2)+\mu(3)+\mu(4)+\mu(6)+\mu(12)\} \\
&\quad+f_1(2)\{\mu(1)+\mu(2)+\mu(3)+\mu(6)\} \\
&\quad+f_1(3)\{\mu(1)+\mu(2)+\mu(4)\}+f_1(4)\{\mu(1)+\mu(3)\} \\
&\quad+f_1(6)\{\mu(1)+\mu(2)\}+f_1(12)\mu(1) \\
&=f_1(12)=1
\end{aligned}$$

이다. 그리고

$$\sum_{d|12}\mu(d)\sigma\left(\frac{12}{d}\right)= f_2(1)\{\mu(1)+\mu(2)+\mu(3)+\mu(4)+\mu(6)+\mu(12)\}$$
$$+f_2(2)\{\mu(1)+\mu(2)+\mu(3)+\mu(6)\}$$
$$+f_2(3)\{\mu(1)+\mu(2)+\mu(4)\}+f_2(4)\{\mu(1)+\mu(3)\}$$
$$+f_2(6)\{\mu(1)+\mu(2)\}+f_2(12)\mu(1)$$
$$=f_2(12)=12$$

이다. ■

정리 7.4.7

f를 정수론적 함수라 하고 f의 합함수를 F라 두자. 즉

$$F(n)=\sum_{d|n}f(d)$$

이다. 만약 F가 곱셈함수이면 f도 역시 곱셈함수이다.

증명

m과 n이 서로 소인 양의 정수라 하자. $d\,|\,mn$이면 $d=d_1d_2$으로 유일하게 표현된다. 여기서 $d_1\,|\,m$이고 $d_2\,|\,n$이며 $(d_1,\ d_2)=1$이다. 또한 μ와 F가 곱셈함수라는 사실과 뫼비우스 반전 공식을 이용하면

$$f(mn)=\sum_{d|mn}\mu(d)F\left(\frac{mn}{d}\right)$$
$$=\sum_{d_1|m,\ d_2|n}\mu(d_1d_2)F\left(\frac{m}{d_1}\frac{n}{d_2}\right)$$
$$=\sum_{d_1|m,\ d_2|n}\mu(d_1)\mu(d_2)F\left(\frac{m}{d_1}\right)F\left(\frac{n}{d_2}\right)$$
$$=\sum_{d_1|m}\mu(d_1)F\left(\frac{m}{d_1}\right)\cdot\sum_{d_2|n}\mu(d_2)F\left(\frac{n}{d_2}\right)$$
$$=f(m)f(n)$$

이다. ■

7.4 연습문제

01 $n=p_1^{e_1}p_2^{e_2}\cdots p_k^{e_k}$을 정수 n의 표준분해라 하고 f가 0함수가 아닌 곱셈함수이면

$$\sum_{d\mid n}\mu(d)f(d)=(1-f(p_1))(1-f(p_2))\cdots(1-f(p_k))$$

임을 보여라.

02 1을 이용하여 다음 사실을 보여라.

(1) $\sum_{d\mid n}\mu(d)\tau(d)=(-1)^k$

(2) $\sum_{d\mid n}\mu(d)\sigma(d)=(-1)^k p_1p_2\cdots p_k$

(3) $\sum_{d\mid n}\mu(d)d=(1-p_1)(1-p_2)\cdots(1-p_k)$

03 $n=p_1^{e_1}p_2^{e_2}\cdots p_k^{e_k}$을 정수 n의 표준분해라 하면

$$\sum_{d\mid n}\mu(d)\phi(d)=(2-p_1)(2-p_2)\cdots(2-p_k)$$

임을 보여라.

TIP

제7장 주요내용

1. 정수론적 함수 τ, σ, ϕ
2. 곱셈함수, 합함수
3. 곱셈함수의 합함수는 곱셈함수이다.
4. 가우스의 정리 ($n = \sum_{d \mid n} \phi(d)$이다.)
5. n과 서로 소인 양의 정수들의 합
6. 완전수
7. 뫼비우스의 반전 공식
8. 뫼비우스 함수는 곱셈함수이다.
9. 뫼비우스 함수의 합함수

제 8 장 원시근

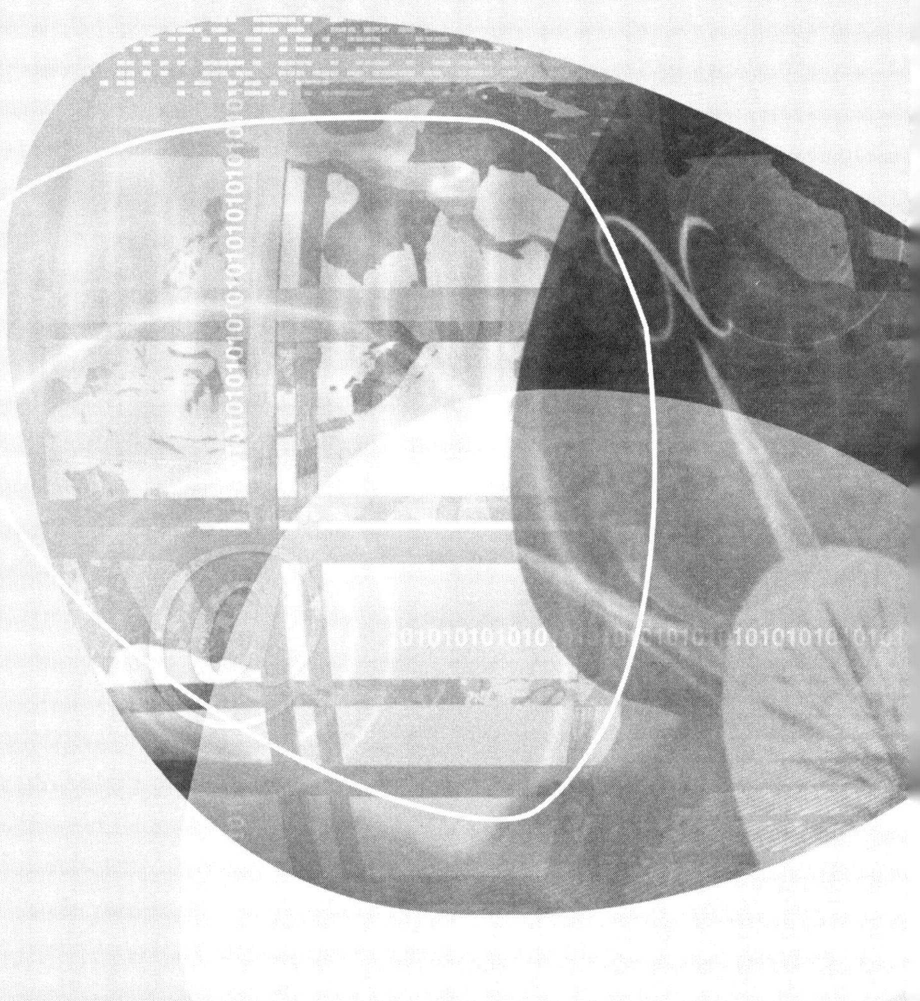

8.1 정수 n에 관한 위수와 원시근

페르마의 정리에 의하면 소수 p와 $(a,\ p)=1$인 정수 a에 대하여

$$a^{p-1} \equiv 1 \pmod p$$

이다. 이 사실을 일반화한 오일러의 정리는 임의의 양의 정수 n과 $(a,\ n)=1$인 정수 a에 대하여

$$a^{\phi(n)} \equiv 1 \pmod n$$

임을 보여준다. 즉 $(a,\ n)=1$인 정수 a에 대하여 $\overline{a}$가 곱셈에 대한 군 $\mathbb{Z}_n^*$에서

$$\overline{a}^{\phi(n)} = \overline{1}$$

임을 뜻하며 $a^r \equiv 1 \pmod n$을 만족하는 자연수 r이 존재함을 의미한다. 따라서 이들 자연수 중에서 최소인 자연수 r이 존재하며 이를 a의 위수로 정의하였다. 이미 정의 6.2.3에서 법 n에 관한 위수를 정의하였으며 위수에 관한 성질을 조사하였다. 그러나 원시근을 정의하기 위해 위수에 관한 정의와 성질을 다시 한 번 알아본다.

정의 8.1.1 [법 n에 관한 위수]

양의 정수 n과 $(a,\ n)=1$인 정수 a에 대하여

$$a^r \equiv 1 \pmod n$$

을 만족하는 자연수들 중에서 가장 작은 자연수를 a의 법 n에 관한 위수(order of a modulo n)라 정의하고 기호는 $\text{ord}_n a$로 적는다.

정리 8.1.2

양의 정수 n과 $(a,\ n)=(b,\ n)=1$인 정수 $a,\ b$에 대하여

(1) $a \equiv b \pmod n \Rightarrow \text{ord}_n a = \text{ord}_n b$

(2) $\text{ord}_n a = 1 \Leftrightarrow a \equiv 1 \pmod n$

이다.

증명

(1) $a \equiv b \pmod{n}$이라 가정하면 모든 양의 정수 k에 대하여

$$a^k \equiv 1 \pmod{n} \quad \Leftrightarrow \quad b^k \equiv 1 \pmod{n}$$

이다. 그러므로 $\mathrm{ord}_n a = \mathrm{ord}_n b$이다.

(2) $a \equiv 1 \pmod{n}$이면 $\mathrm{ord}_n a = 1$임은 자명하다. 역으로 만약 $\mathrm{ord}_n a = 1$이라 가정하면 $a^1 \equiv 1 \pmod{n}$이므로 $a \equiv 1 \pmod{n}$이다. ■

위의 정리에 의하면 같은 잉여류에 속하는 원소의 법 n에 관한 위수는 같다. 그러므로 앞으로 법 n에 관한 기약잉여계에 속하는 원소의 위수만 고려하면 된다. 따라서 흔히 위수를 n과 서로 소이고 n보다 작은 양의 정수에 대해서 생각한다.

예제 8.1.3 $\mathbb{Z}_7^*$에 속하는 각 원소의 위수를 구하라.

풀이 $1 \equiv 1 \pmod{7}$이다. 그러므로 $\mathrm{ord}_7 1 = 1$이다. 한편

$$2^1 \equiv 2 \pmod{7},\ 2^2 \equiv 4 \pmod{7},\ 2^3 \equiv 1 \pmod{7}$$

이므로 $\mathrm{ord}_7 2 = 3$이다. 또한

$$3^1 \equiv 3 \pmod{7},\ 3^2 \equiv 2 \pmod{7},\ 3^3 \equiv 6 \pmod{7}$$
$$3^4 \equiv 4 \pmod{7},\ 3^5 \equiv 5 \pmod{7},\ 3^6 \equiv 1 \pmod{7}$$

이다. 그러므로 $\mathrm{ord}_7 3 = 6$이다. 마찬가지 방법으로 계산하면 $\mathrm{ord}_7 4 = 3$, $\mathrm{ord}_7 5 = 6$, $\mathrm{ord}_7 6 = 2$이다. ■

예제 8.1.3에서 보면 $\mathbb{Z}_7^*$에 속하는 각 원소의 위수는 $6 = \phi(7)$의 약수임을 알 수 있다. 임의의 양수 n에 대하여 $\mathrm{ord}_n a$는 $\phi(n)$의 약수임을 정리 6.2.6에서 증명하였다.

정리 8.1.4 [정리 6.2.6]

임의의 양수 n과 $(a, n) = 1$인 정수 a에 대하여 $r = \mathrm{ord}_n a$이라 두면

$$a^s \equiv 1 \pmod{n} \Leftrightarrow r \mid s$$

이다. 특히 $r \mid \phi(n)$이다.

위의 정리에 의하면 양수 n과 $(a, n)=1$인 정수 a에 대하여 $r=\text{ord}_n a$은 $\phi(n)$의 약수이므로 위수를 구할 때 $\phi(n)$의 약수에 대한 멱을 계산하면 충분하다.

예제 8.1.5 $\text{ord}_{17} 5$를 구하라.

풀이 17은 소수이므로 $\phi(17)=16$이고 16의 약수는 1, 2, 4, 8, 16뿐이다. 그러므로

$$5^1 \equiv 5 \pmod{17},\ 5^2 \equiv 25 \equiv 8 \pmod{17},\ 5^4 \equiv 64 \equiv 13 \pmod{17}$$
$$5^8 \equiv 13^2 \equiv (-4)^2 \equiv -1 \pmod{17},\ 5^{16} \equiv (-1)^2 \equiv 1 \pmod{17}$$

이다. 그러므로 $\text{ord}_{17} 5 = 16$이다. ■

정리 8.1.6 [보조정리 6.2.4 의 (2)]

임의의 양수 n과 $(a, n)=1$인 정수 a에 대하여 $r=\text{ord}_n a$이라 두면

$$a^i \equiv a^j \pmod{n} \quad \Leftrightarrow \quad i \equiv j \pmod{r}$$

이다.

증명

$(a, n)=1$이므로 위의 정리에 의해

$$a^i \equiv a^j \pmod{n} \quad \Leftrightarrow \quad a^{i-j} \equiv 1 \pmod{n} \quad \Leftrightarrow \quad r \mid (i-j) \quad \Leftrightarrow \quad i \equiv j \pmod{r}$$

이다. ■

양수 n과 $(a, n)=1$인 정수 a에 대하여 $r=\text{ord}_n a$이라 두고 r개의 정수들의 집합을 $A=\{a, a^2, a^3, \cdots, a^r\}$이라 두자. 위의 정리는 A에 속하는 어느 두 원소도 서로 합동

이 아니며 임의의 양의 정수 k에 대하여 a^k은 집합 A의 원소 중 단 하나와 합동임을 의미한다. 즉 이 사실은 곱셈에 대한 군 $\mathbb{Z}_n^*$에 속하는 원소 $\overline{a}$에 의해 생성된 부분군의 위수가 r임을 나타낸다. 따라서 만약 $r = \phi(n)$이면 $\overline{a}$에 의해 생성된 부분군의 원소의 수가 $\phi(n)$임을 의미한다. 그러므로 $\overline{a}$에 의해 생성된 부분군이 $\mathbb{Z}_n^*$임을 뜻하고 $\mathbb{Z}_n^*$에 속하는 모든 원소는 $\overline{a}^k$의 형태임을 의미한다. 즉 곱셈에 대한 군 $\mathbb{Z}_n^*$이 $\overline{a}$에 의해 생성되는 순환군임을 뜻한다. 요약하여 다음 정리를 얻는다.

정리 8.1.7

만약 $\text{ord}_n a = \phi(n)$이면 임의의 원소 $\overline{b} \in \mathbb{Z}_n^*$에 대하여 $\overline{a}^k = \overline{b}$를 만족하는 정수 k $(1 \le k \le \phi(n))$가 존재한다. 즉 $a^k \equiv b \pmod{n}$이다.

증명

$\text{ord}_n a = \phi(n)$이므로 정리 8.1.6에 의해 모든 $i \ne j$ $(1 \le i,\ j \le \phi(n))$에 대하여

$$a^i \not\equiv a^j \pmod{n}$$

이다. 그러므로 함수 $\psi : A \to \mathbb{Z}_n^*$는 단사함수이다. 여기서 $A = \{a^i \mid i = 1, 2, \cdots, \phi(n)\}$이고 $\psi(a^i) = \overline{a}^i$이다. 그리고 $|\mathbb{Z}_n^*| = \phi(n)$이므로 ψ는 전사함수이다. 따라서 임의의 원소 $\overline{b} \in \mathbb{Z}_n^*$에 대하여 $\overline{a}^k = \overline{b}$를 만족하는 정수 k $(1 \le k \le \phi(n))$가 존재한다. ■

예제 8.1.8 $\mathbb{Z}_{15}^*$에 속하는 각 원소의 위수를 구하라.

풀이 $\mathbb{Z}_{15}^* = \{\overline{1}, \overline{2}, \overline{4}, \overline{7}, \overline{8}, \overline{11}, \overline{13}, \overline{14}\}$이다. 그리고

$$\phi(15) = \phi(3)\phi(5) = 2 \cdot 4 = 8$$

이다. 그러므로 $\mathbb{Z}_{15}^*$에 속하는 각 원소의 위수는 8의 약수, 즉 1, 2, 4, 8 중의 하나이다. 예를 들어 $\text{ord}_{15} 7$의 값을 계산해보자.

$$7^1 \equiv 7 \pmod{15}, \quad 7^2 \equiv 4 \pmod{15}, \quad 7^4 \equiv 16 \equiv 1 \pmod{15}$$

이다. 따라서 $\text{ord}_{15} 7 = 4$를 얻는다. 마찬가지로 각 원소의 위수를 계산하면 다음 표를 얻는다.

a	1	2	4	7	8	11	13	14
$\mathrm{ord}_{15}a$	1	4	2	4	4	2	4	2

■

정의 8.1.9 [원시근]

자연수 n에 대하여 $\mathrm{ord}_n a = \phi(n)$을 만족하는 정수 a가 존재하면 a를 법 n에 관한 원시근(primitive root)이라 부른다.

위의 정의에 의하면 a가 법 n에 관한 원시근이 될 필요충분조건은 $\mathbb{Z}_n^*$가 순환군이고 $<\bar{a}> = \mathbb{Z}_n^*$이다. 위의 예제에서 $\mathbb{Z}_{15}^*$의 원소 중에서 위수가 $\phi(15) = 8$인 원소가 존재하지 않는다. 그러므로 $\mathbb{Z}_{15}^*$는 순환군이 아니고 법 15에 관한 원시근은 존재하지 않는다. 그러나 예제 8.1.5에서 $\mathrm{ord}_{17} 5 = 16 = \phi(17)$임을 알았다. 따라서 $<\bar{5}> = \mathbb{Z}_{17}^*$이고 5는 법 17에 관한 원시근이다. 결과적으로 모든 양의 정수 n에 대하여 법 n에 관한 원시근이 존재하는 것은 아니며 다음 절에서 법 n에 관한 원시근이 존재하는 양의 정수에 관해 알아본다.

정리 8.1.10

양의 정수 n에 대하여 $\mathrm{ord}_n a = r$이라 두면, $\mathrm{ord}_n a^k = \dfrac{r}{(r,\ k)}$이다.

증명

$d = (r,\ k)$라 두고 $r = dr_1,\ \ k = dk_1$이라 두자. 그러면 $(r_1,\ k_1) = 1$이며

$$(a^k)^{r_1} = (a^{dk_1})^{r_1} = (a^{dr_1})^{k_1} = (a^r)^{k_1} \equiv 1 \pmod{n}$$

이다. 그러므로 $\mathrm{ord}_n a^k \mid r_1$이다. 만약 양의 정수 s에 대하여 $(a^k)^s \equiv 1 \pmod{n}$이라 가정하면 $r \mid ks$이며 따라서 $dr_1 \mid dk_1 s$이다. 그러므로 $r_1 \mid k_1 s$이다. 그러나 $(r_1,\ k_1) = 1$이므로

$$r_1 \mid s$$

이다. 이 사실에서 $r_1 = \mathrm{ord}_n a^k$임을 알 수 있다. ■

위의 정리에 의해 다음의 성질을 쉽게 얻을 수 있다. 이 성질을 이용하면 자연수 n에 대하여 원시근 a가 존재하면 원시근의 개수를 알 수 있다.

따름정리 8.1.11

양의 정수 n과 $(a, n)=1$인 양의 정수 a에 대하여 다음 사실이 성립된다.

(1) 만약 $\text{ord}_n a = r$이면 r개의 양의 정수 $a^1, a^2, \cdots, a^r$ 중에 위수가 r인 정수의 수는 $\phi(r)$이다.

(2) 만약 a가 법 n에 관한 원시근, 즉 $\text{ord}_n a = \phi(n)$이면 $\mathbb{Z}_n^*$의 원소 중에서 법 n에 관한 원시근의 수는 $\phi(\phi(n))$이다.

증명

(1) 정리 8.1.10에 의해 $\text{ord}_n a^k = \dfrac{r}{(r,\ k)}$이다. 그러므로 $\text{ord}_n a^k = r$일 필요충분조건은 $(r,\ k)=1$일 때이다. $a^1, a^2, \cdots, a^r$ 중에서 $(r,\ k)=1$인 a^k의 수는 $\phi(r)$이다.

(2) $\text{ord}_n a = \phi(n)$이므로 $\mathbb{Z}_n^* = \{\bar{a}, \bar{a}^2, \cdots, \bar{a}^{\phi(n)}\}$이다. 그러므로 (1)에 의해 법 n에 관한 원시근의 수는 $\phi(\phi(n))$이다. ■

예제 8.1.12 법 17에 관하여 서로 합동이 아닌 법 17에 관한 원시근의 개수를 구하라.

풀이 5가 법 17에 관한 원시 근 중에 하나이므로 위의 정리에 의하면 법 17에 관하여 서로 합동이 아닌 법 17에 관한 원시 근의 개수는 $\phi(\phi(17)) = \phi(16)=8$이다. 실제로 계산해 보면 5^k $(1 \le k \le 16,\ (k,\ 16)=1)$인 정수들이다. 그러므로

$$5^1 \equiv 5 \pmod{17},\ 5^3 \equiv 6 \pmod{17},\ 5^5 \equiv 14 \pmod{17},$$
$$5^7 \equiv 10 \pmod{17},\ 5^9 \equiv 12 \pmod{17},\ 5^{11} \equiv 11 \pmod{17},$$
$$5^{13} \equiv 3 \pmod{17},\ 5^{15} \equiv 7 \pmod{17}$$

이 법 17에 관한 원시근들이다. ■

이 책의 부록에 소수 p에 관한 원시근의 표를 싣고 있다. 이 표에서 법 17에 관한 원시근은 3으로 되어 있다. 즉 이 표는 원시근들 중에서 가장 작은 원시근만을 적은 것이다.

8.1 연습문제

01 $\mathbb{Z}_{13}^*$의 모든 원소의 위수를 구하여라.

02 $p=13$에 대하여 $d \mid p-1$이면 $\mathbb{Z}_{13}^*$의 원소 중에서 위수 d인 원소는 $\phi(d)$개 있음을 보여라.

03 법 23에 대한 원시근의 개수를 구하여라.

04 $\mathrm{ord}_{23}2$, $\mathrm{ord}_{23}2^6$, $\mathrm{ord}_{23}2^{13}$, $\mathrm{ord}_{23}2^{11}$를 계산하여라.

05 m이 2 이상인 정수이고 $\mathrm{ord}_m a = m-1$을 만족하는 m과 서로 소인 정수 a가 존재하면 m은 소수임을 보여라.

06 p, q가 홀수인 소수이고 $q \mid a^p - 1$이면 $q \mid a-1$이거나 또는 $q = 2kp+1$이다.

07 6번을 이용하여 홀수인 소수 p에 대하여 $2^p - 1$의 모든 약수는 $2kp+1$의 꼴임을 보여라.

08 7번을 이용하여 $2^{19}-1$의 가장 작은 소인수를 구하여라.

09 $n>1$인 모든 정수 n에 대하여 $n \mid \phi(2^n-1)$임을 보여라.
(도움말 : $2^n \equiv 1 \pmod{2^n - 1}$)

8.2 소수 p에 관한 원시근

이 절에서 p가 소수일 때 법 p에 관한 원시근의 존재성을 알아본다. 이것을 보이기 위해 먼저 다항 합동방정식의 성질 하나를 알아본다. 이것은 우리가 흔히 말하는 n차 실계수 다항식은 기껏해야 n개의 복소근을 포함한다는 사실의 합동방정식에 대한 표현이다. 정수를 계수로 갖는 다항식

$$f(x) = a_n x^n + a_{n-1}x^{n-1} + \cdots + a_0,\ a_n \not\equiv 0 \pmod{p}$$

에 대하여 $f(x) \equiv 0 \pmod{p}$을 **법 p에 관한 n차 다항 합동방정식**이라 부른다. 물론 $x = c$가 주어진 합동방정식의 해이면 $f(c) \equiv 0 \pmod{p}$임을 뜻한다. $x = c$가 주어진 합동방정식의 해이고 $d \equiv c \pmod{p}$이면 $x = d$도 주어진 합동방정식의 해임을 쉽게 알 수 있다. 결국 법 p에 관한 c의 잉여류 $\bar{c}$에 속하는 모든 원소가 해이다. 따라서 주어진 합동방정식의 해는 $x \equiv c \pmod{p}$로 적을 수 있다.

예제 8.2.1 p가 소수일 때 합동방정식

$$x^{p-1} - 1 \equiv 0 \pmod{p}$$

을 풀어라.

풀이 페르마의 정리에 의해 $(a, p) = 1$인 모든 정수 a에 대하여 $a^{p-1} \equiv 1 \pmod{p}$임을 알고 있다. 그러므로 주어진 합동방정식의 해는 p와 서로 소인 모든 정수이다. 즉

$$x \equiv 1 \pmod{p},\ x \equiv 2 \pmod{p},\ \cdots,\ x \equiv p-1 \pmod{p}$$

으로 적을 수 있다. ■

정리 5.5.1에서 소수 p에 대하여 $x \equiv c \pmod{p}$가 다항 합동방정식 $f(x) \equiv 0 \pmod{p}$의 근이면 $x - c$가 $f(x)$의 법 p에 관한 인수임을 증명없이 소개하였다. 다음 정리에서 정리 5.5.1의 증명을 포함하여 n차 다항 합동방정식은 기껏해야 n개의 합동이 아닌 근을 가짐을 보인다.

정리 8.2.2 [라그랑주(Lagrange)의 정리]

p가 소수일 때 정수를 계수로 갖는 다항식

$$f(x) = a_n x^n + a_{n-1} x^{n-1} + \cdots + a_0,\ a_n \not\equiv 0 \pmod p$$

에 대하여 $f(x) \equiv 0 \pmod p$은 기껏해야 n개의 법 p에 관하여 합동이 아닌 근을 가진다.

증명

차수 n에 관한 수학적 귀납법으로 증명한다. 먼저 $n=1$이면 합동방정식은

$$f(x) = ax + b \equiv 0 \pmod p,\ (a,\ p) = 1$$

의 형태이다. 제5장의 풀이에 의해 위의 합동방정식은 단 한조의 법 p에 관한 해를 가진다. 따라서 $n=1$일 때 위의 정리가 성립한다.

이제 $n \ge 2$이고 $n-1$차 이하의 모든 다항 합동방정식에 대하여 위의 정리가 성립한다고 가정하자. 또한 $x \equiv a \pmod p$이 $f(x) \equiv 0 \pmod p$의 해라 가정하자. 이제 나눗셈 알고리즘을 이용하여

$$f(x) = (x-a)g(x) + r,\ r\text{는 정수}$$

라고 하면 $f(a) \equiv 0 \pmod p$이므로

$$0 \equiv f(a) = (a-a)g(a) + r \equiv r \pmod p$$

이다. 따라서 합동방정식 $f(x) \equiv 0 \pmod p$은 $f(x) \equiv (x-a)g(x) \equiv 0 \pmod p$으로 다시 적을 수 있다. 여기서 $g(x)$는 $n-1$차 다항식

$$g(x) = a_n x^{n-1} + \cdots + b_0$$

의 형태이다. 만약 $x \equiv b \pmod p$이 합동방정식 $f(x) \equiv 0 \pmod p$의 해이고 $a \not\equiv b \pmod p$이면

$$0 \equiv f(b) \equiv (b-a)g(b) \pmod p$$

이다. 그리고 $a \not\equiv b \pmod p$이고 p가 소수이므로 $g(b) \equiv 0 \pmod p$이다. 즉 a와 합동이 아닌 합동방정식 $f(x) \equiv 0 \pmod p$의 해는 모두 합동방정식 $g(x) \equiv 0 \pmod p$의 해임

을 알았다. 한편 합동방정식 $g(x) \equiv 0 \pmod p$의 차수는 $n-1$이므로 수학적 귀납법의 가정에 의해 $g(x) \equiv 0 \pmod p$는 기껏해야 $n-1$개의 법 p에 관하여 합동이 아닌 해를 가진다. 그러므로 $f(x) \equiv 0 \pmod p$는 기껏해야 n개의 법 p에 관하여 합동이 아닌 해를 가진다. ■

예제 8.2.1에서 p가 소수일 때 합동방정식

$$x^{p-1} - 1 \equiv 0 \pmod p$$

은 정확히 $p-1$개의 서로 합동이 아닌 해를 가짐을 알았다. 이제 $p-1$의 양의 약수 d에 대하여 $x^d - 1 \equiv 0 \pmod p$은 정확히 d개의 법 p에 관하여 서로 합동이 아닌 해를 가짐을 보인다.

정리 8.2.3

p가 소수이고 d가 $p-1$의 양의 약수이면, $x^d - 1 \equiv 0 \pmod p$은 정확히 d개의 법 p에 관하여 서로 합동이 아닌 해를 가진다.

증명

$p-1 = de$라 두면

$$\begin{aligned} x^{p-1} - 1 &= (x^d - 1)(x^{d(e-1)} + x^{d(e-2)} + \cdots + x^d + 1) \\ &= (x^d - 1)g(x) \end{aligned}$$

이다. 예제 8.2.1에 의해 합동방정식 $x^{p-1} - 1 \equiv 0 \pmod p$은 정확히 $p-1$개의 법 p에 관하여 서로 합동이 아닌 해를 가진다. 한편 p가 소수이므로 $x^{p-1} - 1 \equiv 0 \pmod p$의 각 해는 $x^d - 1 \equiv 0 \pmod p$의 해 또는 $g(x) \equiv 0 \pmod p$의 해이다.

그러나 라그랑주의 정리에 의하면 $x^d - 1 \equiv 0 \pmod p$은 기껏해야 d개의 법 p에 관해 합동이 아닌 해를 가지며 $g(x) \equiv 0 \pmod p$은 기껏해야 $d(e-1)$개의 법 p에 관해 합동이 아닌 해를 가진다. 따라서 $x^{p-1} - 1 \equiv 0 \pmod p$가 정확히 $p-1$개의 서로 합동이 아닌 해를 가지기 위해서 $x^d - 1 \equiv 0 \pmod p$은 정확히 d개의 법 p에 관해 합동이 아닌 해를 가지고 $g(x) \equiv 0 \pmod p$은 정확히 $d(e-1)$개의 법 p에 관해 합동이 아닌 해를 가져야 한다. ■

p가 소수일 때 법 p에 관한 원시근의 존재성을 증명해 보자. 정리 8.2.3에 의하면 d가 $p-1$의 양의 약수이면 합동방정식 $x^d - 1 \equiv 0 \pmod{p}$은 정확히 d개의 법 p에 관하여 서로 합동이 아닌 해를 가진다는 것을 보였다. 그러면 이 d개의 근 중에 위수가 d인 원소는 모두 몇 개인가? 이 질문에 답을 구하기 전에 다음 두 예제를 보도록 하자.

예제 8.2.4 (1) 예제 8.1.8을 참고하여 $\phi(15)=8$의 각 양의 약수 d에 대하여 $\mathbb{Z}_{15}^*$에 속하는 각 원소 중에서 위수 d인 원소의 수와 $\phi(d)$값과 비교하여라.

(2) 합동방정식 $x^2 - 1 \equiv 0 \pmod{15}$의 근을 구하라.

풀이 (1) 예제 8.1.8에서 위수 1인 원소는 1 하나가 있다. 그리고 $\phi(1)=1$이므로 위수 1인 원소의 수와 $\phi(1)=1$은 같다. 8의 약수 2에 대하여 위수가 2인 원소는 4, 11, 14로서 3개가 존재하며 $\phi(2)=1$이다. 또한 8의 약수 4에 대하여 위수가 4인 원소는 2, 7, 8, 13으로서 4개가 존재하며 $\phi(4)=2$이다. 또한 8의 약수 8에 대하여 위수가 8인 원소는 존재하지 않는다. 이상을 종합하면 다음 표를 얻을 수 있으며 위수 d인 원소의 수와 $\phi(d)$값은 상관이 없는 것으로 보인다.

위수 d	원 소	원소의 수	$\phi(d)$
1	1	1	1
2	4, 11, 14	3	1
4	2, 7, 8, 13	4	2
8	없음	0	4

(2) 합동방정식 $x^2 - 1 \equiv 0 \pmod{15}$의 근은

$$x \equiv 1 \pmod{15},\ x \equiv 4 \pmod{15},$$
$$x \equiv 11 \pmod{15},\ x \equiv 14 \pmod{15}$$

이다. 따라서 2차 합동방정식이 4개의 근을 가진다. 이 예제에서 위의 정리는 소수 p에 대해서만 참임을 알 수 있다. ■

예제 8.2.5 $\phi(11)=10$의 각 양의 약수 d에 대하여 $\mathbb{Z}_{11}^*$에 속하는 각 원소 중에서 위수 d인 원소의 수와 $\phi(d)$값을 비교하여라.

풀이 $\mathbb{Z}_{11}^*$에 속하는 각 원소의 위수를 계산하면 다음 표를 얻을 수 있으며 이 표에서 2, 6, 7, 8이 법 11에 관한 원시근임을 알 수 있다.

위수 d	원 소	원소의 수	$\phi(d)$
1	1	1	1
2	10	1	1
5	4, 5, 9, 3	4	4
10	2, 6, 7, 8	4	4

따라서 이 예제에서 위수 d인 원소의 수와 $\phi(d)$값은 같음을 알 수 있다. ■

정리 8.2.6

p가 홀수인 소수이고 d가 $p-1$의 양의 약수이면 $\mathbb{Z}_p^*$의 원소 중에 위수가 d인 원소는 정확히 $\phi(d)$개 존재한다.

증명

페르마의 정리에 의해 $\bar{a} \in \mathbb{Z}_p^*$에 대하여 $\text{ord}_p a$는 $\phi(p) = p-1$의 약수임을 알고 있다. 만약 d가 $p-1$의 양의 약수이면 $\psi(d)$를 $\text{ord}_p a = d$를 만족하는 $\bar{a} \in \mathbb{Z}_p^*$의 수로 정의하자. 그러면 위의 사실에 의해

$$\sum_{d \mid p-1} \psi(d) = |\mathbb{Z}_p^*| = p-1$$

이다. 한편 가우스 정리(정리 7.2.7)에 의해

$$\sum_{d \mid p-1} \phi(d) = p-1$$

이다. 따라서 등식 $\sum_{d \mid p-1} \psi(d) = \sum_{d \mid p-1} \phi(d)$을 얻는다. 이제 $p-1$의 모든 양의 약수 d에 대하여 $\psi(d) \le \phi(d)$임을 증명한다. 만약 $\psi(d) = 0$이면 당연히 $\psi(d) \le \phi(d)$이다. 그러므로 $\psi(d) > 0$라고 가정한다. 그러면 $\text{ord}_p a = d$를 만족하는 $\bar{a} \in \mathbb{Z}_p^*$가 존재한다. $\text{ord}_p a = d$이므로

$$a,\ a^2,\ \cdots,\ a^d$$

은 법 p에 관해 합동이 아니다. 더욱이 $x=a$가 $x^d-1\equiv 0 \pmod p$의 해이므로 $x=a^k$, $(k=1,\ 2,\ \cdots,\ d)$도 $x^d-1\equiv 0 \pmod p$의 해이다. 정리 8.2.3에 의해 $x^d-1\equiv 0 \pmod p$은 정확히 d개의 법 p에 관하여 서로 합동이 아닌 해를 가진다. 그러므로 $x\equiv a^k \pmod p$, $(k=1,\ 2,\ \cdots,\ d)$이 $x^d-1\equiv 0 \pmod p$의 모든 해이다.

또한 위수 d인 원소는 $x^d-1\equiv 0 \pmod p$의 해이므로, 이들 원소 중에서 위수가 d인 원소는 a^k, $(k,\ d)=1$인 원소이다. 그러므로 이들의 개수는 $\phi(d)$이다. 그러므로 이 경우에는 $\psi(d)=\phi(d)$이다. 모든 $p-1$의 약수 d에 대하여 $0\le\psi(d)\le\phi(d)$이므로 등식 $\sum_{d\mid p-1}\psi(d)=\sum_{d\mid p-1}\phi(d)$에 의해 $\psi(d)=\phi(d)$를 얻는다. ■

따름정리 8.2.7

p가 홀수인 소수이면 법 p에 관한 원시근을 가지며 원시근의 수는 $\phi(p-1)=\phi(\phi(p))$이다.

위의 정리에 의하면 모든 소수 p에 대하여 법 p에 관한 원시근을 가지며 원시근의 수는 $\phi(p-1)=\phi(\phi(p))$이다. $\phi(p-1)=\phi(\phi(p))$ 개수의 원시근 중에서 2를 가장 작은 원시근으로 갖는 소수는 몇 개나 있을까? 부록의 표에서 보듯이 2를 원시근으로 갖는 소수는 매우 많다. 예측은 무한한 개수의 소수가 2를 원시근으로 가질 것으로 생각하지만 이 문제 역시 아직 미해결 문제이다.

8.2 연습문제

01 홀수인 소수 p는 원시근 g을 가진다는 사실을 이용하여 윌슨의 정리를 증명하여라.

02 연습문제 8.1의 1번을 참고하여 13과 서로 소인 모든 정수 a에 대하여 $a^{\frac{13-1}{2}} \equiv 1 \pmod{13}$ 또는 $a^{\frac{13-1}{2}} \equiv -1 \pmod{13}$임을 보여라. 그리고 a가 법 13에 대한 원시근이면 $a^{\frac{13-1}{2}} \equiv -1 \pmod{13}$임을 보여라.

03 2번을 일반화하여 모든 홀수인 소수 p와 p와 서로 소인 정수 a에 대하여 $a^{\frac{p-1}{2}} \equiv 1 \pmod{p}$ 또는 $a^{\frac{p-1}{2}} \equiv -1 \pmod{p}$임을 보여라. 그리고 a가 법 p에 대한 원시근이면 $a^{\frac{p-1}{2}} \equiv -1 \pmod{p}$임을 보여라.

8.3 원시근을 가지는 합성수

앞 절에서 홀수인 소수는 원시근을 가짐을 보았고 또한 15와 같은 합성수는 원시근을 갖지 않음을 알았다. 그러나 실제로 모든 합성수가 원시근을 갖지 않는 것은 아니다. 이 절에서 원시근을 갖는 합성수에 대하여 알아본다.

정리 8.3.1

$k \geq 3$인 정수 k에 대하여 2^k은 원시근을 갖지 않는다.

증명

2^k과 서로 소인 정수 a에 대하여 $\text{ord}_{2^k} a < \phi(2^k) = 2^{k-1}$임을 보이면 된다. 먼저 a가 2^k와 서로 소인 정수이면 $k \geq 3$인 정수 k에 대하여

$$a^{2^{k-2}} \equiv 1 \pmod{2^k}$$

임을 보인다. 이를 위해 k에 관한 수학적 귀납법을 이용한다. 만약 $k=3$이면 $(a, 8)=1$인 정수 a에 대하여

$$a^2 \equiv 1 \pmod{8}$$

임을 보이면 된다. $(a, 8)=1$인 정수는 $a \equiv 1 \pmod{8}$, $a \equiv 3 \pmod{8}$, $a \equiv 5 \pmod{8}$, $a \equiv 7 \pmod{8}$이며 각 경우에 $a^2 \equiv 1 \pmod{8}$이다. 그러므로 $k=3$일 때 $a^{2^{k-2}} \equiv 1 \pmod{2^k}$는 참이다.

이제 $k=n$일 때 합동식 $a^{2^{n-2}} \equiv 1 \pmod{2^n}$이 참이라 가정하고 $k=n+1$일 때 주어진 합동식이 참임을 보인다. 만약 $a^{2^{n-2}} \equiv 1 \pmod{2^n}$이면

$$a^{2^{n-2}} = 1 + b2^n$$

을 만족하는 정수 b가 존재한다. 양변을 제곱하면

$$\begin{aligned} a^{2^{n-1}} &= (a^{2^{n-2}})^2 = 1 + 2(b2^n) + (b2^n)^2 \\ &= 1 + 2^{n+1}(b + b^2 2^{n-1}) \\ &\equiv 1 \pmod{2^{n+1}} \end{aligned}$$

을 얻는다. 이것은 주어진 합동식에서 $k=n+1$인 경우다. 따라서 수학적 귀납법에 의해 합동식이 증명되었다. 이제 $(a,\ 2^k)=1$인 정수 a는 정확히 홀수인 정수이다. 그리고 $\phi(2^k)=2^{k-1}$이므로 위의 합동식은

$$a^{\phi(2^k)/2} \equiv 1 \pmod{2^k}$$

임을 뜻한다. 그러므로 $\mathrm{ord}_{2^k}a < \phi(2^k)$이다. 즉 a는 법 2^k에 관한 원시근이 아니다. ■

정리 8.3.2

$m>2,\ n>2$인 정수이고 $(m,\ n)=1$이면 mn은 원시근을 갖지 않는다.

증명

$(a,\ mn)=1$인 정수 a에 대하여 $(a,\ m)=(a,\ n)=1$임은 자명하다.
$l=[\phi(m),\ \phi(n)]$ 그리고 $d=(\phi(m),\ \phi(n))$이라 두면 $\phi(m),\ \phi(n)$은 모두 짝수(정리 7.2.6)이므로

$$l=\frac{\phi(m)\phi(n)}{d} \le \frac{\phi(mn)}{2}$$

이다. 이제 오일러의 정리에 의해

$$a^{\phi(m)} \equiv 1 \pmod{m}$$

이다. 양변을 $\dfrac{\phi(n)}{d}$제곱을 취하면

$$a^l=(a^{\phi(m)})^{\phi(n)/d} \equiv 1^{\phi(n)/d} \equiv 1 \pmod{m}$$

을 얻을 수 있으며 마찬가지 방법으로 $a^l \equiv 1 \pmod{n}$임을 얻을 수 있다. 그러므로

$$a^l \equiv 1 \pmod{mn}$$

이다. 따라서 $\mathrm{ord}_{mn}a \le l$이다. 한편 $l \le \dfrac{\phi(mn)}{2}$이므로 $\mathrm{ord}_{mn}a < \phi(mn)$이다. 즉 a는 법 mn에 관한 원시근이 될 수 없다. ■

이제 법 n에 관한 원시근을 가질 수 있는 양의 정수는 이미 증명된 홀수인 소수이거나 4, p^k 또는 $2p^k$뿐이다. 여기서 p는 소수이고 $k>1$이다. 4가 원시근을 가짐은 자명하다. 지금부터 나머지 경우에 원시근을 가짐을 증명한다.

정리 8.3.3

p가 홀수인 소수이고 a가 법 p에 관한 원시근이면 a 또는 $a+p$는 법 p^2에 관한 원시근이다.

증명

a가 법 p에 관한 원시근이므로

$$\mathrm{ord}_p a=\phi(p)=p-1$$

이다. 만약 $\mathrm{ord}_{p^2} a=n$이라 두면

$$a^n\equiv 1 \pmod{p^2}$$

이다. 그러므로 $n\mid\phi(p^2)=p(p-1)$이다. 법 p^2에 관한 합동등식은 법 p에 관해서도 성립하므로 $a^n\equiv 1 \pmod p$이다. a의 법 p에 관한 위수가 $p-1$이므로 $(p-1)\mid n$이다. 그러므로 $n=p-1$ 또는 $n=p(p-1)$이다.

만약 $n=p(p-1)$이면 a가 법 p^2에 관한 원시근이다.

따라서 $n=p-1$이라 가정한다. a가 법 p에 관한 원시근이므로 $a+p$도 법 p에 관한 원시근이다. 따라서 위에서와 같이 $a+p$의 법 p^2에 관한 위수는 $p-1$ 또는 $p(p-1)$ 이다.

이제 $\mathrm{ord}_{p^2}(a+p)\neq p-1$임을 증명한다. 한편

$$\begin{aligned}(a+p)^{p-1}&=a^{p-1}+(p-1)a^{p-2}p+\binom{p-1}{2}a^{p-3}p^2+\cdots+p^{p-1}\\&\equiv a^{p-1}+(p-1)pa^{p-2} \pmod{p^2}\end{aligned}$$

이다. 그러므로 $\mathrm{ord}_{p^2} a=n=p-1$에 의해

$$(a+p)^{p-1}\equiv 1-pa^{p-2} \pmod{p^2}$$

을 얻는다. a가 p의 배수가 아니므로 $a^{p-2}\not\equiv 0 \pmod p$이다. 따라서 $pa^{p-2}\not\equiv 0$

$(\text{mod } p^2)$이다. 그러므로 $(a+p)^{p-1} \not\equiv 1 \pmod{p^2}$이며 $\text{ord}_{p^2}(a+p) \neq p-1$이다. 즉

$$\text{ord}_{p^2}(a+p) = \phi(p^2) = p(p-1)$$

이며 $a+p$가 법 p^2에 관한 원시근이다. ■

a가 법 p에 관한 원시근이면 $a \equiv a+p \pmod{p}$이므로 $a+p$가 법 p에 관한 원시근이다. 따라서 위의 정리에 의하면 a가 법 p와 p^2에 관한 원시근이거나 $a+p$가 법 p와 p^2에 관한 원시근이다. 홀수인 소수 p와 법 p에 관한 원시근 a에 대하여 만약

$$a^{p-1} \not\equiv 1 \pmod{p^2}$$

이면 a는 법 p와 p^2에 관한 원시근이다. 만약

$$a^{p-1} \equiv 1 \pmod{p^2}$$

이면 $a+p$가 법 p와 p^2에 관한 원시근이다.

예제 8.3.4 3이 법 7에 관한 원시근임을 이용하여 법 49에 관한 원시근을 구하라.

풀이 위의 정리의 증명과정에서 3 또는 $3+7=10$이 법 49에 관한 원시근이 될 수 있다.

$$3^6 \equiv 43 \not\equiv 1 \pmod{49}$$

이다 따라서 $3^{42} \equiv 1 \pmod{49}$이며 $\text{ord}_{49} 3 = 42 = \phi(49)$이다. 따라서 3이 법 49에 관한 원시 근이다. 또한 $3+7=10$도 법 49에 관한 원시근이다.

■

예제 8.3.5 2가 법 13에 관한 원시근임을 이용하여 법 169에 관한 원시근을 구하라.

풀이

$$2^{\phi(13)} = 2^{12} \equiv 1 \pmod{13}$$

이다. 그러나

$$2^{\phi(13)} = 2^{12} \equiv 40 \not\equiv 1 \pmod{13^2}$$

이다. 그러므로 위의 성질에 의해 2가 법 169에 관한 원시근이며, $2+13=15$ 또한 법 169에 관한 원시근이다. ■

10은 소수 487에 대해 원시근이고 $10^{486} \equiv 1 \pmod{487^2}$이어서 $10+487$이 법 487^2에 대한 원시근이 된다.

p가 홀수인 소수이면 법 p^2에 관한 원시근이 존재함을 보았다. 다음 정리에서 법 p^2에 관한 원시근이 모든 양의 정수 k에 대하여 법 p^k에 관한 원시근임을 보인다.

정리 8.3.6

p가 홀수인 소수이고 a가 법 p^2에 관한 원시근이면 모든 양의 정수 k에 대하여 a는 법 p^k에 관한 원시근이다.

증명

a가 법 p^k에 관한 원시근임을 보이기 위해 먼저 $k \geq 2$에 대하여 $a^{p^{k-2}(p-1)} \not\equiv 1 \pmod{p^k}$임을 보인다. 이를 보이기 위해 k에 대한 수학적 귀납법을 이용한다. a가 법 p^2에 관한 원시근이라는 사실에서 $a^{p-1} \not\equiv 1 \pmod{p^2}$이다. 이 식은 위의 증명하고자 하는 합동식의 $k=2$인 경우이다. 따라서 $k=2$일 때 참이다. 이제 $k=n$일 때 위의 식이 참이라 가정하자. 즉

$$a^{p^{n-2}(p-1)} \not\equiv 1 \pmod{p^n}$$

이다. $(a,\ p^n)=1$이므로 오일러의 정리에 의해

$$a^{p^{n-2}(p-1)} \equiv a^{\phi(p^{n-1})} \equiv 1 \pmod{p^{n-1}}$$

이다. 따라서

$$a^{p^{n-2}(p-1)} = 1 + p^{n-1}c$$

를 만족하는 정수 c가 존재한다. 양변을 p제곱하면 이항정리에 의해

$$\begin{aligned} a^{p^{n-1}(p-1)} &= (1+p^{n-1}c)^p \\ &= 1 + p\,p^{n-1}c + \binom{p}{2}(p^{n-1}c)^2 + \cdots + (p^{n-1}c)^p \end{aligned}$$

을 얻는다. $a^{p^{n-2}(p-1)} \not\equiv 1 \pmod{p^n}$ 사실에 의해 $(c, p) = 1$이다. 또한

$$\binom{p}{2}(p^{n-1}c)^2 + \cdots + (p^{n-1}c)^p \equiv 0 \pmod{p^{n+1}}$$

이므로

$$\begin{aligned} a^{p^{n-1}(p-1)} &= (1 + p^{n-1}c)^p \\ &\equiv 1 + pp^{n-1}c \pmod{p^{n+1}} \\ &\not\equiv 1 \pmod{p^{n+1}} \end{aligned}$$

이다. 즉 $k = n+1$일 때 위의 식을 증명한 것이다. 그러므로 수학적 귀납법에 의해

$$a^{p^{k-2}(p-1)} \not\equiv 1 \pmod{p^k} \tag{1}$$

임이 증명되었다. 이제 $\mathrm{ord}_{p^k} a = \phi(p^k) = p^{k-1}(p-1)$임을 보인다. $\mathrm{ord}_{p^k} a = r$이라 두면

$$r \mid \phi(p^k) = p^{k-1}(p-1)$$

이다. 한편 $a^r \equiv 1 \pmod{p^k}$이므로 $a^r \equiv 1 \pmod{p}$이다. 그러므로 $(p-1) \mid r$이다. 따라서 $r = p^s(p-1)$을 만족하는 정수 s $(0 \le s \le k-1)$가 존재한다. 만약 $0 \le s < k-1$이면

$$a^{p^{k-2}(p-1)} \equiv (a^{p^s(p-1)})^{p^{k-s-2}} \equiv 1^{p^{k-s-2}} \equiv 1 \pmod{p^k}$$

을 얻는다. 이것은 (1)에 모순이다. 그러므로 $r = p^{k-1}(p-1)$이며 a는 법 p^k에 관한 원시근이다. ■

예제 8.3.7 예제 8.3.5에 의해 15는 법 13과 $13^2 = 169$에 관한 원시근이다. 따라서 위의 정리에 의해 15는 모든 양의 정수 k에 대하여 법 13^k에 관한 원시근이다.

정리 8.3.8

모든 양의 정수 k와 홀수인 소수 p에 대하여 법 $2p^k$에 관한 원시근이 존재한다.

증명

정리 8.3.6에 의해 모든 양의 정수 k와 홀수인 소수 p에 대하여 법 p^k에 관한 원시근 a가 존재한다.

(1) 만약 a가 홀수이면 a는 법 $2p^k$에 관한 원시근임을 증명한다.

a가 홀수이고 $(a,\ p^k)=1$이므로 $(a,\ 2p^k)=1$이다. $r=\mathrm{ord}_{2p^k}\ a$라 두면

$$r \mid \phi(2p^k)=\phi(p^k)$$

이다. 그러나 $a^r \equiv 1 \pmod{2p^k}$이므로 $a^r \equiv 1 \pmod{p^k}$이다. 그러나 a가 법 p^k에 관한 원시근이므로 $\phi(p^k) \mid r$이다. 그러므로 $r=\phi(p^k)=\phi(2p^k)$이며 따라서 a는 법 $2p^k$에 관한 원시근이다.

(2) 만약 a가 짝수이면 $a+p^k$이 법 $2p^k$에 관한 원시근임을 증명한다.

a는 짝수이고 p는 홀수인 소수이므로 $a+p^k$는 홀수이다. 또한 a가 법 p^k에 관한 원시근이므로 $a+p^k$도 법 p^k에 관한 원시근이다. 그러므로 (1)에 의해 $a+p^k$는 법 $2p^k$에 관한 원시근이다. ■

예제 8.3.5에 의해 15는 모든 양의 정수 k에 대하여 법 13^k에 관한 원시근임을 알고 있다. 따라서 위의 정리에 의해 15가 홀수이므로 15는 모든 양의 정수 k에 대하여 법 $2 \cdot 13^k$에 관한 원시근이다.

8.3 연습문제

01 2^4은 원시근을 갖지 않음을 보여라.

02 $13 \cdot 17$이 원시근을 갖지 않는 이유를 정리 8.3.2의 과정을 따라 설명하여라.

03 3^2, 3^3, 3^4의 원시근을 구하여라.

04 3번의 결과를 이용하여 $2 \cdot 3^2$, $2 \cdot 3^3$, $2 \cdot 3^4$의 원시근을 구하여라.

05 p^k과 $2p^k$의 원시근의 개수를 비교하여라.

06 3이 7^2의 원시근인지를 결정하여라.

07 $k \geq 3$이면 $\text{ord}_{2^k} 5 = 2^{k-2}$임을 보여라.

8.4 이산로그

앞 절의 정리에 의하면 홀수인 소수 p와 양의 정수 k에 대하여 4, p^k, $2p^k$형태의 정수만 원시근을 갖는다. 이 절에서 이런 형태의 정수 n과 법 n에 관한 원시근 a를 이용하여 이산로그를 정의한다. 이미 알고 있는 로그함수는 양의 실수 a $(a \neq 1)$와 양의 실수 x에 대하여

$$y = \log_a x \quad \Leftrightarrow \quad x = a^y$$

으로 정의되어 있고 양의 실수 b, c에 대하여 다음의 성질을 가진다.

(1) $\log_a 1 = 0$

(2) $\log_a bc = \log_a b + \log_a c$

(3) $\log_a b^k = k \log_a b$

지금 정의하는 이산로그는 $(n, b) = 1$을 만족하는 정수 b에 대하여 정의되며 일반적인 로그함수가 만족한 위의 성질을 법 $\phi(n)$에 관한 합동등식으로 만족하게 된다. n을 법 n에 관한 원시근 a를 갖는 양의 정수라 하자. 그러면

$$\{a, a^2, \cdots, a^{\phi(n)}\}$$

은 법 n에 관한 기약잉여계이다. 따라서 $(b, n) = 1$인 각 정수 b에 대하여

$$b \equiv a^i \pmod{n}$$

을 만족하는 정수 i $(1 \leq i \leq \phi(n))$가 단 하나 존재한다. 이때 i를 법 n에 관한 b의 a를 밑수로 갖는 이산로그라 정의한다.

정의 8.4.1 [이산로그, 지수]

n을 법 n에 관한 원시근 a를 갖는 양의 정수라 하자. $(b, n) = 1$인 각 정수 b에 대하여

$$b \equiv a^i \pmod{n}$$

을 만족하는 정수 i $(1 \leq i \leq \phi(n))$를 법 n에 관한 b의 a를 밑수로 갖는 이산로그

(discrete logarithm) 또는 지수(index)라 하고 기호로 $i=\text{ind}_a b$로 적는다. 즉

$$i=\text{ind}_a b \quad \Leftrightarrow \quad b\equiv a^i \pmod n$$

이다.

이 정의에서 ind를 log로 교환하면 로그함수의 정의와 법 n에 관한 합동등식을 제외하면 같음을 알 수 있다. 따라서 이산로그가 로그함수의 성질을 가질 것은 이미 예측이 된다. 이산로그의 정의에 의하면 이산로그인 함수 $\text{ind}_a\colon \mathbb{Z}_n^* \to A$를 $\text{ind}_a(\bar{b})=\text{ind}_a b$로 정의하면, $\text{ind}_a\colon \mathbb{Z}_n^* \to A$는 전단사함수이다. 여기서 집합 $A=\{1, 2, \cdots, \phi(n)\}$이다.

정리 8.4.2

n을 법 n에 관한 원시근 a를 갖는 양의 정수라 하자.

$$a^i\equiv a^j \pmod n \quad \Leftrightarrow \quad i\equiv j \pmod{\phi(n)}$$

이다. 더욱이 b, c가 n과 서로 소인 정수이면

$$b\equiv c \pmod n \quad \Leftrightarrow \quad \text{ind}_a b=\text{ind}_a c$$

이다.

증명

$a^i\equiv a^j \pmod n$이고 $i\ge j$이라 가정하면 $(a, n)=1$이므로 $a^i\equiv a^j \pmod n$에서

$$a^{i-j}\equiv 1 \pmod n$$

이다. a가 법 n에 관한 원시근이므로 $\text{ord}_n a=\phi(n)$이다. 따라서

$$\phi(n)\mid(i-j)$$

이며, 즉 $i\equiv j \pmod{\phi(n)}$이다.

역의 증명은 자명하므로 여기서는 생략하고 각자에게 맡긴다.

b, c가 n과 서로 소인 정수이면 $\{a, a^2, \cdots, a^{\phi(n)}\}$이 법 n에 관한 기약잉여계이므로

$$b \equiv a^i \pmod{n}\text{이고 } c \equiv a^j \pmod{n}$$

을 만족하는 정수 i, j가 존재한다. $b \equiv c \pmod{n}$이라 가정하면 위의 성질에 의해 $a^i \equiv a^j \pmod{n}$이고, 따라서 $i \equiv j \pmod{\phi(n)}$이다. 즉

$$\mathrm{ind}_a b \equiv \mathrm{ind}_a c \pmod{\phi(n)}$$

이다.

역으로 $\mathrm{ind}_a b = \mathrm{ind}_a c$를 가정하고 $i = \mathrm{ind}_a b = \mathrm{ind}_a c$라 두자. 그러면 $b \equiv a^i \pmod{n}$이고 $c \equiv a^i \pmod{n}$이므로 $b \equiv c \pmod{n}$이다. ■

예제 8.4.3 3은 법 7에 관한 원시근임을 알고 있다. 그리고

$$3^1 \equiv 3 \pmod{7},\ 3^2 \equiv 2 \pmod{7},\ 3^3 \equiv 6 \pmod{7},$$
$$3^4 \equiv 4 \pmod{7},\ 3^5 \equiv 5 \pmod{7},\ 3^6 \equiv 1 \pmod{7}$$

에 의해 법 7에 관한 3을 밑수로 갖는 이산로그를 구하면

$$\mathrm{ind}_3 3 = 1,\ \mathrm{ind}_3 2 = 2,\ \mathrm{ind}_3 6 = 3,\ \mathrm{ind}_3 4 = 4,\ \mathrm{ind}_3 5 = 5,\ \mathrm{ind}_3 1 = 6$$

을 얻는다. 또한

$$3^n \equiv 3^4 \pmod{7} \quad \Leftrightarrow \quad n \equiv 4 \pmod{\phi(7)} \quad \Leftrightarrow \quad n \equiv 4 \pmod{6}$$

이다. 그러므로 만약 $b = 3^{4+6k}$ ($k \geq 0$인 정수)일 때, 법 7에 관한 3을 밑수로 갖는 이산로그를 구하면

$$\mathrm{ind}_3 b = 4$$

이다. ■

정리 8.4.4

n을 법 n에 관한 원시근 a를 갖는 양의 정수라 하자. b, c가 n과 서로 소인 정수이면 다음이 성립된다.

(1) $\text{ind}_a 1 = \phi(n)$, $\text{ind}_a a = 1$

(2) $\text{ind}_a bc \equiv \text{ind}_a b + \text{ind}_a c \pmod{\phi(n)}$

(3) 양의 정수 k에 대하여 $\text{ind}_a b^k \equiv k\,\text{ind}_a b \pmod{\phi(n)}$이다.

증명

(1) $a^{\phi(n)} \equiv 1 \pmod{n}$ 이고 $a^1 = a$ 이므로 이산로그 정의에 의해

$$\text{ind}_a 1 = \phi(n),\ \text{ind}_a a = 1$$

이다.

(2) $\text{ind}_a b = i$, $\text{ind}_a c = j$라 두면 $b \equiv a^i \pmod{n}$이고 $c \equiv a^j \pmod{n}$이다. 그러므로

$$bc \equiv a^i a^j = a^{i+j} \pmod{n}$$

이다. 정리 8.4.2에 의해

$$\text{ind}_a bc \equiv i + j \pmod{\phi(n)}$$

이다. 따라서 (2)가 성립된다.

(3) (2)의 결과로 귀납법에 의해 간단히 증명된다. ■

예제 8.4.5 2는 법 13에 관한 원시근이다. 법 13에 관한 2를 밑수로 갖는 이산로그표는 아래와 같다. 이 표를 이용하여 다음을 계산하여라.

b	1	2	3	4	5	6	7	8	9	10	11	12
$\text{ind}_2 b$	12	1	4	2	9	5	11	3	8	10	7	6

(1) $\text{ind}_2 20$　　(2) $\text{ind}_2 6^{20}$

(3) $\text{ind}_2(-3)$　　(4) $\text{ind}_2(11 \cdot 12)$

풀이 (1) $\text{ind}_2 20 = \text{ind}_2 7 = 11$ 또는

$\text{ind}_2 20 = \text{ind}_2(2 \cdot 10) = \text{ind}_2 2 + \text{ind}_2 10 = 1 + 10 = 11$을 얻는다.

(2) $\text{ind}_2 6^{20} = 20\ \text{ind}_2 6 = 20 \cdot 5 = 100 \equiv 4 \pmod{12}$이다.

(3) $\text{ind}_2(-3) = \text{ind}_2 10 = 10$이다.

(4) $\text{ind}_2(11 \cdot 12) = \text{ind}_2 11 + \text{ind}_2 12 = 7 + 6 = 13 \equiv 1 \pmod{12}$이다.

또는 $\text{ind}_2(11 \cdot 12) = \text{ind}_2 132 = \text{ind}_2 2 = 1$을 얻는다. ■

위의 정리와 예제에서 보듯이 법 n에 관해 같은 이산로그를 계산할 때 bc나 b^k의 연산은 법 n에 관한 연산을 하며 $\text{ind}_a b + \text{ind}_a c$나 $k\,\text{ind}_a b$의 계산은 법 $\phi(n)$에 관한 연산임을 주의한다. 이제 만약 n이 원시근 a, b를 가지는 양의 정수일 때 법 n에 관한 a를 밑수로 갖는 이산로그와 b를 밑수로 갖는 이산로그와의 관계를 생각해 보자. 이를 위해 먼저 다음 예제를 살펴본다.

예제 8.4.6 2와 6은 법 13에 관한 원시근이다. 법 13에 관한 2를 밑수로 갖는 이산로그표는 위의 예에서 구하였다. 법 13에 관한 6을 밑수로 가지는 이산로그표를 작성하고 다음 값을 계산하여 다음 등식이 성립함을 보여라.

(1) $\text{ind}_2 6 \cdot \text{ind}_6 2 \equiv 1 \pmod{12}$

(2) $\text{ind}_2 6 \cdot \text{ind}_6 5 \equiv \text{ind}_2 5 \pmod{12}$

풀이 $6^1 \equiv 6 \pmod{13}$, $6^2 \equiv 36 \equiv 10 \pmod{13}$, $6^3 \equiv 8 \pmod{13}$,
$6^4 \equiv 9 \pmod{13}$, $6^5 \equiv 2 \pmod{13}$, $6^6 \equiv 12 \pmod{13}$,
$6^7 \equiv 7 \pmod{13}$, $6^8 \equiv 3 \pmod{13}$, $6^9 \equiv 5 \pmod{13}$,
$6^{10} \equiv 4 \pmod{13}$, $6^{11} \equiv 11 \pmod{13}$, $6^{12} \equiv 1 \pmod{13}$

에서 아래의 표를 얻을 수 있다.

b	1	2	3	4	5	6	7	8	9	10	11	12
$\text{ind}_2 b$	12	1	4	2	9	5	11	3	8	10	7	6
$\text{ind}_6 b$	12	5	8	10	9	1	7	3	4	2	11	6

(1) 위의 표에 의해 $\text{ind}_2 6 \cdot \text{ind}_6 2 \equiv 5 \cdot 5 \equiv 1 \pmod{12}$임을 쉽게 보일 수 있다.

(2) 위의 표에 의해 $\text{ind}_2 6 \cdot \text{ind}_6 5 \equiv 5 \cdot 9 = 45 \equiv 9 \equiv \text{ind}_2 5 \pmod{12}$이다. ■

위의 예에서 보듯이 이산로그는 로그함수의 밑수변환 공식과 유사한 합동식을 만족함을 알 수 있다. 다음 정리에서 이 사실을 증명해 본다.

정리 8.4.7

a, b가 n에 관한 원시근이면 다음이 성립된다.

(1) $\mathrm{ind}_a b \cdot \mathrm{ind}_b a \equiv 1 \pmod{\phi(n)}$

(2) $(c, n)=1$인 정수 c에 대하여 $\mathrm{ind}_a b \cdot \mathrm{ind}_b c \equiv \mathrm{ind}_a c \pmod{\phi(n)}$이다.

(3) $xy \equiv 1 \pmod{n}$인 정수 x, y에 대하여 $\mathrm{ind}_a x + \mathrm{ind}_a y \equiv 0 \pmod{\phi(n)}$이다.

증명

(1) $i = \mathrm{ind}_a b$, $j = \mathrm{ind}_b a$라 두면

$$b \equiv a^i \pmod{n},\quad a \equiv b^j \pmod{n}$$

이다. 그러므로

$$b \equiv a^i \equiv (b^j)^i \equiv b^{ij} \pmod{n}$$

이다. 그러므로 $ij \equiv 1 \pmod{\phi(n)}$이다.

(2) $i = \mathrm{ind}_a b$, $j = \mathrm{ind}_b c$라 두면

$$b \equiv a^i \pmod{n},\quad c \equiv b^j \pmod{n}$$

이다. 따라서

$$c \equiv b^j \equiv (a^i)^j \equiv a^{ij} \pmod{n}$$

이다. 그러므로 $\mathrm{ind}_a c \equiv ij \pmod{\phi(n)}$이다.

(3) $xy \equiv 1 \pmod{n}$이면 정리 8.4.2에 의해

$$0 \equiv \mathrm{ind}_a 1 \equiv \mathrm{ind}_a xy \equiv \mathrm{ind}_a x + \mathrm{ind}_a y \pmod{\phi(n)}$$

이다. ■

이제 이산로그를 이용하여 간단한 합동방정식을 풀어보자. 여러분은 고등학교에서 지

수방정식을 풀 때 자연로그나 상용로그를 취하여 푸는 경우가 있었다. 여기서도 같은 방법으로 지수 합동방정식을 풀기 위해 이산로그를 취하고 또한 이산로그표를 이용하여 푸는 방법을 알아본다.

예제 8.4.8 $6x^{12} \equiv 11 \pmod{17}$의 해를 구하라.

풀이 양변에 법 17에 관한 3을 밑수로 갖는 이산로그를 취하면

$$\mathrm{ind}_3 6x^{12} \equiv \mathrm{ind}_3 6 + 12\,\mathrm{ind}_3 x \equiv \mathrm{ind}_3 11 \pmod{\phi(17)}$$

이다. 그러므로 이산로그표를 참고하면

$$15 + 12\,\mathrm{ind}_3 x \equiv 7 \pmod{16}$$

이다. 따라서 $12\,\mathrm{ind}_3 x \equiv 8 \pmod{16}$이며, 즉 $3\,\mathrm{ind}_3 x \equiv 2 \pmod{4}$이다. 그러므로 $\mathrm{ind}_3 x \equiv 2 \pmod{4}$이다. 따라서 $\mathrm{ind}_3 x \equiv 2,\ 6,\ 10,\ 14 \pmod{16}$이다. 이산로그의 정의에 의해

$$x \equiv 3^2,\ 3^6,\ 3^{10},\ 3^{14} \pmod{17}$$

을 얻을 수 있다. 또한 이산로그표를 참고하면

$$x \equiv 9,\ 15,\ 8,\ 2 \pmod{17}$$

을 얻는다. ■

예제 8.4.9 $7^x \equiv 7 \pmod{17}$을 풀어라.

풀이 양변에 법 17에 관한 3을 밑수로 갖는 이산로그를 취하면

$$x\,\mathrm{ind}_3 7 \equiv \mathrm{ind}_3 7 \pmod{\phi(17)}$$

을 얻는다. $\mathrm{ind}_3 7 \equiv 11 \pmod{16}$이므로

$$11x \equiv 11 \pmod{16}$$

이다. 따라서 구하는 해는

$$x \equiv 1 \pmod{16}$$

이다. ■

위의 예제에서 풀어본 것과 같이 이산로그는 합동식 $x^k \equiv a \pmod{m}$의 해에 관한 연구에도 유용하게 이용될 수 있다. 여기서 m은 원시근을 가지는 양수이고 $(a, m)=1$인 정수 그리고 k는 양수이다.

정의 8.4.10 [k차 잉여]

m, k는 양의 정수이고 a는 m과 서로 소인 정수일 때 만약 합동식 $x^k \equiv a \pmod{m}$이 해를 가지면 a를 m의 k차 잉여(kth power residue of m)라 부른다.

제9장에서 m의 2차 잉여에 관해서는 아주 상세하게 공부할 기회가 있다. 여기서는 m이 원시근을 갖는 양의 정수일 때 m의 k차 잉여에 관해 알아본다.

정리 8.4.11

m이 원시근을 갖는 양의 정수, k는 양의 정수이고 a는 $(a, m)=1$인 정수에 대하여 a가 m의 k차 잉여, 즉 $x^k \equiv a \pmod{m}$이 해를 가질 필요충분조건은

$$a^{\phi(m)/d} \equiv 1 \pmod{m}$$

이다. 여기서 $d=(k, \phi(m))$이다. 더욱이 $x^k \equiv a \pmod{m}$이 해를 가지면 법 m에 관해서 합동이 아닌 해를 정확히 d개 갖는다.

증명

r을 법 m에 관한 원시근이라 하자. $x^k \equiv a \pmod{m}$이 해를 가질 필요충분조건은

$$k\,\text{ind}_r x \equiv \text{ind}_r a \pmod{\phi(m)}$$

이 해를 가지는 것이다. 또한 합동식 $k\,\text{ind}_r x \equiv \text{ind}_r a \pmod{\phi(m)}$이 해를 가질 필요충분조건은 $d \mid \text{ind}_r a$이며, 해를 가지면 $\text{ind}_r x$가 법 $\phi(m)$에 관해 합동이 아닌 d개의 해를 가진다. 그리고 $d \mid \text{ind}_r a$일 필요충분조건은

$$\frac{\phi(m)}{d}\text{ind}_r a \equiv 0 \pmod{\phi(m)}$$

이다. 또한 이것은 $a^{\phi(m)/d} \equiv 1 \pmod{m}$과 동치이다. 그러므로 $x^k \equiv a \pmod{m}$이 해를 가질 필요충분조건은

$$a^{\phi(m)/d} \equiv 1 \pmod{m}$$

이다. ■

예제 8.4.12 13이 17의 12차 잉여인지를 결정하라.

풀이 위의 정리에서 $m = 17$, $a = 13$, $k = 12$라 두면 $\phi(m) = 16$이고 $(12, \phi(17)) = 4$이며,

$$13^{\phi(17)/4} = 13^4 \equiv 1 \pmod{17}$$

이다. 그러므로 $x^{12} \equiv 13 \pmod{17}$은 해를 가진다. 즉 13이 17의 12차 잉여이다. ■

정리 8.4.13

m이 원시근을 갖는 양의 정수, d는 $\phi(m)$의 양의 약수이고 a는 $(a, m) = 1$인 정수에 대하여 a가 m의 d차 잉여, 즉 $x^d \equiv a \pmod{m}$이 해를 가질 필요충분조건은

$$a^{\phi(m)/d} \equiv 1 \pmod{m}$$

이다. 더욱이 $x^d \equiv a \pmod{m}$이 해를 가지면 법 m에 관해서 합동이 아닌 해를 정확히 d개 갖는다

따름정리 8.4.14

p가 홀수인 소수일 때 $(a, p) = 1$인 정수 a에 대하여 a가 p의 이차 잉여일 필요충분조건은

$$a^{(p-1)/2} \equiv 1 \pmod{p}$$

이다. 그리고 $x^2 \equiv a \pmod{p}$이 해를 가지면 법 p에 관해 합동이 아닌 두 개의 해를 가진다. 실제로 $x \equiv c \pmod{p}$이 한 해이면 $x \equiv -c \pmod{p}$가 다른 한 해이다.

증명

위의 정리 8.4.13에서 $m = p,\ k = 2$를 대입하면
합동방정식 $x^2 \equiv a \pmod{p}$이 해를 가질 필요충분조건은 $a^{(p-1)/2} \equiv 1 \pmod{p}$이다. ■

p가 홀수인 소수일 때 $(a,\ p) = 1$인 정수 a에 대하여 $a^{p-1} \equiv 1 \pmod{p}$임은 이미 알고 있다. 그러므로 $(a^{(p-1)/2})^2 \equiv 1 \pmod{p}$이다. 따라서 $x \equiv a^{(p-1)/2} \pmod{p}$는 $x^2 \equiv 1 \pmod{p}$의 한 해이다. 그러므로 $a^{(p-1)/2} \equiv 1 \pmod{p}$이거나 $a^{(p-1)/2} \equiv -1 \pmod{p}$이다. 따라서 a가 p의 이차 잉여인지를 결정하는 것은

$$a^{(p-1)/2} \equiv 1 \pmod{p}$$

인지 아닌지를 결정하면 된다. 이 사실은 원시근을 갖는 양의 정수 m에 대하여도 똑같이 성립한다. 즉 a가 m의 이차 잉여일 필요충분조건은

$$a^{\phi(m)/2} \equiv 1 \pmod{m}$$

이다.

8.4 연습문제

01 원시근 5를 밑수로 갖는 법 23에 대한 이산로그표를 만들어라.

02 1번을 참고하여 다음 합동방정식을 풀어라.

(1) $3x^{14} \equiv 2 \pmod{23}$　　(2) $13^x \equiv 5 \pmod{23}$

03 합동방정식 $ax^4 \equiv 3 \pmod{17}$이 해를 가질 a의 값을 정하여라.

04 $3^{24} \cdot 5^{13}$을 17로 나눈 나머지를 구하여라.

05 a가 홀수인 소수 p의 원시근이면 $\mathrm{ind}_a(-1) = \frac{p-1}{2}$임을 보여라.

06 13과 서로 소인 정수 a $(1 \le a \le 12)$에 대하여 a가 13의 8차 잉여인지를 결정하여 표를 작성하여라.

07 예제 8.4.6에 주어진 이산로그표를 참고하여 다음 합동방정식을 풀어라.

(1) $x^7 \equiv -1 \pmod{13}$　　(2) $2^x \equiv 4 \pmod{13}$

(3) $\mathrm{ind}_2 b = \mathrm{ind}_6 b$

08 $x^{12} \equiv 13 \pmod{17}$를 풀어라.

TIP

제8장 주요내용

1. $\mathbb{Z}_n^*$의 원소의 위수
2. $\mathbb{Z}_n^*$의 원소의 위수는 $\phi(n)$의 약수이다.
3. 법 n에 대한 원시근
4. 법 n에 대한 원시근이 존재하면 원시근의 수는 $\phi(\phi(n))$이다.
5. 법 n에 대한 원시근 g가 존재하면 $\mathbb{Z}_n^*$의 모든 원소는 g의 멱이다.
6. 라그랑주(Lagrange)의 정리
7. p가 소수이고 $d \mid p-1$이면, $x^d - 1 \equiv 0 \pmod p$는 정확히 d개의 서로 합동이 아닌 해를 가진다.
8. p가 소수이고 $d \mid p-1$이면 $\mathbb{Z}_p^*$의 원소 중에서 위수 d인 원소는 $\phi(d)$개 있다.
9. 8번에 의해 p가 소수이면 $\mathbb{Z}_p^*$의 원소 중에서 위수 $p-1$인 원소는 $\phi(p-1)$개 있다.
10. 9번에 의해 p가 소수이면 $\mathbb{Z}_p^*$는 곱셈에 대한 순환군이다.
11. $a \in \mathbb{Z}_n^*$의 위수가 r이면 $\operatorname{ord}_n a^k = \dfrac{r}{(k,\ r)}$이다.
12. 2, 4, p^k, $2p^k$ 꼴의 정수만이 원시근을 가진다. (단, p는 홀수인 소수이고 $k \geq 1$인 정수이다.)
13. 이산로그의 정의
14. 이산로그의 성질(두 원시근 a, b를 밑수로 갖는 이산로그의 관계)
15. 이산로그표의 활용법
16. 이산로그를 이용한 방정식의 풀이
17. k차 잉여

제 9 장 이차 잉여

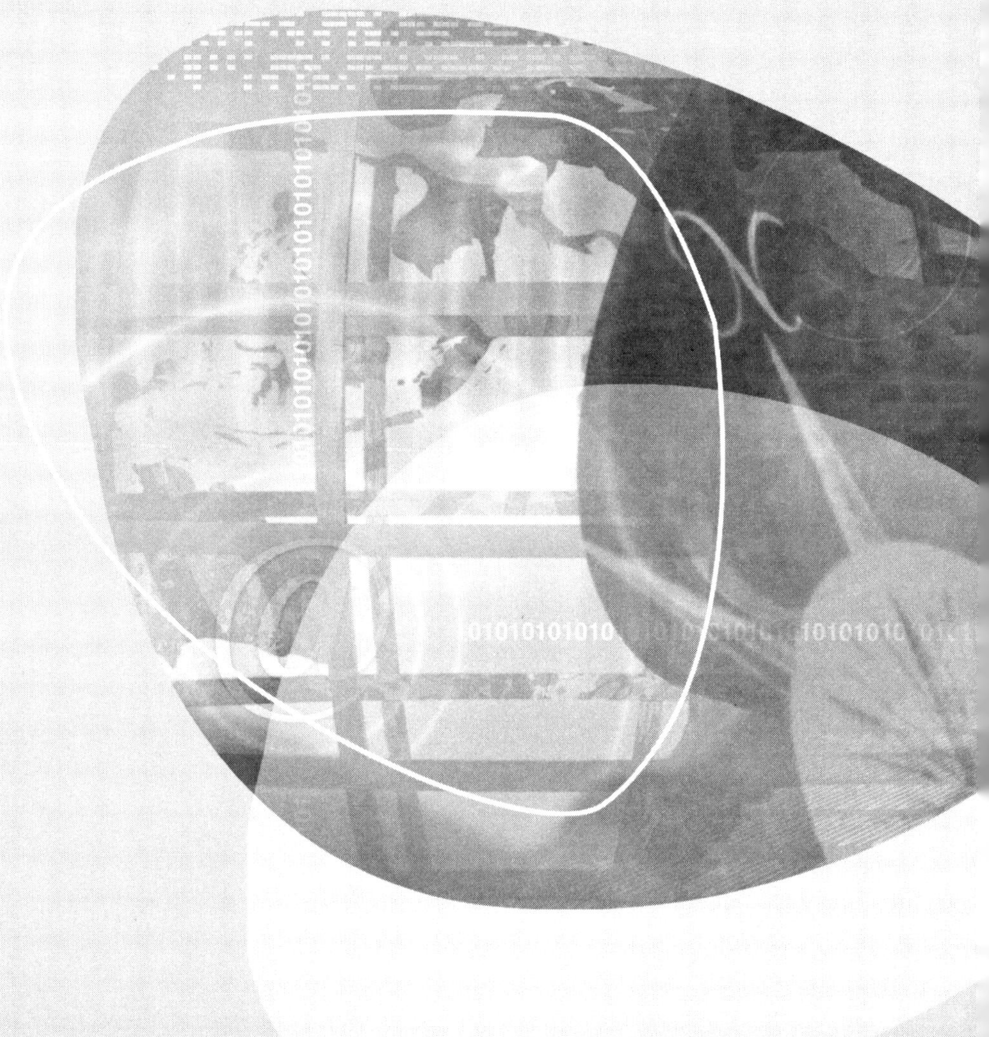

9.1 이차 잉여

제8장에서 k차 잉여에 대하여 공부하였다. 즉 양의 정수 m과 m과 서로 소인 정수 a에 대하여 $x^k \equiv a \pmod{m}$이 근을 가지면 a를 m의 k차 잉여라 정의하였다. 여기서는 특히 $k=2$일 때, 즉 $x^2 \equiv a \pmod{m}$의 해의 존재성에 대하여 알아본다.

정의 9.1.1 [이차 잉여, 이차 비잉여]

양의 정수 m과 m과 서로 소인 정수 a에 대하여 $x^2 \equiv a \pmod{m}$이 근을 가지면 a를 m의 **이차 잉여**(quadratic residue)라 부르고, 그렇지 않으면 a를 m의 **이차 비잉여**(quadratic nonresidue)라 부른다.

만약 a가 m의 이차 잉여이고 $a \equiv b \pmod{m}$이면 b도 m의 이차 잉여임은 자명하다. 또한 마찬가지로 a가 m의 이차 비잉여이고 $a \equiv b \pmod{m}$이면 b도 m의 이차 비잉여이다(각자 증명). 따라서 a가 m의 이차 잉여이면 법 m에 관하여 a와 같은 잉여류에 속하는 모든 정수가 m의 이차 잉여이고 a가 m의 이차 비잉여이면 법 m에 관하여 a와 같은 잉여류에 속하는 모든 정수가 m의 이차 비잉여이다. 그러므로 a를 m의 이차 잉여라 가정하면 합동방정식 $x^2 \equiv a \pmod{m}$이 근을 가진다. 만약 $x \equiv c \pmod{m}$이 이 합동방정식의 근이면 $c^2 \equiv a \pmod{m}$이다. $(a,\ m)=1$이므로 $(c^2,\ m)=1$이고, $(c,\ m)=1$이다. 그러므로 a가 m의 이차 잉여라면 $\mathbb{Z}_m^*$에서 방정식 $x^2=\bar{a}$가 근 $\bar{c}\in\mathbb{Z}_m^*$를 가진다. 따라서 $\mathbb{Z}_m^*$의 원소를 제곱하여 나오는 $\mathbb{Z}_m^*$의 원소는 이차 잉여이고 $\mathbb{Z}_m^*$의 원소를 제곱하여 나오지 않는 $\mathbb{Z}_m^*$의 원소는 이차 비잉여이다. 다음 예제에서 $m=13$일 때 이차 잉여와 이차 비잉여를 찾아보자.

예제 9.1.2 13과 서로 소인 모든 정수를 13의 이차 잉여와 이차 비잉여로 구분하여라.

풀이 $\mathbb{Z}_{13}^*$의 원소를 제곱하면

$$\bar{1}^2=\overline{12}^2=\bar{1},\quad \bar{2}^2=\overline{11}^2=\bar{4},\quad \bar{3}^2=\overline{10}^2=\bar{9},$$
$$\bar{4}^2=\bar{9}^2=\bar{3},\quad \bar{5}^2=\bar{8}^2=\overline{12},\quad \bar{6}^2=\bar{7}^2=\overline{10}$$

이다. 따라서 법 13에 관하여 1, 4, 9, 3, 12, 10과 합동인 정수는 13의

이차 잉여이고 법 13에 관하여 2, 5, 6, 7, 8, 11과 합동인 정수들은 13의 이차 비잉여이다. ■

예제 9.1.3 15와 서로 소인 모든 정수를 15의 이차 잉여와 이차 비잉여로 구분하여라.

풀이 $\{1, 2, 4, 7, 8, 11, 13, 14\}$이 법 15에 관한 기약잉여계 중에 하나이다. 그러므로 각 원소를 제곱하면

$$1^2 \equiv 4^2 \equiv 11^2 \equiv 14^2 \equiv 1 \pmod{15}$$
$$2^2 \equiv 7^2 \equiv 8^2 \equiv 13^2 \equiv 4 \pmod{15}$$

이다. 따라서 법 15에 관하여 1, 4와 합동인 정수들은 15의 이차 잉여이고 법 15에 관하여 2, 7, 8, 11, 13, 14과 합동인 정수들은 15의 이차 비잉여이다. ■

홀수인 소수 p에 대하여 p와 서로 소인 정수 a가 p의 이차 잉여인지를 결정하는 중요한 수단이 있었다. 이 정리는 오일러의 기준이라 불리며 따름정리 8.4.14에서 증명하였다. 그러나 이차 합동식 $x^2 \equiv a \pmod{p}$의 해의 구성을 보기 위해 다른 방법으로 증명한다.

정리 9.1.4

홀수인 소수 p에 대하여 p와 서로 소인 정수 a가 p의 이차 잉여일 필요충분조건은

$$a^{(p-1)/2} \equiv 1 \pmod{p}$$

이다.

증명

a가 p의 이차 잉여라 하고 $x \equiv c \pmod{p}$가 이차 합동방정식

$$x^2 \equiv a \pmod{p}$$

의 한 해라 두자. 그러면 $c^2 \equiv a \pmod{p}$이고 $(a, p) = 1$이므로 $(c, p) = 1$이다. 그러므로 페르마의 정리에 의해

$$c^{p-1} \equiv 1 \pmod{p}$$

이다. 따라서

$$a^{(p-1)/2} \equiv (c^2)^{(p-1)/2} \equiv c^{p-1} \equiv 1 \pmod{p}$$

이다. 역으로 $a^{(p-1)/2} \equiv 1 \pmod{p}$이라 가정하자. 따름정리 8.2.7에 의하면 모든 홀수인 소수는 원시근을 가지므로 r을 법 p에 관한 원시근이라 가정하자. $(a,\ p)=1$이므로 $a \equiv r^k \pmod{p}$를 만족하는 정수 $k\ (1 \le k \le p-1)$가 존재한다. 그러면

$$1 \equiv a^{(p-1)/2} \equiv (r^k)^{(p-1)/2} \pmod{p}$$

이다. 한편 r이 법 p에 관한 원시근이므로 $k(p-1)/2$는 $p-1$의 배수이다. 따라서 k는 짝수이다. $k=2l$이라 두면

$$(r^l)^2 \equiv r^k \equiv a \pmod{p}$$

이다. 그러므로 $x \equiv r^l \pmod{p}$가 $x^2 \equiv a \pmod{p}$의 한 해이고 a는 p의 이차 잉여이다.

■

따름정리 9.1.5

홀수인 소수 p에 대하여 p와 서로 소인 정수 a가 p의 이차 비잉여일 필요충분조건은

$$a^{(p-1)/2} \equiv -1 \pmod{p}$$

이다.

증명

$(a,\ p)=1$이므로 페르마 정리에 의해

$$a^{p-1}-1 \equiv (a^{(p-1)/2}-1)(a^{(p-1)/2}+1) \equiv 0 \pmod{p}$$

이다. p가 소수이므로

$$a^{(p-1)/2}-1 \equiv 0 \pmod{p} \quad \text{또는} \quad a^{(p-1)/2}+1 \equiv 0 \pmod{p}$$

이다. 위의 정리에 의해 $a^{(p-1)/2}-1 \equiv 0 \pmod{p}$일 필요충분조건은 a가 p의 이차 잉여

이므로 $a^{(p-1)/2}+1 \equiv 0 \pmod p$일 필요충분조건은 a가 p의 이차 비잉여이다. ■

법 m에 관한 기약잉여계에 속하는 원소 중에서 이차 잉여원소와 이차 비잉여인 원소의 수는 예제 9.1.2에서 $m=13$인 경우는 각각 6개씩 존재하지만 예제 9.1.3에서 $m=15$인 경우는 이차 잉여가 2개, 이차 비잉여가 6개 존재한다. 다음 정리는 소수인 경우에 이차 잉여와 이차 비잉여의 개수는 같음을 증명한다.

정리 9.1.6

p가 홀수인 소수이고 r이 법 p에 관한 원시근이고 a는 p와 서로 소인 정수라 하자. 만약 $\mathrm{ind}_r a$가 짝수이면 a는 p의 이차 잉여이고, $\mathrm{ind}_r a$가 홀수이면 a는 p의 이차 비잉여이다.

증명

$\mathrm{ind}_r a$이 짝수라 가정하고 $\mathrm{ind}_r a = 2k$라 두면

$$a \equiv r^{2k} = (r^k)^2 \pmod p$$

이다. 그러므로 a는 p의 이차 잉여이다. 한편 $\mathrm{ind}_r a$이 홀수이고 $\mathrm{ind}_r a = 2k+1$이라 두자. 그러면

$$a \equiv r^{2k+1} = r^{2k} r \pmod p$$

이다. 그러므로

$$a^{(p-1)/2} \equiv (r^{2k})^{(p-1)/2} r^{(p-1)/2} \equiv r^{k(p-1)} r^{(p-1)/2} \equiv r^{(p-1)/2} \pmod p$$

이다. 그러나 r이 법 p에 관한 원시근이므로 $r^{(p-1)/2} \equiv -1 \pmod p$이다. 따라서 위의 따름정리 9.1.5에 의해 a는 p의 이차 비잉여이다. ■

정리 9.1.7

p가 홀수인 소수일 때 p의 기약잉여계 $\{1, 2, \cdots, p-1\}$에 속하는 원소 중에서 p의 이차 잉여와 이차 비잉여의 수는 각각 $\dfrac{p-1}{2}$이다.

증명

r이 법 p에 관한 원시근이므로 $\text{ind}_r a \equiv k\ (1 \le k \le p-1)$이다. $\text{ind}_r a$이 짝수인 a의 수는 $\frac{p-1}{2}$이다. 그러므로 이차 잉여는 $\frac{p-1}{2}$개 존재한다. 따라서 이차 비잉여는 $p-1-\frac{p-1}{2}=\frac{p-1}{2}$개 있다. ■

이제 홀수인 소수 p에 관한 이차 합동방정식

$$ax^2+bx+c \equiv 0 \pmod p, \quad a \not\equiv 0 \pmod p \tag{1}$$

을 푸는 방법을 생각해 보자. $(a,\ p)=1$이므로 $(4a,\ p)=1$이다. 따라서 주어진 합동방정식은 합동방정식

$$4a(ax^2+bx+c) \equiv 0 \pmod p$$

와 동치이다. 이제 이 이차합동식을 완전제곱의 꼴로 변형하면

$$4a(ax^2+bx+c)=(2ax+b)^2-(b^2-4ac) \equiv 0 \pmod p$$

이다. 따라서 $2ax+b=y$, $b^2-4ac=d$라 두면 이차 합동방정식

$$y^2 \equiv d \pmod p \tag{2}$$

를 얻는다. 만약 $x \equiv x_0 \pmod p$가 방정식 (1)의 해이면 $y \equiv 2ax_0+b \pmod p$는 방정식 (2)를 만족한다. 역으로 만약 $y \equiv y_0 \pmod p$가 방정식 (2)를 만족하면 방정식 $2ax \equiv y_0-b \pmod p$을 만족하는 x는 방정식 (1)을 만족한다. 그러므로 이차 합동방정식 (1)을 푸는 것은 방정식 (2)의 근 y_0를 구하고 다시 방정식 $2ax \equiv y_0-b \pmod p$을 만족하는 x를 구하면 된다.

예제 9.1.8 이차 합동방정식 $3x^2+9x+7 \equiv 0 \pmod{13}$을 풀어라.

풀이 주어진 합동식의 양변에 $4 \cdot 3=12$를 곱하면

$$36x^2+108x+84 \equiv 0 \pmod{13}$$

을 얻는다. 이 식을 완전제곱식으로 변형하면

$$(6x+9)^2+84-81 \equiv 0 \pmod{13}$$

을 얻는다. 여기서 $y=6x+9$라 두면

$$y^2 \equiv 10 \pmod{13}$$

을 얻는다. 이 합동식을 풀면 $y \equiv 6 \pmod{13}$ 또는 $y \equiv 7 \pmod{13}$이다. 그러므로

$$y=6x+9 \equiv 6 \pmod{13} \quad \text{또는} \quad y=6x+9 \equiv 7 \pmod{13}$$

이다. 이 합동방정식을 풀면

$$x \equiv 6 \pmod{13} \quad \text{또는} \quad x \equiv 4 \pmod{13}$$

이다. ■

9.1 연습문제

01 11과 서로 소인 모든 정수를 11의 이차 잉여와 이차 비잉여로 구분하여라.

02 12와 서로 소인 모든 정수를 12의 이차 잉여와 이차 비잉여로 구분하여라.

03 위 1번의 이차 잉여가 정리 9.1.4를 만족함을 보여라.

04 홀수인 소수 p에 대해, r이 법 p에 관한 원시근이면 r은 p의 이차 비잉여임을 보여라.

05 홀수인 소수 p에 대해, r이 법 p에 관한 원시근이면 r^2은 p의 이차 잉여임을 보여라.

06 위 4번, 5번와 유사하게 r^i $(3 \le i \le p-1)$에 대해 설명하여라.

07 (1) 소수 p에 대해, r이 법 p에 관한 원시근이면, $0 \le i \le \dfrac{p-1}{2}$에 대해 이차 합동방정식 $x^2 \equiv r^{2i} \pmod{p}$의 두 해는 $x \equiv r^i$, $x \equiv r^{i+(p-1)/2} \pmod{p}$임을 보여라.

(2) r이 법 m에 관한 원시근이고 $(a, m)=1$이면, $0 \le i \le \dfrac{\phi(m)}{2}$에 대해 이차 합동방정식 $x^2 \equiv r^{2i} \pmod{m}$의 두 해는 $x \equiv r^i$, $x \equiv r^{i+\phi(m)/2} \pmod{m}$임을 보여라.

08 다음 이차 합동방정식을 풀어라.

(1) $x^2 \equiv 3 \pmod{7}$　　(2) $3x^2 \equiv 4 \pmod{7}$

(3) $x^2+x+2 \equiv 0 \pmod{7}$　　(4) $3x^2+x+1 \equiv 0 \pmod{7}$

(5) $x^2 \equiv 2 \pmod{59}$

9.2 르장드르 기호

정의 9.2.1 (르장드르 기호)

p가 홀수인 소수이고 a가 p와 서로 소인 정수일 때 기호 $\left(\frac{a}{p}\right)$를 다음과 같이 정의하고, $\left(\frac{a}{p}\right)$을 르장드르 기호(Legendre symbol)라 부른다.

$$\left(\frac{a}{p}\right)=\begin{cases}1\ , & a:\text{이차 잉여}\\ -1, & a:\text{이차 비잉여}\end{cases}$$

이 기호는 프랑스 수학자 르장드르(1752~1833)에 의해 처음으로 도입되었으며 그 이후 르장드르 기호로 이름이 붙여졌다.

예제 9.2.2 예제 9.1.2를 참고하여 13과 서로 소인 정수 a에 대하여 $\left(\frac{a}{13}\right)$의 값을 구하라.

풀이 예제 9.1.2에 의해 1, 3, 4, 9, 10, 12는 13의 이차 잉여이고 2, 5, 6, 7, 8, 11은 13의 이차 비잉여이다. 그러므로

$$\left(\frac{1}{13}\right)=\left(\frac{3}{13}\right)=\left(\frac{4}{13}\right)=\left(\frac{9}{13}\right)=\left(\frac{10}{13}\right)=\left(\frac{12}{13}\right)=1$$

이고

$$\left(\frac{2}{13}\right)=\left(\frac{5}{13}\right)=\left(\frac{6}{13}\right)=\left(\frac{7}{13}\right)=\left(\frac{8}{13}\right)=\left(\frac{11}{13}\right)=-1$$

이다. ■

정리 9.2.3

p가 홀수인 소수이고 a, b가 p와 서로 소인 정수일 때 르장드르 기호는 다음 성질을 가진다.

(1) 만약 $a\equiv b \pmod p$이면, $\left(\frac{a}{p}\right)=\left(\frac{b}{p}\right)$이다.

(2) $\left(\frac{a^2}{p}\right)=1$.

(3) $\left(\frac{a}{p}\right)\equiv a^{(p-1)/2} \pmod{p}$.

(4) $\left(\frac{ab}{p}\right)=\left(\frac{a}{p}\right)\left(\frac{b}{p}\right)$.

(5) $\left(\frac{1}{p}\right)=1$.

증명

(1) $a \equiv b \pmod{p}$라 두자. 만약 $x \equiv c \pmod{p}$가 합동방정식 $x^2 \equiv a \pmod{p}$의 해라 가정하면 $c^2 \equiv a \pmod{p}$이다. 가정에 의해 $a \equiv b \pmod{p}$이므로 $c^2 \equiv b \pmod{p}$ 이다. 따라서 $x \equiv c \pmod{p}$가 합동방정식 $x^2 \equiv b \pmod{p}$의 해이다. 그러므로 a가 p의 이차 잉여일 필요충분조건은 b가 p의 이차 잉여이다. 따라서 $\left(\frac{a}{p}\right)=\left(\frac{b}{p}\right)$이다.

(2) $x \equiv a \pmod{p}$는 합동식 $x^2 \equiv a^2 \pmod{p}$의 해이므로 a^2은 p의 이차 잉여이다. 따라서 $\left(\frac{a^2}{p}\right)=1$이다.

(3) 정리 9.1.4와 따름정리 9.1.5에 의해 $\left(\frac{a}{p}\right)\equiv a^{(p-1)/2} \pmod{p}$은 자명하다.

(4) (3)에 의해

$$\left(\frac{ab}{p}\right)\equiv (ab)^{(p-1)/2} \equiv a^{(p-1)/2}b^{(p-1)/2} \equiv \left(\frac{a}{p}\right)\left(\frac{b}{p}\right) \pmod{p}$$

이다. 따라서 $\left(\frac{ab}{p}\right)$, $\left(\frac{a}{p}\right)$, $\left(\frac{b}{p}\right)$는 각각 1 혹은 -1이므로 (4)가 성립한다.

(5) 합동식 $x^2 \equiv 1 \pmod{p}$은 해 $x \equiv 1 \pmod{p}$와 $x \equiv -1 \pmod{p}$을 가지므로 1은 p의 이차 잉여이다. 따라서 $\left(\frac{1}{p}\right)=1$이다. ■

$2^2 \equiv -1 \pmod{5}$이다. 그러므로 $x \equiv 2 \pmod{5}$는 이차 합동식 $x^2 \equiv -1 \pmod{5}$의 해이다. 그러므로 -1은 5의 이차 잉여이다. 그러나 -1은 7의 이차 비잉여이다. 왜냐하면

$$1^2 \equiv 1 \pmod{7},\quad 2^2 \equiv 4 \pmod{7},\quad 3^2 \equiv 2 \pmod{7},$$
$$4^2 \equiv 2 \pmod{7},\quad 5^2 \equiv 4 \pmod{7},\quad 6^2 \equiv 1 \pmod{7}$$

이다. 그러므로 $x^2 \equiv -1 \pmod 7$은 해를 가지지 않는다. 즉 -1은 7의 이차 비잉여이다. 다음 정리에서 -1을 이차 잉여로 가지는 소수를 알아본다.

정리 9.2.4

p가 홀수인 소수일 때

$$\left(\frac{-1}{p}\right)=\begin{cases}1\ , & \text{만약 } p\equiv 1 \pmod 4\text{이면}\\ -1, & \text{만약 } p\equiv 3 \pmod 4\text{이면}\end{cases}$$

이다.

증명

정리 9.2.3의 (3)에 의해

$$\left(\frac{-1}{p}\right)\equiv(-1)^{(p-1)/2} \pmod p$$

이다. 그러므로 만약 $p\equiv 1 \pmod 4$이면 $(p-1)/2$는 짝수이고 따라서

$$\left(\frac{-1}{p}\right)\equiv(-1)^{(p-1)/2}\equiv 1 \pmod p$$

이다. 반면 만약 $p\equiv 3 \pmod 4$이면 $(p-1)/2$는 홀수이고, 따라서

$$\left(\frac{-1}{p}\right)\equiv(-1)^{(p-1)/2}\equiv -1 \pmod p$$

이다. ■

예제 9.2.5 이차 합동방정식 $x^2\equiv -46 \pmod{17}$이 해를 가지는지 결정하라.

풀이 위의 정리에 의해

$$\left(\frac{-46}{17}\right)=\left(\frac{-1}{17}\right)\left(\frac{46}{17}\right)=\left(\frac{46}{17}\right)$$

이며 또한 $46\equiv 12 \pmod{17}$이므로

$$\left(\frac{46}{17}\right)=\left(\frac{12}{17}\right)=\left(\frac{2^2\cdot 3}{17}\right)=\left(\frac{2^2}{17}\right)\left(\frac{3}{17}\right)=\left(\frac{3}{17}\right)$$

이다. 그리고

$$\left(\frac{3}{17}\right)\equiv 3^{16/2}\equiv 3^8\equiv 81^2\equiv(-4)^2\equiv -1 \pmod{17}$$

이다. 그러므로

$$\left(\frac{-46}{17}\right)=\left(\frac{3}{17}\right)=-1$$

이다. 따라서 -46은 17의 이차 비잉여이다. 즉 이차 합동방정식 $x^2\equiv -46 \pmod{17}$은 해를 가지지 않는다. ■

정리 4.2.9에서 $4n+3$ 꼴의 소수가 무한 개 존재함을 증명하였고 더 일반화된 디리클레(Dirichlet)의 정리가 정리 4.2.10에서 소개되었다. 여기서 이차 잉여의 성질을 이용하여 $4n+1$ 꼴의 소수가 무한 개 존재함을 증명해 본다.

정리 9.2.6

$4n+1$ 꼴의 소수가 무한 개 존재한다.

풀이

$4n+1$ 꼴의 소수가 유한 개 존재하고 $p_1, p_2, \cdots, p_k$가 $4n+1$ 꼴의 소수 전부라 가정하자.

$$N=(2p_1p_2\cdots p_k)^2+1$$

이라 두면 N은 홀수임은 명백하다. 따라서 N은 홀수인 소인수 p를 가진다. 즉

$$(2p_1p_2\cdots p_k)^2\equiv -1 \pmod{p}$$

임을 뜻한다. 그러므로 -1이 p의 이차 잉여이다. 그러므로 정리 9.2.4에 의해 $p\equiv 1 \pmod 4$이다. 따라서 p는 $p_1, p_2, \cdots, p_k$ 중의 하나이다. 그러므로

$$p \mid (N-(2p_1p_2 \cdots p_k)^2) = 1$$

이다. 즉 $p=1$이며 이는 모순이다. ■

정리 9.2.7

p가 홀수인 소수이고 a가 p의 원시근이면 모든 양의 정수 k에 대하여

$$\left(\frac{a^k}{p}\right) = (-1)^k$$

이다.

풀이

모든 양의 정수 k에 대하여 정리 9.2.3의 (4)에 의해

$$\left(\frac{a^k}{p}\right) = \left(\frac{a}{p}\right)^k$$

이다. 그리고 a가 p의 원시근이므로

$$\left(\frac{a}{p}\right) \equiv a^{(p-1)/2} \equiv -1 \pmod{p}$$

이다. 그러므로

$$\left(\frac{a^k}{p}\right) = \left(\frac{a}{p}\right)^k = (-1)^k$$

이다. ■

a가 홀수인 소수 p의 원시근이면 p와 서로 소인 각 정수 b에 대하여

$$b \equiv a^k \pmod{p}$$

인 정수 k $(1 \le k \le p-1)$가 존재한다. 위의 정리 9.2.7에 의하면 k가 짝수이면 b는 이차 잉여이고 k가 홀수이면 b는 이차 비잉여이다. 이것은 정리 9.1.7에서 증명한 홀수인 소수 p의 이차 잉여와 이차 비잉여의 개수가 각각 $(p-1)/2$이라는 사실을 다르게 설명

한 것이다.

따름정리 9.2.8

p가 홀수인 소수이면

$$\sum_{a=1}^{p-1}\left(\frac{a}{p}\right)=0$$

이다.

증명

집합 $\{1,\ 2,\ \cdots,\ p-1\}$은 법 p에 관한 기약잉여계이다. 그러므로 정리 9.1.7에 의해 이 중에서 $(p-1)/2$개의 원소가 이차 잉여이고 $(p-1)/2$개의 원소가 이차 비잉여이다. 따라서

$$\sum_{a=1}^{p-1}\left(\frac{a}{p}\right)=\frac{p-1}{2}-\frac{p-1}{2}=0$$

이다.

[별해] r을 p의 원시근이라 하면 집합

$$\{r,\ r^2,\ \cdots,\ r^{p-1}\}\text{과 } \{1,\ 2,\ \cdots,\ p-1\}$$

는 법 p에 관한 기약잉여계이다. 그러므로 각 a $(1 \le a \le p-1)$에 대하여

$$a \equiv r^k \pmod p$$

를 만족하는 정수 k $(1 \le k \le p-1)$가 단 하나 존재한다. $\left(\frac{r}{p}\right)=-1$이므로

$$\sum_{a=1}^{p-1}\left(\frac{a}{p}\right)=\sum_{k=1}^{p-1}\left(\frac{r^k}{p}\right)=\sum_{k=1}^{p-1}(-1)^k=(-1)+(-1)^2+\cdots+(-1)^{p-1}=0$$

이다. ■

예제 9.2.9 2는 법 13에 관한 원시근이다. 각 a $(1 \le a \le 12)$에 대하여

$$a \equiv 2^k \pmod{13}$$

을 만족하는 k를 구하고, 이를 이용하여 $\sum_{a=1}^{12}\left(\frac{a}{13}\right)=0$임을 보여라.

증명

계산을 통하여

$$2^1 \equiv 2,\quad 2^2 \equiv 4,\quad 2^3 \equiv 8,\quad 2^4 \equiv 3,\quad 2^5 \equiv 6,\quad 2^6 \equiv 12,$$
$$2^7 \equiv 11,\quad 2^8 \equiv 9,\quad 2^9 \equiv 5,\quad 2^{10} \equiv 10,\quad 2^{11} \equiv 7,\quad 2^{12} \equiv 1 \pmod{13}$$

임을 알 수 있다. 그러므로 다음 표를 얻는다. (참고 : 이산로그표)

a	1	2	3	4	5	6	7	8	9	10	11	12
k	12	1	4	2	9	5	11	3	8	10	7	6
$\left(\frac{a}{13}\right)$	1	−1	1	1	−1	−1	−1	−1	1	1	−1	1

위의 표에 의해 $\sum_{a=1}^{12}\left(\frac{a}{13}\right)=0$임을 알 수 있다. ■

정리 9.2.10 [가우스(Gauss)의 보조정리]

p가 홀수인 소수이고 a가 $(a,\ p)=1$인 정수라 하자. 집합

$$T=\left\{a,\ 2a,\ \cdots,\ \frac{p-1}{2}a\right\}$$

의 원소 중에서 집합

$$S_1=\left\{-1,\ -2,\ \cdots,\ -\frac{p-1}{2}\right\}$$

의 원소와 법 p에 관하여 합동인 원소의 수를 k라 두면 $\left(\frac{a}{p}\right)=(-1)^k$이다.

증명

집합 $S_2=\left\{1,\ 2,\ \cdots,\ \frac{p-1}{2}\right\}$이라 두면 $S_1 \cup S_2$는 법 p에 관한 기약잉여계이다. 그러므

로 T에 속하는 각 원소는 $S_1 \cup S_2$의 한 원소와 법 p에 관하여 합동이다. 이제 $-r_1, -r_2, \cdots, -r_k \in S_1$을 T에 속하는 원소와 법 p에 관하여 합동인 S_1의 원소라 두고 $s_1, s_2, \cdots, s_l \in S_2$을 T에 속하는 원소와 법 p에 관하여 합동인 S_2의 원소라 두자. 여기서 모든 $i\ (1 \le i \le k)$에 대하여 $1 \le r_i \le \dfrac{p-1}{2}$이고 모든 $j\ (1 \le j \le l)$에 대하여 $1 \le s_j \le \dfrac{p-1}{2}$이다. 그러면 T에 속하는 어떤 두 원소도 법 p에 관하여 합동이 아니므로 $k+l = \dfrac{p-1}{2}$이다. 또한 모든 i, j에 대하여 $r_i \ne s_j$이다. 왜냐하면 만약

$$r_i = s_j \text{ 그리고 } -r_i \equiv q_1 a \pmod p,\ s_j \equiv q_2 a \pmod p$$

라 가정하자. 여기서 $1 \le q_1, q_2 \le \dfrac{p-1}{2}$이다. 그러면 $r_i = s_j$이므로

$$-q_1 a \equiv q_2 a \pmod p$$

이다. 그러나 $(a, p) = 1$이므로

$$-q_1 \equiv q_2 \pmod p$$

이다. 따라서 $q_1 + q_2 \equiv 0 \pmod p$이다. 그러나 이것은 $1 \le q_1, q_2 \le \dfrac{p-1}{2}$에 모순이다. 따라서 집합

$$\{r_1, r_2, \cdots, r_k, s_1, s_2, \cdots, s_l\} = \left\{1, 2, \cdots, \frac{p-1}{2}\right\}$$

이다. 그러므로

$$a \cdot 2a \cdot \cdots \cdot \frac{p-1}{2} a \equiv (-r_1)(-r_2)\cdots(-r_k)s_1 s_2 \cdots s_l \pmod p$$

이다. 이 합동식을 다시 정리하면

$$\begin{aligned} a^{(p-1)/2} \cdot \frac{p-1}{2}! &\equiv (-1)^k r_1 r_2 \cdots r_k s_1 s_2 \cdots s_l \\ &\equiv (-1)^k \frac{p-1}{2}! \pmod p \end{aligned}$$

이다. $\frac{p-1}{2}$!은 p와 서로 소이므로 $\left(\frac{a}{p}\right)=(-1)^k$를 얻는다. ■

가우스의 보조정리를 이용하여 홀수인 소수 p와 $(a, p)=1$인 정수 a에 대하여 a가 p의 이차 잉여인지를 결정하는 것은 매우 복잡한 계산을 포함하고 있다. 그러나 이를 이용하여 2가 어떤 홀수인 소수의 이차 잉여가 되는지를 결정할 수 있다.

정리 9.2.11

p가 홀수인 소수이면

$$\left(\frac{2}{p}\right)=(-1)^{(p^2-1)/8}$$

이다.

증명

가우스의 보조정리에서 $a=2$를 대입하면

$$T=\left\{2,\ 2\cdot 2,\ \cdots,\ \frac{p-1}{2}\cdot 2\right\}$$

이 된다. 결국 T의 원소 중에서 몇 개의 원소가 S_1에 속하는 원소와 법 p에 관해 합동인가를 계산하면 된다. 여기서 S_1의 원소와 법 p에 관해 합동인 원소는 집합

$$S_1{}'=\left\{p-1,\ p-2,\ \cdots,\ p-\frac{p-1}{2}\right\}$$

의 원소와 합동이다. 즉 T의 원소 중에서 몇 개의 원소가 $S_1{}'$에 속하는 원소와 법 p에 관해 합동인가를 계산하면 된다. $S_1{}'$의 모든 원소는 $\frac{p-1}{2}$보다 크고 p보다 작다. 지금부터 T의 원소 중에서 $\frac{p-1}{2}$보다 크고 p보다 작은 원소의 수를 계산한다.

$j\left(1\le j\le \frac{p-1}{2}\right)$에 대하여

$$2j<\frac{p}{2}\ \Leftrightarrow\ j\le\left[\frac{p}{4}\right]$$

이다. 여기서 $[x]$는 x를 넘지 않는 최대 정수를 의미한다. 그러므로 T의 원소 중에서 $\frac{p-1}{2}$보다 크고 p보다 작은 원소의 수는 $\frac{p-1}{2}-\left[\frac{p}{4}\right]$이다. 따라서 이제

$$\frac{p-1}{2}-\left[\frac{p}{4}\right] \equiv \frac{p^2-1}{8} \pmod 2$$

임을 증명한다. 다음 각 경우에 계산을 한다.

(1) $p \equiv 1 \pmod 8$인 경우 : 즉 $p=8n+1$이다.

$$\frac{p^2-1}{8} = \frac{(8n+1)^2-1}{8} = 8n^2+2n \equiv 0 \pmod 2$$

이다. 한편

$$\frac{p-1}{2}-\left[\frac{p}{4}\right] = \frac{8n+1-1}{2}-\left[\frac{8n+1}{4}\right] = 4n-2n \equiv 0 \pmod 2$$

이다.

(2) $p \equiv 3 \pmod 8$인 경우 : 즉 $p=8n+3$이다.

$$\frac{p^2-1}{8} = \frac{(8n+3)^2-1}{8} = 8n^2+6n+1 \equiv 1 \pmod 2$$

이다. 한편

$$\frac{p-1}{2}-\left[\frac{p}{4}\right] = \frac{8n+3-1}{2}-\left[\frac{8n+3}{4}\right] = 4n+1-2n \equiv 1 \pmod 2$$

이다.

(3) $p \equiv 5 \pmod 8$인 경우 : 즉 $p=8n+5$이다.

$$\frac{p^2-1}{8} = \frac{(8n+5)^2-1}{8} = 8n^2+10n+3 \equiv 1 \pmod 2$$

이다. 한편

$$\frac{p-1}{2}-\left[\frac{p}{4}\right] = \frac{8n+5-1}{2}-\left[\frac{8n+5}{4}\right] = 4n+2-2n-1 \equiv 1 \pmod 2$$

이다.

(4) $p \equiv 7 \pmod 8$인 경우 : 즉 $p = 8n+7$이다.

$$\frac{p^2-1}{8} = \frac{(8n+7)^2-1}{8} = 8n^2+14n+6 \equiv 0 \pmod 2$$

이다. 한편

$$\frac{p-1}{2} - \left[\frac{p}{4}\right] = \frac{8n+7-1}{2} - \left[\frac{8n+7}{4}\right] = 4n+3-2n-1 \equiv 0 \pmod 2$$

이다. 그러므로 위의 네 가지 각 경우에

$$\frac{p-1}{2} - \left[\frac{p}{4}\right] \equiv \frac{p^2-1}{8} \pmod 2$$

이 성립한다. 가우스의 보조정리에 의해

$$\left(\frac{2}{p}\right) = (-1)^{(p-1)/2-[p/4]} = (-1)^{(p^2-1)/8}$$

이다. ■

따름정리 9.2.12

소수 p에 대하여 다음이 성립한다.

$$\left(\frac{2}{p}\right) = \begin{cases} 1 \quad, \text{ 만약 } p \equiv \pm 1 \pmod 8 \\ -1, \text{ 만약 } p \equiv \pm 3 \pmod 8 \end{cases}$$

예제 9.2.13 다음의 각 소수에 대하여 2가 이차 잉여인지를 결정하라.

(1) 13 (2) 17

(3) 23 (4) 31

풀이 (1) $13 \equiv -3 \pmod 8$이므로 2는 13의 이차 비잉여이다.

(2) $17 \equiv 1 \pmod 8$이므로 2는 17의 이차 잉여이다.

(3) $23 \equiv -1 \pmod 8$이므로 2는 23의 이차 잉여이다.

(4) $31 \equiv -1 \pmod 8$이므로 2는 31의 이차 잉여이다. ■

정리 9.2.14

$8k-1$ 꼴의 소수가 무한 개 존재한다.

증명

만약 $8k-1$ 꼴의 소수가 유한 개 존재하고, p_1, p_2, $\cdots$, p_n이 $8k-1$ 꼴의 소수 전부라고 가정한다. 그리고

$$N=(4p_1p_2\cdots p_n)^2-2$$

라 두면 N은 홀수인 소인수를 가진다. 이 소인수를 p라 두자. 그러면

$$(4p_1p_2\cdots p_n)^2\equiv 2 \pmod{p}$$

이다. 따라서 2가 p의 이차 잉여이다. 따름정리 9.2.12에 의해 $p\equiv\pm 1 \pmod{8}$이다. 한편 $N=16a-2$ 꼴의 수이므로 N의 모든 홀수인 소인수가 $8k+1$ 꼴의 소수는 아니다. 따라서 N의 홀수인 소인수 중에 $8k-1$ 꼴의 소수가 존재한다. p를 $8k-1$ 꼴의 소수 중에 하나라 두면 p는 p_1, p_2, $\cdots$, p_n 중의 하나이다. 그러므로

$$0\equiv(4p_1p_2\cdots p_n)^2\equiv 2 \pmod{p}$$

을 얻을 수 있으며 이는 $p\mid 2$임을 뜻한다. p는 홀수인 소수라는 사실에 모순이다. 따라서 $8k-1$ 꼴의 소수가 무한 개 존재한다. ■

9.2 연습문제

01 9.1절의 연습문제 1번에서 $(a,\ 11)=1$인 모든 정수 a에 대해 $\left(\frac{a}{11}\right)$의 값을 구하여라.

02 $\left(\frac{317}{11}\right)$을 구하고 $x^2 \equiv 317 \pmod{11}$이 해를 갖는지 판정하여라.

03 $\left(\frac{89}{13}\right)$을 구하고 $x^2 \equiv 89 \pmod{13}$이 해를 갖는지 판정하여라.

04 소수 11, 29, 37, 41에 대해 2가 이차 잉여인지 결정하여라.

05 $p>3$인 소수에 대해 다음을 보여라.

$$\left(\frac{-3}{p}\right)=1 \Leftrightarrow p \equiv 1 \pmod{6}$$

06 p는 홀수인 소수이고 a, b는 p와 서로 소일 때 세 정수 a, b, ab 중 두 정수가 법 p에 대한 이차 잉여이면 나머지도 이차 잉여임을 보여라.

07 p는 홀수인 소수이고 a는 p와 서로 소이고 법 p에 대한 이차 잉여일 때,
(1) $p \equiv 1 \pmod{4}$이면 $-a$는 법 p에 대한 이차 잉여임을 보여라.
(2) $p \equiv 3 \pmod{4}$이면 $-a$는 법 p에 대한 이차 비잉여임을 보여라.

08 소수 $p \geq 7$에 대해, a, $a+2$가 법 p에 대한 이차 잉여가 되는 a가 존재함을 보여라.

09 소수 $p \geq 7$에 대해, a, $a+3$이 법 p에 대한 이차 잉여가 되는 a가 존재함을 보여라.

10 다음 합동방정식을 풀어라.
(1) $x^2 \equiv 58 \pmod{77}$ (2) $x^2 \equiv 207 \pmod{1001}$

11 $8n+3$ 꼴의 소수가 무한 개 존재함을 보여라.

12 p가 페르마 소수일 필요충분조건은 p의 모든 이차 비잉여는 p의 원시근임을 보여라.

9.3 이차 잉여의 상호법칙

서로 다른 두 홀수인 소수 p, q에 대하여 q가 p의 이차 잉여인지를 알면 p가 q의 이차 잉여인지를 알 수 있을까 하는 질문은 1700년대 중반에 오일러(Euler)에 의해 제기되었다. 즉 르장드르 기호 $\left(\frac{p}{q}\right)$와 $\left(\frac{q}{p}\right)$는 어떤 관계를 가지고 있을까 하는 질문이다. 이 문제의 답을 1785년 르장드르(Legendre)가 현재 이차 잉여의 상호법칙이라고 불리는

$$\left(\frac{p}{q}\right)\left(\frac{q}{p}\right)=(-1)^{\frac{p-1}{2}\cdot\frac{q-1}{2}}$$

관계를 제안하였으나 그는 증명을 완성하지 못하였다. 최초로 정확한 증명은 1796년에 가우스(Gauss)에 의해 완성되었고, 그 이후 150가지 이상의 서로 다른 증명이 있는 것으로 밝혀졌다. 이 교재에서 소개되는 증명은 가우스의 학생이었던 아이젠스타인(Eisenstein, 1823~1852)의 증명이다. 이차 잉여의 상호법칙을 소개하고 증명은 다음의 보조정리를 증명한 뒤에 하기로 한다.

정리 9.3.1 [이차 잉여의 상호법칙]

서로 다른 두 홀수인 소수 p, q에 대하여

$$\left(\frac{p}{q}\right)\left(\frac{q}{p}\right)=(-1)^{\frac{p-1}{2}\cdot\frac{q-1}{2}}$$

이다.

보조정리 9.3.2

p가 홀수인 소수이고 a는 p와 서로 소이고 홀수인 정수일 때

$$\left(\frac{a}{p}\right)=(-1)^{T(a,p)}$$

이다. 여기서

$$T(a,\ p)=\sum_{j=1}^{(p-1)/2}[ja/p]$$

이다.

증명

가우스의 보조정리의 증명과정에서 사용한 기호를 약간 변형하여 사용하지만 근본적으로 같은 증명기법이다. 먼저 집합

$$T=\left\{a,\ 2a,\ \cdots,\ \frac{p-1}{2}a\right\},$$

$$S_1{}'=\left\{p-1,\ p-2,\ \cdots,\ p-\frac{p-1}{2}\right\},\quad S_2=\left\{1,\ 2,\ \cdots,\ \frac{p-1}{2}\right\}$$

이라 두자. 이제 $r_1,\ r_2,\ \cdots,\ r_k \in S_1{}'$을 T에 속하는 원소와 법 p에 관하여 합동인 $S_1{}'$의 원소라 두고 $s_1,\ s_2,\ \cdots,\ s_l \in S_2$을 T에 속하는 원소와 법 p에 관하여 합동인 S_2의 원소라 두자. 그러면 가우스의 보조정리의 증명과정에서와 같은 이유에서

$$\{p-r_1,\ p-r_2,\ \cdots,\ p-r_k,\ s_1,\ s_2,\ \cdots\ s_l\}=\left\{1,\ 2,\ \cdots,\ \frac{p-1}{2}\right\}$$

이다. 그리고

$$a_j=ja-[ja/p]p$$

이라 두면 a_j는 ja를 p로 나눈 나머지이며 $1\le a_j\le(p-1)$이다. 따라서

$$\{a_1,\ a_2,\ \cdots,\ a_{(p-1)/2}\}=\{r_1,\ r_2,\ \cdots,\ r_k,\ s_1,\ s_2,\ \cdots,\ s_l\}$$

이다. 그러므로

$$\sum_{j=1}^{(p-1)/2} ja=\sum_{j=1}^{(p-1)/2}[ja/p]p+\sum_{j=1}^{k} r_j+\sum_{j=1}^{l} s_j$$

이다. 따라서

$$\sum_{j=1}^{(p-1)/2} ja=\sum_{j=1}^{(p-1)/2}[ja/p]p+\sum_{j=1}^{k}(p-r_j)+\sum_{j=1}^{l} s_j-kp+2\sum_{j=1}^{k} r_j$$

이다. 이 등식을 다시 정리하면

$$\sum_{j=1}^{(p-1)/2} ja - \sum_{j=1}^{(p-1)/2} j = \sum_{j=1}^{(p-1)/2} [ja/p]p - kp + 2\sum_{j=1}^{k} r_j$$

이다. 또한 $T(a,\ p) = \sum_{j=1}^{(p-1)/2} [ja/p]$을 이용하면

$$(a-1)\sum_{j=1}^{(p-1)/2} j = T(a,\ p)p - kp + 2\sum_{j=1}^{k} r_j$$

이다. 이것을 법 2에 관한 합동식으로 바꾸면

$$0 \equiv T(a,\ p) - k \pmod 2$$

이다. 즉

$$T(a,\ p) \equiv k \pmod 2$$

이며 가우스의 보조정리에 의해

$$\left(\frac{a}{p}\right) = (-1)^k = (-1)^{T(a,\ p)}$$

를 얻는다. ■

예제 9.3.3 보조정리 9.3.1을 이용하여 $\left(\frac{7}{11}\right)$과 $\left(\frac{11}{7}\right)$의 값을 구하고 이차 잉여의 상호법칙을 확인하여라.

풀이 $\left(\frac{7}{11}\right)$을 계산하기 위해 보조정리 9.3.1에 $p=11,\ a=7$을 대입하면

$$\sum_{j=1}^{(11-1)/2} [7j/11] = [7/11] + [2\cdot 7/11] + [3\cdot 7/11] + [4\cdot 7/11] + [5\cdot 7/11]$$
$$= 0+1+1+2+3 = 7$$

이다. 그러므로

$$\left(\frac{7}{11}\right) = (-1)^7 = -1$$

이다. 마찬가지로 $\left(\frac{11}{7}\right)$을 계산하면

$$\begin{aligned}\sum_{j=1}^{(7-1)/2}[11j/7] &= [11/7]+[2\cdot 11/7]+[3\cdot 11/7] \\ &= 1+3+4=8\end{aligned}$$

을 얻는다. 그러므로

$$\left(\frac{11}{7}\right)=(-1)^8=1$$

이다. 이차 잉여의 상호법칙에서 $p=7$, $q=11$을 대입하면

$$\left(\frac{7}{11}\right)\left(\frac{11}{7}\right)=(-1)\cdot 1=-1$$

이다, 한편

$$(-1)^{\frac{7-1}{2}\cdot\frac{11-1}{2}}=(-1)^{3\cdot 5}=(-1)^{15}=-1$$

을 얻게 되어 두 값이 같음을 알 수 있다. ■

이차 잉여의 상호법칙의 증명

영역 D를 직교좌표평면에서 네 점 $(0,\ 0)$, $(p/2,\ 0)$, $(0,\ q/2)$, $(p/2,\ q/2)$을 꼭지점으로 갖는 경계를 제외한 직사각형의 내부영역으로 정의하자. 이제 이 영역 D에 속하는 격자점(각 좌표가 정수인 점)의 개수를 두 가지 방법으로 구해본다. 먼저 p, q가 홀수인 소수이므로 $(p-1)/2$와 $(q-1)/2$는 정수이다. 그러므로 $(x,\ y)$가 격자점이면 x, y는 $1\le x\le(p-1)/2$이고 $1\le y\le(q-1)/2$인 정수이다. 그러므로 영역 D에 속하는 격자점의 수는

$$\frac{p-1}{2}\cdot\frac{q-1}{2}$$

이다. 이제 다른 방법으로 영역 D에 속하는 격자점의 수를 계산하기 위해 영역 D를 세 부분집합으로 분할하여 각각에 속하는 격자점을 계산하여 합치기로 한다. 먼저 점 $(0,\ 0)$와 점 $(p/2,\ q/2)$를 연결하는 직선, 즉 $y=(q/p)x$와 D의 교집합을 영역 A, 직선의 아래 쪽 영역과 D의 교집합을 B, 직선의 위쪽 영역과 D의 교집합을 C라 두자. 영

역 A에 속하는 점 $(x,\ y)$가 격자점이 될 필요충분조건은 x가 p의 배수이고 y가 q의 배수여야 한다. 그러나 $1 \le x \le (p-1)/2$이고 $1 \le y \le (q-1)/2$이므로 영역 A에 속하는 격자점은 없다. 이제 영역 B에 속하는 격자점의 수를 구하기 위해 $1 \le k \le (p-1)/2$인 정수 k에 대하여 직선 $x=k$와 B의 공통부분에 속하는 격자점의 수를 계산한다. 직선 $x=k$와 직선 $y=(q/p)x$의 교점은 $(k,\ kq/p)$이다. 그러므로 격자점의 수는 $[kq/p]$개 있다. 따라서 영역 B에 속하는 격자점의 수는 $1 \le k \le (p-1)/2$인 정수 k에 대하여 직선 $x=k$와 B 의 공통부분에 속하는 격자점의 수들의 합

$$\sum_{k=1}^{(p-1)/2} [kq/p]$$

이다. 마찬가지 방법으로 $1 \le k \le (q-1)/2$인 정수 k에 대하여 직선 $y=k$와 C의 공통부분에 속하는 격자점의 수를 계산한다. 직선 $y=k$와 직선 $y=(q/p)x$의 교점은 $(kp/q,\ k)$이다. 그러므로 격자점의 수는 $[kp/q]$개 있다. 따라서 영역 C에 속하는 격자점의 수는 $1 \le k \le (p-1)/2$인 정수 k에 대하여 직선 $y=k$와 C의 공통부분에 속하는 격자점의 수들의 합

$$\sum_{k=1}^{(q-1)/2} [kp/q]$$

이다. 그러므로 격자점의 총합은

$$\sum_{k=1}^{(p-1)/2} [kq/p] + \sum_{k=1}^{(q-1)/2} [kp/q]$$

이다. 한편

$$\sum_{k=1}^{(p-1)/2} [kq/p] = T(q,\ p), \qquad \sum_{k=1}^{(q-1)/2} [kp/q] = T(p,\ q)$$

이므로 보조정리 9.3.2에 의해

$$\left(\frac{q}{p}\right) = (-1)^{T(q,\ p)}, \quad \left(\frac{p}{q}\right) = (-1)^{T(p,\ q)}$$

이다. 따라서

$$\left(\frac{q}{p}\right)\left(\frac{p}{q}\right) = (-1)^{T(q,\ p)+T(p,\ q)}$$

이다. 한편 격자점의 계산에 의해

$$T(q,\ p)+T(p,\ q)=\frac{p-1}{2}\cdot\frac{q-1}{2}$$

이므로

$$\left(\frac{q}{p}\right)\left(\frac{p}{q}\right)=(-1)^{\frac{p-1}{2}\cdot\frac{q-1}{2}}$$

을 얻는다.

따름정리 9.3.4

$p,\ q$가 서로 다른 홀수인 소수이면

$$\left(\frac{q}{p}\right)=\begin{cases}\left(\frac{p}{q}\right), & \text{만약 } p\equiv 1 \pmod 4 \text{ 또는 } q\equiv 1 \pmod 4\\ -\left(\frac{p}{q}\right), & \text{만약 } p\equiv q\equiv 3 \pmod 4\end{cases}$$

이다.

증명

이차 잉여의 상호법칙에 의해

$$\left(\frac{q}{p}\right)\left(\frac{p}{q}\right)=(-1)^{\frac{p-1}{2}\cdot\frac{q-1}{2}}$$

임을 알고 있다. 만약 $p\equiv 1 \pmod 4$이면 $(p-1)/2$는 짝수이다. 그러므로

$$\left(\frac{q}{p}\right)\left(\frac{p}{q}\right)=(-1)^{\frac{p-1}{2}\cdot\frac{q-1}{2}}=1$$

이다. 따라서 $\left(\frac{q}{p}\right)=\left(\frac{p}{q}\right)$이다. 만약 $q\equiv 1 \pmod 4$인 경우도 똑같은 이유에서 $\left(\frac{q}{p}\right)=\left(\frac{p}{q}\right)$이다. 한편 $p\equiv q\equiv 3 \pmod 4$이면 $(p-1)/2$과 $(q-1)/2$은 모두 홀수이다. 그러므로

$$\left(\frac{q}{p}\right)\left(\frac{p}{q}\right)=(-1)^{\frac{p-1}{2}\cdot\frac{q-1}{2}}=-1$$

이다. 따라서 $\left(\frac{q}{p}\right)=-\left(\frac{p}{q}\right)$이다. ■

지금까지 우리는 홀수인 소수 p에 대하여

$$\left(\frac{1}{p}\right),\ \left(\frac{-1}{p}\right),\ \left(\frac{2}{p}\right)$$

의 값을 안다. 이제 이차 잉여의 상호법칙을 이용하여 3이 아닌 홀수인 소수 p에 대하여 $\left(\frac{3}{p}\right)$의 값을 알아본다.

정리 9.3.5

$p\ (\neq 3)$인 홀수인 소수일 때

$$\left(\frac{3}{p}\right)=\begin{cases}1, & \text{만약 } p\equiv\pm 1 \pmod{12}\\ -1, & \text{만약 } p\equiv\pm 5 \pmod{12}\end{cases}$$

이다.

증명

따름정리 9.3.4에 의해

$$\left(\frac{3}{p}\right)=\begin{cases}\left(\frac{p}{3}\right), & \text{만약 } p\equiv 1 \pmod 4\\ -\left(\frac{p}{3}\right), & \text{만약 } p\equiv 3 \pmod 4\end{cases}$$

이다. 따라서 $\left(\frac{p}{3}\right)$의 값을 결정하면 $\left(\frac{3}{p}\right)$의 값은 결정된다. 만약 $p\equiv 1 \pmod 3$이면 $\left(\frac{p}{3}\right)=\left(\frac{1}{3}\right)=1$이다. 한편 만약 $p\equiv 2 \pmod 3$이면 $\left(\frac{p}{3}\right)=\left(\frac{2}{3}\right)=-1$이다. 그러므로 다음의 네 가지 경우를 생각할 수 있다.

(1) $p\equiv 1 \pmod 4$이고 $p\equiv 1 \pmod 3$인 경우

중국인의 나머지 정리를 이용하거나 $p\equiv 1 \pmod 4$이고 $p\equiv 1 \pmod 3$일 필요충분

조건은 $p=4k+1$이다. 그리고 $k=3l$임을 안다. 그러므로 $p\equiv 1 \pmod{12}$이다.

(2) $p\equiv 3 \pmod 4$이고 $p\equiv 2 \pmod 3$인 경우

(1)의 경우와 마찬가지로 $p\equiv 3 \pmod 4$이고 $p\equiv 2 \pmod 3$일 필요충분조건은 $p=4k+3$이다. 그리고 $k=3l+2$임을 안다. 그러므로 $p\equiv -1 \pmod{12}$이다.

(3) $p\equiv 1 \pmod 4$이고 $p\equiv 2 \pmod 3$인 경우

$p\equiv 1 \pmod 4$이고 $p\equiv 2 \pmod 3$일 필요충분조건은 $p=4k+1$이다. 그리고 $k=3l+1$임을 안다. 그러므로 $p\equiv 5 \pmod{12}$이다.

(4) $p\equiv 3 \pmod 4$이고 $p\equiv 1 \pmod 3$인 경우

$p\equiv 3 \pmod 4$이고 $p\equiv 1 \pmod 3$일 필요충분조건은 $p=4k+3$이다. 그리고 $k=3l+1$임을 안다. 그러므로 $p\equiv 7 \pmod{12}$이다.

위의 사실을 종합하면 정리의 결론을 얻는다. ■

예제 9.3.6 $\left(\frac{3}{41}\right)$의 값을 구하라.

풀이 위의 공식을 이용하면

$$41\equiv 5 \pmod{12}$$

이므로 $\left(\frac{3}{41}\right)=-1$이다. 한편 직접 위의 정리의 증명과정을 따라 이 값을 계산해보면

$$41\equiv 1 \pmod 4$$

이다. 따라서

$$\left(\frac{3}{41}\right)\left(\frac{41}{3}\right)=(-1)^{\frac{41-1}{2}\cdot\frac{3-1}{2}}=1$$

이다. 그러므로 $\left(\frac{3}{41}\right)=\left(\frac{41}{3}\right)$이다. 한편 $41\equiv 2 \pmod 3$이므로 $\left(\frac{41}{3}\right)=\left(\frac{2}{3}\right)=-1$이다. 따라서 $\left(\frac{3}{41}\right)=-1$이다. ■

예제 9.3.7 -23이 59의 이차 잉여인지를 결정하라.

풀이 23과 59는 모두 소수이므로 이차 잉여의 상호법칙을 이용하면

$$\left(\frac{-23}{59}\right)=\left(\frac{-1}{59}\right)\left(\frac{23}{59}\right)=(-1)^{(59-1)/2}(-1)^{(23-1)/2\cdot(59-1)/2}\left(\frac{59}{23}\right)=\left(\frac{59}{23}\right)$$

이다. 한편 $59\equiv 13 \pmod{23}$이고 13과 23은 소수이므로 이차 잉여의 상호법칙에 의해

$$\left(\frac{59}{23}\right)=\left(\frac{13}{23}\right)=(-1)^{(13-1)/2\cdot(23-1)/2}\left(\frac{23}{13}\right)=\left(\frac{23}{13}\right)$$

이다. 마찬가지로 $23\equiv 10 \pmod{13}$이므로

$$\left(\frac{23}{13}\right)=\left(\frac{10}{13}\right)=\left(\frac{2}{13}\right)\left(\frac{5}{13}\right)=-\left(\frac{5}{13}\right)=-(-1)^{(5-1)/2\cdot(13-1)/2}\left(\frac{13}{5}\right)=-\left(\frac{13}{5}\right)$$

이다. 마찬가지로 $13\equiv 3 \pmod{5}$이다. 그러므로

$$\left(\frac{13}{5}\right)=\left(\frac{3}{5}\right)=-1$$

이다. 따라서

$$\left(\frac{-23}{59}\right)=-(-1)=1$$

이며 -23이 59의 이차 잉여이다. ■

9.3 연습문제

01 $\left(\frac{3}{53}\right)$, $\left(\frac{15}{101}\right)$를 구하고, $\left(\frac{53}{3}\right)$, $\left(\frac{101}{15}\right)$을 구하여라.

02 소수 1009에 대해 $\left(\frac{713}{1009}\right)$을 구하여라.

03 $x^2 \equiv 2 \pmod{59}$의 해의 존재성을 논하여라.

04 7이 이차 잉여가 되는 모든 소수를 분류하여라.

9.4 야코비 기호

야코비 기호는 앞 절에서 공부한 르장드르 기호를 일반화한 것으로 르장드르 기호의 값을 계산할 때 이용된다. 르장드르 기호는 기호의 분모가 홀수인 소수일 때 정의하였으나 야코비 기호는 기호의 분모가 홀수인 양의 정수에 대하여 정의한다. 야코비 기호는 독일의 수학자 야코비(Carl Gustav Jacob Jacobi, 1804~1851)에 의해 처음으로 도입되었고, 그 이후 야코비 기호로 이름이 붙여졌다.

정의 9.4.1 [야코비 기호]

$n = p_1^{r_1} p_2^{r_2} \cdots p_k^{r_k}$을 홀수인 양의 정수 n의 표준분해라 하자. n과 서로 소인 정수 a에 대하여

$$\left(\frac{a}{n}\right) = \left(\frac{a}{p_1}\right)^{r_1} \left(\frac{a}{p_2}\right)^{r_2} \cdots \left(\frac{a}{p_k}\right)^{r_k}$$

으로 정의하고 기호 $\left(\frac{a}{n}\right)$을 야코비 기호(Jacobi symbol)라 부른다. 여기서 $\left(\frac{a}{p_i}\right)$는 르장드르 기호이다.

예제 9.4.2 야코비 기호 $\left(\frac{2}{15}\right)$의 값을 구하고 2가 15의 이차 잉여를 결정하라.

풀이 위의 정의에 의해

$$\left(\frac{2}{15}\right) = \left(\frac{2}{5}\right)\left(\frac{2}{3}\right) = (-1)(-1) = 1$$

이다. 그러나

$$1^2 \equiv 4^2 \equiv 11^2 \equiv 14^2 \equiv 1 \pmod{15}$$
$$2^2 \equiv 7^2 \equiv 8^2 \equiv 13^2 \equiv 4 \pmod{15}$$

이다. 그러므로 1, 4가 15의 이차 잉여이다. 결론적으로 야코비 기호

$$\left(\frac{2}{15}\right)=1$$

이 2가 15의 이차 잉여임을 뜻하지는 않는다. ■

르장드르 기호 $\left(\frac{a}{p}\right)$의 값은 a가 p의 이차 잉여이면 1, 이차 비잉여이면 -1로 정의하였다. 그러나 야코비 기호는 르장드르 기호의 값을 계산할 때 이용되기는 하지만 야코비 기호 $\left(\frac{a}{n}\right)$의 값으로 a가 n의 이차 잉여인지를 결정할 수 없다. 이제 야코비 기호의 성질을 조사해 보자.

정리 9.4.3

n이 홀수인 양의 정수이고 a, b는 n과 서로 소인 정수일 때 다음 사실이 성립된다.

(1) 만약 $a \equiv b \pmod{n}$이면, $\left(\frac{a}{n}\right)=\left(\frac{b}{n}\right)$이다.

(2) $\left(\frac{ab}{n}\right)=\left(\frac{a}{n}\right)\left(\frac{b}{n}\right)$.

(3) $\left(\frac{-1}{n}\right)=(-1)^{(n-1)/2}$.

(4) $\left(\frac{2}{n}\right)=(-1)^{(n^2-1)/8}$.

증명

위의 사실을 증명하기 위해 $n=p_1^{r_1}p_2^{r_2}\cdots p_k^{r_k}$을 n의 표준분해라 하자. 그러면 $p_i\ (1 \le i \le k)$는 홀수인 소수이다.

(1) 르장드르 기호의 성질에서 모든 홀수인 소수 p에 대하여 만약 $a \equiv b \pmod{p}$이면 $\left(\frac{a}{p}\right)=\left(\frac{b}{p}\right)$임을 알고 있다. 그러므로

$$\left(\frac{a}{n}\right)=\left(\frac{a}{p_1}\right)^{r_1}\left(\frac{a}{p_2}\right)^{r_2}\cdots\left(\frac{a}{p_k}\right)^{r_k}=\left(\frac{b}{p_1}\right)^{r_1}\left(\frac{b}{p_2}\right)^{r_2}\cdots\left(\frac{b}{p_k}\right)^{r_k}=\left(\frac{b}{n}\right)$$

이다.

(2) 정리 9.2.3에 의해 p는 홀수인 소수이고 a, b는 p와 서로 소인 정수이면

$$\left(\frac{ab}{p}\right)=\left(\frac{a}{p}\right)\left(\frac{b}{p}\right)$$

임을 알고 있다. 이 사실과 야코비 기호의 정의에 의해 (2)가 성립함은 자명하다.

(3) 정리 9.2.3에 의해 p는 홀수인 소수이면

$$\left(\frac{-1}{p}\right)=(-1)^{(p-1)/2}$$

이다. 그러므로

$$\begin{aligned}\left(\frac{-1}{n}\right)&=\left(\frac{-1}{p_1}\right)^{r_1}\left(\frac{-1}{p_2}\right)^{r_2}\cdots\left(\frac{-1}{p_k}\right)^{r_k}\\&=(-1)^{r_1(p_1-1)/2}(-1)^{r_2(p_2-1)/2}\cdots(-1)^{r_k(p_k-1)/2}\\&=(-1)^{\{r_1(p_1-1)+r_2(p_2-1)+\cdots+r_k(p_k-1)\}/2}\end{aligned}$$

이다. 한편 $n=p_1^{r_1}p_2^{r_2}\cdots p_k^{r_k}$이므로

$$n=\{1+(p_1-1)\}^{r_1}\{1+(p_2-1)\}^{r_2}\cdots\{1+(p_k-1)\}^{r_k}$$

이다. 여기서 p_i $(1\le i\le k)$는 홀수인 소수이므로 p_i-1은 짝수이다. 그러므로

$$\{1+(p_i-1)\}^{r_i}\equiv 1+r_i(p_i-1)\pmod 4$$

따라서

$$\{1+(p_i-1)\}^{r_i}\{1+(p_j-1)\}^{r_j}\equiv 1+r_i(p_i-1)+r_j(p_j-1)\pmod 4$$

이다. 그러므로

$$\begin{aligned}n&=\{1+(p_1-1)\}^{r_1}\{1+(p_2-1)\}^{r_2}\cdots\{1+(p_k-1)\}^{r_k}\\&\equiv 1+r_1(p_1-1)+r_2(p_2-1)+\cdots+r_k(p_k-1)\pmod 4\end{aligned}$$

이다. 이 사실에 의해

$$\frac{n-1}{2}\equiv\frac{r_1(p_1-1)+r_2(p_2-1)+\cdots+r_k(p_k-1)}{2}\pmod 2$$

이며

$$\left(\frac{-1}{n}\right)=(-1)^{\{r_1(p_1-1)+r_2(p_2-1)+\cdots+r_k(p_k-1)\}/2}$$
$$=(-1)^{(n-1)/2}$$

을 얻는다.

(4) (3)과 같은 증명과정을 이용한다. 정리 9.2.3에 의해 p가 홀수인 소수이면

$$\left(\frac{2}{p}\right)=(-1)^{(p^2-1)/8}$$

이다. 그러므로

$$\left(\frac{2}{n}\right)=\left(\frac{2}{p_1}\right)^{r_1}\left(\frac{2}{p_2}\right)^{r_2}\cdots\left(\frac{2}{p_k}\right)^{r_k}$$
$$=(-1)^{r_1(p_1^2-1)/8}(-1)^{r_2(p_2^2-1)/8}\cdots(-1)^{r_k(p_k^2-1)/8}$$
$$=(-1)^{\{r_1(p_1^2-1)+r_2(p_2^2-1)+\cdots+r_k(p_k^2-1)\}/8}$$

이다. 한편 $n=p_1^{r_1}p_2^{r_2}\cdots p_k^{r_k}$이므로

$$n^2=\{1+(p_1^2-1)\}^{r_1}\{1+(p_2^2-1)\}^{r_2}\cdots\{1+(p_k^2-1)\}^{r_k}$$

이다. 여기서 $p_i\ (1\le i\le k)$는 홀수인 소수이므로 $p_i^2-1\equiv 0 \pmod 8$이다. 그러므로

$$\{1+(p_i^2-1)\}^{r_i}\equiv 1+r_i(p_i^2-1) \pmod{64}$$

따라서

$$\{1+(p_i^2-1)\}^{r_i}\{1+(p_j^2-1)\}^{r_j}\equiv 1+r_i(p_i^2-1)+r_j(p_j^2-1) \pmod{64}$$

이다. 그러므로

$$n^2=\{1+(p_1^2-1)\}^{r_1}\{1+(p_2^2-1)\}^{r_2}\cdots\{1+(p_k^2-1)\}^{r_k}$$
$$\equiv 1+r_1(p_1^2-1)+r_2(p_2^2-1)+\cdots+r_k(p_k^2-1) \pmod{64}$$

이다. 이 사실에 의해

$$\frac{n^2-1}{8}\equiv\frac{r_1(p_1^2-1)+r_2(p_2^2-1)+\cdots+r_k(p_k^2-1)}{8} \pmod 8$$

이며

$$\left(\frac{2}{n}\right)=(-1)^{\{r_1(p_1^2-1)+r_2(p_2^2-1)+\cdots+r_k(p_k^2-1)\}/8}$$
$$=(-1)^{(n^2-1)/8}$$

을 얻는다. ■

이차 잉여의 상호법칙은 서로 소인 두 홀수인 소수 p, q에 대하여 르장드르 기호 $\left(\frac{q}{p}\right)$와 $\left(\frac{p}{q}\right)$의 관계를 말해준다. 이와 마찬가지로 서로 소인 두 홀수인 양의 정수 n, m (>1)에 대하여 야코비 기호 $\left(\frac{m}{n}\right)$와 $\left(\frac{n}{m}\right)$과의 관계도 르장드르 기호의 경우와 똑같이 성립한다. 이것을 야코비 기호의 상호법칙이라 이름 붙인다.

정리 9.4.4 [야코비 기호의 상호법칙]

n, m (>1)이 서로 소인 홀수인 양의 정수이면

$$\left(\frac{m}{n}\right)\left(\frac{n}{m}\right)=(-1)^{\frac{m-1}{2}\cdot\frac{n-1}{2}}$$

이다.

증명

$$m=p_1^{a_1}p_2^{a_2}\cdots p_s^{a_s},\quad n=q_1^{b_1}q_2^{b_2}\cdots q_r^{b_r}$$

을 각각 m과 n의 표준분해라 하자. 야코비 기호의 정의와 르장드르 기호의 성질에 의해

$$\left(\frac{m}{n}\right)=\prod_{i=1}^{r}\left(\frac{m}{q_i}\right)^{b_i}=\prod_{i=1}^{r}\prod_{j=1}^{s}\left(\frac{p_j}{q_i}\right)^{b_ia_j}$$

이고

$$\left(\frac{n}{m}\right)=\prod_{j=1}^{s}\left(\frac{n}{p_j}\right)^{a_j}=\prod_{j=1}^{s}\prod_{i=1}^{r}\left(\frac{q_i}{p_j}\right)^{b_ia_j}$$

이다. 그러므로

$$\left(\frac{m}{n}\right)\left(\frac{n}{m}\right)=\prod_{i=1}^{r}\prod_{j=1}^{s}\left[\left(\frac{p_j}{q_i}\right)\left(\frac{q_i}{p_j}\right)\right]^{a_jb_i}$$

이다. 이차 잉여의 상호법칙에 의해

$$\left(\frac{p_j}{q_i}\right)\left(\frac{q_i}{p_j}\right)=(-1)^{\left(\frac{p_j-1}{2}\right)\left(\frac{q_i-1}{2}\right)}$$

이다. 그러므로

$$\left(\frac{m}{n}\right)\left(\frac{n}{m}\right)=\prod_{i=1}^{r}\prod_{j=1}^{s}(-1)^{a_j\left(\frac{p_j-1}{2}\right)b_i\left(\frac{q_i-1}{2}\right)}=(-1)^{\sum_{i=1}^{r}\sum_{j=1}^{s}a_j\left(\frac{p_j-1}{2}\right)b_i\left(\frac{q_i-1}{2}\right)}$$

이다. 그리고

$$\sum_{i=1}^{r}\sum_{j=1}^{s}a_j\left(\frac{p_j-1}{2}\right)b_i\left(\frac{q_i-1}{2}\right)=\sum_{j=1}^{s}a_j\left(\frac{p_j-1}{2}\right)\sum_{i=1}^{r}b_i\left(\frac{q_i-1}{2}\right)$$

이며 정리 9.4.3의 (3)의 증명과정에 의해

$$\sum_{j=1}^{s}a_j\left(\frac{p_j-1}{2}\right)\equiv\frac{m-1}{2}\pmod 2$$

이고

$$\sum_{i=1}^{r}b_i\left(\frac{q_i-1}{2}\right)\equiv\frac{n-1}{2}\pmod 2$$

이다. 그러므로

$$\left(\frac{m}{n}\right)\left(\frac{n}{m}\right)=(-1)^{\frac{m-1}{2}\cdot\frac{n-1}{2}}$$

이다. ■

야코비 기호의 계산을 위한 알고리즘

$n>m\ (>1)$이 서로 소인 두 홀수인 양의 정수일 때 야코비 기호 $\left(\frac{n}{m}\right)$의 값을 계산

하기 위해 다음의 알고리즘을 공부해 보자. 만약 $n=r_0$, $m=r_1$이라 두면 나눗셈 알고리즘에 의해

$$r_0 = r_1 q_1 + 2^{s_1} r_2,\ (0 < r_2 < r_1)$$

이라 가정하면 r_1은 홀수이고 따라서

$$\left(\frac{n}{m}\right) = \left(\frac{2}{m}\right)^{s_1}\left(\frac{r_2}{m}\right) = (-1)^{s_1 \cdot \frac{r_1^2-1}{8}}\left(\frac{r_2}{r_1}\right)$$

이다. 또한

$$r_1 = r_2 q_2 + 2^{s_2} r_3,\ (0 < r_3 < r_2)$$

이라 가정하면

$$\left(\frac{r_2}{r_1}\right) = (-1)^{\frac{r_1-1}{2}\cdot\frac{r_2-1}{2}}\left(\frac{r_1}{r_2}\right) = (-1)^{\frac{r_1-1}{2}\cdot\frac{r_2-1}{2}}\left(\frac{2}{r_2}\right)^{s_2}\left(\frac{r_3}{r_2}\right)$$

이다. 따라서 위의 결과에 의해

$$\begin{aligned}\left(\frac{n}{m}\right) &= (-1)^{s_1 \cdot \frac{r_1^2-1}{8}}\left(\frac{r_2}{r_1}\right)\\ &= (-1)^{s_1 \cdot \frac{r_1^2-1}{8}}(-1)^{\frac{r_1-1}{2}\cdot\frac{r_2-1}{2}}\left(\frac{2}{r_2}\right)^{s_2}\left(\frac{r_3}{r_2}\right)\\ &= (-1)^{s_1 \cdot \frac{r_1^2-1}{8} + s_2 \cdot \frac{r_2^2-1}{8}}(-1)^{\frac{r_1-1}{2}\cdot\frac{r_2-1}{2}}\left(\frac{r_3}{r_2}\right)\\ &= (-1)^{s_1 \cdot \frac{r_1^2-1}{8} + s_2 \cdot \frac{r_2^2-1}{8}}(-1)^{\frac{r_1-1}{2}\cdot\frac{r_2-1}{2} + \frac{r_2-1}{2}\cdot\frac{r_3-1}{2}}\left(\frac{r_2}{r_3}\right)\end{aligned}$$

이다. 이러한 과정을 거쳐, 만약

$$r_{n-2} = r_{n-1} q_{n-1} + 2^{s_{n-1}} \cdot 1$$

이라 가정하면

$$\left(\frac{n}{m}\right) = (-1)^{\frac{r_1-1}{2}\cdot\frac{r_2-1}{2}+\frac{r_2-1}{2}\cdot\frac{r_3-1}{2}+\cdots+\frac{r_{n-2}-1}{2}\cdot\frac{r_{n-1}-1}{2}}$$

$$\cdot\,(-1)^{s_1\frac{r_1^2-1}{2}+s_2\frac{r_2^2-1}{2}+\cdots+s_{n-1}\frac{r_{n-1}^2-1}{2}}$$

을 얻을 수 있다.

예제 9.4.5 $\left(\frac{237}{109}\right)$의 값을 구하라.

풀이 나눗셈 알고리즘에 의해

$$237 = 109\cdot 2 + 19$$
$$109 = 19\cdot 5 + 2\cdot 7$$
$$19 = 7\cdot 2 + 5$$
$$7 = 5\cdot 1 + 2$$

이다. 그러므로

$$\left(\frac{237}{109}\right) - \left(\frac{19}{109}\right) - (-1)^{\frac{19-1}{2}\cdot\frac{109-1}{2}}\left(\frac{2}{19}\right)\left(\frac{7}{19}\right)$$

$$= (-1)^{\frac{19-1}{2}\cdot\frac{109-1}{2}}(-1)^{\frac{19^2-1}{8}}(-1)^{\frac{7-1}{2}\cdot\frac{19-1}{2}}\left(\frac{19}{7}\right)$$

$$= (-1)^{\frac{19-1}{2}\cdot\frac{109-1}{2}+\frac{7-1}{2}\cdot\frac{19-1}{2}+\frac{5-1}{2}\cdot\frac{7-1}{2}}(-1)^{\frac{19^2-1}{8}}\left(\frac{7}{5}\right)$$

$$= (-1)^{\frac{19-1}{2}\cdot\frac{109-1}{2}+\frac{7-1}{2}\cdot\frac{19-1}{2}+\frac{5-1}{2}\cdot\frac{7-1}{2}}(-1)^{\frac{19^2-1}{8}}\left(\frac{2}{5}\right)$$

$$= (-1)^{\frac{19-1}{2}\cdot\frac{109-1}{2}+\frac{7-1}{2}\cdot\frac{19-1}{2}+\frac{5-1}{2}\cdot\frac{7-1}{2}}(-1)^{\frac{19^2-1}{8}\cdot\frac{5^2-1}{2}}$$

$$= -1$$

이다. 또 다른 방법으로 이 값을 구해 보자. $237 = 79\cdot 3$이므로

$$\left(\frac{237}{109}\right) = \left(\frac{79}{109}\right)\left(\frac{3}{109}\right)$$

이다. 그러므로 이차 잉여의 상호법칙을 이용하면

$$\begin{aligned}\left(\frac{79}{109}\right) &= (-1)^{\frac{79-1}{2}\cdot\frac{109-1}{2}}\left(\frac{109}{79}\right) = \left(\frac{30}{79}\right)\\ &= \left(\frac{2}{79}\right)\left(\frac{3}{79}\right)\left(\frac{5}{79}\right)\\ &= (-1)^{\frac{79^2-1}{8}}(-1)^{\frac{79-1}{2}\cdot\frac{3-1}{2}+\frac{79-1}{2}\cdot\frac{5-1}{2}}\left(\frac{79}{3}\right)\left(\frac{79}{5}\right)\\ &= -\left(\frac{1}{3}\right)\left(\frac{-1}{5}\right) = -1\end{aligned}$$

이다. ■

9.4 연습문제

01 야코비 기호 $\left(\frac{23}{99}\right)$, $\left(\frac{22}{111}\right)$를 구하여라.

02 야코비 기호 $\left(\frac{5}{21}\right)$를 구하고 5가 21의 이차 잉여인지 결정하여라.

03 야코비 기호 $\left(\frac{2}{15}\right)$를 구하고, $x^2 \equiv 2 \pmod{15}$가 해를 갖는지 판정하여라.

04 야코비 기호 $\left(\frac{105}{317}\right)$를 구하고, $x^2 \equiv 105 \pmod{317}$이 해를 갖는지 판정하여라.

05 야코비 기호 $\left(\frac{219}{383}\right)$를 구하고, $x^2 \equiv 219 \pmod{383}$이 해를 갖는지 판정하여라.

06 30과 서로 소인 양의 정수 n에 대해 야코비 기호 $\left(\frac{30}{n}\right)=1$이 되는 n을 분류하여라. (도움말 : 법 120에 관해 분류됨)

07 n이 홀수이고 제곱인수가 없는 양의 정수일 때, $(a, n)=1$이고 $\left(\frac{a}{n}\right)=-1$인 정수 a가 존재함을 보여라.

9.5 이차 합동방정식

m이 양의 정수이고 a는 $(a, m)=1$인 정수에 대하여 이차 합동방정식

$$x^2 \equiv a \pmod{m}$$

의 해를 구해보자. 이러한 합동방정식을 푸는 한 가지 방법은 만약 m이 원시근 r을 가지는 경우에는 양변에 ind_r을 취하여 미지수 $\text{ind}_r x$에 관한 일차 합동방정식을 얻게 된다. 이렇게 합동방정식을 푸는 것은 이미 정리 8.4.11과 8.4.13에서 알아보았다. 특히 이 절에서는 합성수 m에 관하여 합동인 이차 합동방정식이 해를 구하는 방법에 대하여 알아보자.

정리 9.5.1

p가 $p \equiv 3 \pmod{4}$인 소수이고 $(a, p)=1$인 정수 a에 대하여 $\left(\frac{a}{p}\right)=1$이면 합동방정식 $x^2 \equiv a \pmod{p}$의 해는

$$x \equiv \pm a^{\frac{p+1}{4}} \pmod{p}$$

이다.

풀이

$\left(\frac{a}{p}\right)=1$이면 $\left(\frac{a}{p}\right) \equiv a^{\frac{p-1}{2}} \equiv 1 \pmod{p}$임을 알고 있다. 그러므로 p가 $p \equiv 3 \pmod{4}$인 소수이면 $\frac{p+1}{4}$는 정수이고

$$(\pm a^{\frac{p+1}{4}})^2 = a^{\frac{p+1}{2}} = a\, a^{\frac{p-1}{2}} \equiv a \pmod{p}$$

이다. 그러므로 합동식 $x^2 \equiv a \pmod{p}$의 두 해는

$$x \equiv \pm a^{\frac{p+1}{4}} \pmod{p}$$

이다. ■

예제 9.5.2 합동방정식 $x^2 \equiv 6 \pmod{23}$이 해를 갖는지 결정하고 해를 가지면 그 해를 구하라.

풀이 이산로그를 이용하는 방법과 위의 정리를 이용하는 두 가지 방법으로 풀어보자.

(1) 5가 법 23에 관한 가장 작은 원시근이므로 위의 합동식의 양변에 ind_5를 취하면

$$2\,\text{ind}_5 x \equiv \text{ind}_5 6 \pmod{22}$$

이다. 이산로그표에 의해 $\text{ind}_5 6 = 18$이다. 그리고 $(2, 22) = 2$이고 $2 | 18$이므로 합동방정식

$$2\,\text{ind}_5 x \equiv 18 \pmod{22}$$

은 해를 가지며 이 해는 방정식 $\text{ind}_5 x \equiv 9 \pmod{11}$과 같다. 이 방정식을 법 22에 관하여 풀면

$$\text{ind}_5 x \equiv 9 \pmod{22},\ \text{ind}_5 x \equiv 20 \pmod{22}$$

이다. 다시 이산로그표에 의해

$$x \equiv 11 \pmod{23},\ x \equiv 12 \pmod{23}$$

을 얻는다.

(2) 먼저 $\left(\dfrac{6}{23}\right)$을 계산한다.

$$\begin{aligned}\left(\frac{6}{23}\right) &= \left(\frac{2}{23}\right)\left(\frac{3}{23}\right) = (-1)^{\frac{23^2-1}{8}}(-1)^{\frac{3-1}{2}\cdot\frac{23-1}{2}}\left(\frac{23}{3}\right)\\ &= -\left(\frac{2}{3}\right) = 1\end{aligned}$$

이다. 그러므로 합동방정식 $x^2 \equiv 6 \pmod{23}$이 해를 가진다. 그리고 $p = 23 \equiv 3 \pmod 4$이므로 $p = 23$, $a = 6$을 위의 정리에 대입하면 주어진 합동방정식의 해는

$$x \equiv \pm 6^{\frac{23+1}{4}} = \pm 6^6 \pmod{23}$$

이다. 한편 6이 23의 이차 잉여이므로

$$6^{\frac{23-1}{2}} = 6^{11} \equiv 1 \pmod{23}$$

이다. 그리고 $x \equiv 6^6 \equiv 12 \pmod{23}$이고 $x \equiv -6^6 \equiv -12 \equiv 11 \pmod{23}$ 이다. 따라서 위의 결과와 같음을 알 수 있다. ■

위의 정리에서 p가 $p \equiv 3 \pmod 4$인 소수인 경우의 이차 합동방정식의 해를 조사해 보았으나 p가 $p \equiv 1 \pmod 4$인 소수인 경우는 이것보다 훨씬 복잡하므로 여기서는 생략한다. 이제 합성수에 관한 이차 합동방정식의 해를 구해 본다.

정리 9.5.3

만약 p가 홀수인 소수이고 a는 $(a, p) = 1$인 정수일 때 합동방정식

$$x^2 \equiv a \pmod{p^n}, \quad (n \geq 1)$$

이 해를 가질 필요충분조건은 $\left(\frac{a}{p}\right) = 1$이다.

증명

주어진 합동방정식이 해 c를 가지면 $c^2 \equiv a \pmod{p^n}$이다. 그러면 $c^2 \equiv a \pmod p$임은 자명하다. 따라서 $\left(\frac{a}{p}\right) = 1$이다. 역의 증명은 n에 관한 수학적 귀납법을 이용하여 증명한다. $n = 1$이면 주어진 명제는 르장드르 기호의 정의이다. 따라서 $n = k-1$일 때 주어진 명제가 참이라 가정하고 $n = k$일 때도 참임을 보인다. 즉 합동방정식

$$x^2 \equiv a \pmod{p^{k-1}}$$

이 해를 가지면

$$x^2 \equiv a \pmod{p^k}$$

이 해를 가짐을 보인다. 직접 계산에 의해 보일 수도 있으나 앞에서 공부한 정리 5.5.9

에서 주어진 헨젤의 보조정리를 이용한다. 이를 위해 $f(x)=x^2-a$라 두면 $f'(x)=2x$이다. 그러므로 만약 c가 $f(x)\equiv 0 \pmod{p^{k-1}}$의 근이라 가정하면 $f'(c)=2c\not\equiv 0 \pmod{p}$이다. 그러므로 정리 5.5.9의 (1)의 가정을 만족한다. 따라서 수학적 귀납법에 의해

$$f(c+tp^{k-1})\equiv 0 \pmod{p^k}$$

을 만족하는 t $(0\le t<p)$가 단 하나 존재한다. ■

예제 9.5.4 예제 9.5.2를 참고하여 이차 합동방정식

$$x^2\equiv 6 \pmod{23^2}$$

을 풀어라.

풀이 예제 9.5.2에 의해 이차 합동방정식 $x^2\equiv 6 \pmod{23}$은 두 개의 해 $x\equiv 11 \pmod{23}$와 $x\equiv 12 \pmod{23}$을 가짐을 안다. 위의 정리 9.5.3에 의하면 $x^2\equiv 6 \pmod{23^2}$의 해는 $c+23t$ $(0\le t<23)$의 꼴이다. 여기서 c는 이차 합동방정식 $x^2\equiv 6 \pmod{23}$의 해이다. 먼저 $c\equiv 11 \pmod{23}$인 경우에 푼다.

$$(11+23t)^2\equiv 11^2+2\cdot 11\cdot 23t \pmod{23^2}$$

이다. 따라서 $121-23t\equiv 6 \pmod{23^2}$을 만족하는 t를 구하면 $t\equiv 5 \pmod{23}$이다. 그러므로 구하는 해는

$$\begin{aligned} x &\equiv 11+23\cdot 5 \pmod{23^2} \\ &\equiv 126 \pmod{23^2} \end{aligned}$$

이다. 또한 $c\equiv 12 \pmod{23}$인 경우에 푼다.

$$(12+23t)^2\equiv 12^2+2\cdot 12\cdot 23t \pmod{23^2}$$

이다. 따라서 $144+23t-6=138+23t\equiv 0 \pmod{23^2}$을 만족하는 t를 구하면 $t\equiv -6 \pmod{23}$이다. 그러므로 구하는 해는

$$x\equiv 12+23\cdot(-6) \pmod{23^2}$$

$$\equiv 403 \pmod{23^2}$$

이다. ■

정리 9.5.5

a가 홀수인 정수이면 다음이 성립한다.

(1) $x^2 \equiv a \pmod 2$는 항상 해를 가진다.

(2) $x^2 \equiv a \pmod 4$가 해를 가질 필요충분조건은 $a \equiv 1 \pmod 4$이다.

(3) $x^2 \equiv a \pmod{2^n}$, $(n \geq 3)$가 해를 가질 필요충분조건은 $a \equiv 1 \pmod 8$이다.

증명

(1) 모든 홀수는 주어진 합동방정식의 해이다.

(2) 만약 c가 홀수이면 $c \equiv \pm 1 \pmod 4$이다. 그러므로 $c^2 \equiv 1 \pmod 4$이다. 그러므로 $x^2 \equiv a \pmod 4$가 해 c를 가지면 c는 홀수이고 따라서 $c^2 \equiv a \equiv 1 \pmod 4$이다. 그러므로 $a \equiv 1 \pmod 4$이다. 역으로 만약 $a \equiv 1 \pmod 4$이면 모든 홀수가 $x^2 \equiv a \pmod 4$의 해이다.

(3) 만약 c가 홀수이면 $c \equiv \pm 1 \pmod 8$ 또는 $c \equiv \pm 3 \pmod 8$이다. 그러므로 $c^2 \equiv 1 \pmod 8$이다. 만약 $x^2 \equiv a \pmod 8$가 해 c를 가지면 c는 홀수이다. 따라서 $c^2 \equiv a \equiv 1 \pmod 8$이다. 그러므로 $a \equiv 1 \pmod 8$이다.

역으로 $a \equiv 1 \pmod 8$이면 $x^2 \equiv a \pmod{2^n}$, $(n \geq 3)$가 해를 가짐을 보이기 위해 n에 관한 수학적 귀납법을 이용한다. 먼저 $n = 3$이면 위의 관찰에 의해 모든 홀수는 합동방정식 $x^2 \equiv a \pmod 8$의 해이다. 이제 $n = k$ $(k > 3)$일 때 $x^2 \equiv a \pmod{2^k}$이 해 c를 가진다고 가정하자. 즉

$$c^2 \equiv a \pmod{2^k}$$

이다. 그러므로

$$c^2 = a + b2^k$$

을 만족하는 정수 b가 존재한다. 만약 b가 짝수이면 $c^2 \equiv a \pmod{2^{k+1}}$이다. 따라서 $x^2 \equiv a \pmod{2^{k+1}}$이 해 c를 가진다. 만약 b가 홀수이면 c가 홀수이므로 합동방정식

$$cy \equiv -b \pmod 2$$

는 해 y_0를 가진다. 이제

$$x_1 = c + y_0 2^{k-1}$$

이라 두면, x_1이 $x^2 \equiv a \pmod{2^{k+1}}$의 해임을 보인다. 왜냐하면

$$\begin{aligned} x_1^2 &= (c + y_0 2^{k-1})^2 \\ &= c^2 + cy_0 2^k + y_0^2 2^{2k-2} \\ &= a + (b + cy_0) 2^k + y_0^2 2^{2k-2} \end{aligned}$$

를 얻는다. 여기서 $2 \mid (b + cy_0)$이므로

$$x_1^2 \equiv a \pmod{2^{k+1}}$$

이며 x_1이 $x^2 \equiv a \pmod{2^{k+1}}$의 해이다. ■

예제 9.5.6 $x^2 \equiv a \pmod{2^4}$이 해를 가질 a의 값을 정하고 그 값에 대하여 합동방정식을 풀어라.

풀이 정리 9.5.5에 의하면 합동방정식 $x^2 \equiv a \pmod{2^4}$이 해를 가질 필요충분조건은 $a \equiv 1 \pmod 8$이다. 따라서 법 16에 관한 합동방정식을 생각하므로 $a \equiv 1 \pmod{16}$ 또는 $a \equiv 9 \pmod{16}$이다.

(1) 먼저 $a \equiv 1 \pmod{16}$인 경우에 $x^2 \equiv 1 \pmod{2^3}$의 해를 구하고 이를 이용하여 $x^2 \equiv 1 \pmod{2^4}$의 해를 구한다. $x^2 \equiv 1 \pmod{2^3}$의 해는 모든 홀수이므로 $x \equiv \pm 1 \pmod 8$, $x \equiv \pm 3 \pmod 8$이다.

만약 c가 $x^2 \equiv 1 \pmod{2^3}$의 해이면, $c^2 = 1 + 2^3 b$를 만족하는 정수 b가 존재한다. c가 홀수이므로 일차 합동방정식

$$cy \equiv -b \pmod 2$$

는 유일한 해 $y \equiv y_0 \pmod 2$를 가진다. 이제

$$x_1 = c + 2^2 y_0$$

라 두면, x_1이 합동방정식 $x^2 \equiv 1 \pmod{2^4}$의 해이다. 왜냐하면

$$\begin{aligned} x_1^2 &= (c+2^2y_0)^2 = c^2+2^3cy_0+2^4y_0^2 \\ &= 1+2^3b+2^3cy_0+2^4y_0^2 \\ &= 1+(cy_0+b)2^3+2^4y_0^2 \end{aligned}$$

이다. 한편 $2 | cy_0+b$이므로

$$x_1^2 \equiv 1 \pmod{2^4}$$

이다. 결론적으로 우리가 구하는 해

$$x_1 = c+2^2y_0$$

는 $x^2 \equiv 1 \pmod{2^3}$의 해 c와 $cy \equiv -b \pmod{2}$의 해 y_0에 의해 결정된다. $x^2 \equiv 1 \pmod{2^3}$의 해 c는 모든 실수이므로

$$c \equiv \pm 1 \pmod{8} \text{ 또는 } c \equiv \pm 3 \pmod{8}$$

이다. 각 경우에 대하여 b와 y_0를 계산하면 다음과 같다.

(i) $c \equiv \pm 1 \pmod{8}$인 경우
$c = \pm 1$이면 위의 과정에서 $b=0$이고 따라서 $y_0 \equiv 0 \pmod{2}$이다. 만약 $c \equiv 1 \pmod{8}$이면 $x_1 \equiv 1 \pmod{8}$이고, 만약 $c \equiv -1 \pmod{8}$이면 $x_1 \equiv 7 \pmod{8}$이다.

(ii) $c \equiv \pm 3 \pmod{8}$인 경우
$c = \pm 3$이면 위의 과정에서 $b=1$이고 따라서 $y_0 \equiv 1 \pmod{2}$이다. 만약 $c \equiv 3 \pmod{8}$이면 $x_1 \equiv 7 \pmod{8}$이고, 만약 $c \equiv -3 \pmod{8}$이면 $x_1 \equiv 1 \pmod{8}$이다. 그러므로

$$\begin{aligned} &x \equiv 1 \pmod{2^4}, \quad x \equiv 7 \pmod{2^4}, \\ &x \equiv 9 \pmod{2^4}, \quad x \equiv 15 \pmod{2^4} \end{aligned}$$

이 $x^2 \equiv 1 \pmod{2^4}$의 모든 해이다.

(2) 이제 위와 같은 방법으로 $a \equiv 9 \pmod{16}$인 경우에 $x^2 \equiv 9 \equiv 1 \pmod{2^3}$의 해를 구하고 이를 이용하여 $x^2 \equiv 9 \pmod{2^4}$의 해를 구한다. $x^2 \equiv 1 \pmod{2^3}$의 해는 모든 홀수이므로 $x \equiv \pm 1 \pmod{8}$, $x \equiv \pm 3 \pmod{8}$ 이다.

만약 c가 $x^2 \equiv 9 \pmod{2^3}$의 해이면, $c^2 = 9 + 2^3 b$를 만족하는 정수 b가 존재한다. c가 홀수이므로 일차 합동방정식

$$cy \equiv -b \pmod{2}$$

는 유일한 해 y_0를 가진다. 이제

$$x_1 = c + 2^2 y_0$$

라 두면, x_1이 합동방정식 $x^2 \equiv 9 \pmod{2^4}$의 해이다. 왜냐하면

$$\begin{aligned} x_1^2 = (c + 2^2 y_0)^2 &= c^2 + 2^3 c y_0 + 2^4 y_0^2 \\ &= 9 + 2^3 b + 2^3 c y_0 + 2^4 y_0^2 \\ &= 9 + (c y_0 + b) 2^3 + 2^4 y_0^2 \end{aligned}$$

이다. 한편 $2 \mid c y_0 + b$이므로

$$x_1^2 \equiv 9 \pmod{2^4}$$

이다. 위에서와 마찬가지로 $c \equiv \pm 1 \pmod{8}$ 또는 $c \equiv \pm 3 \pmod{8}$인 경우에 대하여 b와 y_0를 계산하면 다음과 같다.

(i) $c \equiv \pm 1 \pmod{8}$인 경우
$c = \pm 1$이면 위의 과정에서 $b = -1$이고 따라서 $y_0 \equiv 1 \pmod{2}$이다. 만약 $c \equiv 1 \pmod{8}$이면 $x_1 \equiv 5 \pmod{8}$이고, 만약 $c \equiv -1 \pmod{8}$이면 $x_1 \equiv 3 \pmod{8}$이다.

(ii) $c \equiv \pm 3 \pmod{8}$인 경우
$c = \pm 3$이면 위의 과정에서 $b = 0$이고 따라서 $y_0 \equiv 0 \pmod{2}$이다. 만약 $c \equiv 3 \pmod{8}$이면 $x_1 \equiv 3 \pmod{8}$이고, 만약 $c \equiv -3 \pmod{8}$이면 $x_1 \equiv 5 \pmod{8}$이다. 그러므로

$$\begin{aligned} &x \equiv 3 \pmod{2^4}, \quad x \equiv 5 \pmod{2^4}, \\ &x \equiv 11 \pmod{2^4}, \ x \equiv 13 \pmod{2^4} \end{aligned}$$

이 $x^2 \equiv 9 \pmod{2^4}$의 모든 해이다. ■

이제 5.5절의 방법을 적용하면 모든 양의 자연수 n과 $(a, n)=1$인 정수 a에 대하여 합동방정식

$$x^2 \equiv a \pmod{n}$$

을 풀 수 있다. 만약 $n=2^m p_1^{r_1} p_2^{r_2} \cdots p_k^{r_k}$을 n의 표준분해라 가정하면 합동방정식

$$x^2 \equiv a \pmod{n}$$

의 해는 연립 합동방정식

$$\begin{cases} x^2 \equiv a \pmod{2^m} \\ x^2 \equiv a \pmod{p_1^{r_1}} \\ \qquad \vdots \\ x^2 \equiv a \pmod{p_k^{r_k}} \end{cases}$$

의 해와 같다. 그러므로 지금까지 결론을 종합하면 다음 정리를 얻는다.

정리 9.5.7

만약 $n=2^m\ p_1^{r_1}\ p_2^{r_2} \cdots p_k^{r_k}$을 n의 표준분해, 그리고 a는 $(a, n)=1$인 정수라 하면 합동방정식

$$x^2 \equiv a \pmod{n}$$

이 해를 가질 필요충분조건은

(1) 모든 $i\ (1 \le i \le k)$에 대하여 $\left(\dfrac{a}{p_i}\right)=1$이다.

(2) $m=2$이면 $a \equiv 1 \pmod{4}$이고, $m \ge 3$이면 $a \equiv 1 \pmod{8}$이다.

정리 9.5.8

p, q가 서로 다른 홀수인 소수라 가정하면 법 pq에 관한 이차 잉여의 수는 $\dfrac{(p-1)(q-1)}{4}$이고, 이차 비잉여의 수는 $\dfrac{3(p-1)(q-1)}{4}$이다.

증명

정리 7.2.3에 의해 $|\mathbb{Z}_{pq}^*| = |\mathbb{Z}_p^*| \cdot |\mathbb{Z}_q^*| = (p-1)(q-1)$임을 안다. 만약 $a \in \mathbb{Z}_{pq}^*$이면 이차 합동방정식

$$x^2 \equiv a \pmod{pq}$$

이 해를 가질 필요충분조건은 연립 합동방정식

$$\begin{cases} x^2 \equiv a \pmod{p} \\ x^2 \equiv a \pmod{q} \end{cases}$$

이 해를 갖는 것이다. 따라서 $\mathbb{Z}_p^*$의 원소 중에서 법 p에 관한 이차 잉여는 $\frac{p-1}{2}$개 있으며 $\mathbb{Z}_q^*$의 원소 중에서 법 q에 관한 이차 잉여는 $\frac{q-1}{2}$개 있다. 그러므로 $\mathbb{Z}_{pq}^*$의 원소 중에서 법 pq에 관한 이차 잉여는 $\frac{p-1}{2}\frac{q-1}{2} = \frac{(p-1)(q-1)}{4}$개 있다. 그러므로 이차 비잉여의 개수는

$$(p-1)(q-1) - \frac{(p-1)(q-1)}{4} = \frac{3(p-1)(q-1)}{4}$$

이다. ■

예제 9.5.9 법 77에 관한 이차 잉여를 모두 구하여라.

풀이 먼저 법 7과 11에 관한 이차 잉여를 구하고 이를 이용하여 법 77에 관한 이차 잉여를 구한다.

$$1^2 \equiv 1,\ 2^2 \equiv 4,\ 3^2 \equiv 2,\ 4^2 \equiv 2,\ 5^2 \equiv 4,\ 6^2 \equiv 1 \pmod{7}$$

이다. 그러므로 1, 2, 4가 법 7에 관한 이차 잉여이다. 한편

$$\begin{gathered} 1^2 \equiv 1,\ 2^2 \equiv 4,\ 3^2 \equiv 9,\ 4^2 \equiv 5,\ 5^2 \equiv 3,\ 6^2 \equiv 3 \\ 7^2 \equiv 5,\ 8^2 \equiv 9,\ 9^2 \equiv 4,\ 10^2 \equiv 1 \pmod{11} \end{gathered}$$

이다. 그러므로 1, 3, 4, 5, 9가 법 11에 관한 이차 잉여이다. 그러므로 연립 합동방정식

$$\begin{cases} x \equiv r \pmod{7} \\ x \equiv s \pmod{11} \end{cases}$$

의 해가 법 77에 관한 이차 잉여이다. 여기서 $r=1,\ 2,\ 4$이고 $s=1,\ 3,\ 4,\ 5,\ 9$이다.

$$2 \cdot 11 + (-3) \cdot 7 = 1$$

이므로 중국인의 나머지 정리에 의하여 위의 합동방정식의 해는

$$x \equiv 2 \cdot 11r + (-3) \cdot 7s \pmod{77}$$

이다. 그러므로 1, 4, 9, 15, 16, 23, 37, 53, 60, 61, 64, 71, 25, 36, 58이 법 77의 이차 잉여이다. ■

예제 9.5.10 합동방정식

$$x^2 \equiv 64 \pmod{77}$$

을 풀어라.

풀이 위의 예제에 의해 64는 법 77의 이차 잉여이다. 따라서 먼저 연립 합동방정식

$$\begin{cases} x^2 \equiv 64 \equiv 1 \pmod{7} \\ x^2 \equiv 64 \equiv 9 \pmod{11} \end{cases}$$

을 푼다. $x^2 \equiv 1 \pmod{7}$의 해는 $x \equiv \pm 1 \pmod{7}$을 얻을 수 있으며 $x^2 \equiv 9 \pmod{11}$의 해는 $x \equiv \pm 3 \pmod{11}$을 얻는다. 따라서 구하는 해는

$$\begin{cases} x \equiv 1 \pmod{7} \\ x \equiv 3 \pmod{11} \end{cases}, \quad \begin{cases} x \equiv -1 \pmod{7} \\ x \equiv 3 \pmod{11} \end{cases},$$

$$\begin{cases} x \equiv 1 \pmod{7} \\ x \equiv -3 \pmod{11} \end{cases}, \quad \begin{cases} x \equiv -1 \pmod{7} \\ x \equiv -3 \pmod{11} \end{cases}$$

의 해이다. 예제 9.5.9의 풀이 방법을 도입하면 주어진 연립방정식의 해는

$$x \equiv 2 \cdot 11r + (-3) \cdot 7s \pmod{77}$$

이다. 여기서 $r=\pm 1$, $s=\pm 3$이다. 그러므로

$$x \equiv \pm 8,\ x \equiv \pm 36 \pmod{77}$$

이 주어진 방정식의 해이다. ■

9.5 연습문제

01 이차 합동다항식 $x^2 \equiv 7 \pmod{103}$이 해를 갖는지 결정하고 해를 가지면, 해를 구하여라.

02 이차 합동다항식 $x^2 \equiv 2 \pmod{49}$이 해를 갖는지 결정하고 해를 가지면, 해를 구하여라.

03 이차 합동다항식 $x^2 \equiv 9 \pmod{16}$을 풀어라.

04 이차 합동다항식 $x^2 \equiv 58 \pmod{77}$을 풀어라.

05 이차 합동다항식 $x^2 + 2x \equiv 57 \pmod{77}$을 풀어라.

06 이차 합동다항식 $x^2 + 7x \equiv 3 \pmod{15}$를 풀어라.

TIP

제9장 주요내용

1. 이차 잉여와 이차 비잉여
2. 소수에 대한 이차 잉여의 판정법
3. 르장드르 기호
4. 가우스의 보조정리
5. 이차 잉여의 상호법칙
6. 야코비 기호
7. 이차 합동방정식의 풀이

제 10 장 연분수

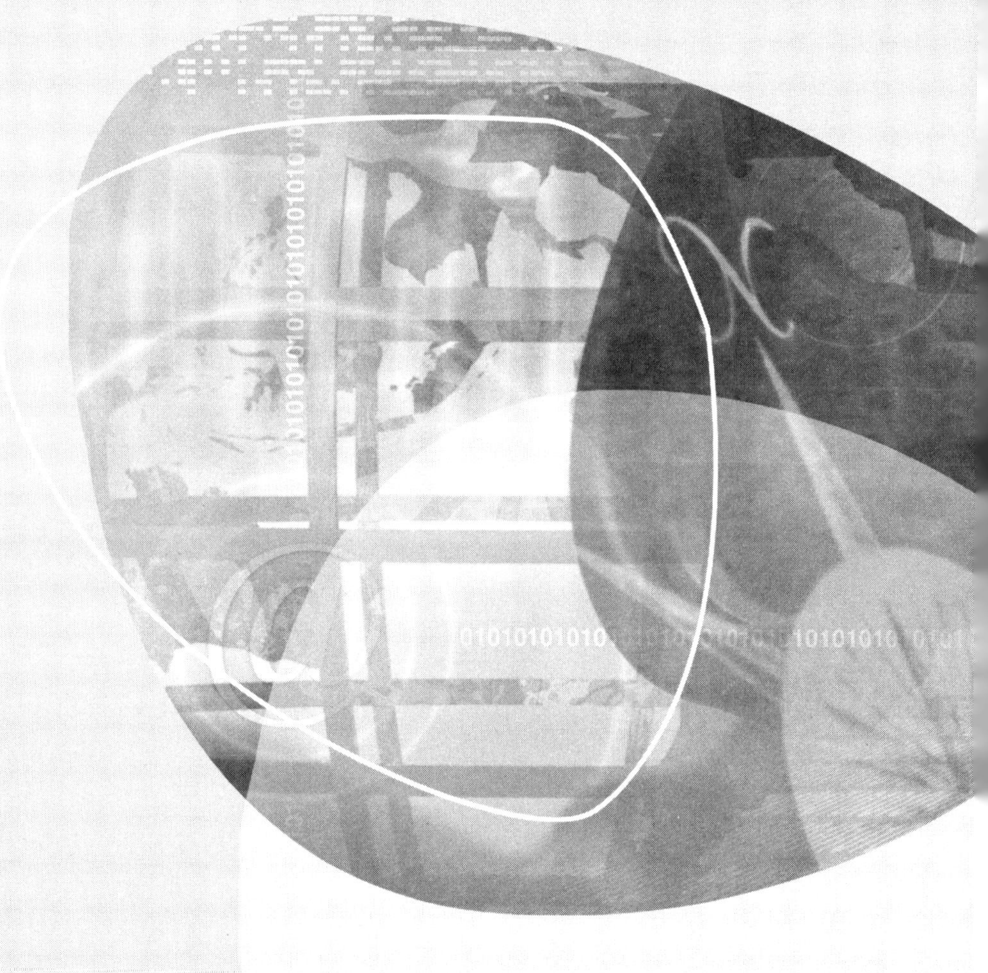

10.1 유한 연분수

유리수들의 집합은 정수들의 집합의 **분수체**(field of fraction)라 불린다. 이것은 두 정수의 분수꼴 $\frac{a}{b}$들의 집합이 모든 유리수들의 집합과 같다는 대수적 성질을 이용하여 표현한 것이다. 이러한 대수적 성질의 구체적 사항은 현대대수학 교재를 참고하기 바란다. 이제 여기서는 유리수의 분수표현의 또 다른 형태에 대해 알아본다.

정의 10.1.1 [유한 연분수]

a_0는 실수이고 a_1, a_2, $\cdots$, a_n이 양의 실수일 때

$$a_0 + \cfrac{1}{a_1 + \cfrac{1}{a_2 + \cfrac{1}{\ddots \, a_{n-2} + \cfrac{1}{a_{n-1} + \cfrac{1}{a_n}}}}}$$

형태의 분수를 **유한 연분수**(finite continued fraction)라 부른다. 또한 실수 a_1, a_2, $\cdots$, a_n을 이 연분수의 **항**(terms) 또는 **부분 분모**(partial denominators)라 부른다. 특히 a_0, a_1, a_2, $\cdots$, a_n이 정수이면 이 연분수를 **단순 연분수**(simple continued fraction)라 부른다. 이 연분수를 기호로 $[a_0\,; a_1,\ a_2,\ \cdots,\ a_n]$ 또는 $< a_0\,; a_1,\ a_2,\ \cdots,\ a_n >$으로 적는다.

다음 정리에서 모든 유리수는 유한 단순 연분수로 표현되며 역으로 모든 유한 단순 연분수는 유리수임을 보인다.

정리 10.1.2

모든 유리수는 유한 단순 연분수로 표현된다. 역으로 모든 유한 단순 연분수는 유리수이다.

증명

r을 $r=\frac{a}{b}$ $(b>0,\ a,\ b$는 정수)로 표현된 유리수라 하자. $r_0=a,\ r_1=b$라 두면 나눗셈 알고리즘에 의해 다음이 성립한다고 가정하자.

$$\begin{aligned}
&r_0=a_0r_1+r_2, && 0<r_2<r_1\\
&r_1=a_1r_2+r_3, && 0<r_3<r_2\\
&r_2=a_2r_3+r_4, && 0<r_4<r_3\\
&\quad\vdots && \quad\vdots\\
&r_{n-1}=a_{n-1}r_n+r_{n+1}, && 0<r_{n+1}<r_n\\
&r_n=a_nr_{n+1}
\end{aligned}$$

그러면

$$\frac{a}{b}=\frac{r_0}{r_1}=a_0+\frac{r_2}{r_1}=a_0+\cfrac{1}{\cfrac{r_1}{r_2}}$$

$$\frac{r_1}{r_2}=a_1+\frac{r_3}{r_2}=a_1+\cfrac{1}{\cfrac{r_2}{r_3}}$$

$$\vdots$$

$$\frac{r_{n-1}}{r_n}=a_{n-1}+\frac{r_{n+1}}{r_n}=a_{n-1}+\cfrac{1}{\cfrac{r_n}{r_{n+1}}}=a_{n-1}+\frac{1}{a_n}$$

을 얻는다. 따라서 위의 과정을 종합하면

$$\begin{aligned}
\frac{a}{b}&=a_0+\cfrac{1}{a_1+\cfrac{1}{a_2+\cfrac{\ddots}{a_{n-2}+\cfrac{1}{a_{n-1}+\cfrac{1}{a_n}}}}}\\
&=[a_0\,;a_1,\ a_2,\ \cdots,\ a_n]
\end{aligned}$$

임을 알 수 있다. 또한 $\frac{a}{b}= a_0 + \frac{r_2}{r_1}$이고, $0 < r_2 < r_1$이므로 $a_0 = \left[\frac{a}{b}\right]$임을 안다. 마찬가지로 모든 i $(0 \le i \le n)$에 대하여

$$a_i = \left[\frac{r_i}{r_{i+1}}\right]$$

이다. 이제 주어진 유한 단순 연분수 $[a_0\,; a_1,\ a_2,\ \cdots,\ a_n]$이 유리수임을 보인다. n에 관한 수학적 귀납법을 적용한다. 만약 $n = 1$이면

$$[a_0\,; a_1] = a_0 + \frac{1}{a_1} = \frac{a_0a_1 + 1}{a_1}$$

이면 a_0, a_1이 정수이므로 $[a_0\,; a_1]$은 유리수이다. 이제 $n = k$일 때 모든 유한 단순 연분수 $[b_0\,; b_1,\ b_2,\ \cdots,\ b_k]$이 유리수라 가정한다.

$$[a_0\,; a_1,\ a_2,\ \cdots,\ a_{k+1}] = a_0 + \frac{1}{[a_1\,; a_2,\ \cdots,\ a_{k+1}]}$$

이다. 그러므로 수학적 귀납법의 가정에 의해

$$[a_1\,; a_2,\ \cdots,\ a_{k+1}] = \frac{s}{r}$$

을 만족하는 정수 r, s가 존재한다. 그러므로

$$\begin{aligned}[a_0\,; a_1,\ a_2,\ \cdots,\ a_{k+1}] &= a_0 + \frac{1}{[a_1\,; a_2,\ \cdots,\ a_{k+1}]} \\ &= a_0 + \frac{r}{s} = \frac{a_0 s + r}{s}\end{aligned}$$

이며 $[a_0\,; a_1,\ a_2,\ \cdots,\ a_{k+1}]$은 유리수이다. ■

만약 $a_n > 1$이면

$$\frac{1}{a_n} = \frac{1}{(a_n - 1) + \frac{1}{1}}$$

이므로 $[a_0 ; a_1, a_2, \cdots, a_n] = [a_0 ; a_1, a_2, \cdots, a_n - 1, 1]$이다. 따라서 모든 유한 연분수는 두 가지로 표현이 가능함을 안다. 주어진 유리수의 단순 연분수 표현은 위의 두 가지가 전부임을 쉽게 알 수 있다. 왜냐하면 나눗셈 알고리즘에서 r_i는 유일하게 존재하며 $a_i = \left[\dfrac{r_i}{r_{i+1}}\right]$이므로 유리수의 연분수 표현은 위의 두 표현뿐이다.

예제 10.1.3 $\dfrac{68}{23}$의 단순 연분수 표현을 구하라.

풀이 $68 = 23 \cdot 2 + 22 \Rightarrow \dfrac{68}{23} = 2 + \dfrac{22}{23} = 2 + \dfrac{1}{\dfrac{23}{22}}$

$23 = 22 \cdot 1 + 1 \Rightarrow \dfrac{23}{22} = 1 + \dfrac{1}{22}$

$22 = 1 \cdot 22$

이다. 그러므로

$$\frac{68}{23} = 2 + \frac{22}{23} = 2 + \cfrac{1}{\cfrac{23}{22}}$$
$$= 2 + \cfrac{1}{1 + \cfrac{1}{22}} = [2 ; 1, 22]$$
$$= 2 + \cfrac{1}{1 + \cfrac{1}{21 + \cfrac{1}{1}}} = [2 ; 1, 21, 1]$$

이다. ■

이제 주어진 단순 연분수의 유리수 값을 계산하는 방법을 조사해 본다. 다음의 간단한 연분수 계산을 통하여 아이디어를 구해보자.

$$[a_0] = \frac{a_0}{1}$$

$$[a_0 ; a_1] = a_0 + \frac{1}{a_1} = \frac{a_0 a_1 + 1}{a_1}$$

$$[a_0\,;\,a_1,\ a_2] = a_0 + \frac{1}{[a_1\,;\,a_2]} = \frac{a_0a_1a_2 + a_0 + a_2}{a_1a_2 + 1}$$

$$[a_0\,;\,a_1,\ a_2,\ a_3] = a_0 + \frac{1}{[a_1\,;\,a_2,\ a_3]} = \frac{a_0a_1a_2a_3 + a_0a_1 + a_0a_3 + a_2a_3 + 1}{a_1a_2a_3 + a_1 + a_3}$$

그러나 매우 큰 양의 정수 k에 대하여 $[a_0\,;\,a_1,\ a_2,\ \cdots,\ a_k]$의 분모와 분자를 계산하는 것은 쉬운 일이 아닐 것이다. 그러나 위의 계산에서 분자들의 수열을 $p_0,\ p_1,\ \cdots$으로 정의하고 분모들의 수열을 $q_0,\ q_1,\ \cdots$으로 정의하면 이 수열은 다음의 관계를 가짐을 알 수 있다.

$$\begin{aligned}
p_0 &= a_0, \\
p_1 &= a_0a_1 + 1 = a_1p_0 + 1, \\
p_2 &= a_0a_1a_2 + a_0 + a_2 = a_2(a_0a_1 + 1) + a_0 = a_2p_1 + p_0, \\
p_3 &= a_0a_1a_2a_3 + a_0a_1 + a_0a_3 + a_2a_3 + 1 = a_3(a_0a_1a_2 + a_0 + a_2) + a_0a_1 + 1 \\
&= a_3p_2 + p_1
\end{aligned}$$

마찬가지로

$$\begin{aligned}
q_0 &= 1, \\
q_1 &= a_1, \\
q_2 &= a_1a_2 + 1 = a_2q_1 + q_0, \\
q_3 &= a_1a_2a_3 + a_1 + a_3 = a_3(a_1a_2 + 1) + a_1 = a_3q_2 + q_1
\end{aligned}$$

을 얻는다. 따라서

$$p_{-2} = 0,\quad p_{-1} = 1,\quad q_{-2} = 1,\quad q_{-1} = 0$$

으로 정의하고 이 규칙을 적용하여 모든 $i\ (i \geq 0)$에 대하여

$$p_i = a_ip_{i-1} + p_{i-2},\quad q_i = a_iq_{i-1} + q_{i-2}$$

으로 정의하면 다음의 정리를 얻을 수 있으며 이것을 이용하여 연분수의 유리수 값을 구할 수 있다.

정리 10.1.4

$a_0, a_1, a_2, \cdots$을 정수들의 무한수열이라 하고 수열 p_i, q_i를 위에서와 같이 정의하면 모든 실수 x에 대하여

$$[a_0\,;a_1,\ a_2,\ \cdots,\ a_{k-1},\ x] = \frac{xp_{k-1}+p_{k-2}}{xq_{k-1}+q_{k-2}}$$

이다. 단, $i \geq 1$에 대하여 $a_i > 0$이다.

증명

k에 관한 수학적 귀납법으로 증명한다. 먼저 $k=1$이면 왼쪽 변은

$$[a_0\,;x] = a_0 + \frac{1}{x} = \frac{a_0x+1}{x}$$

이고, 오른쪽 변은

$$p_0 = a_0p_{-1}+p_{-2} = a_0,\ \ q_0 = a_0q_{-1}+q_{-2} = 1$$

이므로

$$\frac{xp_0+p_{-1}}{xq_0+q_{-1}} = \frac{x\,a_0+1}{x}$$

을 얻는다. 따라서 $k=1$일 때 주어진 등식이 성립함을 알 수 있다. 이제 $1 \leq k \leq n$인 모든 k에 대하여 등식이 성립한다고 가정하고 $k=n+1$일 때 등식이 성립함을 보이자.

$$[a_0\,;a_1,\ a_2,\ \cdots,\ a_{n-1},\ a_n,\ x] = \left[a_0\,;a_1,\ a_2,\ \cdots,\ a_{n-1},\ a_n+\frac{1}{x}\right]$$

이므로 수학적 귀납법의 가정에 의해

$$\begin{aligned}[a_0\,;a_1,\ a_2,\ \cdots,\ a_{n-1},\ a_n,\ x] &= \left[a_0\,;a_1,\ a_2,\ \cdots,\ a_{n-1},\ a_n+\frac{1}{x}\right] \\ &= \frac{\left(a_n+\dfrac{1}{x}\right)p_{n-1}+p_{n-2}}{\left(a_n+\dfrac{1}{x}\right)q_{n-1}+q_{n-2}}\end{aligned}$$

$$= \frac{x(a_n p_{n-1} + p_{n-2}) + p_{n-1}}{x(a_n q_{n-1} + q_{n-2}) + q_{n-1}}$$

$$= \frac{xp_n + p_{n-1}}{xq_n + q_{n-1}}$$

을 얻는다. 따라서 $k = n+1$일 때 등식이 성립한다. ■

따름정리 10.1.5

a_0, a_1, a_2, $\cdots$을 정수들의 무한수열이라 하고 수열 p_i, q_i를

$$p_{-2} = 0,\ \ p_{-1} = 1,\ \ q_{-2} = 1,\ \ q_{-1} = 0$$

그리고 모든 i $(i \geq 0)$에 대하여

$$p_i = a_i p_{i-1} + p_{i-2},\quad q_i = a_i q_{i-1} + q_{i-2}$$

으로 정의하면 모든 양의 정수 k에 대하여

$$[a_0\,;\, a_1,\ a_2,\ \cdots,\ a_{k-1},\ a_k] = \frac{p_k}{q_k}$$

이다. 단, $i \geq 1$에 대하여 $a_i > 0$이다.

증명

10.1.4의 정리에서 $x = a_k$를 대입하면 주어진 등식을 구할 수 있다. ■

예제 10.1.6 연분수 $[3\,;\,1,\ 2,\ 3,\ 4,\ 2,\ 1]$을 유리수로 표현하여라.

풀이 p_i, q_i를 구하기 위해 다음의 표를 만들면 유용하다.

i	-2	-1	0	1	2	3	4	5	6
a_i			3	1	2	3	4	2	1
p_i	0	1	3	4	11	37	159	355	514
q_i	1	0	1	1	3	10	43	96	139

그러므로

$$[3\,;1,\ 2,\ 3,\ 4,\ 2,\ 1] = \frac{514}{139}$$

이다. ■

정리 10.1.7

$a_0,\ a_1,\ a_2,\ \cdots$을 정수들의 무한수열이라 하고 수열 $p_i,\ q_i$를 따름정리 10.1.5와 같이 정의하면 모든 양의 정수 i에 대하여

$$p_i q_{i-1} - p_{i-1} q_i = (-1)^{i-1}, \quad q_i > 0$$

이다. 단, $i \geq 1$에 대하여 $a_i > 0$이다.

증명

i에 관한 수학적 귀납법으로 위의 등식을 증명한다. 먼저 $i = 1$이면

$$p_1 q_0 - p_0 q_1 = (a_1 a_0 + 1) \cdot 1 - a_0 a_1 = 1 = (-1)^{1-1}$$

이므로 위의 등식이 성립한다. $i = k$일 때 위의 등식이 성립한다고 가정하자. 그러면

$$p_k q_{k-1} - p_{k-1} q_k = (-1)^{k-1}$$

이다. 따라서

$$\begin{aligned} p_{k+1} q_k - p_k q_{k+1} &= (a_{k+1} p_k + p_{k-1}) q_k - p_k (a_{k+1} q_k + q_{k-1}) \\ &= p_{k-1} q_k - p_k q_{k-1} = -(-1)^{k-1} = (-1)^k \end{aligned}$$

이다. 그러므로 $i = k+1$일 때 위의 등식이 성립한다.
$q_i > 0$의 증명은 정의에 의해 자명하다. ■

정리 10.1.7에 의하면 k가 홀수이면

$$p_k q_{k-1} - p_{k-1} q_k = 1$$

이고, k가 짝수이면

$$p_k(-q_{k-1})+p_{k-1}q_k=1$$

이다. 그러므로 $(p_k,\ q_k)=1$이다. 또한 이 사실은 일차 부정방정식

$$ax+by=c$$

의 정수해를 구하는데 이용될 수 있다. 위의 관찰에 의해 다음 정리를 얻을 수 있다.

정리 10.1.8

$(a,\ b)=1$이면 일차부정방정식 $ax+by=c$는 정수해를 가진다. 그리고 만약 $\frac{a}{b}=[a_0\,;a_1,\ a_2,\ \cdots,\ a_{k-1},\ a_k]=\frac{p_k}{q_k}$이고

i	-2	-1	0	1	2	$\cdots$	$k-1$	k
a_i			a_0	a_1	a_2	$\cdots$	a_{k-1}	a_k
p_i	0	1	p_0	p_1	p_2	$\cdots$	p_{k-1}	p_k
q_i	1	0	q_0	q_1	q_2	$\cdots$	q_{k-1}	q_k

이라 가정하자. k가 홀수이면

$$x=q_{k-1}c,\ \ y=-p_{k-1}c$$

이 $ax+by=c$의 한 조의 정수해이고, k가 짝수이면

$$x=-q_{k-1}c,\ \ y=p_{k-1}c$$

이 $ax+by=c$의 한 조의 정수해이다.

예제 10.1.9 일차 부정방정식 $115x+34y=4$의 정수해를 모두 구하여라.

풀이 유클리드 알고리즘에 의해

3	115	34	2
	102	26	
1	13	8	1
	8	5	
1	5	3	1
	3	2	
2	2	1	
	2		
	0		

을 얻는다. 이 사실에 의해

i	−2	−1	0	1	2	3	4	5	6
a_i			3	2	1	1	1	1	2
p_i	0	1	3	7	10	17	27	44	115
q_i	1	0	1	2	3	5	8	13	34

이다. 그러므로 $k=6$은 짝수이므로 $x=-13$, $y=44$은 $115x+34y=1$의 한 조의 정수해이다. 그러므로 $x=-52$, $y=176$은 $115x+34y=4$의 한 조의 정수해이다. 즉

$$115\cdot(-52)+34\cdot 176=4$$

이다. 그러므로

$$115(x+52)+34(y-176)=0$$

을 얻는다. $(115,\ 34)=1$이므로 $x+52$는 34의 배수이다. 따라서 $x+52=34k$라 두면 $y-176=-115k$를 얻는다. 그러므로 구하는 해는

$$x=-52+34k,\quad y=176-115k\ \ (k:\text{정수})$$

이다. ■

정리 10.1.10

모든 정수 $k\ (\geq 0)$에 대하여

$$p_k q_{k-2} - p_{k-2} q_k = (-1)^k a_k$$

이다.

증명

p_k, q_k의 정의와 정리 10.1.7에 의해

$$\begin{aligned} p_k q_{k-2} - p_{k-2} q_k &= (a_k p_{k-1} + p_{k-2}) q_{k-2} - p_{k-2}(a_k q_{k-1} + q_{k-2}) \\ &= a_k (p_{k-1} q_{k-2} - p_{k-2} q_{k-1}) \\ &= (-1)^{k-2} a_k = (-1)^k a_k \end{aligned}$$

이다. ■

10.1 연습문제

01 다음 연분수로 표현되는 유리수를 구하여라.

(1) $[10\,;2,\ 3,\ 1]$ (2) $[-3\,;2,\ 11,\ 3]$

02 다음 유리수의 연분수 표현을 구하여라.

(1) $\dfrac{71}{55}$ (2) $-\dfrac{17}{51}$

03 일차 부정방정식 $94x+9y=1$의 정수해를 모두 구하여라.

04 일차 부정방정식 $243x+30y=1500$의 정수해를 모두 구하여라.

10.2 무한 연분수

10.1절에서 모든 유리수는 유한 단순 연분수로 표현되며 역으로 모든 유한 단순 연분수는 유리수임을 알았다. 이 절에서는 무한 단순 연분수를 정의하고 가장 자연스러운 예측으로 모든 무리수는 무한 단순 연분수로 표현되며 역으로 모든 무한 단순 연분수는 무리수라는 것이다. 무한 단순 연분수를 적절히 정의하여 예측이 참임을 밝힌다. 무한 단순 연분수를 정의하기 전에 정의의 타당성을 조사해 본다.

정의 10.2.1 [k번째 근사분수]

a_0, a_1, a_2, ⋯을 정수들의 무한 수열이라 하자. 단, $i \geq 1$에 대하여 $a_i > 0$이다. 유한 단순 연분수

$$C_k = [a_0\,;\, a_1,\ a_2,\ \cdots,\ a_k]$$

를 장차 정의할 무한 단순 연분수의 k번째 근사분수(kth convergent)라 부른다.

가장 자연스러운 무한 단순 연분수의 정의는 k번째 근사분수 C_k의 극한값으로 정의하는 것이다. 다음 정리에서 k번째 근사분수 C_k의 성질을 알아보고, 이를 이용하여 극한값의 존재성을 밝힌다.

정리 10.2.2

a_0, a_1, a_2, ⋯을 정수들의 무한수열이라 하자. 단, $i \geq 1$에 대하여 $a_i > 0$이다. k번째 근사분수

$$C_k = [a_0\,;\, a_1,\ a_2,\ \cdots,\ a_k]$$

는 다음 성질을 가진다.

(1) $C_0 < C_2 < C_4 < \cdots$

(2) $C_1 > C_3 > C_5 > \cdots$

(3) 모든 정수 r, s (≥ 0)에 대하여 $C_{2r+1} > C_{2s}$이다.

증명

(1) 정리 10.1.10에 의하면 $p_k q_{k-2} - p_{k-2} q_k = (-1)^k a_k$이다. 그러므로 k번째 근사분수

$$\begin{aligned} C_k &= [a_0 ; a_1, a_2, \cdots, a_k] \\ &= \frac{p_k}{q_k} = \frac{p_{k-2}}{q_{k-2}} + \frac{1}{q_k q_{k-2}}(-1)^k a_k \\ &= C_{k-2} + \frac{1}{q_k q_{k-2}}(-1)^k a_k \end{aligned}$$

를 얻는다. 따라서 만약 k가 짝수이면 $C_k = C_{k-2} + \dfrac{1}{q_k q_{k-2}} a_k$이다. 그리고 $k > 0$이면 $a_k > 0$ 이고 $q_k > 0$이므로 $C_k > C_{k-2}$를 얻는다.

(2) 위의 식에서 k가 홀수이면 $C_k = C_{k-2} - \dfrac{1}{q_k q_{k-2}} a_k$이다. 그리고 $k > 0$이면 $a_k > 0$이고 $q_k > 0$이므로 $C_k < C_{k-2}$를 얻는다.

(3) $t \geq 0$인 정수 t에 대하여 $C_{2t+1} > C_{2t}$임을 보인다.

$$C_{2t+1} - C_{2t} = \frac{p_{2t+1}}{q_{2t+1}} - \frac{p_{2t}}{q_{2t}} = \frac{1}{q_{2t} q_{2t+1}}$$

이다. $q_{2t} q_{2t+1} > 0$이므로 $C_{2t+1} > C_{2t}$를 얻는다. 이제 모든 정수 $r, s\ (\geq 0)$에 대하여 $C_{2r+1} > C_{2s}$임을 보인다.

① $r = s$이면 위에서 증명되었다.

② $r > s$이면 위의 (1)에 의해

$$C_{2r+1} > C_{2r} > C_{2s}$$

이다.

③ $r < s$이면 위의 (2)에 의해

$$C_{2r+1} > C_{2s+1} > C_{2s}$$

이다. 그러므로 모든 경우에 $C_{2r+1} > C_{2s}$임을 보였다. ■

결국 위의 사실을 종합하면 $C_0 < C_2 < C_4 < \cdots < C_5 < C_3 < C_1$이다. 그러므로 $\{C_{2k}\}$는 모든 홀수 번째 근사분수를 상계로 갖는 증가수열이고 $\{C_{2k+1}\}$은 모든 짝수 번째

근사분수를 하계로 갖는 감소수열이다. 따라서 두 수열은 수렴한다.

그리고 $p_k q_{k-1} - p_{k-1} q_k = (-1)^{k-1}$ 사실에 의해

$$C_{2k+1} = C_{2k} + \frac{1}{q_{2k} q_{2k+1}}$$

을 얻는다. 그러므로

$$\lim_{k\to\infty} C_{2k+1} = \lim_{k\to\infty} C_{2k} + \lim_{k\to\infty} \frac{1}{q_{2k} q_{2k+1}}$$

이고 $\{q_k\}$은 각 항이 양의 정수인 증가수열, 즉

$$0 < q_0 < q_1 < q_2 < \cdots$$

이므로 $\lim_{k\to\infty} \frac{1}{q_{2k} q_{2k+1}} = 0$이다. 따라서

$$\lim_{k\to\infty} C_{2k+1} = \lim_{k\to\infty} C_{2k} = \lim_{k\to\infty} C_k$$

이다. 따라서 이 극한값을 무한 연분수의 값으로 정의한다.

정의 10.2.3 [무한 단순 연분수]

$a_0, a_1, a_2, \cdots$을 정수들의 무한수열이라 하자. 단, $i(\geq 1)$에 대하여 $a_i > 0$이다. $[a_0 ; a_1, a_2, \cdots, a_k, \cdots]$의 값을 k번째 근사분수

$$C_k = [a_0 ; a_1, a_2, \cdots, a_k]$$

의 극한값

$$[a_0 ; a_1, a_2, \cdots, a_k, \cdots] = \lim_{k\to\infty} C_k$$

으로 정의하고 $[a_0 ; a_1, a_2, \cdots, a_k, \cdots]$을 **무한 단순 연분수**(infinite simple continued fraction)라 부른다.

앞 절에서 모든 유한 단순 연분수는 유리수임을 밝혔다. 이제 모든 무한 단순 연분수

는 무리수임을 증명한다.

보조정리 10.2.4

무한 단순 연분수 $[a_0 ; a_1, a_2, \cdots, a_k, \cdots] = \alpha$라 하면

$$[\alpha] = a_0, \quad [a_0 ; a_1, a_2, \cdots, a_k, \cdots] = a_0 + \frac{1}{[a_1 ; a_2, a_3, \cdots]}$$

이다. 여기서 $[\alpha]$는 α를 넘지 않는 최대정수를 뜻한다.

증명

정리 10.2.2에 의해

$$a_0 = C_0 < \alpha < C_1 = [a_0 ; a_1] = a_0 + \frac{1}{a_1}$$

이다. $a_1 \geq 1$이므로

$$a_0 < \alpha < a_0 + 1$$

이다. 그러므로 $[\alpha] = a_0$이다. 그리고 유한 연분수의 정의에 의해

$$[a_0 ; a_1, a_2, \cdots, a_k] = a_0 + \frac{1}{[a_1 ; a_2, a_3, \cdots, a_k]}$$

이므로

$$\begin{aligned}[a_0 ; a_1, a_2, \cdots, a_k, \cdots] &= \lim_{k\to\infty}[a_0 ; a_1, a_2, \cdots, a_k] \\ &= \lim_{k\to\infty}\left(a_0 + \frac{1}{[a_1 ; a_2, \cdots, a_k]}\right) \\ &= a_0 + \frac{1}{\lim_{k\to\infty}[a_1 ; a_2, \cdots, a_k]} \\ &= a_0 + \frac{1}{[a_1 ; a_2, a_3, \cdots]}\end{aligned}$$

이다. ■

정리 10.2.5

만약 $[a_0\,;a_1,\ a_2,\ \cdots,\ a_k,\ \cdots]=[b_0\,;b_1,\ b_2,\ \cdots,\ b_k,\ \cdots]$이면 모든 k $(k\geq 0)$에 대하여 $a_k=b_k$이다.

증명

$$[a_0\,;a_1,\ a_2,\ \cdots,\ a_k,\ \cdots]=a_0+\frac{1}{[a_1\,;a_2,\ a_3,\ \cdots]}$$

이므로 a_0는 $[a_0\,;a_1,\ a_2,\ \cdots,\ a_k,\ \cdots]$의 정수부이다. 마찬가지로 b_0는 $[b_0\,;b_1,\ b_2,\ \cdots,\ b_k,\ \cdots]$의 정수부이다. 그러므로 $a_0=b_0$이며

$$\frac{1}{[a_1\,;a_2,\ a_3,\ \cdots]}=\frac{1}{[b_1\,;b_2,\ b_3,\ \cdots]}$$

이다. 즉 $[a_1\,;a_2,\ \cdots,\ a_k,\ \cdots]=[b_1\,;b_2,\ \cdots,\ b_k,\ \cdots]$이다. 따라서 마찬가지 이유로 $a_1=b_1$이다. 귀납적으로 이러한 과정을 계속하면 모든 k $(k\geq 0)$에 대하여 $a_k=b_k$임을 얻는다.

■

정리 10.2.6

무한 단순 연분수 $[a_0\,;a_1,\ a_2,\ \cdots,\ a_k,\ \cdots]=\alpha$이면 α는 무리수이다.

증명

α가 유리수라 가정하자. 정리 10.1.2에 의해 모든 유리수는 유한 단순 연분수로 표현된다. 따라서

$$\alpha=[b_0\,;b_1,\ b_2,\ \cdots,\ b_k]$$

라 가정하면

$$\alpha=[a_0\,;a_1,\ a_2,\ \cdots,\ a_k,\ \cdots]=[b_0\,;b_1,\ b_2,\ \cdots,\ b_k]$$

을 얻는다. 위의 정리 10.2.5에 의해

$$a_0=b_0,\ a_1=b_1,\ \cdots,\ a_{k-1}=b_{k-1},\ [a_k\,;\cdots]=[b_k]$$

를 얻는다. 그러나 마지막 등식의 좌변은 무한 단수 연분수이고 우변은 정수이다. 이미 우리는 모든 무한 단순 연분수는 정수가 아님을 알고 있다. 그러므로 이것은 모순이다. 따라서 α는 무리수이다. ■

이제 역으로 모든 무리수는 무한 단순 연분수로 표현됨을 보인다.

정리 10.2.7

$\alpha = \alpha_0$을 무리수라 가정하고, 정수들의 수열 a_k을 다음과 같이 정의한다. 먼저 $k = 0$일 때

$$a_0 = [\alpha_0]$$

으로 정의하고 $k = 1$일 때

$$\alpha_1 = \frac{1}{\alpha_0 - a_0}$$

로 정의한다. 귀납적으로 α_k가 정의되었다면

$$a_k = [\alpha_k], \quad \alpha_{k+1} = \frac{1}{(\alpha_k - a_k)}$$

로 정의한다. 그러면 α는 무한 단순 연분수 $[a_0 ; a_1, a_2, \cdots, a_k, \cdots]$의 값이다.

증명

먼저 양의 정수들의 수열 $a_1, a_2, \cdots, a_k, \cdots$을 수학적 귀납법을 이용하여 정의한다. 만약 $\alpha = \alpha_0$이 무리수일 때 $a_0 = [\alpha_0]$이라 두면 $\alpha_0 - a_0$은

$$0 < \alpha_0 - a_0 < 1$$

인 무리수이다. 따라서

$$\alpha_1 = \frac{1}{\alpha_0 - a_0}$$

도 양수인 무리수이다. 그러므로

$$a_1 = [\alpha_1] \geq 1$$

인 정수이다. 귀납적으로 양수인 무리수 α_k와 양의 정수 $a_k = [\alpha_k]$가 정의되었다고 가정하면

$$a_k < \alpha_k < a_k + 1$$

이다. 따라서

$$0 < \alpha_k - a_k < 1$$

이다. 그러므로

$$\alpha_{k+1} = \frac{1}{(\alpha_k - a_k)}$$

으로 정의하면 α_{k+1}은

$$1 < \alpha_{k+1}$$

인 무리수임은 자명하다. 따라서 $a_{k+1} = [\alpha_{k+1}]$으로 정의하면 a_{k+1}은 $1 \leq a_{k+1}$인 정수이다. 그러므로 수학적 귀납법에 의해 양의 정수들의 수열 $a_1,\ a_2,\ \cdots,\ a_k,\ \cdots$을 얻게 되며 따라서 무한 단순 연분수 $[a_0\,;\,a_1,\ a_2,\ \cdots,\ a_k,\ \cdots]$을 얻는다. 이제 이 무한 단순 연분수의 값이 α임을 보이자. 위의 구성에 의해

$$\begin{aligned}
\alpha = \alpha_0 = a_0 + \frac{1}{\alpha_1} &= [a_0\,;\,\alpha_1] \\
= a_0 + \cfrac{1}{a_1 + \cfrac{1}{\alpha_2}} &= [a_0\,;\,a_1,\ \alpha_2] \\
&\ \ \vdots \\
= a_0 + \cfrac{1}{a_1 + \cfrac{1}{a_2 + \cfrac{}{\ddots\, a_k + \cfrac{1}{\alpha_{k+1}}}}} &= [a_0\,;\,a_1,\ \cdots,\ a_k,\ \alpha_{k+1}]
\end{aligned}$$

이다. 그러므로 $C_k = \dfrac{p_k}{q_k}$를 $[a_0 ; a_1, a_2, \cdots, a_k, \cdots]$의 k번째 근사분수라 둘 때

$$\lim_{k \to \infty} C_k = \alpha$$

임을 증명하면 된다. 정리 10.1.4에 의해

$$[a_0 ; a_1, \cdots, a_k, \alpha_{k+1}] = \frac{\alpha_{k+1} p_k + p_{k-1}}{\alpha_{k+1} q_k + q_{k-1}}$$

이다. 그러면

$$\begin{aligned} \alpha - C_k &= \frac{\alpha_{k+1} p_k + p_{k-1}}{\alpha_{k+1} q_k + q_{k-1}} - \frac{p_k}{q_k} \\ &= \frac{-(p_k q_{k-1} - p_{k-1} q_k)}{(\alpha_{k+1} q_k + q_{k-1}) q_k} \\ &= \frac{(-1)^{k-1}}{(\alpha_{k+1} q_k + q_{k-1}) q_k} \end{aligned}$$

을 얻는다. 여기서

$$\alpha_{k+1} q_k + q_{k-1} > a_{k+1} q_k + q_{k-1} = q_{k+1}$$

을 얻을 수 있으며 따라서

$$|\alpha - C_k| < \frac{1}{q_k q_{k+1}}$$

을 얻는다. 그러나 $q_k > k$이므로

$$0 \le \lim_{k \to \infty} |\alpha - C_k| \le \lim_{k \to \infty} \frac{1}{q_k q_{k+1}} = 0$$

를 얻게 된다. 그러므로

$$\lim_{k \to \infty} C_k = \alpha$$

이다. 따라서

$$[a_0\,;a_1,\ a_2,\ \cdots,\ a_k,\ \cdots] = \alpha$$

이다. ■

예제 10.2.8 $\sqrt{6}$을 무한 단순 연분수로 표현하여라.

풀이 정리 10.2.7의 과정을 따라 양의 정수들의 수열 a_k를 구성한다.

$$a_0 = [\sqrt{6}] = 2,\ \alpha_1 = \frac{1}{\sqrt{6}-2} = \frac{\sqrt{6}+2}{2}$$

$$a_1 = [\alpha_1] = 2,\quad \alpha_2 = \frac{1}{\dfrac{\sqrt{6}+2}{2}-2} = \sqrt{6}+2$$

$$a_2 = [\alpha_2] = 4,\quad \alpha_3 = \frac{1}{(\sqrt{6}+2)-4} = \frac{\sqrt{6}+2}{2} = \alpha_1$$

을 얻는다. 따라서 $k \geq 1$인 정수 k에 대하여

$$\alpha_{2k} = \sqrt{6}+2,\ a_{2k} = 4$$

그리고

$$\alpha_{2k-1} = \frac{\sqrt{6}+2}{2},\ a_{2k-1} = 2$$

을 얻는다. 그러므로 구하는 수열은 2, 2, 4, 2, 4, …이다. 따라서

$$\sqrt{6} = [2\,;2,\ 4,\ 2,\ 4,\ \cdots]$$

이다. ■

정리 10.2.6와 10.2.7에 의하면 모든 무리수는 무한 단순 연분수로 표현되며 이러한 표현은 단 하나만 존재함을 말해준다. 이제 무리수 α가 무한 단순 연분수 $[a_0\,;a_1,\ a_2,\ \cdots,\ a_k,\ \cdots]$로 표현되었다고 가정하고 이것을 이용하여 α의 유리수 근사값을 구하는 방법을 생각해 본다. 당연히

$$\lim_{k\to\infty} C_k = \alpha$$

이므로 충분히 큰 k에 대하여 C_k가 α의 근사값이다. 실재로 오차를 계산해보면 α에 매우 가까운 근사값임을 알 수 있다.

따름정리 10.2.9

$[a_0\,;a_1,\ a_2,\ \cdots,\ a_k,\ \cdots]$을 무리수 α의 무한 연분수표현이라 하고 C_k를 이 무한 연분수의 k번째 근사분수라 하면

$$|\alpha - C_k| < \frac{1}{q_{k+1}q_k} < \frac{1}{q_k^2}$$

이다.

증명

양의 정수 k에 대하여 $q_k < q_{k+1}$이므로 정리 10.2.7의 증명과정에 의해 자명하다. ■

예제 10.2.10 π를 무한 연분수로 표현하라. 그리고 처음 네 번째 근사분수를 구하라.

풀이 $\pi = 3.14159265\cdots$을 이용하여

$$\begin{aligned}
a_0 &= [\pi] = 3, & \alpha_1 &= \frac{1}{\pi - 3} = \frac{1}{0.14159265\cdots} = 7.06251330\cdots \\
a_1 &= [\alpha_1] = 7, & \alpha_2 &= \frac{1}{0.06251330\cdots} = 15.99659440\cdots \\
a_2 &= [\alpha_2] = 15, & \alpha_3 &= \frac{1}{0.99659440\cdots} = 1.00341723\cdots \\
a_3 &= [\alpha_3] = 1, & \alpha_4 &= \frac{1}{0.00341723\cdots} = 292.63467\cdots \\
a_4 &= [\alpha_4] = 292 & & \vdots
\end{aligned}$$

를 얻는다. 그러므로

$$\pi = [3\,;7,\ 15,\ 1,\ 292,\ \cdots]$$

이다. 따라서 다음 표를 이용하여 k번째 근사분수 $C_k = \dfrac{p_k}{q_k}$를 구할 수 있다.

a_i			3	7	15	1	292
p_i	0	1	3	22	333	355	103993
q_i	1	0	1	7	106	113	33102

을 얻는다. 그러므로

$$C_0 = \frac{3}{1},\ C_1 = \frac{22}{7},\ C_2 = \frac{333}{106},\ C_3 = \frac{355}{113},\ C_4 = \frac{103993}{33102}$$

를 얻는다. 여기서

$$C_0 < C_2 < C_4 < \pi < C_3 < C_1$$

이며

$$\begin{aligned} |\pi - C_1| &= \left|3.14159265\cdots - \frac{22}{7}\right| \\ &= 0.00126449\cdots < \frac{1}{7^2} = 0.02040816\cdots \\ |\pi - C_2| &= \left|3.14159265\cdots - \frac{333}{106}\right| \\ &= 0.000083216\cdots < \frac{1}{106^2} = 0.0000889\cdots \end{aligned}$$

을 얻는다. ∎

따름정리 10.2.9에서 무리수 α를 무한 단순 연분수로 표현하였을 때 이 연분수의 k번째 근사분수 $C_k = \dfrac{p_k}{q_k}$이 α의 아주 가까운 근사값이라 하였다. 이제 다음 정리에서 이 근사값이 가장 좋은 유리수 근사값임을 보인다. 여기서 가장 좋은 유리수 근사값이라 함은 α와 $C_k = \dfrac{p_k}{q_k}$와의 오차는 α와 분모가 q_k보다 작은 모든 유리수와의 오차보다 작다는 것을 의미한다. 즉 모든 정수 $a,\ b\ (0 < b < q_k,\ (a,\ b) = 1)$에 대하여

$$|\alpha - C_k| < \left|\alpha - \frac{a}{b}\right|$$

임을 의미한다. 먼저 다음 정리에서 C_k가 C_{k-1}보다 더 오차가 작은 근사값임을 보인다.

정리 10.2.11

$[a_0\,;\, a_1,\, a_2,\, \cdots,\, a_k,\, \cdots]$을 무리수 α의 무한 연분수표현이라 하고 $C_k = \dfrac{p_k}{q_k}$를 이 무한 연분수의 k번째 근사분수라 하자. 그러면

$$|\alpha - C_k| < |\alpha - C_{k-1}|$$

이다.

증명

정리 10.2.7의 증명과정에 의해

$$\alpha = [a_0\,;\, a_1,\, \cdots,\, a_k,\, \alpha_{k+1}] = \frac{\alpha_{k+1}p_k + p_{k-1}}{\alpha_{k+1}q_k + q_{k-1}}$$

임을 알고 있다. 따라서

$$\begin{aligned}\alpha_{k+1}(\alpha q_k - p_k) &= -\alpha q_{k-1} + p_{k-1}\\ &= -q_{k-1}\left(\alpha - \frac{p_{k-1}}{q_{k-1}}\right)\end{aligned}$$

을 얻는다. 양변을 $\alpha_{k+1}q_k$로 나누면

$$\alpha - \frac{p_k}{q_k} = -\frac{q_{k-1}}{\alpha_{k+1}q_k}\left(\alpha - \frac{p_{k-1}}{q_{k-1}}\right)$$

이다. 그러므로

$$|\alpha - C_k| = \frac{q_{k-1}}{\alpha_{k+1}q_k}|\alpha - C_{k-1}|$$

이다. 여기서 $\alpha_{k+1} > 1$이고 $q_k \geq q_{k-1}$이므로

$$|\alpha - C_k| < |\alpha - C_{k-1}|$$

이다. ∎

정리 10.2.12

$[a_0 ; a_1, a_2, \cdots, a_k, \cdots]$을 무리수 α의 무한 연분수표현이라 하고 $C_k = \dfrac{p_k}{q_k}$를 이 무한 연분수의 k번째 근사분수라 하자. 정수 r, s (단 $s > 0$, $(r, s) = 1$)와 양의 정수 k에 대하여 다음이 성립한다.

(1) $|s\alpha - r| < |q_k\alpha - p_k|$이면 $s \geq q_{k+1}$이다.

(2) $\left|\alpha - \dfrac{r}{s}\right| < \left|\alpha - \dfrac{p_k}{q_k}\right|$이면 $s > q_k$이다.

증명

(1) $1 \leq s < q_{k+1}$이라 가정하고 연립방정식

$$p_k x + p_{k+1} y = r \qquad ①$$

$$q_k x + q_{k+1} y = s \qquad ②$$

을 생각한다. 식 ①에 q_k를 곱하고 식 ②에 p_k를 곱하여 빼면

$$(p_{k+1} q_k - p_k q_{k+1})y = rq_k - sp_k$$

를 얻는다. 한편

$$p_{k+1} q_k - p_k q_{k+1} = (-1)^k$$

이므로

$$y = (-1)^k (rq_k - sp_k)$$

이다. 마찬가지로 식 ① q_{k+1}을 곱하고 식 ②에 p_{k+1}을 곱하여 빼면

$$x = (-1)^k (sp_{k+1} - rq_{k+1})$$

이다. 여기서 $x \neq 0$이고 $y \neq 0$이다. 왜냐하면 $x = 0$이면

$$sp_{k+1} = rq_{k+1}$$

이다. $(p_{k+1}, q_{k+1}) = 1$이므로 $q_{k+1} | s$이다. 따라서 $q_{k+1} \leq s$이다. 그러나 이것은 가정 $1 \leq s < q_{k+1}$에 모순이다. 마찬가지로 $y = 0$이면

$$p_k x = r,\ \ q_k x = s$$

이다. 따라서

$$|s\alpha - r| = |x|\,|q_k\alpha - p_k| \geq |q_k\alpha - p_k|$$

을 얻는다. 이것은 가정에 모순이다. 이제 x와 y의 부호가 반대임을 보인다. 먼저 $y < 0$라 가정하면

$$q_k x = s - q_{k+1} y$$

이므로 $x > 0$이다. 만약 $y > 0$이라 가정하면 $q_k x = s - q_{k+1} y < 0$이고 $x < 0$이다. 왜냐하면 $q_{k+1} y \geq q_{k+1} > s$이기 때문이다. 또한

$$\frac{p_k}{q_k} < \alpha < \frac{p_{k+1}}{q_{k+1}} \text{ 또는 } \frac{p_{k+1}}{q_{k+1}} < \alpha < \frac{p_k}{q_k}$$

이므로 어느 경우이든 $q_k\alpha - p_k$와 $q_{k+1}\alpha - p_{k+1}$의 부호는 반대이다. 따라서 $x(q_k\alpha - p_k)$와 $y(q_{k+1}\alpha - p_{k+1})$은 같은 부호이다. 그러므로 연립방정식으로부터

$$\begin{aligned}
|s\alpha - r| &= |(q_k x + q_{k+1} y)\alpha - (p_k x + p_{k+1} y)| \\
&= |x(q_k\alpha - p_k) + y(q_{k+1}\alpha - p_{k+1})| \\
&= |x|\,|(q_k\alpha - p_k)| + |y|\,|(q_{k+1}\alpha - p_{k+1})| \\
&\geq |x|\,|(q_k\alpha - p_k)| \\
&\geq |(q_k\alpha - p_k)|
\end{aligned}$$

이다. 그러나 이것은 가정에 모순이다. 따라서 $s \geq q_{k+1}$이다.

(2) $s \leq q_k$이라 가정한다. 그러면 두 부등식 $s \leq q_k$와

$$\left|\alpha - \frac{r}{s}\right| < \left|\alpha - \frac{p_k}{q_k}\right|$$

을 곱하여 $|s\alpha - r| < |q_k\alpha - p_k|$을 얻는다. 그러면 (1)에 의해 $s \geq q_{k+1}$이다. 그러나 $q_k < q_{k+1}$이므로 $s > q_k$이다. 이것은 가정에 모순이다. ■

정리 10.2.13

α는 무리수이고 정수 r, s (단 $s>0$, $(r, s)=1$)에 대하여

$$\left|\alpha-\frac{r}{s}\right|<\frac{1}{2s^2}$$

이면 $\frac{r}{s}$는 α의 단순 연분수표현의 근사분수이다.

증명

$\frac{r}{s}$이 α의 단순 연분수표현의 근사분수가 아니라고 가정하자. q_k는 양의 정수들의 증가하는 수열이므로 양의 무한대로 발산한다. 따라서 $q_k \le s < q_{k+1}$을 만족하는 정수 k가 존재한다. 그러면 위의 정리 10.2.12의 (1)에 의해

$$\begin{aligned}|q_k\alpha-p_k| &\le |s\alpha-r| \\ &= s\left|\alpha-\frac{r}{s}\right|<\frac{1}{2s}\end{aligned}$$

이다. 한편 $rq_k-sp_k\neq 0$이다. 왜냐하면 $rq_k-sp_k=0$이면 $\frac{p_k}{q_k}=\frac{r}{s}$이고, 이것은 $\frac{r}{s}$이 α의 단순 연분수표현의 근사분수가 아니라 가정에 모순이다. 그러므로 $|rq_k-sp_k|\ge 1$이다. 따라서

$$\begin{aligned}\frac{1}{sq_k} &\le \frac{|sp_k-rq_k|}{sq_k} \\ &= \left|\frac{p_k}{q_k}-\frac{r}{s}\right| \\ &\le \left|\alpha-\frac{p_k}{q_k}\right|+\left|\alpha-\frac{r}{s}\right| \\ &< \frac{1}{2sq_k}+\frac{1}{2s^2}\end{aligned}$$

을 얻는다. 양변에 s^2q_k를 곱하면

$$s<\frac{s}{2}+\frac{q_k}{2}$$

을 얻으며 따라서 $s < q_k$이다. 그러나 이것은 $q_k \leq s < q_{k+1}$에 모순이다. 따라서 $\frac{r}{s}$는 α의 단순 연분수표현의 근사분수이다. ■

예제 10.2.14 무한 단순 연분수 $[1\,;2,\ 3,\ 2,\ 3,\ \cdots]$으로 표현된 무리수 α의 분모가 56보다 작은 좋은 근사값을 구하여라.

풀이 근사분수를 계산하기 위해 다음의 표를 만든다.

i	-2	-1	0	1	2	3	4
a_i			1	2	3	2	3
p_i	0	1	1	3	10	23	79
q_i	1	0	1	2	7	16	55

을 얻는다. 분모가 56보다 작은 가장 좋은 근사값은 $C_4 = \frac{79}{55}$이다. ■

10.2 연습문제

01 다음 무리수를 연분수로 표현하여라.

(1) $\sqrt{5}$ (2) $-\sqrt{5}$

(3) $\sqrt{7}$ (4) $\sqrt{35}$

02 α가 $\alpha > 1$인 무리수라 하자. $1/\alpha$의 단순 연분수표현의 k번째 근사분수는 α의 단순 연분수표현의 $k-1$번째 근사분수임을 보여라.
(도움말 : $\alpha = [a_0\,; a_1,\ a_2,\ \cdots,\ a_k,\ \cdots]$이면 $1/\alpha = [0 : a_0,\ a_1,\ a_2,\ \cdots,\ a_k,\ \cdots]$이다.)

10.3 순환 단순 연분수

예제 10.2.8에서 $\sqrt{6}$의 무한 단순 연분수표현은 $[2\,;2,\ 4,\ 2,\ 4,\ \cdots]$이다. 그러므로 이 연분수표현에서 2와 4가 교대로 나타나고 있으며 우리는 a_k의 값을 예측할 수 있다. 이러한 연분수를 **순환 연분수**라 부른다. 반면 예제 10.2.10에서 π의 무한 연분수표현은 $\pi=[3\,;7,\ 15,\ 1,\ 292,\ \cdots]$임을 알았고 이 경우에 우리는 a_k의 값을 예측할 수 없다. 따라서 π의 무한 연분수표현은 순환하지 않음을 알 수 있다. 이 절에서는 무리수의 무한 연분수표현이 순환하는 무리수에 관해서 알아본다. 이를 위해 다음의 무리수를 살펴보자.

정의 10.3.1 [이차무리수]

$a,\ b$는 유리수이고 d는 완전제곱수가 아닌 양의 정수일 때 무리수 $a+b\sqrt{d}$ 꼴의 무리수를 **이차무리수**(quadratic irrational number)라 부른다. d는 완전제곱수가 아닌 양의 정수일 때 기호 $\mathbb{Q}(\sqrt{d})$을

$$\mathbb{Q}(\sqrt{d})=\{a+b\sqrt{d}\mid a,\ b : \text{유리수}\}$$

으로 정의한다. 즉 $\mathbb{Q}(\sqrt{d})$은 고정된 d에 대하여 $a+b\sqrt{d}$ 꼴의 무리수들의 총집합이다. $\alpha=a+b\sqrt{d}\in\mathbb{Q}(\sqrt{d})$에 대하여 $a-b\sqrt{d}$을 α의 **공액**(conjugate of α)이라 하고 기호로 $a-b\sqrt{d}=\alpha'$로 적는다.

다음 정리에서 모든 이차무리수는 계수가 정수인 이차방정식의 근임을 알게 된다. 따라서 이것이 이러한 꼴의 무리수를 이차무리수라 불리는 이유이다.

정리 10.3.2

무리수 α가 이차무리수일 필요충분조건은 α가 정수를 계수로 갖는 적당한 이차방정식

$$Ax^2+Bx+C=0,\quad A\neq 0$$

의 근이다.

증명

만약 α가 이차무리수일 때

$$(x-\alpha)(x-\alpha')=x^2-(\alpha+\alpha')x+\alpha\alpha'$$

이면 간단한 계산에 의해 $\alpha+\alpha'$과 $\alpha\alpha'$은 유리수임을 알 수 있다. 그러므로 α는

$$Ax^2+Bx+C=0, \quad A\neq 0$$

꼴의 이차방정식의 근이다. 역으로 무리수 α가 이차방정식

$$Ax^2+Bx+C=0, \quad A\neq 0$$

의 근이면 이차방정식의 근의 공식에 의해

$$\alpha=\frac{-B+\sqrt{B^2-4AC}}{2A} \quad \text{또는} \quad \alpha=\frac{-B-\sqrt{B^2-4AC}}{2A}$$

이다. 그러므로 α는 이차무리수이다. ■

이제 이차무리수와 그 무리수의 단순 연분수표현과의 관계를 조사해 본다. 이를 위해 먼저 순환 단순 연분수를 정의한다.

정의 10.3.3 [순환 단순 연분수]

무한 단순 연분수

$$[a_0\,;a_1,\cdots,a_m,b_1,\cdots,b_n,b_1,\cdots,b_n,\cdots]$$

을 순환 단순 연분수(periodic simple continued fraction)라 부르고 기호는

$$[a_0\,;a_1,\cdots,a_m,b_1,\cdots,b_n,b_1,\cdots,b_n,\cdots]=[a_0\,;a_1,\cdots,a_m,\overline{b_1,\cdots,b_n}]$$

으로 적는다. $b_1,\cdots,b_n$을 순환마디라 하고 n을 순환주기라 한다. 즉

$$a_{m+1}=a_{m+n+1}=\cdots=b_1$$
$$\vdots$$

$$a_{m+n} = a_{m+n+n} = \cdots = b_n$$

을 만족한다.

정리 10.3.4

순환 단순 연분수 $[a_0\,;\, a_1,\ \cdots,\ a_m,\ \overline{b_1,\ \cdots,\ b_n}]$의 값은 이차무리수이다.

증명

$\beta = [\overline{b_1;\ \cdots,\ b_n}]$이라 두면 $\beta = [b_1\,;\cdots,\ b_n,\ \beta]$이다. 따라서 만약 $i\ (1 \le i \le n)$에 대하여 유한 단순 연분수 $[b_1\,;\cdots,\ b_n]$의 i번째 근사분수를 $[b_1\,;\cdots,\ b_i] = \dfrac{p_i}{q_i}$라 하면 정리 10.1.4에 의해

$$\beta = [b_1\,;\cdots,\ b_n,\ \beta] = \frac{\beta p_n + p_{n-1}}{\beta q_n + q_{n-1}}$$

이다. 그러므로 β는 정수를 계수로 갖는 이차방정식의 근이다. 그리고 β는 무한 단순 연분수의 값이므로 무리수이다. 따라서 β는 이차무리수이다. 한편

$$\alpha = [a_0\,;\, a_1,\ \cdots,\ a_m,\ \overline{b_1,\ \cdots,\ b_n}]$$

라 두고 $i\ (1 \le i \le m)$에 대하여 유한 단순 연분수 $[a_0\,;\, a_1,\ \cdots,\ a_m]$의 i번째 근사분수를 $\dfrac{p_i'}{q_i'}$라 하면 정리 10.1.4에 의해 위에서와 마찬가지로

$$\begin{aligned}\alpha &= [a_0\,;\, a_1,\ \cdots,\ a_m,\ \overline{b_1,\ \cdots,\ b_n}] \\ &= \frac{\beta p_m' + p_{m-1}'}{\beta q_m' + q_{m-1}'}\end{aligned}$$

를 얻는다. 한편 β는 이차무리수이므로 α도 이차무리수이다. ■

예제 10.3.5 순환 단순 연분수 $[1\,;\, 2,\ 3,\ \overline{1,\ 2}]$의 값을 구하라.

풀이 $\alpha = [1\,;2,\ 3,\ \overline{1,\ 2}]$이라 두고 $\beta = [\overline{1\,;2}]$라 두자. 그러면

$$\begin{aligned}\beta = [\overline{1\,;2}] &= [1\,;2,\ \beta]\\ &= 1 + \cfrac{1}{2+\cfrac{1}{\beta}}\\ &= \frac{1+3\beta}{1+2\beta}\end{aligned}$$

이다. 그러므로

$$2\beta^2 - 2\beta - 1 = 0$$

을 얻는다. 따라서 $\beta = \dfrac{1+\sqrt{3}}{2}$이다. 그러므로

$$\begin{aligned}\alpha &= 1 + \cfrac{1}{2+\cfrac{1}{3+\cfrac{1}{\beta}}}\\ &= \frac{3+10\beta}{2+7\beta} = \frac{3+5+5\sqrt{3}}{2+\dfrac{7(1+\sqrt{3})}{2}} = \frac{34+2\sqrt{3}}{26} = \frac{17+\sqrt{3}}{13}\end{aligned}$$

이다. ■

정리 10.3.4에서 모든 순환 단순 연분수는 이차무리수임을 증명하였다. 이제 역으로 모든 이차 무리수의 연분수표현은 순환 단순 연분수임을 보인다. 이를 위해 다음의 보조 정리부터 증명하자.

보조정리 10.3.6

모든 이차무리수 α는

$$\alpha = \frac{\sqrt{d}+r}{s}$$

의 꼴로 표현된다. 여기서 d는 완전제곱수가 아닌 양의 정수이고 r, s는 $s \neq 0$, $s \mid (d-r^2)$를 만족하는 정수이다.

증명

α는 이차무리수이므로 $\alpha = u + v\sqrt{d}$를 만족하는 유리수 u, $v(\neq 0)$가 존재한다. 따라서

$$\alpha = \frac{a + b\sqrt{d}}{c}$$

를 만족하는 정수 a, b, c가 존재한다. 여기서 $b \neq 0$, $c \neq 0$이다. 그러므로

$$\alpha = \frac{a + b\sqrt{d}}{c} = \frac{a + \sqrt{b^2 d}}{c}$$

이다. d가 완전제곱수가 아니므로 $b^2 d$도 완전제곱수가 아니다. a와 c의 부호를 적절히 조정하여 근호 앞의 부호가 +가 되도록 한다. 이제 분모와 분자에 각각 $|c|$를 곱하면

$$\begin{aligned}\alpha &= \frac{a + b\sqrt{d}}{c} = \frac{a + \sqrt{b^2 d}}{c} = \frac{a|c| + \sqrt{c^2 b^2 d}}{c|c|} \\ &= \frac{a_1 + \sqrt{d_1}}{c_1}\end{aligned}$$

으로 표현하자. 여기서 $a_1 = a|c|$, $d_1 = c^2 b^2 d$, $c_1 = c|c|$이다. $b^2 d$이 완전제곱수가 아니므로 d_1도 완전제곱수가 아니다. 그리고

$$d_1 - a_1^2 = c^2 b^2 d - a^2 c^2 = c^2 (b^2 d - a^2)$$

이다. 따라서

$$c_1 \mid (d_1 - a_1^2)$$

이다. ■

정리 10.3.7

$\alpha = \alpha_0$를 이차무리수라 하고 보조정리 10.3.6에 의해

$$\alpha = \frac{\sqrt{d} + r_0}{s_0}$$

이라 하자. 여기서 $s_0 | (d - r_0^2)$, $s_0 \neq 0$, $d > 0$, d는 완전제곱수가 아니다. 정수들의 수열 $\{r_k\}$, $\{s_k\}$, $\{a_k\}$를 다음의 규칙에 의해 귀납적으로 정의한다.
$k = 0, 1, 2, \cdots$에 대하여

$$
\begin{aligned}
a_k &= [\alpha_k] \\
r_{k+1} &= a_k s_k - r_k \\
s_{k+1} &= (d - r_{k+1}^2)/s_k \\
\alpha_k &= (r_k + \sqrt{d})/s_k
\end{aligned}
$$

그러면 모든 음수가 아닌 정수 k에 대하여 다음이 성립된다.
(1) r_k와 s_k는 정수이고 $s_k \neq 0$이다.
(2) $s_k | (d - r_k^2)$
(3) $\alpha_{k+1} = \dfrac{1}{\alpha_k - a_k}$

증명

k에 관한 수학적 귀납법으로 증명한다. 먼저 $k = 0$이면 보조정리 10.3.6에 의해 위의 성질 (1), (2)는 자명하다. 이제 $k = 0$일 때 (3)을 증명한다. 즉

$$\alpha_1 = \frac{1}{\alpha_0 - a_0}$$

임을 증명한다. 정의에 의해

$$
\begin{aligned}
\alpha_1 &= (r_1 + \sqrt{d})/s_1 \\
&= \frac{r_1 + \sqrt{d}}{(d - r_1^2)/s_0} = \frac{s_0}{\sqrt{d} - r_1}
\end{aligned}
$$

이다. 한편

$$\alpha_0 - a_0 = \frac{r_0 + \sqrt{d}}{s_0} - a_0 = \frac{r_0 - a_0 s_0 + \sqrt{d}}{s_0}$$

이다. 그러나 $r_1 = a_0 s_0 - r_0$이므로

$$\alpha_0 - a_0 = \frac{\sqrt{d} - r_1}{s_0}$$

이다. 그러므로

$$\alpha_1 = \frac{1}{\alpha_0 - a_0}$$

이다.

이제 $k = n$일 때 위의 성질 (1), (2)가 성립한다고 가정하고 $k = n+1$일 때 위의 성질 (1), (2)가 성립됨을 증명하자.

(1) r_{n+1}이 정수임은 자명하다. 또한 d가 완전제곱수가 아니므로 $d - r_{n+1}^2 \neq 0$이다. 그러므로 $s_{n+1} \neq 0$이다. 그리고

$$\begin{aligned} s_{n+1} &= \frac{d - r_{n+1}^2}{s_n} \\ &= \frac{d - (a_n s_n - r_n)^2}{s_n} = \frac{d - r_n^2}{s_n} - a_n^2 s_n + 2a_n r_n \end{aligned}$$

이다. 한편 귀납법의 가정에 의해 $s_n \mid (d - r_n^2)$이므로 s_{n+1}은 정수이다.

(2) 정의에 의해 $s_{n+1} = \dfrac{d - r_{n+1}^2}{s_n}$이므로 $s_n s_{n+1} = d - r_{n+1}^2$이다.

따라서 $s_{n+1} \mid (d - r_{n+1}^2)$이다.

(3) 성질 (3)은 수학적 귀납법을 이용하지 않고 직접 증명한다.

정의에 의해 $\alpha_{n+1} = (r_{n+1} + \sqrt{d})/s_{n+1}$이다. 따라서

$$\frac{1}{\alpha_{n+1}} = \frac{s_{n+1}}{r_{n+1} + \sqrt{d}} = \frac{s_{n+1}(r_{n+1} - \sqrt{d})}{r_{n+1}^2 - d}$$

이다. 한편 $s_{n+1} = \dfrac{d - r_{n+1}^2}{s_n}$이므로

$$\frac{1}{\alpha_{n+1}} = \frac{\sqrt{d} - r_{n+1}}{s_n}$$

이다. 그리고

$$
\begin{aligned}
\alpha_n - a_n &= \frac{r_n + \sqrt{d}}{s_n} - a_n = \frac{r_n - a_n s_n + \sqrt{d}}{s_n} \\
&= \frac{\sqrt{d} - r_{n+1}}{s_n}
\end{aligned}
$$

이다. 그러므로

$$
\alpha_{n+1} = \frac{1}{\alpha_n - a_n}
$$

이다. ■

정리 10.3.7의 구성에 의하면 $k = 0, 1, 2, \cdots$에 대하여 $a_k = [\alpha_k]$이고 $\alpha_{k+1} = \dfrac{1}{\alpha_k - a_k}$이다. 따라서 정리 10.2.7에 의해 $\alpha = \alpha_0$의 연분수표현은 $[a_0 ; a_1, a_2, \cdots]$임을 알 수 있다. 정리 10.3.7의 과정을 따라 이차무리수의 연분수표현의 예를 들어보자.

예제 10.3.8 정리 10.3.7의 과정을 따라 $\alpha = \alpha_0 = \dfrac{\sqrt{2}+1}{3}$의 연분수표현을 구하라.

풀이 먼저 주어진 이차무리수를 보조정리 10.3.6의 형태로 변형해보자. 분모와 분자에 3을 곱하면

$$
\alpha = \alpha_0 = \frac{\sqrt{18}+3}{9}
$$

이며 $d = 18$, $r_0 = 3$, $s_0 = 9$라 두면 $9 = s_0 \mid (d - r_0^2) = 18 - 9 = 9$, $s_0 \neq 0$, $d > 0$, d는 완전제곱수가 아니다. 따라서 정리 10.3.7의 과정을 따라 계산하면

$$
\begin{aligned}
& r_0 = 3, && s_0 = 9, \\
& \alpha = \alpha_0 = \frac{\sqrt{18}+3}{9}, && a_0 = 0, \\
& r_1 = a_0 s_0 - r_0 = -3, && s_1 = (d - r_1^2)/s_0 = (18-9)/9 = 1, \\
& \alpha_1 = (r_1 + \sqrt{d})/s_1 = (-3 + \sqrt{18})/1, && a_1 = [\alpha_1] = 1, \\
& r_2 = a_1 s_1 - r_1 = 4, && s_2 = (d - r_2^2)/s_1 = (18-16)/1 = 2,
\end{aligned}
$$

$$\alpha_2 = (r_2 + \sqrt{d})/s_2 = (4+\sqrt{18})/2, \qquad a_2 = [\alpha_2] = 4,$$
$$r_3 = a_2 s_2 - r_2 = 4, \qquad s_3 = (d - r_3^2)/s_2 = (18-16)/2 = 1,$$
$$\alpha_3 = (r_3 + \sqrt{d})/s_3 = (4+\sqrt{18})/1, \qquad a_3 = [\alpha_3] = 8,$$
$$r_4 = a_3 s_3 - r_3 = 4, \qquad s_4 = (d - r_4^2)/s_3 = (18-16)/1 = 2,$$
$$\alpha_4 = (r_4 + \sqrt{d})/s_4 = (4+\sqrt{18})/2, \qquad a_4 = [\alpha_4] = 4$$

을 얻으며 $\alpha_2 = \alpha_4$이므로 $\alpha_3 = \alpha_5$이다. 따라서 $\alpha = [0\,;1,\ 4,\ 8,\ 4,\ \cdots] = [0\,;1,\ \overline{4,\ 8}]$이다. ■

정의 10.3.1에서 주어진 이차무리수 $\alpha = a + b\sqrt{c}$의 공액을 $\alpha' = a - b\sqrt{c}$로 정의하였다. 이제 공액에 관한 몇 가지 성질을 알아본다. 이 성질들은 간단한 계산에 의해 증명할 수 있으므로 여기서 증명은 독자에게 맡긴다.

보조정리 10.3.9

α_1, α_2이 이차무리수이면 다음의 성질들이 성립된다.

(1) $(\alpha_1 + \alpha_2)' = \alpha_1' + \alpha_2'$

(2) $(\alpha_1 - \alpha_2)' = \alpha_1' - \alpha_2'$

(3) $(\alpha_1\alpha_2)' = \alpha_1'\alpha_2'$

(4) $\left(\dfrac{\alpha_1}{\alpha_2}\right)' = \dfrac{\alpha_1'}{\alpha_2'}$

이제 이 절의 최종 목적인 모든 이차무리수는 순환 단순 연분수로 표현됨을 증명한다.

정리 10.3.10

모든 이차무리수 α는 순환 단순 연분수로 표현된다.

증명

모든 $k = 0,\ 1,\ 2,\ \cdots$에 대하여 $\alpha = [a_0\,; a_1,\ a_2,\ \cdots,\ a_{k-1},\ \alpha_k]$임을 알고 있다. 따라서

$$\alpha = \frac{\alpha_k p_{k-1} + p_{k-2}}{\alpha_k q_{k-1} + q_{k-2}}$$

이다. 그러므로 양변에 공액을 취하여

$$\alpha' = \frac{\alpha_k' p_{k-1} + p_{k-2}}{\alpha_k' q_{k-1} + q_{k-2}}$$

을 얻는다. 이 식을 α_k'에 관해 풀면

$$\alpha_k' = -\frac{\alpha' q_{k-2} - p_{k-2}}{\alpha' q_{k-1} - p_{k-1}} = -\frac{q_{k-2}}{q_{k-1}}\left(\frac{\alpha' - p_{k-2}/q_{k-2}}{\alpha' - p_{k-1}/q_{k-1}}\right) \qquad (*)$$

을 얻게 되며

$$\alpha = \lim_{k\to\infty} \frac{p_{k-2}}{q_{k-2}} = \lim_{k\to\infty} \frac{p_{k-1}}{q_{k-1}}$$

이므로

$$\lim_{k\to\infty} \left(\frac{\alpha' - p_{k-2}/q_{k-2}}{\alpha' - p_{k-1}/q_{k-1}}\right) = 1$$

이다. 따라서 충분히 큰 k에 대하여

$$\frac{\alpha' - p_{k-2}/q_{k-2}}{\alpha' - p_{k-1}/q_{k-1}} > 0$$

이다. 그러므로 (*)에 의해 모든 N보다 크거나 같은 k에 대하여 $\alpha_k' < 0$을 만족하는 정수 N이 존재한다. 즉

$$k \geq N \quad \Rightarrow \quad \alpha_k' < 0$$

이다. $k > 1$인 k에 대하여 $\alpha_k > 0$이므로 $k \geq N$인 모든 k에 대하여

$$\alpha_k - \alpha_k' = \frac{r_k + \sqrt{d}}{s_k} - \frac{r_k - \sqrt{d}}{s_k} = \frac{2\sqrt{d}}{s_k} > 0$$

이다. $s_k s_{k+1} = d - r_{k+1}^2$이므로 $k \geq N$인 모든 k에 대하여

$$s_k \le s_k s_{k+1} = d - r_{k+1}^2 \le d$$

이다. 또한 $k \ge N$인 모든 k에 대하여

$$r_{k+1}^2 \le d = r_{k+1}^2 + s_k s_{k+1}$$

이다. 따라서

$$-\sqrt{d} \le r_{k+1} \le \sqrt{d}$$

이다. $k \ge N$인 모든 k에 대하여 부등식 $0 \le s_k \le d$와 $-\sqrt{d} \le r_{k+1} \le \sqrt{d}$이 성립되므로 $k > N$인 k에 대하여 s_k와 r_k는 유한 개의 값만 취할 수 있다. $k > N$인 k가 무한 개 존재하므로 $i < j$인 i, j에 대하여 $s_i = s_j$, $r_i = r_j$을 만족하는 i, j가 존재한다. 그러므로 정의에 의해 $\alpha_i = \alpha_j$이며 따라서 $a_i = a_j$, $a_{i+1} = a_{j+1}$, $\cdots$을 얻는다. 그러므로

$$\begin{aligned}\alpha &= [a_0\,; a_1,\ a_2,\ \cdots,\ a_{i-1},\ a_i,\ a_{i+1},\ \cdots,\ a_{j-1},\ a_i,\ a_{i+1},\ \cdots] \\ &= [a_0\,; a_1,\ a_2,\ \cdots,\ a_{i-1},\ \overline{a_i,\ a_{i+1},\ \cdots,\ a_{j-1}}]\end{aligned}$$

을 얻는다. 그러므로 이차무리수 α는 순환 단순 연분수로 표현된다. ■

예제 10.3.11 이차무리수 $4+\sqrt{17}$을 연분수로 표현하라.

풀이 $\alpha = \alpha_0 = 4 + \sqrt{17}$이라 두고 $d = 17$, $r_0 = 4$, $s_0 = 1$이라 두면 $1 = s_0 \mid (d - r_0^2) = 17 - 16 = 1$, $s_0 \ne 0$, $d > 0$, d는 완전제곱수가 아니다. 따라서 정리 10.3.7의 과정을 따라 계산하면

$$\begin{aligned}
&r_0 = 4, && s_0 = 1,\\
&\alpha = \alpha_0 = 4 + \sqrt{17}, && a_0 = 8,\\
&r_1 = a_0 s_0 - r_0 = 4, && s_1 = (d - r_1^2)/s_0 = (17-16)/1 = 1,\\
&\alpha_1 = (r_1 + \sqrt{d})/s_1 = (4+\sqrt{17})/1, && a_1 = [\alpha_1] = 8,\\
&r_2 = a_1 s_1 - r_1 = 4, && s_2 = (d - r_2^2)/s_1 = (17-16)/1 = 1,\\
&\alpha_2 = (r_2 + \sqrt{d})/s_2 = (4+\sqrt{17})/1, && a_2 = [\alpha_2] = 8
\end{aligned}$$

이다. 그러므로 모든 $k \ge 0$인 정수 k에 대하여 $a_k = 8$이다. 따라서 $\alpha = [\overline{8}] = [8\,; 8,\ 8,\ \cdots]$이다. ■

10.3 연습문제

01 다음 무리수를 근으로 갖는 이차방정식을 구하여라.

(1) $\frac{3}{2}+\frac{\sqrt{7}}{2}$ (2) $\frac{1}{3}+\frac{\sqrt{5}}{3}$

02 다음 연분수를 구하여라.

(1) $[2\,;\,\overline{2,\ 4}]$ (2) $[1\,;\,2,\ \overline{3,\ 4}]$

(3) $[3\,;\,\overline{1,\ 24}]$ (4) $[2\,;\,\overline{1,\ 4,\ 1,\ 1}]$

03 다음 이차무리수의 연분수표현을 구하여라.

(1) $\frac{14-\sqrt{2}}{4}$ (2) $\frac{1+\sqrt{13}}{2}$

(3) $\frac{5+\sqrt{37}}{4}$ (4) $\frac{2+\sqrt{5}}{3}$

10.4 순수 순환 연분수

예제 10.3.11에서와 같이 순환 연분수 중에서 a_0가 순환마디에 포함되는 연분수를 순수 순환 연분수라 부른다. 이 절에서는 순수 순환 연분수의 성질에 대하여 조사해 본다.

정의 10.4.1 [순수 순환 연분수]

연분수 $[a_0\,;a_1,\ a_2,\ \cdots]$에 대하여 모든 $k \geq 0$인 정수 k에 대하여 $a_k = a_{n+k}$을 만족하는 정수 n이 존재하면 연분수 $[a_0\,;a_1,\ a_2,\ \cdots]$을 **순수 순환 연분수(purely periodic continued fraction)**라 부른다. 즉 연분수 $[a_0\,;a_1,\ a_2,\ \cdots]$이 순수 순환 연분수이면

$$[a_0\,;a_1,\ a_2,\ \cdots] = [\overline{a_0\,;a_1,\ a_2,\ \cdots,\ a_{n-1}}]$$

이다.

정의 10.4.2 [기약 이차무리수]

α는 이차무리수이고 $\alpha > 1,\ -1 < \alpha' < 0$을 만족하면 α를 **기약 이차무리수(reduced quadratic irrational)**라 부른다.

10.3절에서 모든 이차무리수는 순환 연분수로 표현됨을 알았다. 다음 정리에서 이들 중 어떤 이차무리수의 연분수표현이 순수 순환하는지를 알아본다.

정리 10.4.3

이차 무리수 α가 순수 순환 연분수로 표현될 필요충분조건은 α가 기약 이차무리수이다.

증명

먼저 $\alpha = \alpha_0$을 기약 이차무리수라 가정한다. 정리 10.3.7의 구성에 의하면 $k = 0,\ 1,\ 2,$

$\cdots$에 대하여 $a_k = [\alpha_k]$이고 $\alpha_{k+1} = \dfrac{1}{\alpha_k - a_k}$이다. 따라서 정리 10.2.7에 의해 $\alpha = \alpha_0$의 연분수표현은 $[a_0\,; a_1,\ a_2,\ \cdots]$임을 알 수 있다. 여기서 등식

$$\frac{1}{\alpha_{k+1}} = \alpha_k - a_k$$

의 양변에 공액을 취하면

$$\frac{1}{\alpha_{k+1}{}'} = \alpha_k{}' - a_k \qquad (*)$$

을 얻는다. 먼저 수학적 귀납법을 이용하여 $k = 0,\ 1,\ 2,\ \cdots$에 대하여 $-1 < \alpha_k{}' < 0$임을 보인다. 만약 $k = 0$이면 $\alpha_0{}' = \alpha'$이고 $\alpha = \alpha_0$이 기약 이차무리수라는 가정에 의해 $-1 < \alpha_0{}' < 0$임은 자명하다. $-1 < \alpha_n{}' < 0$이라 가정하면 $a_n \geq 1$이므로 (*)에 의해

$$\frac{1}{\alpha_{n+1}{}'} < -1$$

이다. 따라서 $-1 < \alpha_{n+1}{}' < 0$이다. 그러므로 $k = 0,\ 1,\ 2,\ \cdots$에 대하여 $-1 < \alpha_k{}' < 0$이다. 한편 등식 $\dfrac{1}{\alpha_{k+1}{}'} = \alpha_k{}' - a_k$에서

$$\alpha_k{}' = a_k + \frac{1}{\alpha_{k+1}{}'}$$

을 얻는다. $-1 < \alpha_k{}' < 0$이므로

$$-1 < a_k + \frac{1}{\alpha_{k+1}{}'} < 0$$

이다. 따라서

$$-1 - \frac{1}{\alpha_{k+1}{}'} < a_k < -\frac{1}{\alpha_{k+1}{}'}$$

이며

$$a_k = \left[-\frac{1}{\alpha_{k+1}{}'}\right]$$

이다. α가 이차무리수이므로 정리 10.3.10에 의해 $i<j$인 i, j에 대하여 $\alpha_i=\alpha_j$을 만족하는 정수 i, j가 존재한다. 따라서 $-\frac{1}{\alpha_i{}'}=-\frac{1}{\alpha_j{}'}$이다. 여기서 $a_k=\left[-\frac{1}{\alpha_{k+1}{}'}\right]$이므로 $a_i=a_j$임을 안다. 더욱이 $\alpha_{i-1}=a_{i-1}+1/\alpha_i$, $\alpha_{j-1}=a_{j-1}+1/\alpha_j$이므로 $\alpha_{i-1}=\alpha_{j-1}$이다. 이러한 작업을 반복하여 시행하면 $\alpha_{i-2}=\alpha_{j-2}$, $\alpha_{i-3}=\alpha_{j-3}$, $\cdots$을 얻을 수 있으며, 결국 $\alpha_0=\alpha_{j-i}$을 얻는다. 그러므로

$$\begin{aligned}\alpha=\alpha_0&=[a_0\,;a_1,\ a_2,\ \cdots,\ a_{j-i-1},\ \alpha_{j-i}]\\&=[a_0\,;a_1,\ a_2,\ \cdots,\ a_{j-i-1},\ \alpha_0]\\&=[\overline{a_0\,;a_1,\ a_2,\ \cdots,\ a_{j-i-1}}]\end{aligned}$$

이다. 따라서 α의 연분수표현이 순수 순환 연분수임을 안다.

역으로 $\alpha=[\overline{a_0\,;a_1,\ a_2,\ \cdots,\ a_n}]$이라 가정한다. $a_0=a_{n+1}$, $n>0$이므로 $a_0\geq 1$이다. 따라서 $\alpha>1$이다. 그리고

$$\begin{aligned}\alpha&=[\overline{a_0\,;a_1,\ a_2,\ \cdots,\ a_n}]\\&=[a_0\,;a_1,\ a_2,\ \cdots,\ a_n,\ \alpha]\end{aligned}$$

이다. 그러므로 정리 10.1.4에 의해

$$\alpha=\frac{\alpha p_n+p_{n-1}}{\alpha q_n+q_{n-1}}$$

이다. 그러므로 α는 이차방정식

$$f(x)=q_nx^2+(q_{n-1}-p_n)x-p_{n-1}$$

의 근이다. 즉 $f(\alpha)=0$이다. 이차방정식 $f(x)=0$의 또 다른 한 근은 α'임을 알고 있다. $k=0,\ 1,\ 2,\ \cdots$에 대하여 $a_k>0$이므로 정의에 의해 수열 $\{p_k\}$과 $\{q_k\}$는 증가수열이다. 그러므로

$$\begin{aligned}f(-1)&=q_n+(q_{n-1}-p_n)(-1)-p_{n-1}\\&=(q_n-q_{n-1})+(p_n-p_{n-1})>0\end{aligned}$$

이다. 한편 $f(0)=-p_{n-1}<0$이다. 따라서 방정식 $f(x)=0$는 0와 -1 사이에서 한 근을 가진다. 이차방정식 $f(x)=0$은 두 근 α와 α'를 가지며 $\alpha>1$이므로 $-1<\alpha'<0$이

다. 그러므로 α는 기약 이차무리수이다. ■

예제 10.4.4 이차 무리수 $1+\sqrt{3}$을 연분수로 표현하라.

풀이 $\alpha=1+\sqrt{3}$이라 두면 $\alpha>1$이다. 그리고

$$-1<\alpha'=1-\sqrt{3}<0$$

이다. 그러므로 α는 기약 이차무리수이다. 따라서 정리 10.4.3에 의해 α의 연분수표현은 순수 순환 연분수임을 알 수 있다. 이제 α의 연분수표현은 위의 정리 10.3.7의 기법에 따른다. $\alpha=\alpha_0=1+\sqrt{3}$이라 두고 $d=3$, $r_0=1$, $s_0=1$이라 두면 $1=s_0\mid(d-r_0^2)=3-1=2$, $s_0\neq 0$, $d>0$, d는 완전제곱수가 아니다. 따라서 정리 10.3.7의 과정을 따라 계산하면

$$\begin{aligned}
&r_0=1, && s_0=1,\\
&\alpha=\alpha_0=1+\sqrt{3}, && a_0=2,\\
&r_1=a_0s_0-r_0=1, && s_1=(d-r_1^2)/s_0=(3-1)/1=2,\\
&\alpha_1=(r_1+\sqrt{d})/s_1=(1+\sqrt{3})/2, && a_1=[\alpha_1]=1,\\
&r_2=a_1s_1-r_1=1, && s_2=(d-r_2^2)/s_1=(3-1)/2=1,\\
&\alpha_2=(r_2+\sqrt{d})/s_2=(1+\sqrt{3})/1, && a_2=[\alpha_2]=2
\end{aligned}$$

이다. 그러므로 모든 짝수 k에 대하여 $a_k=2$이고, 모든 홀수 k에 대하여 $a_k=1$이다. 따라서 $\alpha=[\overline{2\,;1}]=[2\,;1,\ 2,\ \cdots]$이다. ■

이제 완전제곱수가 아닌 양의 정수 d에 대하여 $\sqrt{d}$의 연분수표현에 대하여 알아본다. 다음 정리에서 보는 것처럼 이차무리수 $\alpha=[\sqrt{d}]+\sqrt{d}$는 기약 이차무리수이고 따라서 위의 정리에 의해 α의 연분수표현은 순수 순환 연분수이다. 따라서 $\sqrt{d}$의 연분수표현은 매우 독특한 형태를 지니고 있다.

정리 10.4.5

완전제곱수가 아닌 양의 정수 d에 대하여 $\sqrt{d}$의 연분수 표현은

$$\sqrt{d} = [a_0\,;\overline{a_1,\ a_2,\ \cdots,\ a_n}],\quad a_0 = [\sqrt{d}],\ a_n = 2a_0$$

형태이다.

증명

$\alpha = [\sqrt{d}] + \sqrt{d}$이라 두면 $\alpha > 1$이며 또한

$$-1 < \alpha' = [\sqrt{d}] - \sqrt{d} < 0$$

임은 자명하다. 그러므로 α는 기약 이차무리수이고 $[\alpha] = 2[\sqrt{d}]$이다. 따라서 $a_0 = [\sqrt{d}]$라 두면 α의 연분수표현은

$$\alpha = [\sqrt{d}] + \sqrt{d} = [\overline{2a_0\,; a_1,\ a_2,\ \cdots,\ a_{n-1}}]$$

형태이다. 여기서

$$\alpha = [\sqrt{d}] + \sqrt{d} = [\overline{2a_0\,; a_1,\ a_2,\ \cdots,\ a_{n-1}}] = [2a_0\,;\overline{a_1,\ a_2,\ \cdots,\ a_{n-1},\ 2a_0}]$$

이므로

$$\sqrt{d} = [a_0\,;\overline{a_1,\ a_2,\ \cdots,\ a_n}],\ a_0 = [\sqrt{d}],\ a_n = 2a_0$$

이다. ■

예제 10.4.6 다음 무리수의 연분수표현을 구하여라.

(1) $\sqrt{2}$ (2) $\sqrt{3}$

(3) $\sqrt{11}$ (4) $\sqrt{17}$

풀이 (1) $\alpha = \sqrt{2}$라 두면 $[\alpha] = 1$이다. 그리고 $\alpha_1 = 1/(\sqrt{2}-1)$이라 두면

$$\alpha_1 = \frac{1}{\sqrt{2}-1} = \sqrt{2}+1,\quad a_1 = [\alpha_1] = 2$$

$$\alpha_2 = \frac{1}{\sqrt{2}-1} = \sqrt{2}+1, \quad a_1 = [\alpha_1] = 2$$

이다. 그러므로 $\sqrt{2} = [1\,;\,\overline{2}]$이다.

(2) 위와 같은 방법에 의해 $\sqrt{3} = [1\,;\,\overline{1,\ 2}]$를 얻는다.

(3) 위와 같은 방법에 의해 $\sqrt{11} = [3\,;\,\overline{3,\ 6}]$를 얻는다.

(4) 위와 같은 방법에 의해 $\sqrt{17} = [4\,;\,\overline{8}]$를 얻는다. ■

부록의 표에 1에서 100까지의 완전제곱수가 아닌 수 d에 대한 $\sqrt{d}$의 연분수표현이 주어져 있다.

10.4 연습문제

01 a가 양의 정수일 때, $\sqrt{a^2+1}$의 단순 연분수는 $[a\,;\overline{2a}]$이다.

02 $a \geq 2$가 양의 정수일 때, $\sqrt{a^2-1}$의 단순 연분수는 $[a-1\,;\overline{1,\ 2a-2}]$이다.

03 $a \geq 2$가 양의 정수일 때, $\sqrt{a^2-a}$의 단순 연분수는 $[a-1\,;\overline{2,\ 2a-2}]$이다.

04 a가 양의 정수일 때, $\sqrt{a}$가 순환주기 1인 단순 연분수일 필요충분조건은 음이 아닌 정수 b가 존재하여 $a=b^2+1$일 때이다.

TIP

제10장 주요내용

1. 유한 단순 연분수와 유리수
2. 무한 단순 연분수와 무리수
3. 이차무리수
4. 순환 단순 연분수
5. 이차 기약무리수와 순수 순환 연분수

제 11 장 부정방정식

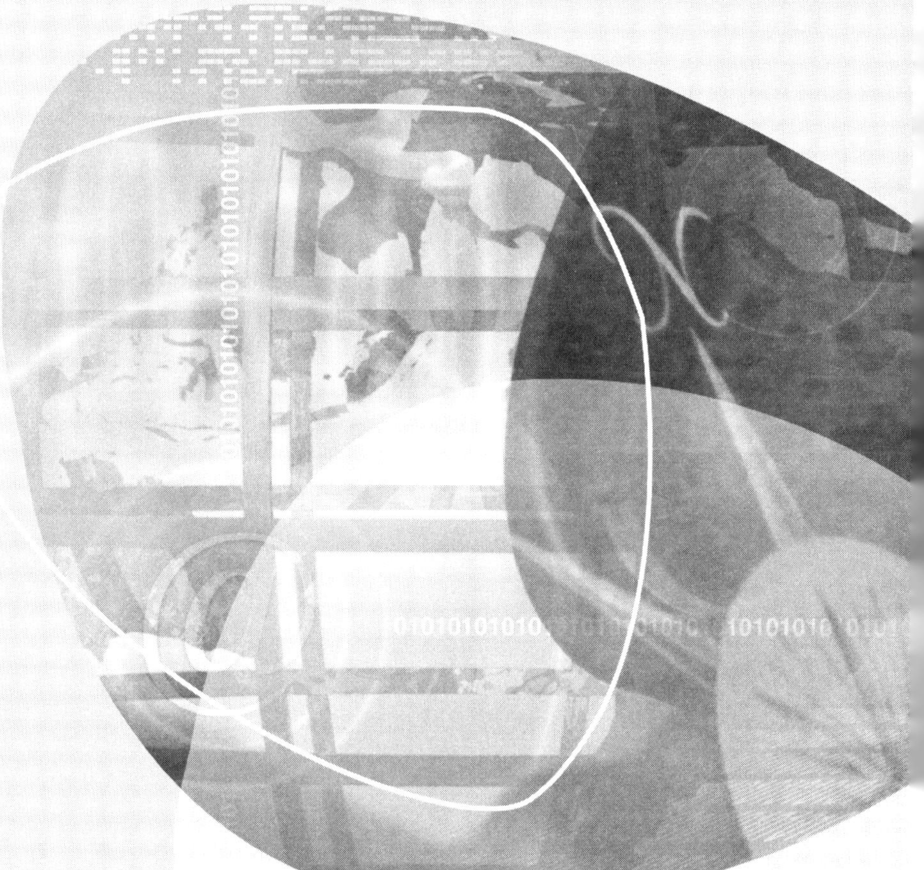

11.1 피타고라스 세 수

피타고라스 정리에 의하면 직각삼각형의 두 변의 길이의 제곱의 합은 빗변의 길이의 제곱과 같다. 역으로 짧은 두 변의 길이의 제곱의 합이 긴 변의 길이의 제곱과 같은 삼각형은 직각삼각형이다. 따라서 삼각형의 각 변의 길이를 x, y, z라 두면 방정식

$$x^2+y^2=z^2$$

을 만족하는 삼각형은 직각삼각형이다. 이 방정식의 양의 정수해 x, y, z $(x, y < z)$를 **피타고라스 세 수**(Pythagorean triple)라 부른다. 이 방정식의 정수해를 구하는 것은 비선형 디오판투스 방정식을 푸는 것으로 3.3절에서 공부한 선형 디오판투스 방정식을 푸는 것보다 복잡하다. 이 절에서 모든 피타고라스 세 수를 구해본다.

정의 11.1.1

피타고라스 세 수 x, y, z에 대하여 $(x, y, z)=1$이면 x, y, z를 **원시적**(Primitive)이라 부른다.

예제 11.1.2 3, 4, 5와 5, 12, 13은 원시적 피타고라스 세 수이고, 6, 8, 10은 피타고라스 세 수이지만 원시적이 아니다.

정리 11.1.3

모든 피타고라스 세 수는 원시적 피타고라스 세 수의 상수 배이다. 또한 역으로 원시적 피타고라스 세 수의 상수 배는 피타고라스 세 수이다.

증명

만약 x, y, z가 피타고라스 세 수이고 $(x, y, z)=d$라 가정하자. 또한 $x=dx_1$, $y=dy_1$, $z=dz_1$이라 두면 $(x_1, y_1, z_1)=1$이며

$$x_1^2+y_1^2=z_1^2$$

를 얻는다. 그러므로 x_1, y_1, z_1은 원시적 피타고라스 세 수이다.

역의 증명은 자명하므로 여기서는 생략한다. ■

위의 정리에 따르면 모든 피타고라스 세 수를 구하기 위해서는 모든 원시적 피타고라스 세 수를 구하면 된다.

정리 11.1.4

x, y, z가 원시적 피타고라스 세 수이면 다음이 성립된다.

(1) $(x,\ y)=(y,\ z)=(x,\ z)=1$이다.

(2) $x \not\equiv y \pmod 2$이다. 즉 x, y 중 하나는 홀수이고 하나는 짝수이다.

증명

(1) 만약 $(x,\ y)=d>1$이면 $p\,|\,d$인 소수 p가 존재한다. 따라서 p는 x와 y의 약수이고

$$p\,|\,(x^2+y^2)=z^2$$

이다. 그러므로 p는 z의 약수이다. 이것은 $(x,\ y,\ z)=1$에 모순이다. 나머지 두 경우도 같은 방법으로 증명할 수 있다.

(2) (1)에 의해 x, y 둘 다 짝수는 아니다. 만약 x, y 둘 다 홀수라면

$$x^2 \equiv y^2 \equiv 1 \pmod 4$$

이다. 그러므로

$$z^2 = x^2 + y^2 \equiv 2 \pmod 4$$

를 얻는다. 이것은 모든 정수 z에 대하여 불가능하다. 따라서 x, y 둘 다 홀수는 아니다. 즉 x, y 중 하나는 홀수이고 하나는 짝수이다. ■

정리 11.1.5

양의 정수 r, s, t가 $(r,\ s)=1$이고 $rs=t^2$을 만족하면 $r=m^2$, $s=n^2$를 만족하는 양의 정수 m, n이 존재한다.

증명

만약 $r=1$이거나 $s=1$이면 정리는 참이다. 따라서 $r>1$이고 $s>1$라 가정한다. r, s, t의 소인수 분해를 각각 다음과 같다고 가정하자.

$$r=p_1^{e_1}p_2^{e_2}\cdots p_k^{e_k},$$
$$s=q_1^{f_1}q_2^{f_2}\cdots q_l^{f_l},$$
$$t=h_1^{d_1}h_2^{d_2}\cdots h_j^{d_j}$$

그러면 $(r, s)=1$이고 $rs=t^2$이므로 p_i들과 q_i들은 서로 다른 소수이며

$$p_1^{e_1}p_2^{e_2}\cdots p_k^{e_k}q_1^{f_1}q_2^{f_2}\cdots q_l^{f_l}=h_1^{2d_1}h_2^{2d_2}\cdots h_j^{2d_j}$$

이다. 정리 4.2.1(소인수분해 정리)에 의해 p_i들과 q_i들은 적당한 순서에 의해 h_i와 같으며 따라서 e_i들과 f_i들은 짝수이다. 그러므로 $r=m^2$, $s=n^2$이다. 여기서

$$m=p_1^{e_1/2}p_2^{e_2/2}\cdots p_k^{e_k/2},\ n=q_1^{f_1/2}q_2^{f_2/2}\cdots q_l^{f_l/2}$$

이다. ■

위의 정리들을 이용하여 모든 피타고라스 세 수를 결정해보자.

정리 11.1.6

양의 정수 x, y, z (y : 짝수)가 원시적 피타고라스 세 수일 필요충분조건은 다음 성질을 만족하는 양의 정수 m, n이 존재한다.

(1) $(m, n)=1,\ m>n,\ m\not\equiv n \pmod 2$

(2) $x=m^2-n^2$

$y=2mn$

$z=m^2+n^2$

증명

x, y, z가 원시적 피타고라스 세 수라 가정하자. 정리 11.1.4에 의해 x, y 중 하나는 홀수이고 하나는 짝수이다. 정리에서처럼 y가 짝수라 가정하면 x, z는 홀수이다. 따라서 $z+x$와 $z-x$는 짝수이다. 이제

$$r = \frac{z+x}{2}, \ s = \frac{z-x}{2}$$

라 두면 $y^2 = z^2 - x^2 = (z+x)(z-x)$이므로

$$\left(\frac{y}{2}\right)^2 = \left(\frac{z+x}{2}\right)\left(\frac{z-x}{2}\right) = rs$$

를 얻는다. 한편 $(r, s) = d$라 두면 $d \mid (r+s) = z$, $d \mid (r-s) = x$이다. 그러므로 $d \mid (x, z) = 1$이며 따라서 $d = 1$이다. 정리 11.1.5에 의해 $r = m^2$, $s = n^2$를 만족하는 양의 정수 m, n이 존재한다. 그러면

$$x = r - s = m^2 - n^2$$
$$y^2 = 4m^2n^2, \ y = 2mn$$
$$z = r + s = m^2 + n^2$$

을 얻는다. 또한 모든 m, n의 공약수는 $x = m^2 - n^2$, $y = 2mn$, $z = m^2 + n^2$의 공약수이며 $(x, y, z) = 1$이므로 $(m, n) = 1$이다. 따라서 m, n이 모두 짝수는 아니다. 만약 m, n이 둘 다 홀수이면 $x = m^2 - n^2$는 짝수이다. 한편 y가 짝수이므로 $(x, y) = 1$에 모순이다. 그러므로 m, n 중 하나는 홀수이고 하나는 짝수이다.
역으로 만약 x, y, z가 (1), (2)를 만족하면

$$\begin{aligned} x^2 + y^2 &= (m^2 - n^2)^2 + (2mn)^2 \\ &= (m^2 + n^2)^2 \\ &= z^2 \end{aligned}$$

을 얻는다. 따라서 x, y, z가 피타고라스 세 수이다. 이제 이들이 원시적임을 보이자. 만약 $(x, y, z) = d > 1$이라 가정하고 p를 d의 소인수라 두자. $p \neq 2$이다. 왜냐하면 m, n 중 하나는 홀수이고 하나는 짝수이므로 $x = m^2 - n^2$는 홀수이다. 한편

$$p \mid (x+y) = m^2 - n^2 + 2mn = (m-n)^2,$$
$$p \mid (y+z) = 2mn + m^2 + n^2 = (m+n)^2$$

이며 p가 소수이므로 $p \mid (m-n)$, $p \mid (m+n)$이다. 그러므로 p는 m, n의 공약수이다. 이것은 $(m, n) = 1$에 모순이다. 따라서 $(x, y, z) = 1$이며 x, y, z가 원시적 피타고라스 세 수이다. ■

예제 11.1.7 정리 11.1.6에 의하면 $(m, n)=1$, $m>n$, $m \not\equiv n \pmod 2$을 만족하는 m, n이 주어지면 원시적 피타고라스 세 수 x, y, z을 유도할 수 있다. 예를 들어 $m=6$, $n=5$는 원시적 피타고라스 세 수

$$x = m^2 - n^2 = 6^2 - 5^2 = 11$$
$$y = 2mn = 2 \cdot 6 \cdot 5 = 60$$
$$z = m^2 + n^2 = 6^2 + 5^2 = 61$$

을 유도한다. 다음 표에서 몇 개의 주어진 m, n에 의해 유도되는 원시적 피타고라스 세 수를 소개한다. (m, n은 8 이하)

m	n	$x=m^2-n^2$	$y=2mn$	$z=m^2+n^2$
2	1	3	4	5
3	2	5	12	13
4	1	15	8	17
4	3	7	24	25
5	2	21	20	29
5	4	9	40	41
6	1	35	12	37
6	5	11	60	61
7	2	45	28	53
7	4	33	56	65
7	6	13	84	85
8	1	63	16	65
8	3	55	48	73
8	5	39	80	89
8	7	15	112	113

11.1 연습문제

01 $z \le 40$인 원시적 피타고라스 세 수 x, y, z를 모두 구하여라.
(도움말 : $m \le 6$)

02 $z \le 40$인 피타고라스 세 수 x, y, z를 모두 구하여라.

03 x, y, z가 원시적 피타고라스 세 수일 때 다음을 증명하여라.
(1) x 또는 y는 3의 배수이다.
(2) x, y, z 중 단 하나만 5의 배수이다.
(3) x, y, z 중 적어도 하나는 4의 배수이다.
(4) xy는 12의 배수이다.
(5) xyz는 60의 배수이다.

04 연속하는 세 양의 정수가 피타고라스 세 수인 것은 3, 4, 5뿐이다.

05 부정방정식 $x^2+2y^2=z^2$의 모든 양의 정수해를 구하여라.

06 부정방정식 $x^2+3y^2=z^2$의 모든 양의 정수해를 구하여라.

07 부정방정식 $x^2+py^2=z^2$, (p는 소수)의 모든 양의 정수해를 구하여라.

08 12를 포함하는 피타고라스 세 수를 모두 구하여라.

11.2 페르마의 마지막 정리

11.1절에서 부정방정식 $x^2 + y^2 = z^2$을 만족하는 정수해는 무한 개 존재함을 알았다. 지수 2 대신 3 이상의 자연수에 대한 부정방정식의 해의 존재성을 설명한 것이 페르마(Fermat)의 마지막 정리이다. 1630년대에 페르마는 그가 공부하던 노트에 3 이상인 n에 대하여 $x^n + y^n = z^n$은 0이 아닌 정수해를 갖지 않는다고 적었다. 그러나 그는 여백이 부족하여 증명은 적지 않는다고 기술하였다. 이 문제는 그 후 수많은 수학자들의 시도에도 증명이 되지 않고 약 350년 뒤인 1993년에 이르러 영국 수학자 와일즈(Andrew Wiles)에 의해 증명되었다. 이 문제의 증명은 이 책의 수준을 훨씬 벗어나기 때문에 여기에 적지 않는다. 대신 이 절에서 $x^4 + y^4 = z^4$의 0이 아닌 정수해가 존재하지 않음을 보인다.

정리 11.2.1 [페르마의 마지막 정리]

3 이상인 n에 대하여

$$x^n + y^n = z^n$$

은 정수해를 갖지 않는다.

정리 11.2.2

디오판투스 방정식

$$x^4 + y^4 = z^2$$

은 0이 아닌 정수해를 갖지 않는다.

증명

만약 주어진 방정식이 음수인 정수해를 가진다면 그 절대값도 역시 주어진 방정식의 정수해이다. 따라서 주어진 방정식이 양수인 정수해 x, y, z를 가진다고 가정한다. 만약 $(x, y) = d > 1$이고 $x = dx_1, y = dy_1$이면 $(x_1, y_1) = 1$이고 x_1, y_1은 양의 정수이다. 그리고 $x^4 + y^4 = z^2$이므로

$$(dx_1)^4 + (dy_1)^4 = z^2, \text{ 즉 } d^4(x_1^4 + y_1^4) = z^2$$

을 얻는다. 그러므로 $d^4 \mid z^2$이며 따라서 $d^2 \mid z$이다. $z = d^2 z_1$이라 두면

$$d^4(x_1^4 + y_1^4) = z^2 = d^4 z_1^2,\ \text{즉}\ x_1^4 + y_1^4 = z_1^2$$

이다. 그러므로 x_1, y_1, z_1은 부정방정식 $x^4 + y^4 = z^2$의 해이며 x_1, y_1, z_1은 $(x_1, y_1) = 1$인 양의 정수이다. 따라서 x_0, y_0, z_0을 부정방정식 $x^4 + y^4 = z^2$의 해이며 x_0, y_0, z_0은 $(x_0, y_0) = 1$인 양의 정수라 가정한다. 또한, 이러한 해 중에서 z_0가 가장 작은 양의 정수라 가정한다. 그러면

$$(x_0^2)^2 + (y_0^2)^2 = z_0^2$$

이다. $(x_0, y_0) = 1$이므로 $(x_0^2, y_0^2) = 1$이다. 그러므로 x_0^2, y_0^2, z_0은 원시적 피타고라스 세 수이다. 정리 11.1.6에 의해

$$\begin{aligned}
&(m, n) = 1,\ m > n,\ m \not\equiv n \pmod 2\\
&x_0^2 = m^2 - n^2\\
&y_0^2 = 2mn\\
&z_0 = m^2 + n^2
\end{aligned}$$

을 만족하는 양의 정수 m, n이 존재한다. 위의 등식에

$$x_0^2 + n^2 = m^2$$

이고 $(m, n) = 1$이므로 x_0, m, n은 원시적 피타고라스 세 수이다. 다시 한 번 정리 11.1.6에 의해

$$\begin{aligned}
&(r, s) = 1,\ r > s,\ r \not\equiv s \pmod 2\\
&x_0 = r^2 - s^2\\
&n = 2rs\\
&m = r^2 + s^2
\end{aligned}$$

을 만족하는 양의 정수 r, s가 존재한다. 한편 m이 홀수이고 $(m, n) = 1$이므로 $(m, 2n) = 1$이다. 또한 $y_0^2 = (2n)m$이므로 정리 11.1.5에 의해 $m = z_1^2$, $2n = w^2$을 만족하는 z_1, w가 존재한다. w가 짝수이므로 $w = 2v$라 두면

$$v^2 = n/2 = rs$$

이다. $(r, s) = 1$이므로 다시 정리 11.1.5에 의해 $r = x_1^2$, $s = y_1^2$을 만족하는 양의 정수 x_1, y_1이 존재한다. $(r, s) = 1$이므로 $(x_1, y_1) = 1$이고

$$x_1^4 + y_1^4 = r^2 + s^2 = m = z_1^2$$

이다. 더욱이

$$z_1 \le z_1^4 = m^2 < m^2 + n^2 = z_0$$

이다. 이것은 $(x, y) = 1$인 주어진 부정방정식의 양수인 정수해 x, y, z 중에서 z_0가 가장 작은 양의 정수라는 가정에 모순이다. 그러므로 방정식 $x^4 + y^4 = z^2$은 0이 아닌 정수해를 갖지 않는다. ■

정리 11.2.2를 이용하면 디오판투스 방정식

$$x^4 + y^4 = z^4$$

은 0이 아닌 정수해를 갖지 않는다는 것을 보일 수 있다. 왜냐하면 만약 x_0, y_0, z_0이 방정식 $x^4 + y^4 = z^4$의 0이 아닌 정수해라면 $x_0^4 + y_0^4 = z_0^4 = (z_0^2)^2$이므로 x_0, y_0, z_0^2은 방정식 $x^4 + y^4 = z^2$의 0이 아닌 정수해이다. 이것은 정리 11.2.2에 모순이다.

11.2 연습문제

01 x, y, z가 피타고라스 세 수이면

$$x^4 + y^4 \neq z^4$$

임을 보여라.

02 x, y, z가 피타고라스 세 수이면

$$x^n + y^n \neq z^n, \ (n \geq 3)$$

임을 보여라. (도움말 : $x^n + y^n = x^2 x^{n-2} + y^2 y^{n-2}$)

03 디오판투스 방정식

$$x^4 - y^4 = z^2$$

은 0이 아닌 정수해를 갖지 않음을 보여라.

04 정수값을 변의 길이로 갖는 직각삼각형의 넓이는 완전제곱수가 아님을 보여라.

05 피타고라스 세 수 중에는 기껏해야 하나의 정수만 완전제곱수임을 보여라.

06 페르마의 정리(정리 6.2.9)를 이용하여 다음을 증명하여라.

(1) p가 소수일 때, $x^{p-1} + y^{p-1} = z^{p-1}$이면 $p \mid xyz$이다.

(2) p가 소수일 때, $x^p + y^p = z^p$이면 $p \mid (x + y - z)$이다.

11.3 제곱수의 합

페르마, 오일러 등 많은 수학자들이 정수의 제곱수들의 합으로 표현함에 대하여 연구하였다. 이 절에서 두 개의 제곱수의 합으로 표현되는 정수들에 대한 연구와 모든 양의 정수를 n개의 제곱수의 합으로 표현할 수 있는 최소 n에 관한 연구를 소개한다. 여기서 제곱수라 함은 정수의 제곱으로 표현되는 수이다. 예를 들어

$$0^2 = 0,\ 1^2 = 1,\ 2^2 = 4,\ 3^2 = 9,\ \cdots$$

등이 제곱수이다. 다음 예제에서 두 개의 제곱수의 합으로 표현되는 몇 개의 정수들을 소개한다.

예제 11.3.1 $1 = 1^2 + 0^2$, $2 = 1^2 + 1^2$, $\cdots$, $13 = 3^2 + 2^2$은 두 개의 제곱수의 합으로 표현되는 정수이다. 그러나 3, 6, 7, 19 등은 두 개의 제곱수의 합으로 표현되지 않는다.

정리 11.3.2

m과 n이 두 개의 제곱수의 합으로 표현되는 양의 정수이면 mn도 두 개의 제곱수의 합으로 표현된다.

증명

만약 $m = a^2 + b^2$, $n = c^2 + d^2$이라 두면 간단한 계산에 의해

$$mn = (a^2 + b^2)(c^2 + d^2) = (ac + bd)^2 + (ad - bc)^2$$

임을 안다. ■

예제 11.3.3

$$17 \cdot 8 = (4^2 + 1^2)(2^2 + 2^2) = (4 \cdot 2 + 1 \cdot 2)^2 + (4 \cdot 2 - 1 \cdot 2)^2$$
$$= 10^2 + 6^2 = 136$$

■

이제 두 개의 제곱수의 합으로 표현되는 정수를 알아보자. 우선 두 개의 제곱수의 합으로 표현되는 소수를 알아본다. 예제 11.3.1에서 보았듯이 3, 7 등은 두 개의 제곱수의 합으로 표현되지 않는 소수이다. 따라서 $4k+1$ 꼴의 소수와 2가 두 개의 제곱수의 합으

로 표현 가능한 소수들이다. 실제로 다음 정리에서 $4k+3$ 꼴의 소수는 두 개의 제곱수의 합으로 표현되지 않음을 보여준다.

정리 11.3.4

두 개의 제곱수의 합으로 표현되는 소수 p는 $p \equiv 1 \pmod 4$ 또는 2이다.

증명

$p=a^2+b^2$이라 가정한다. 그러면 $a=b=1$이거나 a, b 중 하나는 1보다 크다. 만약 $a=b=1$이면 $p=2$이다. 따라서 a, b 중 하나는 1보다 크다고 가정하자. p가 소수이므로 a, b 중 하나는 홀수이고 하나는 짝수이다. 모든 홀수의 제곱은 $4k+1$ 꼴이고 짝수의 제곱은 4의 배수이다. 그러므로 $p \equiv 1 \pmod 4$이다. ■

다음 정리에서 모든 $4k+1$ 꼴의 소수는 두 개의 제곱수의 합으로 표현됨을 보인다.

정리 11.3.5

만약 p가 $p \equiv 1 \pmod 4$인 소수이면, p는 두 개의 제곱수의 합으로 표현된다.

증명

p가 $p \equiv 1 \pmod 4$인 소수이면 정리 9.2.4에 의해 -1은 p의 이차 잉여이다. 즉

$$\left(\frac{-1}{p}\right) \equiv (-1)^{(p-1)/2} \equiv 1 \pmod p$$

이다. 그러므로 $x^2 \equiv -1 \pmod p$가 해 $c\ (c<p)$를 가진다. 즉

$$c^2 \equiv -1 \pmod p$$

이다. 그러므로

$$c^2+1=lp$$

를 만족하는 정수 l이 존재한다. 따라서 lp는 두 제곱수의 합이다. 부등식

$$lp=c^2+1 \le (p-1)^2+1 < p^2$$

으로부터 $l<p$이다. 이제 m을 mp가 두 개의 제곱수의 합으로 표현되는 가장 작은 양의 정수라 하자. 즉 $m \le l<p$이며 $mp=x^2+y^2$을 만족하는 정수 x, y가 존재한다. $m=1$임을 보이자.

$m>1$이라 가정하면 모순을 보인다. a, b를

$$a \equiv x \pmod{m},\ b \equiv y \pmod{m},\ -m/2<a \le m/2,\ -m/2<b \le m/2 \qquad (*)$$

으로 정의한다. 그러면

$$a^2+b^2 \equiv x^2+y^2=mp \equiv 0 \pmod{m}$$

이다. 그러므로

$$a^2+b^2=km$$

을 만족하는 정수 k가 존재한다. 따라서

$$(a^2+b^2)(x^2+y^2)=(km)(mp)=km^2p$$

를 얻는다. 또한

$$(a^2+b^2)(x^2+y^2)=(ax+by)^2+(ay-bx)^2$$

이다. 더욱이 $(*)$에 의해

$$ax+by \equiv x^2+y^2 \equiv 0 \pmod{m}$$
$$ay-bx \equiv xy-yx \equiv 0 \pmod{m}$$

이다. 따라서 $(ax+by)/m$과 $(ay-bx)/m$은 정수이고,

$$\left(\frac{ax+by}{m}\right)^2+\left(\frac{ay-bx}{m}\right)^2=\frac{km^2p}{m^2}=kp$$

이며 kp는 두 개의 제곱수들의 합이다. 한편 $a^2+b^2=km$이고

$$-m/2<a \le m/2,\ -m/2<b \le m/2$$

이므로

$$0 \le km=a^2+b^2<2(m^2/4)=m^2/2$$

이다. 따라서 $0 \le k \le m/2$이다. 만약 $k \ne 0$이면 m을 mp가 두 개의 제곱수의 합으로 표현되는 가장 작은 양의 정수라는 가정에 모순이다. 만약 $k = 0$이면 $a^2 + b^2 = km = 0$이고, 따라서 $a = b = 0$이다. 그러므로 $x \equiv y \equiv 0 \pmod{m}$, 즉 $m \mid x$이고 $m \mid y$이다. $mp = x^2 + y^2$이므로 $m^2 \mid mp$이다. 즉 $m \mid p$이다. p가 소수이고 $m < p$이므로 $m = 1$이다. 이것은 $m > 1$이라는 가정에 모순이다. 그러므로 $m = 1$이고 p는 두 개의 제곱수의 합으로 표현된다. ■

정리 11.3.6

양의 정수 n이 두 개의 제곱수의 합으로 표현될 필요충분조건은 n을 소인수분해할 때 모든 $4k+3$ 꼴의 소인수의 지수가 짝수이다.

증명

먼저 n을 소인수분해할 때 모든 $4k+3$ 꼴의 소인수의 지수가 짝수라 가정하면

$$n = p_1^{e_1} p_2^{e_2} \cdots p_k^{e_k} q_1^{f_1} q_2^{f_2} \cdots q_l^{f_l},$$
$$(e_1 \ge 1,\ e_2 \ge 1,\ \cdots,\ e_k \ge 1,\ f_1 \equiv f_2 \equiv \cdots \equiv f_l \equiv 0 \pmod{2})$$

으로 표현된다. 단, $p_i = 2$ 또는 $p_i \equiv 1 \pmod{4}$이고 $q_j \equiv 3 \pmod{4}$이다. 모든 제곱수는 두 개의 제곱수의 합으로 볼 수 있다. 왜냐하면 $a^2 = a^2 + 0^2$으로 나타나기 때문이다. 따라서 $q_j^{f_j}$는 제곱수이므로 두 개의 제곱수의 합으로 표현된다. 또한 $2 = 1^2 + 1^2$이므로 정리 11.3.5와 정리 11.3.2에 의해 $p_i^{e_i}$는 두 개의 제곱수의 합으로 표현된다. 다시 한 번 정리 11.3.2에 의해 n이 두 개의 제곱수의 합으로 표현된다.

역으로 n의 소인수분해가 $4k+3$ 꼴의 소인수의 지수가 홀수인 소수 p를 포함한다고 가정한다. 즉 $p^{2l-1} \mid n$, $p^{2l} \nmid n$ $(l > 0)$이라 두자. 그리고 n이 두 개의 제곱수의 합으로 표현되었다고 가정한다. 즉

$$n = x^2 + y^2$$

을 만족하는 양의 정수 x, y가 존재한다고 가정한다. $d = (x, y)$이고 $p^k \mid d$, $p^{k+1} \nmid d$ $(k \ge 0)$라 두자. 그러면 $d^2 \mid n$이다. $x = dx_1$, $y = dy_1$, $n = d^2 m$이라 두면

$$m = x_1^2 + y_1^2,\ (x_1,\ y_1) = 1$$

이다. 한편 $d^2|n$이고 $p^k|d$이므로 $p^{2k}|n$이다. 따라서 $2k<2l-1$이다. 그러므로 $p|m$이다. 만약 $p|x_1$이면, $p|(m-x_1^2)=y_1^2$이다. 즉, $p|y_1$이다. 이것은 $(x_1, y_1)=1$에 모순이다. 그러므로 $(p, x_1)=1$이다. 따라서 일차 합동방정식

$$x_1 x \equiv y_1 \pmod p$$

은 해 $x \equiv c \pmod p$를 가진다. 따라서

$$m = x_1^2 + y_1^2 \equiv x_1^2 + x_1^2 c^2 = x_1^2(1+c^2) \equiv 0 \pmod p$$

이다. $(p, x_1)=1$이므로

$$1+c^2 \equiv 0 \pmod p$$

을 얻는다. 즉 c가 $x^2 \equiv -1 \pmod p$의 근이다. 따라서 -1이 p의 이차 잉여이다. 그러나 정리 9.2.4에 의해 p가 $4k+3$ 꼴의 소수이므로 -1이 p의 이차 비잉여이다. 이것은 모순이다. 따라서 n의 소인수분해가 $4k+3$ 꼴의 소인수의 지수가 홀수인 소수 p를 포함한다고 가정하면 n은 두 개의 제곱수의 합으로 표현되지 않는다. ■

위의 정리에 의해 두 개의 제곱수의 합으로 표현되는 모든 정수가 분류되었다. 이제 모든 양의 정수들은 네 개의 제곱수들의 합으로 표현됨을 보인다. 먼저 다음 정리에서 세 개의 제곱수들의 합으로 표현되지 않는 정수가 있음을 보인다. 물론 두 개의 제곱수의 합으로 표현되는 모든 양의 정수는 세 개의 제곱수의 합으로 표현된다. 만약 $n=x^2+y^2$이면 $n=x^2+y^2+0^2$이다. 마찬가지로 세 개의 제곱수의 합으로 표현되는 모든 양의 정수는 네 개의 제곱수의 합으로 표현된다. 그러나 그 역은 성립하지 않는다. 다음 정리에 의하면 7, 15, 23 등의 수는 세 개의 제곱수들의 합으로 표현되지 않는다. 그러나

$$7 = 2^2+1^2+1^2+1^2,\ 15 = 3^2+2^2+1^2+1^2,\ 23 = 3^2+3^2+2^2+1^2$$

이다.

정리 11.3.7

만약 n이 $4^m(8k+7)$ 꼴의 양의 정수이면 n은 세 개의 제곱수들의 합으로 표현되지 않는다.

증명

임의의 양의 정수 a에 대하여

$$a^2 \equiv 0,\ a^2 \equiv 1 \text{ 또는 } a^2 \equiv 4 \pmod 8$$

이다. 그러므로 임의의 양의 정수 a, b, c에 대하여

$$a^2 + b^2 + c^2 \equiv 0,\ 1,\ 2,\ 3,\ 4,\ 5,\ \text{또는 } 6 \pmod 8$$

이다. 따라서 세 개의 제곱수의 합이 $8k+7$ 꼴이 될 수 없다. 이제 $n = 4^m(8k+7)$, $m \geq 1$이

$$n = 4^m(8k+7) = a^2 + b^2 + c^2$$

이라 가정하면 a, b, c는 모두 짝수이다. 따라서 $a = 2a_1$, $b = 2b_1$, $c = 2c_1$이라 두면

$$4^{m-1}(8k+7) = a_1^2 + b_1^2 + c_1^2$$

을 얻는다. 만약 $m-1 \geq 0$이면 이 과정을 반복하면 $8k+7$ 꼴이 세 개의 제곱수들의 합으로 표현된다. 이것은 위의 사실에 모순이다. ■

실제로 정리 11.3.7은 필요충분조건으로 알려져 있다. 즉 n이 세 개의 제곱수들의 합으로 표현될 필요충분조건은 n이 $4^m(8k+7)$ 꼴이 아닌 양의 정수이다. 그러나 충분조건의 증명은 이 교재의 범위를 벗어나므로 생략한다.

정리 11.3.2에서 두 개의 제곱수의 합으로 표현되는 두 양의 정수의 곱은 두 개의 제곱수의 합으로 표현됨을 보였다. 그러나 일반적으로 세 개의 제곱수의 합으로 표현되는 두 양의 정수의 곱은 세 개의 제곱수의 합으로 표현되지 않는다. 예를 들어

$$15 = 3 \cdot 5 = (1^2 + 1^2 + 1^2)(2^2 + 1^2 + 0^2)$$

에 의해 15는 세 개의 제곱수의 합으로 표현되는 두 양의 정수의 곱이지만 정리 11.3.7에 의해 세 개의 제곱수의 합으로 표현되지 않는다. 그러나 다음 정리에서 네 개의 제곱수의 합으로 표현되는 두 양의 정수의 곱은 네 개의 제곱수의 합으로 표현됨을 보인다.

정리 11.3.8

m과 n이 네 개의 제곱수의 합으로 표현되는 양의 정수이면 mn도 네 개의 제곱수의 합으로 표현된다.

증명

만약 $m=a^2+b^2+c^2+d^2$, $n=x^2+y^2+z^2+w^2$이라 두면 계산에 의해

$$\begin{aligned} mn &= (a^2+b^2+c^2+d^2)(x^2+y^2+z^2+w^2) \\ &= (ax+by+cz+dw)^2+(ay-bx+cw-dz)^2 \\ &\quad +(az-bw-cx+dy)^2+(aw+bz-cy-dx)^2 \end{aligned}$$

임을 안다. ■

예제 11.3.9 105를 네 개의 제곱수의 합으로 표현하여라.

풀이 $105 = 7 \cdot 15$이고 $7 = 2^2+1^2+1^2+1^2$, $15=3^2+2^2+1^2+1^2$이므로

$$\begin{aligned} 105 = 7 \cdot 15 &= (2^2+1^2+1^2+1^2)(3^2+2^2+1^2+1^2) \\ &= (2\cdot 3+1\cdot 2+1\cdot 1+1\cdot 1)^2+(2\cdot 2-1\cdot 3+1\cdot 1-1\cdot 1)^2 \\ &\quad +(2\cdot 1-1\cdot 1-1\cdot 3+1\cdot 2)^2+(2\cdot 1+1\cdot 1-1\cdot 2-1\cdot 3)^2 \\ &= 10^2+1^2+0^2+2^2 \end{aligned}$$

이다. 그러나 실제로 이 표현이 유일한 것은 아니다. 그 이유는 정리 11.3.8에서 mn을 다음과 같이 표현할 수도 있기 때문이다.

$$\begin{aligned} mn &= (a^2+b^2+c^2+d^2)(x^2+y^2+z^2+w^2) \\ &= (ax-by-cz-dw)^2+(ay+bx+cw-dz)^2 \\ &\quad +(az-bw+cx+dy)^2+(aw+bz-cy+dx)^2 \end{aligned}$$

이러한 표현으로 105를 계산하면

$$\begin{aligned} 105 = 7 \cdot 15 &= (2^2+1^2+1^2+1^2)(3^2+2^2+1^2+1^2) \\ &= (2\cdot 3-1\cdot 2-1\cdot 1-1\cdot 1)^2+(2\cdot 2+1\cdot 3+1\cdot 1-1\cdot 1)^2 \\ &\quad +(2\cdot 1-1\cdot 1+1\cdot 3+1\cdot 2)^2+(2\cdot 1+1\cdot 1-1\cdot 2+1\cdot 3)^2 \end{aligned}$$

$$= 2^2 + 7^2 + 6^2 + 4^2$$

이다. ■

정리 11.3.10

모든 소수는 네 개의 제곱수의 합으로 표현된다.

증명

$2 = 1^2 + 1^2 + 0^2 + 0^2$이므로 2는 네 개의 제곱수의 합으로 표현된다. 따라서 p를 홀수인 소수라 하고 p가 네 개의 제곱수의 합으로 표현됨을 보인다. 증명의 큰 틀은 정리 11.3.5의 증명과 유사하다. 먼저 두 집합 A, B를 다음과 같이 정의한다.

$$A = \left\{0^2,\ 1^2,\ 2^2,\ \cdots,\ \left(\frac{p-1}{2}\right)^2\right\},$$
$$B = \{-1 - a \mid a \in A\}$$

그러면

$$A \cap B = \varnothing,\ |A \cup B| = p+1$$

이고 집합 A에 속하는 서로 다른 두 원소는 법 p에 관한 합동이 아니다. 왜냐하면

$$i^2 \equiv j^2 \pmod{p} \iff i \equiv \pm j \pmod{p}$$

이기 때문이다. 마찬가지로 집합 B에 속하는 서로 다른 두 원소는 법 p에 관한 합동이 아니다. 따라서 $|A \cup B| = p+1$이므로 $A \cup B$ 내에 법 p에 관한 합동인 두 원소가 존재한다. 그러나 한 원소는 A에 속하고 다른 원소는 B에 속한다. 그러므로 다음을 만족하는 정수 a, b가 존재한다.

$$a^2 \equiv -1 - b^2 \pmod{p},\ 0 \le a,\ b \le \frac{p-1}{2}$$

따라서 $a^2 + b^2 + 1 = kp$를 만족하는 정수 k가 존재한다. 여기서

$$kp = a^2 + b^2 + 1 \le 2\left(\frac{p-1}{2}\right)^2 + 1 < p^2$$

이다. 그러므로 $1 \le k \le p-1$이다. 이 사실은 디오판투스 방정식 $x^2+y^2+z^2+w^2=kp$가 정수해를 갖는 정수 k $(1 \le k \le p-1)$가 존재함을 의미한다. $x=a$, $y=b$, $z=1$, $w=0$가 주어진 방정식의 한 조의 해이다. 이제 m을 mp가 네 개의 제곱수의 합으로 표현되는 가장 작은 양의 정수라 하자. $x=a$, $y=b$, $z=c$, $w=d$가 $mp=x^2+y^2+z^2+w^2$을 만족하는 정수해라 가정한다. 그러면 $a^2+b^2+c^2+d^2=mp$이고 m은 홀수이다. 왜냐하면 m이 짝수라면 a, b, c, d가 모두 짝수이거나, 모두 홀수이거나 또는 두 수가 짝수이고, 두 수가 홀수인 경우이다. 어느 경우이든 $a \equiv b \pmod 2$, $c \equiv d \pmod 2$라 가정해도 좋다. 그러면

$$\left(\frac{a-b}{2}\right)^2+\left(\frac{a+b}{2}\right)^2+\left(\frac{c-d}{2}\right)^2+\left(\frac{c+d}{2}\right)^2=\frac{m}{2}p$$

을 얻는다. m이 mp가 네 개의 제곱수의 합으로 표현되는 가장 작은 양의 정수라는 가정에 모순이다. 따라서 m은 홀수이다. 이제 $m=1$임을 보이자. $m>1$이라 가정하고 모순임을 보인다. 정수 a_1, b_1, c_1, d_1을 다음과 같이 정의한다.

$$\begin{gathered}a_1 \equiv a \pmod m,\ b_1 \equiv b \pmod m,\ c_1 \equiv c \pmod m,\ d_1 \equiv d \pmod m\\ -m/2 < a_1 \le m/2,\ -m/2 < b_1 \le m/2,\\ -m/2 < c_1 < m/2,\ -m/2 < d_1 \le m/2\end{gathered}$$

으로 정의한다. 그러면

$$a_1^2+b_1^2+c_1^2+d_1^2 \equiv a^2+b^2+c^2+d^2=mp \equiv 0 \pmod m$$

이다. 그러므로

$$a_1^2+b_1^2+c_1^2+d_1^2=lm$$

을 만족하는 정수 l이 존재한다. 그리고

$$0 \le a_1^2+b_1^2+c_1^2+d_1^2=lm<4\left(\frac{m}{2}\right)^2=m^2$$

이므로 $0 \le l < m$이다. 만약 $l=0$이면 $a_1=b_1=c_1=d_1=0$이다. 따라서

$$a=b=c=d \equiv 0 \pmod m$$

이고 $m \mid a$, $m \mid b$, $m \mid c$, $m \mid d$이다. 그리고 $a^2+b^2+c^2+d^2=mp$이므로 $m^2 \mid mp$이다. 즉

$m \mid p$이다. p가 소수이고 $m < p$이므로 $m = 1$이다. 이것은 $m > 1$이라는 가정에 모순이다. 그러므로 $l \neq 0$이다. 그리고

$$(a_1^2 + b_1^2 + c_1^2 + d_1^2)(a^2 + b^2 + c^2 + d^2) = (lm)(mp) = lm^2 p$$

를 얻는다. 따라서

$$(a_1 a + b_1 b + c_1 c + d_1 d)^2 + (a_1 b - b_1 a + c_1 d - d_1 c)^2$$
$$+ (a_1 c - b_1 d - c_1 a + d_1 b)^2 + (a_1 d + b_1 c - c_1 b - d_1 a)^2 = lm^2 p$$

이다. 더욱이

$$a_1 a + b_1 b + c_1 c + d_1 d \equiv a^2 + b^2 + c^2 + d^2 \equiv 0 \pmod{m}$$
$$a_1 b - b_1 a + c_1 d - d_1 c \equiv ab - ba + cd - dc \equiv 0 \pmod{m}$$
$$a_1 c - b_1 d - c_1 a + d_1 b \equiv ac - bd - ca + db \equiv 0 \pmod{m}$$
$$a_1 d + b_1 c - c_1 b - d_1 a \equiv ad + bc - cb - da \equiv 0 \pmod{m}$$

이다. 한편

$$X = (a_1 a + b_1 b + c_1 c + d_1 d)/m$$
$$Y = (a_1 b - b_1 a + c_1 d - d_1 c)/m$$
$$Z = (a_1 c - b_1 d - c_1 a + d_1 b)/m$$
$$W = (a_1 d + b_1 c - c_1 b - d_1 a)/m$$

이라 두면

$$X^2 + Y^2 + Z^2 + W^2 = lm^2 p / m^2 = lp$$

를 얻는다. $0 < l < m$이므로 m이 mp가 네 개의 제곱수의 합으로 표현되는 가장 작은 양의 정수라는 가정에 모순이다. 그러므로 $m = 1$이고, p는 네 개의 제곱수의 합으로 표현된다. ■

위의 정리들을 종합하면 모든 양의 정수는 네 개의 제곱수의 합으로 표현된다는 결론을 얻을 수 있다. 왜냐하면 $1 = 1^2 + 0^2 + 0^2 + 0^2$, $2 = 1^2 + 1^2 + 0^2 + 0^2$이며 모든 홀수인 소수들은 네 개의 제곱수의 합으로 표현된다. 그리고 정리 11.3.8에 의해 네 개의 제곱수의 합으로 표현되는 양의 정수들의 곱도 네 개의 제곱수의 합으로 표현된다. 모든 2

이상인 양의 정수들은 소수들의 곱으로 표현되므로 모든 양의 정수는 네 개의 제곱수의 합으로 표현된다.

정리 11.3.11

모든 양의 정수는 네 개의 제곱수의 합으로 표현된다.

11.3 연습문제

01 직접 계산하지 않고 다음 등식이 성립함을 보여라.

(1) $1^2+2^2+\cdots+24^2=70^2$

(2) $18^2+19^2+\cdots+28^2=77^2$

(3) $2^2+5^2+\cdots+23^2+26^2=48^2$

(도움말 : $2^2+5^2+\cdots+23^2+26^2=\sum_{k=1}^{9}(3k-1)^2$)

02 디오판투스 방정식 $x^2+y^2+z^2+x+y+z=1$은 정수해를 갖지 않음을 보여라.
(도움말 : 주어진 방정식은 $(2x+1)^2+(2y+1)^2+(2z+1)^2=7$과 동치이다.)

03 모든 홀수인 양의 정수는 $x^2+y^2+2z^2$의 꼴로 표현할 수 있다.
(도움말 : 임의의 양의 정수 n에 대하여 $4n+2=a^2+b^2+c^2$으로 나타난다. 단, a, b는 홀수, c는 짝수이다. 그러면

$$2n+1=\left(\frac{a+b}{2}\right)^2+\left(\frac{a-b}{2}\right)^2+2\left(\frac{c}{2}\right)^2$$

이다.)

04 모든 $9k+4$ 또는 $9k+5$ 꼴의 정수는 세 개 또는 더 적은 개수의 세 제곱수의 합으로 표현되지 않는다.
(도움말 : 모든 정수 a에 대하여 $a^3\equiv 0,\ 1,\ 8 \pmod 9$ 이다.)

05 $13=3^2+2^2$, $29=5^2+2^2$, $50=7^2+1^2$을 이용하여 다음에 주어진 수를 두 개의 제곱수들의 합으로 표현하여라.

(1) $13\cdot 29$　　(2) $13\cdot 50$　　(3) $13\cdot 29\cdot 50$

06 $7=2^2+1^2+1^2+1^2$, $15=3^2+2^2+1^2+1^2$, $23=3^2+3^2+2^2+1^2$을 이용하여 다음에 주어진 수를 네 개의 제곱수들의 합으로 표현하여라.

(1) $7\cdot 23$　　(2) $15\cdot 23$　　(3) $7\cdot 15\cdot 23$

11.4 펠의 방정식

1657년 1월에 페르마는 유럽의 한 수학자들의 모임에서 다음과 같은 문제를 제시하였다.

"$7^3+(1+7+7^2)=20^2$와 같이 세 제곱수 x^3와 자신을 제외한 양의 약수들의 합이 제곱수인 x를 찾아라."

여기서 만약 x가 소수이면 위의 문제는

$$1+x+x^2+x^3=y^2$$

을 만족하는 x를 찾는 문제이다. $x=2$는 이 방정식의 해가 아니므로 x는 홀수이다. 따라서 y는 짝수이다. 위의 등식은

$$(1+x)(1+x^2)=y^2$$

으로 변환되며 $1+x=2a$, $1+x^2=2b$라 두면 $(a,\ b)=1$이고 a, b는 제곱수들이다. 따라서 $a=u^2$, $b=v^2$이라 두면

$$x=2u^2-1,\ \ x^2=2v^2-1$$

을 만족한다. 따라서 x는 $x^2=2y^2-1$을 만족한다. 다시 1657년 2월에 $3\cdot1^2+1=2^2$, $5\cdot4^2+1=9^2$과 같이 제곱수가 아닌 양의 정수 d에 대하여 dy^2+1이 제곱수인 y를 구하는 문제를 제시하였다. 즉 이 문제는 $x^2=dy^2+1$의 정수해를 구하는 문제이다. 지금은 이 방정식이 펠(Pell)의 방정식으로 알려져 있다. 이 절에서는 연분수를 이용하여 이 방정식을 푸는 방법을 알아본다.

정의 11.4.1

정수 d에 대하여 디오판투스 방정식 $x^2-dy^2=1$을 **펠의 방정식**(Pell's equation)이라 부른다.

모든 정수 d에 대하여 $x=\pm1$, $y=0$는 $x^2-dy^2=1$의 해이다. 이 해를 **자명한 해**(trivial solution)라 부른다. 만약 $d<-1$이면 $x=y=0$인 경우를 제외하면 $x^2-dy^2\geq1$이다. 그러므로 $x^2-dy^2=1$은 자명한 해만 가진다. 또한, 만약 $d=-1$이

면 $x^2+y^2=1$은 자명한 해 이외에 $x=0,\ y=\pm 1$을 가진다. 이제 d가 양수이고 제곱수라 가정하자. 즉 $d=n^2$이라 두면

$$x^2-dy^2=(x+ny)(x-ny)=1$$

이 된다. 따라서 $x+ny=x-ny=\pm 1$이다. 이 식에서 자명한 해 $x=\pm 1,\ y=0$을 얻는다. 그러므로 앞으로 펠의 방정식 $x^2-dy^2=1$에서 d는 제곱수가 아닌 양수라 가정한다. $x,\ y$ 모두 양수인 $x^2-dy^2=1$의 해를 이 방정식의 양수해라 부른다. $x,\ y$가 $x^2-dy^2=1$의 정수해라면 $|x|,\ |y|$도 $x^2-dy^2=1$의 해이다. 그러므로 $x^2-dy^2=1$의 양수해를 모두 구하면 자명한 해 이외의 모든 해를 구할 수 있다.

정리 11.4.2

n이 $|n|<\sqrt{d}$인 정수라 하자. 만약 $x=p,\ y=q$가 $x^2-dy^2=n$의 양수해이면 p/q는 $\sqrt{d}$의 단순 연분수표현의 근사분수이다.

증명

먼저 n이 양수라 가정한다. 가정에 의해 $p^2-dq^2=n$이므로

$$(p-\sqrt{d}\,q)(p+\sqrt{d}\,q)=n$$

이다. 따라서 $p>q$이고

$$\frac{p}{q}-\sqrt{d}=\frac{n}{q(p+q\sqrt{d})}$$

이다. $|n|<\sqrt{d}$이므로

$$0<\frac{p}{q}-\sqrt{d}<\frac{\sqrt{d}}{q(q\sqrt{d}+q\sqrt{d})}=\frac{1}{2q^2}$$

을 얻는다. 따라서 정리 10.2.13에 의해 p/q는 $\sqrt{d}$의 단순 연분수표현의 근사분수이다.

만약 n이 음수이면 $p^2-dq^2=n$을 $-d$로 나누어

$$q^2-(1/d)p^2=-n/d$$

를 얻는다. n이 양수인 경우와 같은 과정을 거쳐 q/p는 $1/\sqrt{d}$의 단순 연분수표현의

근사분수이다. 따라서 $p/q = 1/(q/p)$은 $\sqrt{d} = 1/(1/\sqrt{d})$의 단순 연분수표현의 근사분수이다. (연습문제 10.2의 2번) ■

위의 정리에 의해 $x^2 - dy^2 = n$의 양수해는 $\sqrt{d}$의 단순 연분수표현의 근사분수 중에서 얻을 수 있다. 그러므로 $x^2 - dy^2 = n$의 양수해를 구하기 위해 $\sqrt{d}$의 단순 연분수표현의 근사분수 중에서 $x^2 - dy^2 = n$을 만족하는 것을 찾으면 된다. 일반적으로 위의 정리의 역은 참이 아니다. 즉, $\sqrt{d}$의 단순 연분수표현의 모든 근사분수 p_n/q_n에 대하여 $x = p_n$, $y = q_n$이 $x^2 - dy^2 = 1$의 해가 되는 것은 아니다. 예를 들어 $\sqrt{7} = [2, \overline{1, 1, 1, 4}]$이면

$$2/1, \ 3/1, \ 5/2, \ 8/3, \ \cdots$$

이 $\sqrt{7}$의 근사분수이다. 그러나 ${p_n}^2 - 7{q_n}^2$을 계산하면

$$2^2 - 7 \cdot 1^2 = -3, \ 3^2 - 7 \cdot 1^2 = 2, \ 5^2 - 7 \cdot 2^2 = -3, \ 8^2 - 7 \cdot 3^2 = 1$$

을 얻는다. 그러므로 위의 네 개의 근사분수 중에서 $x = 8$, $y = 3$만이 $x^2 - 7y^2 = 1$의 해이다. 그러나 다음 정리에 의하면 $\sqrt{d}$의 단순 연분수표현의 모든 근사분수 p_n/q_n에 대하여 $x = p_n$, $y = q_n$은 적당한 정수 k ($|k| < 1 + 2\sqrt{d}$)에 대하여 $x^2 - dy^2 = k$의 해가 된다. 예를 들어 $\sqrt{7}$의 근사분수 $2/1$에 대하여 $x = 2$, $y = 1$는 방정식

$$x^2 - dy^2 = -3$$

의 해이고 $|3| < 1 + 2\sqrt{7}$이다.

정리 11.4.3

만약 p/q가 $\sqrt{d}$의 단순 연분수표현의 근사분수이면 $x = p$, $y = q$은 적당한 정수 k (단, $|k| < 1 + 2\sqrt{d}$)에 대하여 $x^2 - dy^2 = k$의 해이다.

증명

p/q가 $\sqrt{d}$의 단순 연분수표현의 근사분수이면 정리 10.2.9에 의해

$$\left| \frac{p}{q} - \sqrt{d} \right| < \frac{1}{q^2}$$

이다. 그러므로

$$|p-\sqrt{d}\,q|<\frac{1}{q}$$

이다. 따라서

$$\begin{aligned}|p+\sqrt{d}\,q| &= |(p-\sqrt{d}\,q)+2\sqrt{d}\,q| \\ &\leq |(p-\sqrt{d}\,q)|+|2\sqrt{d}\,q|<\frac{1}{q}+|2\sqrt{d}\,q|\leq(1+2\sqrt{d})q\end{aligned}$$

이다. 위의 두 식에서

$$|p^2-dq^2|=|p-\sqrt{d}\,q|\,|p+\sqrt{d}\,q|<\frac{1}{q}(1+2\sqrt{d})q=1+2\sqrt{d}$$

을 얻는다. ■

정리 10.4.5에 의해 완전제곱수가 아닌 양의 정수 d에 대하여 $\sqrt{d}$의 연분수표현은

$$\sqrt{d}=[a_0\,;\overline{a_1,\ a_2,\ \cdots,\ a_n}],\ a_0=[\sqrt{d}],\ a_n=2a_0$$

형태이다. 여기서 n은 순환주기이다. 예를 들어 $\sqrt{11}=[3\,;\overline{3,\ 6}]$이므로 순환주기는 2이다.

보조정리 11.4.4

완전제곱수가 아닌 양의 정수 d에 대하여 p_k/q_k를 $\sqrt{d}$의 단순 연분수표현의 근사분수라 하고 n을 순환주기라 하자. 그러면

$$p_{kn-1}^2-dq_{kn-1}^2=(-1)^{kn},\ k=1,\ 2,\ 3,\ \cdots$$

이다.

증명

$k\geq 1$인 정수 k에 대하여 $\sqrt{d}$의 단순 연분수표현은

$$\sqrt{d}=[a_0\,;a_1,\ a_2,\ \cdots,\ a_{kn-1},\ x_{kn}]$$

이다. 여기서

$$x_{kn} = [2a_0\,;\overline{a_1,\ a_2,\ \cdots,\ a_{kn-1},\ 2a_0}] = a_0 + \sqrt{d}$$

이다. 정리 10.1.4에 의해

$$\sqrt{d} = \frac{x_{kn}p_{kn-1} + p_{kn-2}}{x_{kn}q_{kn-1} + q_{kn-2}}$$

이다. 여기에 $x_{kn} = a_0 + \sqrt{d}$를 대입하면

$$\sqrt{d}\,(a_0 q_{kn-1} + q_{kn-2} - p_{kn-1}) = a_0 p_{kn-1} + p_{kn-2} - dq_{kn-1}$$

을 얻는다. 그러나 위의 식의 왼쪽은 무리수이고 오른쪽은 유리수이다. 따라서

$$a_0 q_{kn-1} + q_{kn-2} = p_{kn-1} \text{이고 } a_0 p_{kn-1} + p_{kn-2} = dq_{kn-1} \qquad (1)$$

이다. (1)식의 첫 번째 식에 p_{kn-1}을, 그리고 두 번째 식에 $-q_{kn-1}$을 곱하여 이들을 합하면

$$p_{kn-1}^{\ 2} - dq_{kn-1}^{\ \ 2} = p_{kn-1}q_{kn-2} - q_{kn-1}p_{kn-2}$$

이다. 한편 정리 10.1.7에 의하면

$$p_{kn-1}q_{kn-2} - q_{kn-1}p_{kn-2} = (-1)^{kn-2} = (-1)^{kn}$$

이다. 따라서

$$p_{kn-1}^2 - dq_{kn-1}^2 = (-1)^{kn},\ k = 1,\ 2,\ 3,\ \cdots$$

이다. ■

정리 11.4.5

완전제곱수가 아닌 양의 정수 d에 대하여 p_k/q_k을 $\sqrt{d}$의 단순 연분수표현의 근사분수라 하고 n을 순환주기라 하자. 그러면

(1) n이 짝수이면 $x^2 - dy^2 = 1$의 양수해는

$$x = p_{kn-1},\ y = q_{kn-1},\ k = 1,\ 2,\ 3,\ \cdots$$

꼴이다. 그리고 $x^2 - dy^2 = -1$은 해를 갖지 않는다.

(2) n이 홀수이면 $x^2 - dy^2 = 1$의 양수해는

$$x = p_{2kn-1},\ y = q_{2kn-1},\ k = 1,\ 2,\ 3,\ \cdots$$

꼴이다. 그리고 $x^2 - dy^2 = -1$의 양수해는

$$x = p_{(2k-1)n-1},\ y = q_{(2k-1)n-1},\ k = 1,\ 2,\ 3,\ \cdots$$

꼴이다.

증명

정리 11.4.2에 의해 $x^2 - dy^2 = 1$의 양수해 $x = x_0$, $y = y_0$는 $x_0 = p_k$, $y_0 = q_k$의 꼴이다. 여기서 p_k/q_k는 $\sqrt{d}$의 단순 연분수표현의 근사분수이다. 또한 보조정리 11.4.4에 의해 $x_0 = p_{kn-1}$, $y_0 = q_{kn-1}$이 $x^2 - dy^2 = 1$의 해가 될 필요충분조건은 $(-1)^{kn} = 1$이다. 만약 n이 짝수이면 모든 양의 정수 k에 대하여 $(-1)^{kn} = 1$이다. n이 홀수이면 $(-1)^{kn} = 1$일 필요충분조건은 k가 짝수이다. 또한 $x_0 = p_{kn-1}$, $y_0 = q_{kn-1}$이 $x^2 - dy^2 = -1$의 해가 될 필요충분조건은 $(-1)^{kn} = -1$이다. 그러므로 k, n이 모두 홀수일 때 $x_0 = p_{kn-1}$, $y_0 = q_{kn-1}$이 $x^2 - dy^2 = -1$의 해가 된다. ■

예제 11.4.6 부정방정식 $x^2 - 7y^2 = 1$의 세 조의 양의 정수해를 구하라.

풀이 $\sqrt{7} = [2,\ \overline{1,\ 1,\ 1,\ 4}]$이므로 순환주기는 4이다. 그러므로 정리 11.4.5에 의해 모든 양의 정수해는 $x = p_{4k-1}$, $y = q_{4k-1}$, $k = 1,\ 2,\ 3,\ \cdots$의 꼴이다. 그러므로 처음 세 조의 양의 정수해는 $x = p_{4k-1}$, $y = q_{4k-1}$, $k = 1,\ 2,\ 3$이고, 이를 구하기 위해 제10장에서처럼 다음 표를 만들어 본다.

i	-2	-1	0	1	2	3	4	5	6	7	8	9	10	11
a_i			2	1	1	1	4	1	1	1	4	1	1	1
p_i	0	1	2	3	5	8	37	45	82	127	590	717	1307	2024
q_i	1	0	1	1	2	3	14	17	31	48	223	271	494	765

그러므로 처음 세 조의 양의 정수해는 $x=8$, $y=3$; $x=127$, $y=48$; $x=2014$, $y=765$을 얻는다. ■

예제 11.4.7 부정방정식 $x^2-13y^2=1$의 가장 작은 양의 정수해를 구하라.

풀이 $\sqrt{13}=[3, \overline{1, 1, 1, 1, 6}]$이며 순환주기는 5로서 홀수이다. 따라서 정리 11.4.5에 의해 모든 양의 정수해는 $x=p_{10k-1}$, $y=q_{10k-1}$, $k=1, 2, 3, \cdots$의 꼴이다. 그러므로 가장 작은 양의 정수해는 $x=p_9$, $y=q_9$이다. 이를 구하기 위해 다음과 같이 표를 만든다.

i	-2	-1	0	1	2	3	4	5	6	7	8	9
a_i			3	1	1	1	1	6	1	1	1	1
p_i	0	1	3	4	7	11	18	119	137	256	393	649
q_i	1	0	1	1	2	3	5	33	38	71	109	180

그러므로 가장 작은 양의 정수해는 $x=649$, $y=180$이다. ■

예제 11.4.8 부정방정식 $x^2-13y^2=-1$의 가장 작은 양의 정수해를 구하라.

풀이 정리 11.4.4에 의해

$$p_{kn-1}{}^2-dq_{kn-1}{}^2=(-1)^{kn},\ k=1, 2, 3, \cdots$$

이므로 $x_0=p_{kn-1}$, $y_0=q_{kn-1}$이 $x^2-dy^2=-1$의 해가 될 필요충분조건은 $(-1)^{kn}=-1$이다. 여기서 $n=5$이므로 $k=1$일 때 가장 작은 양의 정수해를 얻는다. 그러므로 $x=p_4=18$, $y=q_4=5$가 주어진 방정식의 가장 작은 양의 정수해이다. ■

정리 11.4.5에 의하면 $x^2-dy^2=1$의 모든 양의 정수해는 $\sqrt{d}$의 단순 연분수표현의 근사분수로 나타난다. 그러나 이들 근사분수를 계산하는 것은 위의 두 예제에서 보는 것처럼 복잡한 수열을 계산해야 한다. 다음 정리에서 이들 계산 대신 다른 방법으로 $x^2-dy^2=1$의 모든 양의 정수해를 구하는 방법을 알아본다.

정리 11.4.9

완전제곱수가 아닌 양의 정수 d에 대하여 $x=x_1, y=y_1$을 부정방정식 $x^2-dy^2=1$의 가장 작은 양의 정수해라 가정하고

$$x_k+y_k\sqrt{d}=(x_1+y_1\sqrt{d})^k,\ k=1,\ 2,\ 3,\ \cdots$$

이라 두면 $x=x_k,\ y=y_k$은 $x^2-dy^2=1$의 정수해이다.
역으로 $x=x_k,\ y=y_k$이 $x^2-dy^2=1$의 양의 정수해이면

$$x_k+y_k\sqrt{d}=(x_1+y_1\sqrt{d})^k$$

을 만족하는 자연수 k가 존재한다.

증명

먼저 모든 자연수 k에 대하여

$$x_k+y_k\sqrt{d}=(x_1+y_1\sqrt{d})^k$$

이라 두면 $x=x_k,\ y=y_k$이 $x^2-dy^2=1$의 양의 정수해임을 보인다. 등식

$$x_k+y_k\sqrt{d}=(x_1+y_1\sqrt{d})^k$$

에서

$$x_k-y_k\sqrt{d}=(x_1-y_1\sqrt{d})^k$$

임을 쉽게 얻을 수 있다. 두 등식을 곱하여

$$\begin{aligned} x_k^2-y_k^2d &= (x_1+y_1\sqrt{d})^k(x_1-y_1\sqrt{d})^k \\ &= (x_1^2-y_1^2d)^k=1^k=1 \end{aligned}$$

을 얻는다. 그러므로 $x=x_k,\ y=y_k$이 $x^2-dy^2=1$의 양의 정수해이다. 역으로 $x=u$, $y=v$이 $x^2-dy^2=1$의 양의 정수해이고 모든 자연수 k에 대하여

$$u+v\sqrt{d}\neq x_k+y_k\sqrt{d}$$

라 가정한다. $x_1+y_1\sqrt{d}>1$이므로

$$\lim_{k\to\infty}(x_k+y_k\sqrt{d})=\lim_{k\to\infty}(x_1+y_1\sqrt{d})^k=\infty$$

이다. 따라서

$$x_n+y_n\sqrt{d}<u+v\sqrt{d}<x_{n+1}+y_{n+1}\sqrt{d}=(x_n+y_n\sqrt{d})(x_1+y_1\sqrt{d})$$

을 만족하는 자연수 n이 존재한다. 위의 등식에서 양변에 $x_n-y_n\sqrt{d}$을 곱하면

$$x_n^2-y_n^2d<(u+v\sqrt{d})(x_n-y_n\sqrt{d})<(x_n^2-y_n^2d)(x_1+y_1\sqrt{d})$$

을 얻는다. 위의 부등식에서 $x_n^2-y_n^2d=1$이므로

$$1<(ux_n-vy_nd)+\sqrt{d}(vx_n-uy_n)<x_1+y_1\sqrt{d} \qquad (*)$$

이다. 여기서 $r=ux_n-vy_nd,\ s=vx_n-uy_n$이라 두면

$$r^2-ds^2=(ux_n-vy_nd)^2-d(vx_n-uy_n)^2=(x_n^2-dy_n^2)(u^2-dv^2)=1$$

을 얻는다. 따라서 $x=r,\ y=s$도 $x^2-dy^2=1$의 양의 정수해이고 (*)에 의해

$$1<r+s\sqrt{d}<x_1+y_1\sqrt{d}$$

이다. 한편 $1<r+s\sqrt{d}$이고 $(r+s\sqrt{d})(r-s\sqrt{d})=1$이므로 $0<r-s\sqrt{d}<1$이다. 그러므로

$$2r=(r+s\sqrt{d})+(r-s\sqrt{d})>1+0>0,$$
$$2s\sqrt{d}=(r+s\sqrt{d})-(r-s\sqrt{d})>1-1=0$$

이다. 즉 r, s 모두 양수이다. 그러나 $x=x_1,\ y=y_1$이 부정방정식 $x^2-dy^2=1$의 가장 작은 양의 정수해라 가정에 의해 $x_1<r,\ y_1<s$이다. 그러면 $r+s\sqrt{d}>x_1+y_1\sqrt{d}$이고, 이것은 $1<r+s\sqrt{d}<x_1+y_1\sqrt{d}$에 모순이다. 그러므로 모든 자연수 k에 대하여

$$u+v\sqrt{d}\neq x_k+y_k\sqrt{d}$$

인 $x^2-dy^2=1$의 양의 정수해 $x=u,\ y=v$은 존재하지 않는다. ■

예제 11.4.10 예제 11.4.6에 부정방정식 $x^2-7y^2=1$의 가장 작은 양의 정수해는 $x=8,\ y=3$임을 알고 있다. 따라서 정리 11.4.9에 의해 $x^2-7y^2=1$의 모든 양의 정수해는 $x=x_k,\ y=y_k$이다. 단,

$$x_k+y_k\sqrt{7}=(8+3\sqrt{7})^k,\ k=1,\ 2,\ 3,\ \cdots$$

이다. 만약 $k=2$이면 $x=127,\ y=48$을 얻는다. 그리고 $k=3$이면 $x=2024,\ y=765$을 얻는다. ■

11.4 연습문제

01 다음 부정방정식의 가장 작은 양의 정수해를 구하여라.

(1) $x^2 - 29y^2 = 1$　　　(2) $x^2 - 29y^2 = -1$

(도움말 : $\sqrt{29} = [5\,;\,\overline{2,\ 1,\ 1,\ 2,\ 10}]$이다.)

02 다음 부정방정식의 해 중에서 $y < 200$인 양의 정수해를 모두 구하여라.

(1) $x^2 - 3y^2 = 1$　　　(2) $x^2 - 5y^2 = 1$

(3) $x^2 - 3y^2 = -1$　　　(4) $x^2 - 5y^2 = -1$

(도움말 : $\sqrt{3} = [1\,;\,\overline{1,\ 2}]$　$\sqrt{5} = [2\,;\,\overline{4}]$이다.)

03 모든 양의 정수 k에 대하여

$$x_k + y_k\sqrt{d} = (x_1 + y_1\sqrt{d})^k$$

이면

$$x_k - y_k\sqrt{d} = (x_1 - y_1\sqrt{d})^k$$

임을 보여라. (도움말 : 수학적 귀납법을 이용)

04 $x = x_1,\ y = y_1$을 부정방정식

$$x^2 - dy^2 = 1$$

의 가장 작은 양의 정수해라 가정하고

$$x_k + y_k\sqrt{d} = (x_1 + y_1\sqrt{d})^k,\ k = 1,\ 2,\ 3,\ \cdots$$

이라 두면

$$x_k = \frac{1}{2}[(x_1 + y_1\sqrt{d})^k + (x_1 - y_1\sqrt{d})^k]$$

$$y_k = \frac{1}{2\sqrt{d}}[(x_1 + y_1\sqrt{d})^k - (x_1 - y_1\sqrt{d})^k]$$

임을 보여라.

05 d가 $4k+3$ 꼴의 소인수를 가지면 $x^2-dy^2=-1$은 해를 갖지 않음을 보여라.

(도움말 : p를 $p\equiv 3 \pmod 4$인 소수라 하면 주어진 방정식은 $x^2\equiv -1 \pmod p$ 이고 p는 $p\equiv 3 \pmod 4$이므로 -1은 p의 이차 비잉여이다. 예로써 문제 2의 (3)을 참고)

TIP

제11장 주요내용

1. 피타고라스 세 수, 원시적 피타고라스 세 수
2. 원시적 피타고라스 세 수를 구하는 과정
3. 페르마의 마지막 정리
4. 두 개의 양의 정수들의 합으로 표현되는 정수들의 분류
5. 모든 양의 정수는 네 개의 제곱수의 합으로 표현된다.
6. 펠(Pell)의 방정식의 정수해

부 록

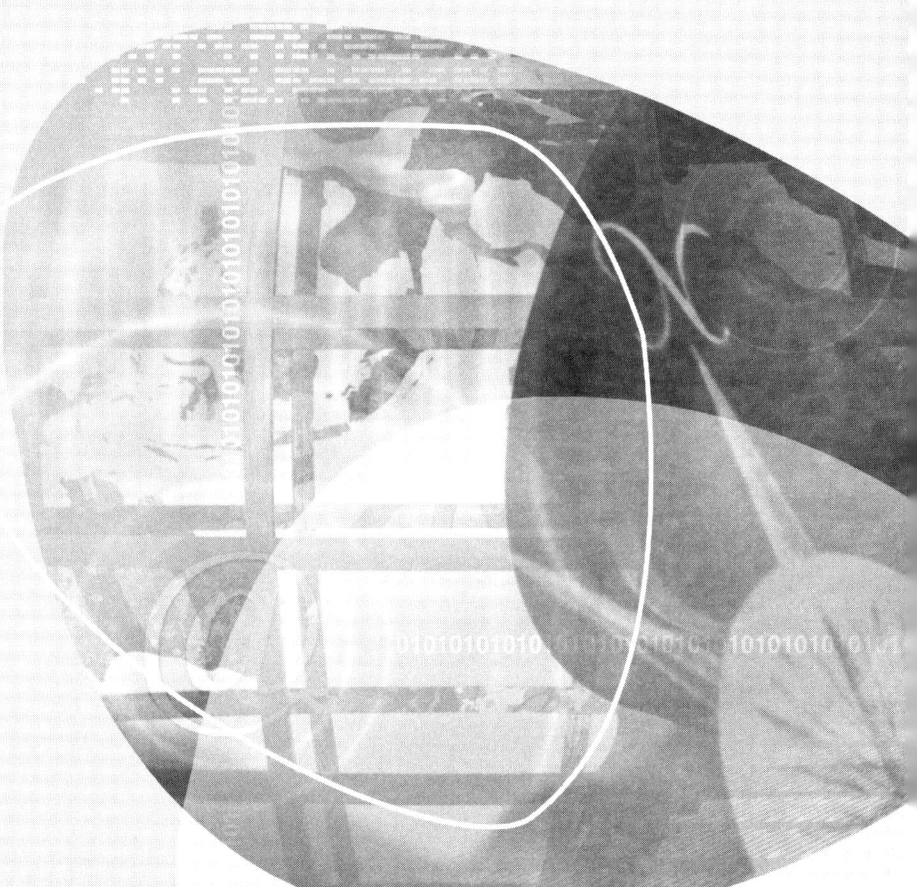

표1 - 소수와 쌍둥이 소수의 분포 (300000 이하)

구 간	소수의 개수	쌍둥이 소수의 개수
1-100	25	8
101-200	21	7
201-300	16	4
301-400	16	2
401-500	17	3
501-600	14	2
601-700	16	4
701-800	14	0
801-900	15	5
901-1000	14	0
2501-2600	11	2
2601-2700	15	2
2701-2800	14	3
2801-2900	12	1
2901-3000	11	1
10001-10100	11	4
10101-10200	12	1
10201-10300	10	1
10301-10400	12	2
10401-10500	10	2
29501-29600	10	1
29601-29700	8	1
29701-29800	7	1
29801-29900	10	1
29901-30000	7	0
100001-100100	6	0
100101-100200	9	1
100201-100300	8	0
100301-100400	9	2
100401-100500	8	0
299501-299600	7	1
299601-299700	8	1
299701-299800	8	1
299801-299900	6	0
299901-300000	9	0

표2 – 소수 p와 그 원시근 g (g는 법 p에 대한 가장 작은 원시근이다.)

$(1 \leq p \leq 1000)$

p	g	p	g	p	g	p	g	p	g	p	g
2	1	113	3	277	5	457	13	643	11	839	11
3	2	127	3	281	3	461	2	647	5	853	2
5	2	131	2	283	3	463	3	653	2	587	3
7	3	137	3	293	2	467	2	659	2	859	2
11	2	139	2	307	5	479	13	661	2	863	5
13	2	149	2	311	17	487	3	673	5	877	2
17	3	151	6	313	10	491	2	677	2	881	3
19	2	157	5	317	2	499	7	683	5	883	2
23	5	163	2	331	3	503	5	691	3	887	5
29	2	167	5	337	10	509	2	701	2	907	2
31	3	173	2	347	2	521	3	709	2	911	17
37	2	179	2	349	2	523	2	719	11	919	7
41	6	181	2	353	3	541	2	727	5	929	3
43	3	191	19	359	7	547	2	733	6	937	5
47	5	193	5	367	6	557	2	739	3	941	2
53	2	197	2	373	2	563	2	743	5	947	2
59	2	199	3	379	2	569	3	751	3	953	3
61	2	211	2	383	5	571	3	757	2	967	5
67	2	223	3	389	2	577	5	761	6	971	6
71	7	227	2	397	5	587	2	769	11	977	3
73	5	229	6	401	3	593	3	773	2	983	5
79	3	233	3	409	21	599	7	787	2	991	6
83	2	239	7	419	2	601	7	797	2	997	7
89	3	241	7	421	2	607	3	809	3		
97	5	251	6	431	7	613	2	811	3		
101	2	257	3	433	5	617	3	821	2		
103	5	263	5	439	15	619	2	823	3		
107	2	269	2	443	2	631	3	827	2		
109	6	271	6	449	3	641	3	829	2		

표3 – 법 m에 관한 이산로그 $\text{ind}_g a$표 ($1 \le m \le 25$, g는 m의 가장 작은 원시근)

a \ m	3	5	7	9	11	13	17	19	23	25	m / a
1	0	0	0	0	0	0	0	0	0	0	1
2	1	1	2	1	1	1	14	1	2	1	2
3		3	1		8	4	1	13	16	7	3
4		2	4	2	2	2	12	2	4	2	4
5			5	5	4	9	5	16	1		5
6			3		9	5	15	14	18	8	6
7				4	7	11	11	6	19	5	7
8				3	3	3	10	3	6	3	8
9					6	8	2	8	10	14	9
10					5	10	3	17	3		10
11						7	7	12	9	16	11
12						6	13	15	20	9	12
13							4	5	14	19	13
14							9	7	21	6	14
15							6	11	17		15
16							8	4	8	4	16
17								10	7	13	17
18								9	12	15	18
19									15	18	19
20									5		20
21									13	12	21
22									11	17	22
23										11	23
24										10	24

표3 – 법 m에 관한 이산로그 $\text{ind}_g a$표 ($27 \le m \le 50$, g는 m의 가장 작은 원시근)

a \ m	27	29	31	37	41	43	47	49	m / a
1	0	0	0	0	0	0	0	0	1
2	1	1	24	1	26	27	18	26	2
3		5	1	26	15	1	20	1	3
4	2	2	18	2	12	12	36	10	4
5	5	22	20	23	22	25	1	29	5
6		6	25	27	1	28	38	27	6
7	16	12	28	32	39	35	32		7
8	3	3	12	3	39	39	8	36	8
9		10	2	16	30	2	40	2	9
10	6	23	14	24	8	10	19	13	10
11	13	25	23	30	3	30	7	40	11
12		7	19	28	27	13	10	11	12
13	8	18	11	11	31	32	11	33	13
14	17	13	22	33	25	20	4		14
15		27	21	13	37	26	21	30	15
16	4	4	6	4	24	24	26	20	16
17	15	21	7	7	33	38	16	25	17
18		11	26	17	16	29	12	28	18
19	12	9	4	35	9	19	45	35	19
20	7	24	8	25	34	37	37	39	20
21		17	29	22	14	36	6		21
22	14	26	17	31	29	15	25	24	22
23	11	20	27	15	36	16	5	38	23
24		8	13	29	13	40	28	37	24
25	10	16	10	10	4	8	2	16	25
26	9	19	5	12	17	17	29	17	26
27		15	3	6	5	3	14	3	27
28		14	16	34	11	5	22		28
29			9	21	7	41	35	18	29
30			15	14	23	11	39	14	30
31				9	28	34	3	7	31
32				5	10	9	44	4	32
33				20	18	31	27	41	33
34				8	19	23	34	9	34
35				19	21	18	33		35
36				18	2	14	30	12	36
37					32	7	42	32	37
38					35	4	17	19	38
39					6	33	31	34	39
40					20	22	9	23	40
41						6	15	15	41
42						21	24		42
43							13	6	43
44							43	8	44
45							41	31	45
46							23	22	46
47								5	47
48								21	48

표4 – 양의 정수 d의 제곱근 $\sqrt{d}$의 단순연분수 표현

$(1 \leq d \leq 100)$

d	$\sqrt{d}$	d	$\sqrt{d}$
2	$[1;\overline{2}]$	53	$[7;\overline{3, 1, 1, 3, 14}]$
3	$[1;\overline{1, 2}]$	54	$[7;\overline{2, 1, 6, 2, 14}]$
5	$[2;\overline{4}]$	55	$[7;\overline{2, 2, 2, 14}]$
6	$[2;\overline{2, 4}]$	56	$[7;\overline{2, 14}]$
7	$[2;\overline{1, 1, 1, 4}]$	57	$[7;\overline{1, 1, 4, 1, 1, 14}]$
8	$[2;\overline{1, 4}]$	58	$[7;\overline{1, 1, 1, 1, 1, 1, 14}]$
10	$[3;\overline{6}]$	59	$[7;\overline{1, 2, 7, 2, 1, 14}]$
11	$[3;\overline{3, 6}]$	60	$[7;\overline{1, 2, 1, 14}]$
12	$[3;\overline{2, 6}]$	61	$[7;\overline{1, 4, 3, 1, 2, 2, 1, 3, 4, 1, 14}]$
13	$[3;\overline{1, 1, 1, 1, 6}]$	62	$[7;\overline{1, 6, 1, 14}]$
14	$[3;\overline{1, 2, 1, 6}]$	63	$[7;\overline{1, 14}]$
15	$[3;\overline{1, 6}]$	65	$[8;\overline{16}]$
17	$[4;\overline{8}]$	66	$[8;\overline{8, 16}]$
18	$[4;\overline{4, 8}]$	67	$[8;\overline{5, 2, 1, 1, 7, 1, 1, 2, 5, 16}]$
19	$[4;\overline{2, 1, 3, 1, 2, 8}]$	68	$[8;\overline{4, 16}]$
20	$[4;\overline{2, 8}]$	69	$[8;\overline{3, 3, 1, 4, 1, 3, 3, 16}]$
21	$[4;\overline{1, 1, 2, 1, 1, 8}]$	70	$[8;\overline{2, 1, 2, 1, 2, 16}]$
22	$[4;\overline{1, 2, 4, 2, 1, 8}]$	71	$[8;\overline{2, 2, 1, 7, 1, 2, 2, 16}]$
23	$[4;\overline{1, 3, 1, 8}]$	72	$[8;\overline{2, 16}]$
24	$[4;\overline{1, 8}]$	73	$[8;\overline{1, 1, 5, 5, 1, 1, 16}]$
26	$[5;\overline{10}]$	74	$[8;\overline{1, 1, 1, 1, 16}]$
27	$[5;\overline{5, 10}]$	75	$[8;\overline{1, 1, 1, 16}]$
28	$[5;\overline{3, 2, 3, 10}]$	76	$[8;\overline{1, 2, 1, 1, 5, 4, 5, 1, 1, 2, 1, 16}]$
29	$[5;\overline{2, 1, 1, 2, 10}]$	77	$[8;\overline{1, 3, 2, 3, 1, 16}]$
30	$[5;\overline{10}]$	78	$[8;\overline{1, 4, 1, 16}]$
31	$[5;\overline{1, 1, 3, 5, 3, 1, 1, 10}]$	79	$[8;\overline{1, 7, 1, 16}]$
32	$[5;\overline{1, 1, 1, 10}]$	80	$[8;\overline{1, 16}]$
33	$[5;\overline{1, 2, 1, 10}]$	82	$[9;\overline{18}]$
34	$[5;\overline{1, 4, 1, 10}]$	83	$[9;\overline{9, 18}]$
35	$[5;\overline{5, 10}]$	84	$[9;\overline{6, 18}]$
37	$[6;\overline{12}]$	85	$[9;\overline{4, 1, 1, 4, 18}]$
38	$[6;\overline{6, 12}]$	86	$[9;\overline{3, 1, 1, 1, 8, 1, 1, 1, 3, 18}]$
39	$[6;\overline{4, 12}]$	87	$[9;\overline{3, 18}]$
40	$[6;\overline{3, 12}]$	88	$[9;\overline{2, 1, 1, 1, 2, 18}]$
41	$[6;\overline{2, 2, 12}]$	89	$[9;\overline{2, 3, 3, 2, 18}]$
42	$[6;\overline{2, 12}]$	90	$[9;\overline{2, 18}]$
43	$[6;\overline{1, 1, 3, 1, 5, 1, 3, 1, 1, 12}]$	91	$[9;\overline{1, 1, 5, 1, 5, 1, 1, 18}]$
44	$[6;\overline{1, 1, 1, 2, 1, 1, 1, 12}]$	92	$[9;\overline{1, 1, 2, 4, 2, 1, 1, 18}]$
45	$[6;\overline{1, 2, 2, 2, 1, 12}]$	93	$[9;\overline{1, 1, 1, 4, 6, 4, 1, 1, 1, 18}]$
46	$[6;\overline{1, 3, 1, 1, 2, 6, 2, 1, 1, 3, 1, 12}]$	94	$[9;\overline{1, 2, 3, 1, 1, 5, 1, 8, 1, 5, 1, 1, 3, 2, 1, 18}]$
47	$[6;\overline{1, 5, 1, 12}]$	95	$[9;\overline{1, 2, 1, 18}]$
48	$[6;\overline{1, 12}]$	96	$[9;\overline{1, 3, 1, 18}]$
50	$[7;\overline{14}]$	97	$[9;\overline{1, 5, 1, 1, 1, 1, 1, 1, 5, 18}]$
51	$[7;\overline{7, 14}]$	98	$[9;\overline{1, 8, 1, 18}]$
52	$[7;\overline{4, 1, 2, 1, 4, 14}]$	99	$[9;\overline{1, 18}]$

연습문제 해답

1.1 연습문제

3. 2^n

4. $2^A = \{\varnothing, \{1\}, \{2\}, \{3\}, \{1, 2\}, \{2, 3\}, \{1, 3\}, \{1, 2, 3\}\}$

1.2 연습문제

1. (1) 순서, 동치 (2) 동치, 순서(X)
   (3) 순서(X), 동치(X) (4) 순서, 동치(X)

2. (1) $[x] = \{x\}$ (2) $[x] = \{x, -x\}$

3. $\{(1, 1), (2, 2), (3, 3), (4, 4), (5, 5), (1, 2), (1, 4), (2, 1),$
   $(4, 1), (2, 4), (4, 2)\}$

1.3 연습문제

1. $P_1 = \{\{1\}, \{2\}, \{3\}\}$, $P_2 = \{\{1\}, \{2, 3\}\}$, $P_3 = \{\{2\}, \{1, 3\}\}$,
   $P_4 = \{\{1, 2\}, \{3\}\}$, $P_5 = \{\{1, 2, 3\}\}$

2. $T_1 = \{(1, 1), (2, 2), (3, 3)\}$,
   $T_2 = \{(1, 1), (2, 2), (3, 3), (2, 3), (3, 2)\}$,
   $T_3 = \{(1, 1), (2, 2), (3, 3), (1, 3), (3, 1)\}$,
   $T_4 = \{(1, 1), (2, 2), (3, 3), (1, 2), (2, 1)\}$,
   $T_5 = \{(1, 1), (2, 2), (3, 3), (1, 2), (2, 1), (1, 3), (3, 1), (2, 3), (3, 2)\}$

3. $\{\{1, 2, 4\}, \{3\}, \{5\}\}$

2.1 연습문제

1. 아니다.
2. 단사 X, 전사 O

2.2 연습문제

1. 예
2. 역원이 존재하지 않으므로 군이 아니다.
3. 예
4. $2\mathbb{Z}$
5. 예
6. 역원이 없으므로 군이 아니다.

7. 예

8. 예, 가환군은 아니다.

2.3 연습문제

1. $\mathbb{Z}/\mathbb{Z} = \{\mathbb{Z}\}$, $\mathbb{Z}/5\mathbb{Z} = \{5\mathbb{Z},\ 1+5\mathbb{Z},\ 2+5\mathbb{Z},\ 3+5\mathbb{Z},\ 4+5\mathbb{Z}\}$

6. 아니다. 예) $<(1,\ 1)>$

3.1 연습문제

4. $343 = 7^3$, $1001 = 13 \times 77$

5. 18개

3.2 연습문제

3. $d \in 2\mathbb{Z}$

4. (1) 9 (2) 18

5. $x = 7$, $y = -3$

10. 3

3.3 연습문제

1. (1) $(x,\ y) = (-120,\ 90)$ $\begin{cases} x = -120 + 23k \\ y = 90 - 17k \end{cases}$

   (2) $(x,\ y) = (5,\ -5)$ $\begin{cases} x = 5 + 3k \\ y = -5 - 2k \end{cases}$

   (3) $(x,\ y,\ z) = (-24,\ 24,\ -4)$ $\begin{cases} x = -4 + 5t + 3s \\ y = 4 - 5t - 2s \\ z = t \end{cases}$

   (4) $\begin{cases} x = 6t + 2s + 7k - 1 \\ y = -3t - s - 4k + 1 \\ z = t \\ w = s \end{cases}$

2. (1) $(x,\ y) = (10,\ 4)$ (2) $(x,\ y) = (4,\ 23)$

3. $\begin{cases} x = 161t - 82 \\ y = -49t + 25 \\ z = -101t + 58 \end{cases}$

4.1 연습문제

3. 25개

4. $n^5+1=(n+1)(n^4-n^3+n^2-n+1)$

5. Q_1의 가장 작은 소인수$=3>p_1=2$

Q_2의 가장 작은 소인수$=7>p_2=3$

Q_3의 가장 작은 소인수$=31>p_3=5$

Q_4의 가장 작은 소인수$=211>p_4=7$

Q_5의 가장 작은 소인수$=2311>p_5=11$

6. $98=19+79,\ 200=3+197$

4.2 연습문제

1. (4) $21=3\cdot 7=(1+2\sqrt{-5})\cdot(1-2\sqrt{-5})$

4.3 연습문제

1. (1) 소수 (2) 소수

(3) 소수가 아니다 (4) 소수가 아니다.

5.1 연습문제

2. 영인자: $\bar{2},\ \bar{4},\ \bar{6}$, 가역원: $\bar{1},\ \bar{3},\ \bar{5},\ \bar{7}$

$\cdot$	$\bar{0}$	$\bar{1}$	$\bar{2}$	$\bar{3}$	$\bar{4}$	$\bar{5}$	$\bar{6}$	$\bar{7}$
$\bar{0}$	$\bar{0}$	$\bar{0}$	$\bar{0}$	$\bar{0}$	$\bar{0}$	$\bar{0}$	$\bar{0}$	$\bar{0}$
$\bar{1}$	$\bar{0}$	$\bar{1}$	$\bar{2}$	$\bar{3}$	$\bar{4}$	$\bar{5}$	$\bar{6}$	$\bar{7}$
$\bar{2}$	$\bar{0}$	$\bar{2}$	$\bar{4}$	$\bar{6}$	$\bar{0}$	$\bar{2}$	$\bar{4}$	$\bar{6}$
$\bar{3}$	$\bar{0}$	$\bar{3}$	$\bar{6}$	$\bar{1}$	$\bar{4}$	$\bar{7}$	$\bar{2}$	$\bar{5}$
$\bar{4}$	$\bar{0}$	$\bar{4}$	$\bar{0}$	$\bar{4}$	$\bar{0}$	$\bar{4}$	$\bar{0}$	$\bar{4}$
$\bar{5}$	$\bar{0}$	$\bar{5}$	$\bar{2}$	$\bar{7}$	$\bar{4}$	$\bar{1}$	$\bar{6}$	$\bar{3}$
$\bar{6}$	$\bar{0}$	$\bar{6}$	$\bar{4}$	$\bar{2}$	$\bar{0}$	$\bar{6}$	$\bar{4}$	$\bar{2}$
$\bar{7}$	$\bar{0}$	$\bar{7}$	$\bar{6}$	$\bar{5}$	$\bar{4}$	$\bar{3}$	$\bar{2}$	$\bar{1}$

4. 9

5.2 연습문제

1. (1) $x\equiv 5\pmod{10}$ (2) $x\equiv 3\pmod{29}$

(3) $x\equiv 23\pmod{94}$, $x\equiv 70\pmod{94}$

(4) $x\equiv 2\pmod{3}$ 또는 $x\equiv 2,\ 5,\ 8,\ 11,\ 14,\cdots,\ 50\pmod{51}$

4. $\begin{cases} x \equiv 3k-1 \pmod 7 \\ y \equiv 1-2k \pmod 7 \end{cases}$

5.3 연습문제

1. (1) $\begin{pmatrix} 2 & 3 & 3 \\ 3 & 2 & 3 \\ 3 & 3 & 2 \end{pmatrix}$ (2) $\begin{pmatrix} 2 & 4 & 2 \\ 0 & 3 & 3 \\ 4 & 3 & 0 \end{pmatrix}$

2. (1) $\begin{cases} x \equiv 3 \pmod 7 \\ y \equiv 2 \pmod 7 \end{cases}$ (2) $\begin{cases} x \equiv 3 \pmod 7 \\ y \equiv 6 \pmod 7 \end{cases}$

   (3) $\begin{cases} x \equiv 1 \pmod 7 \\ y \equiv 0 \pmod 7 \\ z \equiv 0 \pmod 7 \end{cases}$ (4) $\begin{cases} x \equiv 1 \pmod 5 \\ y \equiv 0 \pmod 5 \\ z \equiv 0 \pmod 5 \end{cases}$

5.4 연습문제

1. (1) $x \equiv 7 \pmod{20}$ (2) $x \equiv 13 \pmod{18}$
2. (1) $x \equiv 6 \pmod{105}$ (2) $x \equiv 50223 \pmod{12 \times 12 \times 17 \times 19}$
3. (1) $x \equiv 28 \pmod{30}$ (2) 해를 가지지 않는다.
5. (1) $x \equiv 23 \pmod{30}$ (2) $x \equiv 100 \pmod{210}$

5.5 연습문제

1. (1) $x \equiv 1 \pmod 7$ 또는 $x \equiv 2 \pmod 7$

   (2) $x \equiv 8 \pmod{7^2}$ 또는 $x \equiv 37 \pmod{7^2}$

   (3) $x \equiv 106 \pmod{7^3}$ 또는 $x \equiv 233 \pmod{7^3}$
2. (1) $x \equiv 3 \pmod 5$ (2) $x \equiv 23 \pmod{25}$
3. (1) $x \equiv 1 \pmod 2$ (2) $x \equiv 1 \pmod{2^2}$ 또는 $x \equiv 3 \pmod{2^2}$

   (3) $x \equiv 1 \pmod{2^3}$ 또는 $x \equiv 3 \pmod{2^3}$

   또는 $x \equiv 5 \pmod{2^3}$ 또는 $x \equiv 7 \pmod{2^3}$

   (4) $x \equiv 1 \pmod{2^4}$ 또는 $x \equiv 7 \pmod{2^4}$

   또는 $x \equiv 9 \pmod{2^4}$ 또는 $x \equiv 15 \pmod{2^4}$

6.1 연습문제

4. 1

6.2 연습문제

2. 1

6.4 연습문제

1. 1747, 157
2. 253
3. 2318 1932 1106 2197 1631 0337 1728
4. REPLY NOW

7.1 연습문제

1. $\tau(180) = 18$, $\sigma(180) = 546$

8.1 연습문제

1. $\text{ord}_{13}1 = 1$, $\text{ord}_{13}2 = 12$, $\text{ord}_{13}3 = 3$, $\text{ord}_{13}4 = 6$, $\text{ord}_{13}5 = 4$

   $\text{ord}_{13}6 = 12$, $\text{ord}_{13}7 = 12$, $\text{ord}_{13}8 = 4$, $\text{ord}_{13}9 = 3$,

   $\text{ord}_{13}10 = 6$, $\text{ord}_{13}11 = 12$, $\text{ord}_{13}12 = 2$

3. $\phi(\phi(23)) = 10$
4. $\text{ord}_{23}2 = 11$, $\text{ord}_{23}2^6 = 11$, $\text{ord}_{23}2^{13} = 11$, $\text{ord}_{23}2^{11} = 1$
8. $2^{19} - 1$

8.3 연습문제

3. 3^2의 원시근 : 2, 5

   3^3의 원시근 : 2, 5, 11, 14, 20, 23

   3^4의 원시근 : 2, 5, 11, 14, 20, 23, 29, 32, 38, 41, 47, 50, 56, 59, 65, 68, 74, 77

4. $2 \cdot 3^2$의 원시근 : 5, 11

   $2 \cdot 3^3$의 원시근 : $2+3^3$, 5, 11, $14+3^3$, $20+3^3$, 23

   $2 \cdot 3^4$의 원시근 : $2+3^4$, 5, 11, $14+3^4$, $20+3^4$, 23, 29, $32+3^4$, $\cdots$

5. $p \geq 3$인 소수이면 $\phi(p^k) = \phi(2p^k)$

   원시근의 개수 : $\phi(\phi(p^k)) = \phi(\phi(2p^k))$

8.4 연습문제

2. (1) $x \equiv 9 \pmod{23}$, $x \equiv = 14 \pmod{23}$

   (2) 해가 없다.

4. 14

6. 1, 3, 9

7. (1) $x \equiv 12 \pmod{13}$ (2) $x \equiv 2 \pmod{12}$
(3) $b = 1,\ 5,\ 8,\ 12$

9.1 연습문제

1. 이차 잉여 : 1, 3, 4, 5, 9 이차 비잉여 : 2, 6, 7, 8, 10

2. 이차 잉여 : 1 이차 비잉여 : 5, 7, 11

6. i가 짝수이면 r^i은 이차 잉여, i가 홀수이면 r^i은 이차 비잉여

8. (1) 해가 없다 (4) 해가 없다

9.2 연습문제

2. $\left(\dfrac{a}{11}\right) = 1$, 해를 가짐

4. 11, 29, 37에 대해 이차 비잉여, 41에 대해 이차 잉여

10. (1) $x \equiv \pm 17,\ \pm 38 \pmod{77}$
(2) $x \equiv \pm 96,\ \pm 47,\ \pm 278,\ \pm 135 \pmod{1001}$

9.3 연습문제

2. 1

4. $x \equiv 1,\ 3,\ 9,\ 19,\ 25,\ 27 \pmod{28}$

9.4 연습문제

2. $\left(\dfrac{5}{21}\right) = 1$, 이차 비잉여

4. $\left(\dfrac{105}{317}\right) = 1$, 해를 가짐.

6. $x \equiv 1,\ 7,\ 13,\ 17,\ 19,\ 29,\ 37,\ 49,\ 71,\ 83,\ 91,\ 101,\ 103,\ 107,\ 113,\ 119 \pmod{120}$

9.5 연습문제

2. $x \equiv 10,\ 39 \pmod{49}$

4. $x \equiv 38,\ 17,\ 60,\ 39 \pmod{77}$

6. $x \equiv 2,\ 11,\ 12,\ 6 \pmod{15}$

10.1 연습문제

1. (2) $[-3 : 2,\ 11,\ 3] = -\dfrac{179}{71}$

2. (2) $[-1 : 1,\ 2] = [-1 : 1,\ 1,\ 1]$

4. $x = 10k + 500,\ y = -81k - 4000$ (k는 정수)

10.2 연습문제

1. (2) $-\sqrt{5} = [-3 : 1,\ 3,\ 4]$ (4) $\sqrt{35} = [5 : 1,\ 10]$

10.3 연습문제

1. (2) $x^2 - \dfrac{2}{3}x - \dfrac{4}{9} = 0$

2. (2) $\dfrac{4 + \sqrt{3}}{4}$ (4) $\dfrac{3 + \sqrt{7}}{2}$

3. (2) $[2\ ;\ \overline{3}]$ (4) $[1\ ;\ \overline{2,\ 2,\ 2,\ 1,\ 12,\ 1}]$

11.1 연습문제

1. (3, 4, 5), (5, 12, 13), (15, 8, 17), (7, 24, 25), (21, 20, 29), (35, 12, 37)

2. (3, 4, 5), (6, 8, 10), (3, 12, 15), (15, 20, 25), (18, 24, 30), (21, 28, 35), (24, 32, 40)

   (5, 12, 13), (10, 24, 26), (15, 36, 39), (15, 8, 17), (30, 16, 34)

   (7, 24, 25), (21, 20, 29), (35, 12, 37)

5. $x = \dfrac{m^2 - 2n^2}{2},\ y = mn,\ z = \dfrac{m^2 + 2n^2}{2}$

   또는

   $x = \dfrac{2m^2 - n^2}{2},\ y = mn,\ z = \dfrac{2m^2 + n^2}{2}$

6. $x = \dfrac{m^2 - 3n^2}{2},\ y = mn,\ z = \dfrac{m^2 + 3n^2}{2}$

   또는

   $x = \dfrac{3m^2 - n^2}{2},\ y = mn,\ z = \dfrac{3m^2 + n^2}{2}$

7. $x=\dfrac{m^2-pn^2}{2},\ y=mn,\ z=\dfrac{m^2+pn^2}{2}$

또는

$x=\dfrac{pm^2-n^2}{2},\ y=mn,\ z=\dfrac{pm^2+n^2}{2}$

8. (9, 12, 15), (35, 12, 37), (5, 12, 13), (12, 16, 20)

11.3 연습문제

5. (1) $13 \cdot 29 = 19^2 + 4^2$

 (2) $13 \cdot 50 = 23^2 + 11^2$

 (3) $13 \cdot 29 \cdot 50 = 137^2 + 9^2$

6. (1) $7 \cdot 23 = 12^2 + 3^2 + 2^2 + 2^2$

 (2) $15 \cdot 23 = 18^2 + 4^2 + 2^2 + 1^2$

 (3) $7 \cdot 15 \cdot 23 = 43^2 + 18^2 + 11^2 + 11^2$

11.4 연습문제

1. (1) $x = p_4 = 70,\ y = q_4 = 13$

 (2) $x = p_9 = 9801,\ y = q_9 = 1820$

2. (1) $x=2,\ y=1;\ x=7,\ y=4;\ x=26,\ y=15;\ x=97,\ y=56$

 (2) $x=9,\ y=4;\ x=161,\ y=72$

 (3) 해가 없다.

 (4) $x=2,\ y=1;\ x=38,\ y=17$

참고문헌

1. 김응태, 박승안, 선형대수학, 3판, 청문각 2001
2. 김응태, 박승안, 정수론, 5판, 경문사, 2002
3. 이상구, 현대 선형대수학, 경문사, 2003
4. 이효삼, 정수의 이해, 경문사, 2003
5. Burton, D.M., Elementary Number Theory, Fourth Edition, The McGraw-Hill Companies Inc., 1998
6. Dudley, U., Elementary Number Theory, W. H. Freeman and Company, 1969
7. Fraleigh, J. B., A First Course in Abstract Algebra, Fourth Edition, Addison-Wesley Publishing Company, 1989
   천장호 번역, 현대대수학, 대영사, 1996
8. Fraleigh, J. B., Beauregard, R.A., Linear Algebra, Third Edition, Addison-Wesley Publishing Company, 1995
9. Hungerford, T.W., Abstract Algebra, Saunders College Publishing Company, 1990
10. Kwak, J.H., Hong, S., Linear Algebra, Birkhauser, 1997
11. McCoy, N.H., The Theory of Numbers, The Macmillan Company, 1970
12. Rosen, K.H., Elementary Number Theory and Its Application, Fourth Edition, Addison-Wesley Publishing Company, 2000
13. Shapiro, H., Introduction to The Theory of Numbers, John Wiley and Sons, 1983

용어 찾아보기

기호 찾아보기

정수론

지은이 천장호
펴낸이 박문규
펴낸곳 경문사
펴낸날 2009년 3월 5일 1판 1쇄
2013년 9월 1일 1판 3쇄
등 록 1979년 11월 9일 제313-1979-23호
주 소 121-818, 서울특별시 마포구 와우산로 174
전 화 (02)332-2004 팩스 (02)336-5193
이메일 kyungmoon@kyungmoon.com

값 25,000원

ISBN 978-89-6105-185-9